中国二叠系海陆过渡相泥页岩储层及页岩气赋存机理

郭少斌　翟刚毅　等著

石油工业出版社

内容提要

本书内容源自“十三五”国家科技重大专项大型油气田及煤层气开发项目“页岩气资源评价方法与勘查技术攻关”下设课题“不同类型页岩气生成机理与富集规律研究”成果。全面阐述了海陆过渡相（含山西组陆相）泥页岩地质特征、泥页岩地球化学特征、泥页岩储层特征、泥页岩含气性与预测方法，以及页岩气赋存机理与模式，以期为中国海陆过渡相页岩气勘探开发抛砖引玉。

本书可供从事页岩油气勘探开发的科研人员参考阅读。

图书在版编目（CIP）数据

中国二叠系海陆过渡相泥页岩储层及页岩气赋存机理 / 郭少斌等著．—北京：石油工业出版社，2020.3

ISBN 978-7-5183-3802-3

Ⅰ．①中… Ⅱ．①郭… Ⅲ．①二叠纪－海相－油页岩－储集层－研究－中国 ②二叠纪－陆相－油页岩－储集层－研究－中国 Ⅳ．①P618.130.2

中国版本图书馆 CIP 数据核字（2020）第 040567 号

出版发行：石油工业出版社

（北京安定门外安华里 2 区 1 号　100011）

网　址：www.petropub.com

编辑部：(010)64523543　　图书营销中心：(010)64523633

经　　销：全国新华书店

印　　刷：北京中石油彩色印刷有限责任公司

2020 年 3 月第 1 版　2020 年 3 月第 1 次印刷

787×1092 毫米　开本：1/16　印张：14.25

字数：340 千字

定价：120.00 元

（如出现印装质量问题，我社图书营销中心负责调换）

版权所有，翻印必究

前言

PREFACE

页岩气作为一种产热效率高、环境污染小的新兴能源，凭借在中国以及全球范围内丰富的资源储量和收效可观的经济价值，受到越来越多的专家和学者的重视，成为全球油气勘探的热点。

从世界范围看页岩气资源潜力巨大，主要分布在北美、中亚、中东和原苏联等地。页岩气的勘探开发始于19世纪的美国，Hart等人在美国阿巴拉契亚盆地的泥盆系富有机质页岩层中成功钻探出世界上第一口商业化的天然气井，并由此拉开了美国天然气工业的序幕。目前美国已经形成了较为完善的页岩气勘探开发系统，并步入快速发展阶段。近十年来，北美发现的页岩气盆地已经从最初的密歇根、阿巴拉契亚、伊利诺斯、沃斯堡和圣胡安这五个盆地，迅速增加到以阿科马、路易斯安那和西加拿大为主的三十多个盆地，页岩气产层几乎包含北美地区所有的海相页岩烃源岩。2007—2017年，美国天然气的产量从$5219\times10^8m^3$持续增长至$7345\times10^8m^3$，已占据全世界天然气产量的20%，页岩气在天然气产量和储量中占据着最重要的地位。加拿大是世界上第二个进行页岩气勘探和开发的国家，其非常规天然气协会认为加拿大的页岩气原地资源量丰富，已超过了常规天然气资源量。

中国页岩气的勘探开发虽然起步较晚，但是率先实现页岩气勘探突破和商业化开发的国家之一。2009年，国土资源部启动“全国页岩气勘探资源潜力调查评价及有利区优选”的重大专项，对中国陆域页岩气资源潜力进行系统评价，范围包括上扬子及滇黔桂地区、华北及东北地区、中下扬子及东南地区、西北地区共四个大区。2013年，中国石化涪陵气田取得重大突破，表明中国海相页岩气商业开发已开始起步。2014年以来中国石化和中国石油先后启动页岩气产能建设工作，标志着中国页岩气勘探开发进入商业化开发阶段。2007—2018年，中国天然气产量由$698\times10^8m^3$迅速增长至$1615\times10^8m^3$，实现了飞速增长。

页岩气的开发利用有利于环境保护和可持续发展。随着研究理论和实验技术的不断进步，其资源潜力的估算结果和开发潜能也会进一步加大。实现页岩气的商业化开采和广泛应用，可以大幅缓解中国能源供需矛盾，改善能源结构，满足国民生活进步和经济发展的需求。

笔者的页岩气研究工作开始于 2011 年，在国家“十三五”科技重大专项“上古生界海陆交互相页岩气赋存机理与富集规律研究（2016ZX05034-001）”的支持下，研究工作进一步细化、深入，并总结出中国海陆过渡相泥页岩具有“单层厚度薄、TOC 值总体偏低（高值 TOC 占比低，导致生烃量不足）、有机孔不发育、排烃效率高、与煤层气及致密砂岩气层互层”等五大特点。

从 2011 年开始，笔者针对中国二叠系海陆过渡相（其中山西组在鄂尔多斯盆地和沁水盆地为陆相沉积）泥页岩储层开展了大量的理论探讨和实践研究，包括：空间展布特征、有机地球化学特征、岩石学特征、孔隙结构特征、物性特征和含气性特征等。除此之外，还探索性地开展了储层动态表征研究，借助热模拟和岩石热解等实验，划分泥页岩成岩演化阶段，建立孔隙结构演化模型。

在文献调研、野外踏勘、实验研究和资料分析的基础上，2018 年开始逐渐形成了中国海陆过渡相泥页岩储层特征的系统性认识，并初步构建了本书的基本框架。该书以历年来的研究成果为基础，以国家科技重大专项资助项目研究成果为主线，对中国典型地区海陆过渡相泥页岩储层特征进行分析和总结，以期通过对现有资料的认识为今后相关的研究工作提供一些借鉴，为中国海陆过渡相泥页岩储层地质理论和页岩气勘探预测研究做出贡献。书中部分成果认识已经或正在获得不同程度的验证和认可，研究也尚存在一些争议和问题需要不断得到检验和修正，这些都有待今后工作的进一步完善。

本书共分为六章：第一章主要介绍页岩气富集成藏的地质特征，回顾其勘探开发历程并对资源前景做出展望；第二章以中国典型地区（鄂尔多斯盆地、沁水盆地、南华北盆地和贵州西部）海陆过渡相（太原—山西组和龙潭组）泥页岩储层为例，研究其地质发育和空间展布特征；第三章和第四章主要研究了泥页岩储层有机地球化学特征、岩石学特征、孔隙结构特征和物性特征，对中国典型地区海陆过渡相泥页岩储层进行精细表征；第五章以海陆过渡相泥页岩含气性为基础，探讨页岩气含气量的预测方法并建立了计算模型；第六章以鄂尔多斯盆地太原组和黔西地区龙潭组泥页岩为例，研究了页岩气的赋存机理和富集模式。

多年来，先后参加上述科研工作并做出贡献的有数十人，本书所列作者只是他们中的持续研究者和各研究阶段的主要人员。参加科研工作的主要成员有郭少斌教授、肖建新教授、博士研究生毛文静、冀昆、王飞腾、彭艳霞、马啸、王继远、付娟娟、孙寅森、王义刚和赵可英等，硕士研究生黄家国、李贺洋和宋健等。全书由郭少斌教授、翟刚毅教授级高级工程师主持撰写，包括提出专著提纲、各章节内容安排调整以及统稿。具体图件和文字分工如下: 肖建新教授负责野外地质调查和剖面图的绘制; 毛文静、王继远负责鄂尔多斯盆地太原组和山西组基础图件的绘制和文字编写; 王继远、付娟娟、李贺洋、宋健负责沁水盆地太原组和山西组基础图件的绘制和文字编写；彭艳霞负责南华北盆地太原组和山西组基础图件绘制和文字编写；马啸负责黔西地区龙潭组基础图件的绘制和文字编写。具体章节分工如下：马啸负责第一章至第三章的撰写；王继远负责第四章的撰写，彭艳霞、冀昆负责第五章的撰写，王飞腾负责第六章的撰写。

中国页岩气研究工作正在稳步有序地推进，但过程中仍存在诸多问题和争议。希望能通过本书与相关同行学者进行交流，进一步完善中国页岩气，尤其是中国海陆过渡相页岩气的地质理论、研究思路、评价方法和实验技术。由于时间仓促，水平有限，问题和争议在所难免，恳请读者批评指正。本书的出版得到中国地质调查局油气资源调查中心的大力支持和帮助，在此一并表示衷心的感谢！

目录

CONTENTS

第一章　绪　　论

第一节　中国页岩气富集成藏的地质特征

一、页岩气的定义

页岩气的勘探开发始于19世纪的美国。1821年，Hart等人在美国阿巴拉契亚盆地的泥盆系富有机质页岩层中，成功钻探出世界上第一口商业化天然气井，由此拉开了美国天然气工业的序幕（Curtis，2002）。然而直到20世纪70年代，人们才开始真正关注富有机质页岩层的地质和地球化学特征，并逐渐形成了现代页岩气概念。

Curtis等（2002）将页岩气定义为储集于天然裂缝和粒间孔隙中的游离气，或吸附于干酪根和黏土矿物颗粒表面的吸附气，或溶解于干酪根和沥青中的溶解气。Bustin等（2009）认为页岩气是"自生自储"于细粒储层中的天然气，并且部分天然气以吸附态赋存于储层中。张金川等（2003，2004）认为页岩气是指主体位于暗色泥页岩或高碳泥页岩中，以吸附或游离状态为主要存在方式的天然气聚集，也包括夹层状的粉砂岩、粉砂质泥岩、泥质粉砂岩、甚至砂岩地层中聚集的天然气。三者均强调了页岩气的赋存状态，即以游离态或吸附态为主，同时也指出，页岩气不仅仅是局限于页岩层中的天然气。世界范围内的页岩气勘探实践表明，页岩气不仅储存于页岩中，也储存于暗色泥岩和泥页岩的夹层（包括粉砂质泥岩、泥质粉砂岩、粉砂岩、细砂岩、泥灰岩和白云质灰岩等）当中，即页岩气储层是主体为暗色泥页岩且具有多种岩性组合的含气层段，不同地区、不同盆地具有不同的岩性组合类型。综上所述，本书将页岩气定义为以吸附态或游离态为主要赋存方式储集于富有机质泥页岩及其夹层当中的天然气。

二、页岩气的形成条件

根据石油地质理论，油气藏的形成是烃源岩、储层、盖层、圈闭、运移和保存条件等六个地质要素综合作用的结果。页岩气作为一种自生自储的天然气，仅发生了初次运移和短距离的二次运移，且突破了常规天然气成藏对圈闭的要求，具有大面积连续分布的特点。结合页岩气成藏特征，本书认为页岩气的形成至少需要三个基本要素：烃源岩、储集条件和保存条件。烃源岩是油气形成的物质基础，可为页岩气藏的形成提供充足的气体来源；储层为天然气的聚集提供了场所；良好的保存条件可使先期形成的页岩气藏免遭破坏和改造。因此，页岩气的形成要求页岩本身必须具备充足的生烃条件、有利的储集条件和良好的保存条件。

（一）生烃条件

对于一个沉积盆地来说，充足的油气来源是形成油气藏的首要条件。页岩气作为一种自生自储的天然气，要达到工业聚集的标准，要求页岩必须具备充足的生烃条件。评价页岩的生烃能力，可以从页岩的有机碳含量（TOC）、干酪根类型和成熟度三个方面进行评价。只有当有机质含量达到一定的界限，页岩才能作为有效的气源岩，为页岩气的富集成藏提供充足的气体来源。同时还要考虑页岩的厚度和连续性，最好的页岩是具有一定规模的厚度和区域延展范围。干酪根类型也是一项评价页岩生烃能力的重要指标。一般来说，Ⅰ型干酪根主要生油，生油潜力最大；Ⅱ型干酪根也以生油为主，但生油潜力次于Ⅰ型干酪根；Ⅲ型干酪根不利于生油，以生气为主。不同类型的干酪根有机成分不同，地质历史时期的热演化过程也不一样，但随着热演化程度的升高，天然气的生成量均不断增加。富有机质页岩随着埋深的增加，地层的温度和压力不断升高，有机质的成熟度也不断升高，当有机质的成熟度达到一定界限后，有机质才在温度和压力的作用下生成油气。综上所述，成熟的、有机质含量丰富、具有一定厚度和连续性的页岩是形成页岩气的前提条件。美国的页岩气勘探开发实践表明，要形成商业规模的页岩气藏，一般要求页岩的单层有效厚度大于30m，有机碳含量大于2%，热成熟度介于1.1%～2.0%之间，干酪根型以Ⅰ—Ⅱ型为主（李建忠等，2012）。

（二）储集条件

页岩气储集条件主要包括页岩的矿物组成和物性特征。页岩的矿物组成主要包括黏土矿物、石英和长石，以及少量的方解石、白云石和黄铁矿等矿物。其中，石英、长石和碳酸盐岩等脆性矿物对页岩气的后期开发非常重要。因为页岩的脆性矿物含量决定后期压裂造缝的效果，而裂缝的发育程度又决定了天然气的生产能力。因此，较高的脆性矿物含量可以提高页岩气的产量。美国成功勘探的页岩气田，其页岩的脆性矿物含量一般都在40%以上。页岩储层富含黏土矿物，粒度细、孔喉小，发育纳米级孔喉系统，导致页岩具有极低的孔隙度和渗透率。尽管页岩储层的孔隙度较低，但仍控制游离气的聚集。而页岩发育的纳米级孔喉系统，使页岩具有巨大的内比表面积，可为吸附气提供更多的吸附位（郭旭升等，2014）。页岩天然微裂缝较为发育，其对页岩气聚集成藏具有双重作用，既可为成为游离气的储集空间，同时又改善了页岩的渗流能力。

（三）保存条件

页岩气作为一种自生自储的天然气，说明页岩本身既是储层又是盖层。页岩的低孔隙度、特低渗透率的物性特征，决定了页岩气对盖层的要求相对宽松，不像常规气藏那样苛刻。页岩气的保存主要受页岩本身的质量和构造运动的控制，前者主要与页岩厚度、区域延展范围等宏观地质因素以及微观物性特征有关，后者主要与区域构造运动所产生的裂缝以及抬升剥蚀有关。页岩中微裂缝发育可为页岩气的聚集提供丰富的储集空间，又能提高储层的渗透率，但若裂缝过于发育，则会破坏页岩自身的封闭体系，导致页岩气散失。另外，页岩气的保存也受上覆地层的岩性、物性特征的影响，区域分布且封盖能力好的盖层可提高页岩气的保存能力。

三、页岩气成藏富集的地质特征

中国富有机质页岩发育范围广，各大地块和含油气盆地均有分布，既有海相页岩，又有海陆过渡相和陆相泥页岩，具有多时代、多层系的特征（表1–1）。页岩气作为“自生自储”的非常规天然气有其独特的成藏富集地质特征（表1–2）。

表1–1　中国主要页岩层系分布（据邹才能，2010，修改）

页岩类型	分布地区
海相页岩	扬子地区—滇黔贵地区古生界，华北地区元古宇—古生界，塔里木盆地寒武—奥陶系等
海陆过渡相泥页岩	鄂尔多斯盆地—沁水盆地石炭系本溪组、下二叠统太原—山西组，准噶尔盆地石炭—二叠系，塔里木盆地石炭—二叠系，华北地区石炭—二叠系，中国南方地区二叠系龙潭组等
陆相泥页岩	松辽盆地白垩系，渤海湾盆地古近系，鄂尔多斯盆地三叠系，四川盆地三叠—侏罗系，准噶尔盆地—吐哈盆地侏罗系，塔里木盆地三叠—侏罗系，柴达木盆地古近—新近系等

表1–2　中国海相、陆相和海陆过渡相页岩气成藏富集特征表（据董大忠，2016，修改）

页岩类型	有利区范围（10^4km^2）	厚度（m）	生气潜力	含气性	可压裂性
海相页岩	面积大（10～20）	厚度大、连续（30～80）	生气量大（干酪根为Ⅰ—$Ⅱ_1$型，R_o为2.0%～2.5%，原油裂解气为主）	含气性高（有机质孔发育，比表面积大，含气量为1.0～8.0m^3/t）	好（脆性矿物含量为40%～60%，黏土矿物以伊利石为主）
海陆过渡相泥页岩	面积较大（5～100）	厚度小、不连续（10～20）	生气量偏小（干酪根为$Ⅱ_2$—Ⅲ型，R_o为1.0%～2.5%，热裂解气为主）	含气性中等（有机质孔局部发育，比表面积中等，含气量为0.5～4.0m^3/t）	一般（脆性矿物含量为30%～50%，黏土矿物以伊/蒙混层为主）
陆相泥页岩	分布局限（<5）	厚度较大、变化大（20～200）	生气量小（干酪根为Ⅰ—$Ⅱ_2$型，R_o为0.5%～1.3%，生油为主）	含气性低（有机质孔不发育，比表面积小，含气量为0.5～2.0m^3/t）	差（脆性矿物含量为20%～40%，黏土矿物以高岭石为主）

（一）海相页岩气成藏富集地质特征

中国海相页岩主要发育在早古生代，形成于克拉通内坳陷或边缘斜坡区，分布在四川盆地及周缘、中—下扬子地区等广大南方地区及塔里木盆地等中—西部地区，以上奥陶统五峰组—下志留统龙马溪组、下寒武统筇竹寺组及其相当层位为重点。页岩单层厚度大、分布面积广、横向连续性强，是中国目前页岩气勘探的主要对象。除四川盆地外，南方地区大部分海相页岩处在盆地之外，遭受多次构造改造或大面积裸露，大部分地区海相页岩镜质组反射率（R_o）大于 2.0%，处于原油裂解气阶段，部分层位 R_o 大于 3.0%，有机质进入了碳化期。有机质类型以腐泥型—混合型为主，干酪根类型以Ⅰ—$Ⅱ_1$型为主，母质为低等水生生物（康玉柱，2012；黄金亮等，2010；张金川等，2008）。由于海相页岩年代老、生气时间早，经历的构造运动多，褶皱、断裂和剥蚀等作用使其页岩气保存条件差异性大（董大忠等，2010）。四川盆地内部埋深适中，地层以超压—超高压为主，保存条件较好，有利于页岩气成藏和富集，是页岩气勘探开发的优选地区。盆地周缘构造相对复杂，埋深变化大。盆地以外的地区，构造极为复杂，页岩地层往往遭受抬升、断裂和剥蚀，埋深普遍不大，以低压—常压为主，保存条件较差，不利于页岩气成藏和保存。因此，构造相对稳定、地层超压、保存条件好是中国海相页岩气成藏富集的关键（董大忠等，2016）。

（二）陆相页岩气成藏富集地质特征

中国陆相泥页岩形成于中生—新生代，广泛分布于包含松辽盆地、渤海湾盆地、鄂尔多斯盆地、四川盆地、准噶尔盆地和塔里木盆地在内的含油气盆地中，三叠—侏罗系、白垩系、古近—新近系为重点层系。陆相页岩气成藏地质优势在于广泛分布在深水—半深水湖盆中心和斜坡区，泥页岩总厚度大、集中段发育。有机质丰度高，有机质类型复杂多变，多为腐泥型、腐殖型或混合型混合发育，干酪根主要为Ⅰ—$Ⅱ_1$型。构造简单、地层超压，保存条件好。其劣势在于有机质演化程度低（董大忠等，2014），生油为主、生气有限，黏土矿物含量高、脆性矿物含量低，导致脆性相对较差，有机质孔隙不发育、物性偏低，生气范围小且埋深较大。目前陆相页岩气勘探开发还未形成工业产能（董大忠等，2016）。

（三）海陆过渡相页岩气成藏富集地质特征

中国海陆过渡相泥页岩形成于石炭—二叠纪，分布在四川盆地及其周缘、中—下扬子地区等广大南方地区，鄂尔多斯盆地、沁水盆地等北方地区以及塔里木盆地和准噶尔盆地。海陆过渡相页岩气基本成藏特征为页岩大面积广覆式分布，潮坪、潟湖、沼泽和三角洲沉积控制着富有机质泥页岩的厚度和分布规模。沉积有机质主要来自陆源高等植物，部分来自海相低等生物，有机质类型以腐殖—混合型为主，干酪根以Ⅲ型为主。有机质丰度较高，有机质成熟度（R_o）介于 1.0%～2.5%，处于生气高峰阶段（郭少斌等，2015）。孔隙类型以基质孔隙为主，局部存在有机质孔和微裂缝。构造稳定、埋深适中、上覆盖层好的地层超压区为页岩气富集的有利区块。由于海陆过渡相泥页岩连续厚度小、单层厚度薄、岩相变化大且常与致密砂岩、煤层等互层，开发难度较大，总体仍处于勘探评价阶段。从钻井页岩气显示及已有井页岩气流判断，海陆过渡相页岩气成藏条件较好，未来有望实现勘探开发突破。

第二节　中国页岩气的勘探开发和前景展望

一、中国页岩气的勘探开发历程

页岩气的勘探开始于19世纪的美国（Curtis，2002）。20世纪20年代，美国页岩气开始进入工业化生产；70年代美国中、西部也相继开始进行页岩气的勘探开发工作；90年代美国已经成功对页岩气进行了大规模的商业开发（Tian等，2014）。伴随着技术的进步，美国页岩气产量开始迅速增长（Wang等，2014），其2005年、2010年和2015年的页岩气产量分别为$204 \times 10^8 m^3$、$1378 \times 10^8 m^3$和$4250 \times 10^8 m^3$。2018年，美国页岩气产量为$6072 \times 10^8 m^3$。

中国页岩气的勘探开发起步较晚。自20世纪60年代到2000年以前，尽管在中国一些含油气盆地的泥页岩中见到了良好的油气显示，也获得了工业油气流，但由于对页岩气的理论认识的局限，导致泥页岩的油气勘探长期没有较大突破，一直停留在规模较小的泥页岩裂缝性油气藏阶段（董大忠等，2012），没有形成有关页岩气配套的勘探、开发技术和研究方法，页岩气的勘探开发和研究明显滞后。进入21世纪，随着北美地区页岩气勘探的快速发展，在世界范围内掀起了“页岩气革命”，中国广大的石油地质科研工作者开始真正地关注页岩气，研究中国页岩气的形成与富集条件，评价中国的页岩气资源潜力。

为了改善能源结构、保障能源安全，自2004年，中国政府部门和相关高校、科研院所开始密切关注国外页岩气的发展动态。2005年，国土资源部油气战略研究中心率先在全国范围内开展非常规油气资源的前景研究，其中页岩气方面，重点研究中国海相页岩气的聚集地质条件；中国石油天然气集团公司（以下简称中国石油）、中国石油化工集团公司（以下简称中国石化）及部分高校等相关单位参考北美页岩气勘探开发的成功经验，以区域调查为基础，利用老井复查等方法，调查了中国页岩气富集成藏的地质条件，评价了中国页岩气资源潜力，探索了中国页岩气的发展前景（姜振学等，2018；王志刚，2015）。

2006年，中国石油在国内召开了首次页岩气国际研讨会，根据川南威远等地区常规天然气钻井过程中出现丰富含气显示的现象，首次提出了中国南方海相沉积盆地具有海相页岩气形成与富集的基本地质条件，并认为中国南方海相页岩发育区是中国页岩气勘探开发的最有利地区和首选地区。2007年，中国石油与美国新田石油公司签署了中国第一个页岩气开发对外合作协议（威远地区寒武系筇竹寺组页岩气勘探潜力评价与开发可行性研究），拉开了中国页岩气勘探国际合作的序幕（董大忠等，2012）。中国石化、中国海洋石油集团有限公司（中国海油）也积极与国外油气企业展开页岩气勘探开发方面的合作，建立了多个页岩气开发的先导试验区。2008年，中国石油勘探开发研究院在四川盆地南部长宁构造志留系龙马溪组露头区钻探了中国第一口页岩气地质评价浅井CX-1井（钱伯章等，2010）。

2009年，国土资源部启动“全国页岩气资源潜力调查评价及有利区优选”的重大专项，对中国陆域页岩气资源潜力进行系统评价，范围包括上扬子及滇黔桂地区、华北及东北地区、中下扬子及东南地区、西北地区共四个大区，优选出有利区 180 个，累计面积 $111 \times 10^4 km^2$，页岩气可采资源潜力评价结果为 $25.08 \times 10^{12} m^3$（胡文瑞等，2013）；同年，为探索四川盆地东部页岩广泛出露区和高陡构造复杂区的页岩气勘探前景，国土资源部在重庆彭水县境内钻探了地质调查井 YY-1 井。2010 年，中国在“川渝黔鄂”设立了页岩气资源战略调查先导试验区，以南方下古生界五峰—龙马溪组、筇竹寺组海相页岩为重点，开展页岩气勘探研究和开发实验工作，陆续在中国南方地区五峰—龙马溪组发现页岩气，并在四川盆地威远、长宁和涪陵等地获得工业页岩气产量（董大忠等，2016）；同年，中美两国签署了《美国国务院与中国国家能源局关于中美页岩气资源工作行动计划》（邹才能等，2011）。2011 年，经国务院批准，页岩气被正式列为中国第 172 种矿产，按照独立的矿种进行管理，在国家政策的支持和指导下，开始大规模的勘探开发。2012 年，设立了涪陵、长宁—威远和昭通 3 个国家级页岩气产业化示范区。中国石化将页岩气勘探重点向四川盆地及其近缘转移，部署钻探 JY-1 井，成功发现中国首个大型页岩气田—涪陵气田（王志刚，2015）。同年，国家发展和改革委员会、财政部、国土资源部和能源局制定并发布了《页岩气发展规划（2011—2015 年）》，提出在 2015 年实现页岩气产量达到 $65 \times 10^8 m^3$，并将页岩气开发向民营资本开放，加快页岩气勘探开发的进程（胡庆明，2014；金庆花等，2013）。

2013 年，中国石化涪陵气田取得重大突破，表明中国海相页岩气商业开发已开始起步。2014 年以来，中国石化和中国石油先后启动页岩气产能建设工作，标志着中国页岩气勘探开发进入商业化开发阶段。

二、中国页岩气的勘探开发现状

尽管相较于北美地区的页岩气勘探进程，中国的页岩气勘探开发起步较晚，但与世界其他地区相比，中国是率先实现页岩气勘探突破和商业化开发的国家。中国页岩气生产始于 2010 年威 201 井；随着 2011—2012 年 N201-H1 等一批高产水平井的发现和投产，2012 年中国页岩气产量即超过 $1 \times 10^8 m^3$；2013 年涪陵页岩气田发现后，当年页岩气产量便突破 $2 \times 10^8 m^3$；随着威远、长宁和涪陵页岩气田的快速建产，2014 年中国页岩气产量跃升至 $12.5 \times 10^8 m^3$；2015 年页岩气产量已超过 $40 \times 10^8 m^3$，页岩气累计产量超过 $60 \times 10^8 m^3$，基本实现了规模生产，成为继美国和加拿大之后全球第三大页岩气生成国（董大忠等，2016）；2016 年中国页岩气产量达 $79 \times 10^8 m^3$；2018 年中国页岩气产量突破 $102.9 \times 10^8 m^3$。

（一）海相页岩气勘探开发现状

中国的海相富有机质页岩发育广泛，主要分布在中国华北地台、塔里木地台和南方地区的上震旦统、下寒武统、上奥陶统—下志留统，以半深水—深水陆棚沉积环境为主。海相富有机质页岩往往沉积厚度大、分布面积广、横向连续性强；有机碳含量高，干酪根以 Ⅰ—$Ⅱ_1$ 型为主，脆性矿物含量较高，页岩气成藏条件优越，具备良好的勘探开发前景（王志刚，2015）。

纵观中国页岩气的勘探历程，海相页岩是最早被作为中国页岩气勘探研究的对象，也是最早实现页岩气商业化开发的页岩类型。根据此前国土资源部联合多部门开展的多轮页岩气资源评价，海相页岩气的可采资源量为（8.2～13.0）$\times 10^{12}m^3$，在中国页岩气资源量中占有很大的比重，是页岩气勘探的主要目标（马永生等，2018）。截至2016年底，中国海相页岩气累计产量突破139 $\times 10^8 m^3$，预计到2020年，海相页岩气的年产量可达（200～300）$\times 10^8m^3$（邹才能等，2017）。中国南方地区是海相页岩气勘探的有利地区，特别是四川盆地，是中国目前海相页岩气勘探开发的重点地区（郭旭升等，2014）。四川盆地的筇竹寺组、五峰—龙马溪组富有机质页岩，分布面积广，累计厚度分别介于200～600m和300～500m，有效厚度介于110～163m和40～125m，TOC含量平均值为2.3%和2.1%，页岩含气量介于0.13～5.02m^3/t和0.29～6.5 m^3/t，脆性矿物含量介于49%～58%和33%～51.2%，是该区海相页岩气勘探的主要目的层（董大忠等，2012）。围绕四川盆地及其周缘地区，已形成蜀南和涪陵两大页岩气产区（郭旭升等，2017；邹才能等，2017）。当前，蜀南页岩气田由威远、长宁和昭通3个主要区块构成，气田总面积为0.8 $\times 10^4$ km^2，以五峰—龙马溪组海相富有机质页岩为目的层，评价页岩气可采资源量为1.0 $\times 10^{12}$ m^3，探明储量为1635 $\times 10^8$ m^3。截至2016年底，蜀南气田已建产能30 $\times 10^8$ m^3/a，2016年的页岩气产量为28 $\times 10^8$ m^3。涪陵页岩气田构造上位于川东高陡褶皱带，目的层同样为五峰—龙马溪组海相富有机质页岩，气田总面积为（0.7～0.8）$\times 10^4km^2$，累计探明储量超过7000 $\times 10^8$ m^3，是除北美以外最大的页岩气田。截至2016年底，涪陵气田已建成产能70 $\times 10^8$ m^3/a，2016年页岩气产量50 $\times 10^8$ m^3。

（二）陆相页岩气勘探开发现状

中国的陆相富有机质泥页岩主要分布在东北、华北和西北等地区的中新生代地层中，以半深水—深湖沉积环境为主。相比海相页岩，陆相泥页岩分布面积较小、构造的后期改造较弱、保存条件较好，页岩出现频繁的砂泥互层，页岩韵律性强、累计厚度大、岩性横向变化快；有机质类型为腐泥型、腐殖型或混合型混合发育，干酪根主要为Ⅰ—$Ⅱ_1$型。现阶段，陆相泥页岩的热成熟度普遍低于海相，大多数页岩正处于生油窗内，只有处于盆地中心、埋深较大的部分页岩演化程度较高，进入生气阶段。因此，对于陆相泥页岩来讲，页岩气勘探的有利目标区应该在盆地埋深较大的凹陷区及靠近凹陷的斜坡区。

2011年，延长石油在鄂尔多斯盆地东南部甘泉—直罗有利目标区内，成功钻出中国第一口页岩气井LP177，日产气2350m^3，之后相继有多口井通过压裂获得页岩气流，日产气1779～2413m^3，接着初步估算有利目标区内页岩气资源量为5630 $\times 10^8$ m^3，展示了陆相泥页岩巨大的页岩气勘探潜力（邹才能等，2017）。2012年底，国家发展和改革委员会在鄂尔多斯盆地东南部设立了“延长石油延安国家级陆相页岩气示范区”。尽管陆相泥页岩在中国北方的大部分含油气盆地均有分布，但目前仅在鄂尔多斯盆地见到了良好的页岩气显示，初步落实页岩气地质储量为677 $\times 10^8$ m^3，已建成产能1.18 $\times 10^8$ m^3/a。

（三）海陆过渡相页岩气勘探开发现状

中国的海陆过渡相富有机质泥页岩主要分布在北方鄂尔多斯盆地、沁水盆地、南华北盆地的石炭—二叠系本溪组、太原组和山西组，以及南方四川盆地西南部、贵州西部和湘中—湘南坳陷的二叠系龙潭组中（郭少斌等，2015），以潮坪、潟湖、沼泽和三角洲等沉积环境为主。海陆过渡相泥页岩有机质类型以腐殖—混合型为主，干酪根以Ⅲ型为主，有机碳含量较高，热成熟度较高；页岩累计厚度较大，横向分布较稳定，但单层厚度薄、岩性变化快，常与煤层、砂岩层或石灰岩层互层。

内蒙古自治区在鄂尔多斯盆地北部实施的鄂页1井经压裂改造后，在太原组取得$1.95\times10^4m^3/d$的稳定产量；延长石油在鄂尔多斯盆地伊陕斜坡山西组实施的云页1井经分段压裂试气获得$2\times10^4m^3/d$的工业气流（郭少斌等，2015）。2017年，中国石油煤层气公司在鄂尔多斯盆地东缘钻探的吉2–4、大吉27、大吉41等3口井，通过后期压裂改造，在石炭—二叠系海陆过渡相泥页岩中获得日产页岩气2885～8254 m^3，证实了海陆过渡相页岩气的勘探潜力。但受沉积环境的控制，海陆过渡相泥页岩地层岩相变化快、单层厚度薄，单独开发这套薄层煤系页岩气在开发成本和技术上将面临很大的挑战。同时，由于海陆过渡相泥页岩常与煤层、致密砂岩层互层，有利于形成页岩气、煤层气和致密气的近距离叠置成藏，可对这三种类型天然气共生特点和叠置成藏规律进行研究，考虑开展“三气合采”，降低页岩气勘探开发成本（李玉喜等，2009）。

三、中国页岩气的勘探开发前景

（一）中国页岩气勘探开发面临的主要困难

中国页岩气勘探开发面临一系列的挑战：（1）页岩气形成、成藏及富集基础理论尚不明确，页岩气资源评价标准、技术规范尚不完善，页岩气资源的不确定性较大；（2）页岩气勘探开发技术与装备有待进一步完善，优质页岩气储层精细地震识别与预测精度不够高，水平井精准地质导向技术还不成熟；（3）中国页岩气地质、地表条件复杂，有效优质页岩气资源及“甜点区”落实程度低，高效开发理论与产能评价处于起步阶段，页岩气勘探开发成本高；（4）中国页岩气资源富集区总体管网不发达，导致运输能力不足，使得页岩气田只能暂缓投产或降低产能生产，制约页岩气的发展速度（董大忠等，2016）；（5）较高水资源消耗和环境保护有待改善，有效组织与管理办法还需深化（邹才能等，2016）。

（二）中国页岩气勘探开发前景

中国社会经济持续稳定发展，能源需求将持续保持相对较高水平。不断提升的能源需求，促使中国页岩气勘探开发不断取得突破。中国页岩气资源总体丰富，自2009年以来，国内外不同机构对中国页岩气资源潜力做了大量预测。结果表明中国页岩气地质资源量为（80.5～144.5）$\times10^{12}m^3$，技术可采资源量为（11.5～36.1）$\times10^{12}m^3$（董大忠等，2016）。国家能源局公布的页岩气“十三五”规划中，力争实现海相页岩气规模化开发、过渡相和陆相页岩气实现工业化生产，在2020年页岩气产量突破$300\times10^8m^3$，2030年达到（800～1000）$\times10^8m^3$（马新华，2017）。

目前，海相页岩气生成已初步形成了工业化生产。陆相富有机质泥页岩作为中国主要含油盆地的烃源岩，主体处在生油期，生气较少。陆相页岩气在四川盆地三叠系须家河组、侏罗系自流井组、鄂尔多斯盆地三叠系延长组等盆地和层系进行了较多探索，虽发现了一些工业气流井（董大忠等，2014），但产量高低悬殊，并未实现工业产能突破，勘探开发前景并不明确（董大忠等，2016）。

统计资料显示，中国海陆过渡相泥页岩分布面积大、成气早、持续时间长，已发现的常规天然气储量中50%以上储量的气源岩为海陆过渡相泥页岩。但海陆过渡相优质泥页岩单层厚度较小，纵向、横向变化快，总含气量偏低且吸附气含量偏高，有机质纳米孔隙发育较少，泥页岩层段常与致密砂岩层或煤层伴生。海陆过渡相页岩气勘探开发整体处于地质综合评价、直井勘探评价和有利区优选阶段，从钻探情况看，展现出一定的勘探前景。

第二章　海陆过渡相泥页岩地质特征

中国海陆过渡相泥页岩主要分布在二叠纪地层，在北方鄂尔多斯盆地、沁水盆地、南华北盆地的二叠纪地层和南方扬子地区的二叠系最为发育，单层厚度小，常与砂岩层、煤层等其他岩性频繁互层（Yang 等，2017）。鄂尔多斯盆地、沁水盆地和南华北盆地的上古生界太原组和山西组以及贵州西部地区（黔西地区）的上古生界龙潭组分布广泛、厚度较大、有机质丰度高、成熟度适中，是当前中国最具页岩气勘探前景的地层（图 2-1）。其中，太原组和龙潭组地层属于典型的海陆过渡相沉积，山西组则已经逐渐过渡到陆相沉积。本章以鄂尔多斯盆地中东部、沁水盆地、南华北盆地和黔西地区为重点解剖区，阐述上古生界太原—山西组和龙潭组海陆过渡相泥页岩的沉积、构造和空间展布特征，为储层评价及页岩气赋存机理和富集规律研究提供地质依据。

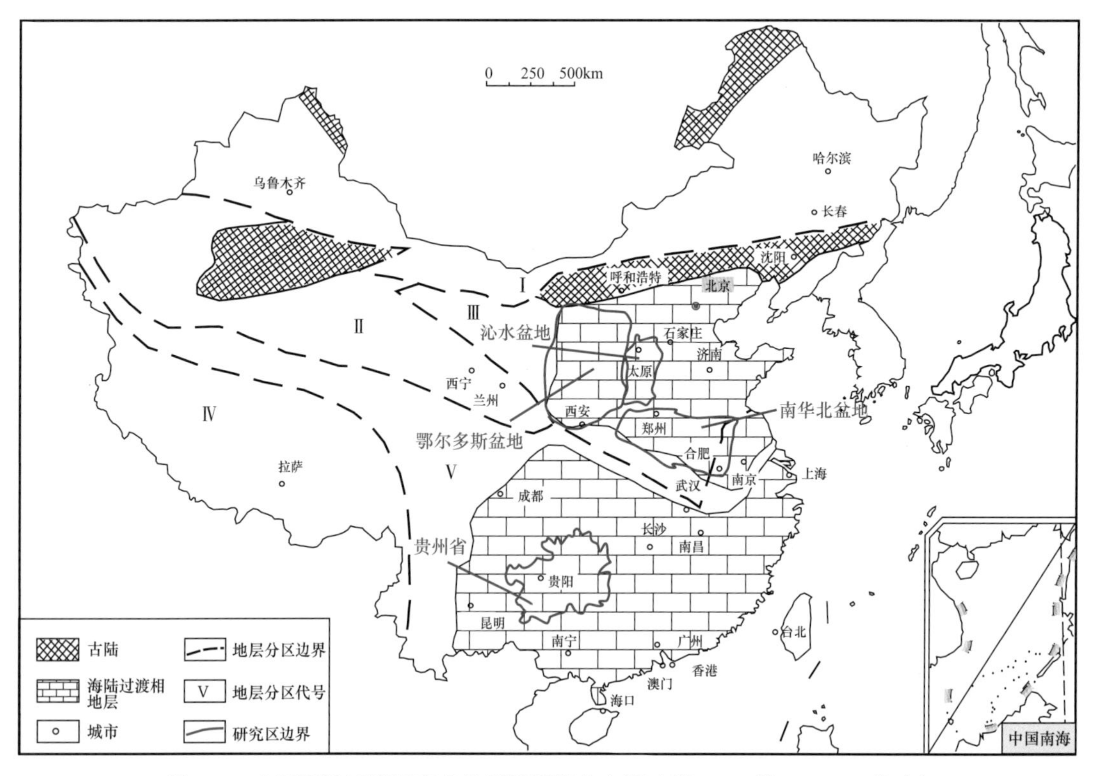

图 2-1　中国海陆过渡相富有机质泥页岩分布图（据 Yang 等，2017，修改）

第一节　鄂尔多斯盆地

鄂尔多斯盆地北起阴山山脉，南至秦岭北坡，西起桌子山、贺兰山、六盘水，东至吕梁山、太行山；跨越五个省区，包括甘肃省、山西省、陕西省、内蒙古自治区和宁夏回族自治区（Lei 等，2015；Tang 等，2014；Xiong 等，2016，2017）。鄂尔多斯盆地地处华北板块西缘，是仅次于塔里木盆地的中国第二大沉积盆地，面积达 $37\times10^4km^2$。内部构造不发育，大部分地区地层倾角小于 1°，平均坡降 10m/km。自国内外勘探开发从常规油气逐渐转向非常规领域之后，鄂尔多斯盆地内广泛发育的泥页岩也成为勘探开发的焦点。目前在古生界奥陶系的平凉组，石炭—二叠系的本溪、太原—山西组和中生界三叠系延长组长 7 段都有多套泥页岩分布。其中鄂尔多斯盆地的太原—山西组是一套重要的泥页岩储层。

一、区域构造特征

鄂尔多斯盆地是一个稳定沉降、坳陷迁移、扭动明显、多旋回的克拉通沉积盆地，太古宇和古元古界的变质岩系为其结晶基底，基底之上的盖层经历了五大演化阶段，按时间先后分别为中—新元古代拗拉谷、早古生代浅海台地、晚古生代近海平原、中生代内陆盆地和新生代周边断陷，使沉积地层分为三层结构：下古生界碳酸盐岩地层、上古生界海陆过渡相煤系地层和中—新生界内陆碎屑沉积地层。

早奥陶世后，受加里东运动的影响，盆地全面抬升接受剥蚀，缺失了志留系、泥盆系和下石炭统等（党犇，2003；王双明，2011；赵振宇等，2012）。上古生界海陆过渡相煤系地层中富有机质泥页岩发育，为上古生界页岩气藏的形成提供了丰富的物质基础。盆地的古地理格局在早白垩纪末期以前为北高南低，早白垩纪末期受燕山期构造运动的不均匀抬升，形成了盆地目前东北高西南低的地貌特征。

根据现今构造特征，可将盆地划分为六个一级构造单元：西缘冲断构造带、天环坳陷、伊陕斜坡、渭北隆起、晋西挠褶带和伊盟隆起（Guo，2010；黄志龙等，2009）。盆地呈不对称的矩形，向斜轴部位于天池—环县南北狭窄区域，西翼较窄仅 20km，且被逆冲断层复杂化，构成现今西缘逆冲构造带的主体部分；东翼宽 350km，为盆地的主体区域，整体向西倾斜。鄂尔多斯盆地中东部的工区范围如图 2-2 所示，北至东胜，南

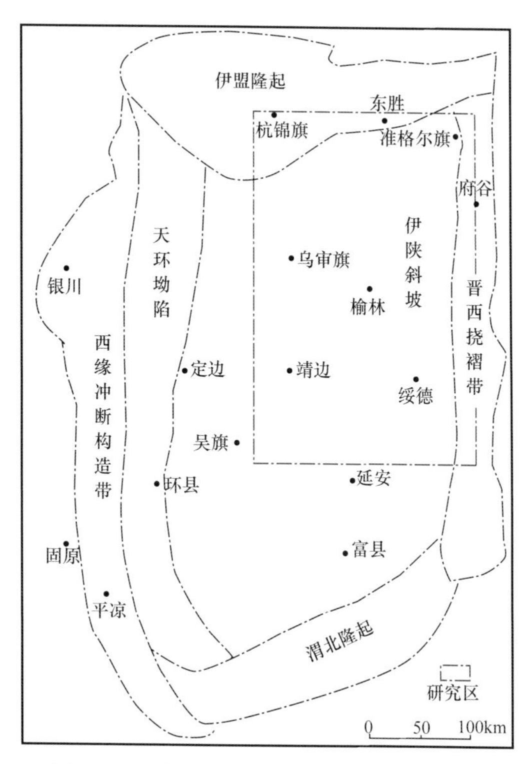

图 2-2　鄂尔多斯盆地上古生界构造格局图

近延安，主体是伊陕斜坡，面积高达 $8.4\times10^4km^2$。研究区地层为近南北向展布的向西倾斜的平缓大单斜，自北向南发育乌审旗—榆林、靖边—绥德鼻隆带。最浅处位于准格尔旗和府谷附近，埋深 500m 左右。最深处位于靖边和延安附近，埋深一般大于 3500m。

二、地层发育特征

鄂尔多斯盆地的沉积地层发育在太古宙和元古宙结晶基地之上，总厚度达 5000～10000m。盆地在早古生代接受了一套海相地层沉积，岩性以石灰岩、白云岩、页岩和砂岩为主；中奥陶世由于中央古隆起的形成，盆地内地层沉积厚度减小；之后盆地全面抬升，缺失了志留系、泥盆系和下石炭统（李振宏等，2010；张国伟等，1995）；上石炭统盆地东部和西部的地层沉积不同，盆地的西部是以黑色泥页岩夹白云岩、砂岩及煤线为主的羊虎沟组，与下伏地层呈角度不整合接触；盆地的东部为本溪组，底部为铁铝质泥岩段，其上为泥页岩夹煤线；下二叠统包括太原组和山西组，太原组在盆地的东部和西部已经连成一片，全区均有沉积，主要为石英砂岩、泥页岩夹石灰岩及可采煤层；山西组以三角洲碎屑岩沉积和河流相粗碎屑岩沉积为主，全区分布，厚度 100～400m；中二叠统包括下石盒子组和上石盒子组，上石盒子组为一套紫红色的湖相泥岩夹石灰岩和砂岩，向东厚度有增加的趋势。上二叠统石千峰组为一套含砾砂岩与紫色泥岩互层，厚度约 250m（表 2-1）。

表 2-1　鄂尔多斯盆地中东部地区发育地层简表

地层					岩性特征	厚度（m）
界	系	统（群）	组	代号		
中生界	白垩系	上统	特盖庙组	K_3	砂岩、泥质岩	100～200
		中统	东胜—罗汉洞组	K_2	砂岩、泥质岩	100～400
		下统	环河—宜君组	K_1	砾岩、砂岩、泥质岩	1200～1800
	侏罗系	上统	芬芳河组	J_3	砂砾岩	0～2700
		中统	安定组	J_2	泥页岩、砂岩	100～400
			直罗组		砂岩、泥质岩	100～450
		下统	延安组	J_1	砂泥岩夹煤层	250～350
			富县组		泥质岩—砂岩	0～120
	三叠系	上统	延长组	T_3	砂岩、泥页岩夹薄煤层	400～2000
		中统	纸坊组	T_2	砂页岩	150～850
		下统	和尚沟组	T_1	泥质岩	40～100
			刘家沟组		砂泥岩互层	100～820

续表

地层					岩性特征	厚度（m）
界	系	统（群）	组	代号		
上古生界	二叠系	上统	石千峰组	P_3	泥岩、砂岩	100～250
		中统	上石盒子组	P_2	泥质岩夹砂岩	100～350
			下石盒子组		砂泥岩互层	20～220
		下统	山西组	P_1	砂岩、泥页岩夹煤层	100～400
			太原组		砂岩、泥页岩夹煤和碳酸盐岩	50～400
	石炭系	上统	本溪组	C	砂岩、泥页岩夹煤和碳酸盐岩	0～560
下古生界	奥陶系	上统	背锅山组	O_2	砾屑灰岩、微晶灰岩、藻灰岩	5～990
			平凉组		泥页岩与砂岩互层	200～300
		中统	峰峰组	O_1	泥灰岩、石灰岩、白云岩	30～255
			上马家沟组		藻屑灰岩、豹斑灰岩、白云岩	74～561
			下马家沟组		微晶灰岩、白云岩、藻屑灰岩	34～335

太原组连续沉积于本溪组之上，顶界为山西组底部的“北岔沟砂岩”，主要为灰黑色泥页岩、砂质泥页岩及灰白色石英砂岩、生屑灰岩。下部以“斜道灰岩”之底与本溪组分开，包括庙沟石灰岩、毛儿沟石灰岩，厚度 3～40m，一般 10～25m。东部较厚，主要为一套灰黑色、深灰色的生物碎屑微晶灰岩、含生物碎屑泥晶灰岩，向西、向北地层厚度减薄，石灰岩厚度减少，碎屑岩增加。局部地区砂岩较发育，厚达 15～25m。上部东大窑石灰岩、斜道石灰岩，厚度 3～40m，一般 10～20m。主要为一套黑色—深灰色中到厚层状生屑泥—粉晶灰岩，石灰岩较纯，向西、向北地层厚度减薄，石灰岩厚度减薄，碎屑岩厚度增加。

山西组以“骆驼脖砂岩”之底与下石盒子组分开，主要发育一套砂岩、泥页岩及煤层沉积。根据沉积旋回，自下而上分为山二段、山一段。山二段主要为一套三角洲含煤地层。在含煤地层中分布着河流—三角洲砂体，岩性为深灰色或灰褐色细砾岩、含砾粗砂岩及中细砂岩，发育粒序层理、板状交错层理及平行层理，见有冲刷构造。山一段主要为一套河流—三角洲沉积，主要发育泥页岩和砂岩，夹泥质粉砂岩，局部夹碳质泥页岩及薄煤层。砂岩岩屑含量增高，主要为岩屑石英砂岩、岩屑砂岩，发育粒序层理、板状和楔状交错层理、平行层理及冲刷构造。山西组在盆地内广泛分布，泥页岩层数多，厚度大，一般单层厚度大于 10m，最大单层厚度大于 60m。在盆地南北边缘区域，泥页岩厚度小，砂岩厚度增大，层数增多。与太原组相比，山西组煤层不发育，层数多但煤层薄，煤线比较发育。

三、沉积相特征

自早二叠世太原晚期开始，由于构造抬升，在盆地的北部由三角洲沉积进入陆表海的障壁岛—潟湖环境中，形成海陆交错的沉积格局。鄂尔多斯盆地中东部太原组总体古地理格局是北部为三角洲相带，南部为障壁岛—潟湖沉积体系。来自北部物源的碎屑在北部形成多个三角洲砂带：西部三角洲规模相对较大，在研究区的神木处，多个三角洲汇聚，使之砂体厚度较大。三角洲相带南部发育障壁岛—潟湖沉积，砂质障壁的规模不大，局部零星分布。

自早二叠世晚期（山西组沉积期），华北板块再次抬升，海水开始由中央向两侧倒退。北部阴山物源区的持续抬升，致使鄂尔多斯盆地的沉积格局由南北物源向中央古隆起交会，转变成以北部阴山物源为主（郭伟等，2015；邢厚松等，2008）。此时的沉积体系以河流—三角洲—湖泊为主。

单井柱状图可用于了解某一地区的地层岩性特征及沉积相变化。以鄂尔多斯盆地西北缘的内蒙古乌海市乌达区道路沟剖面（图 2–3）和东南缘的陕西省澄城县尧头镇曹村剖面（图 2–4）为例，分析泥页岩的发育水平和沉积特征。

鄂尔多斯盆地西北缘乌达区道路沟剖面出露完整，仅局部覆盖。太原组是主要的含泥段之一：下部为三层石英含砾中砂岩夹泥页岩、碳质泥页岩和薄煤层，与下伏土坡组泥页岩整合接触；中部为连续厚层状泥页岩与煤层的交替沉积，泥页岩厚度大，碳质含量高，泥页岩中夹两层薄层灰岩，展布较稳定；上部为厚层泥页岩、砂质泥页岩和一层中砂岩，中砂岩呈灰色，风化面为深灰色，泥页岩呈灰白色，碳质含量低，顶部为煤层，与上覆山西组地层整合接触。整个太原组沉积相属于潟湖—三角洲组合，包括：潟湖、泥炭沼泽、分流间湾和分流河道。其中，分流间湾由多个旋回组成，发育中层至薄层状的粉砂质泥页岩和泥页岩；泥炭沼泽发育于分流间湾和潮坪之上，并有多层厚煤层出现。

山西组分为上、下两段：下段底部为灰白色中砂岩，向上为含砾粗砂岩，具冲刷面特征，之后沉积一套煤层、砂质泥页岩和中砂岩；顶部为厚层泥页岩夹一层薄煤层。上段底部为灰白色含砾粗砂岩，砂状结构、块状构造，向上粒度变细，为砂质泥页岩、中砂岩和煤层；中部为中砂岩和粗砂岩；顶部为厚层泥页岩夹灰白色中砂岩和砂质泥页岩。整个山西组沉积相属于辫状河沉积，亚相包括：辫状河道、河道边部、泛滥盆地、河漫沼泽、泥炭沼泽。由于该剖面位于冲积体系的上游，所以砂岩粒度偏粗，辫状河道砂岩多为含砾粗砂岩。

鄂尔多斯盆地东南缘尧头镇曹村剖面出露较好，顶底完整。本溪组底部为铝土岩、细砂岩和粉砂岩；中部为石灰岩和薄煤线；顶部为砂质泥页岩。沉积相整体属于潟湖—潮坪—沼泽组合。

太原组为含泥段，底部为晋祠砂岩，顶部以山西组北岔沟砂岩为界。太原组下部为一套灰色泥页岩，碳质含量较低，中间夹一层薄煤层，煤层中可见大量石膏结晶层；中部分由于地形原因覆盖严重，无法观察；上部为一套暗色泥页岩，碳质含量高，下伏为煤层，是有利的页岩气勘探层位。整个太原组沉积相属于潟湖—潮坪—沼泽组合。

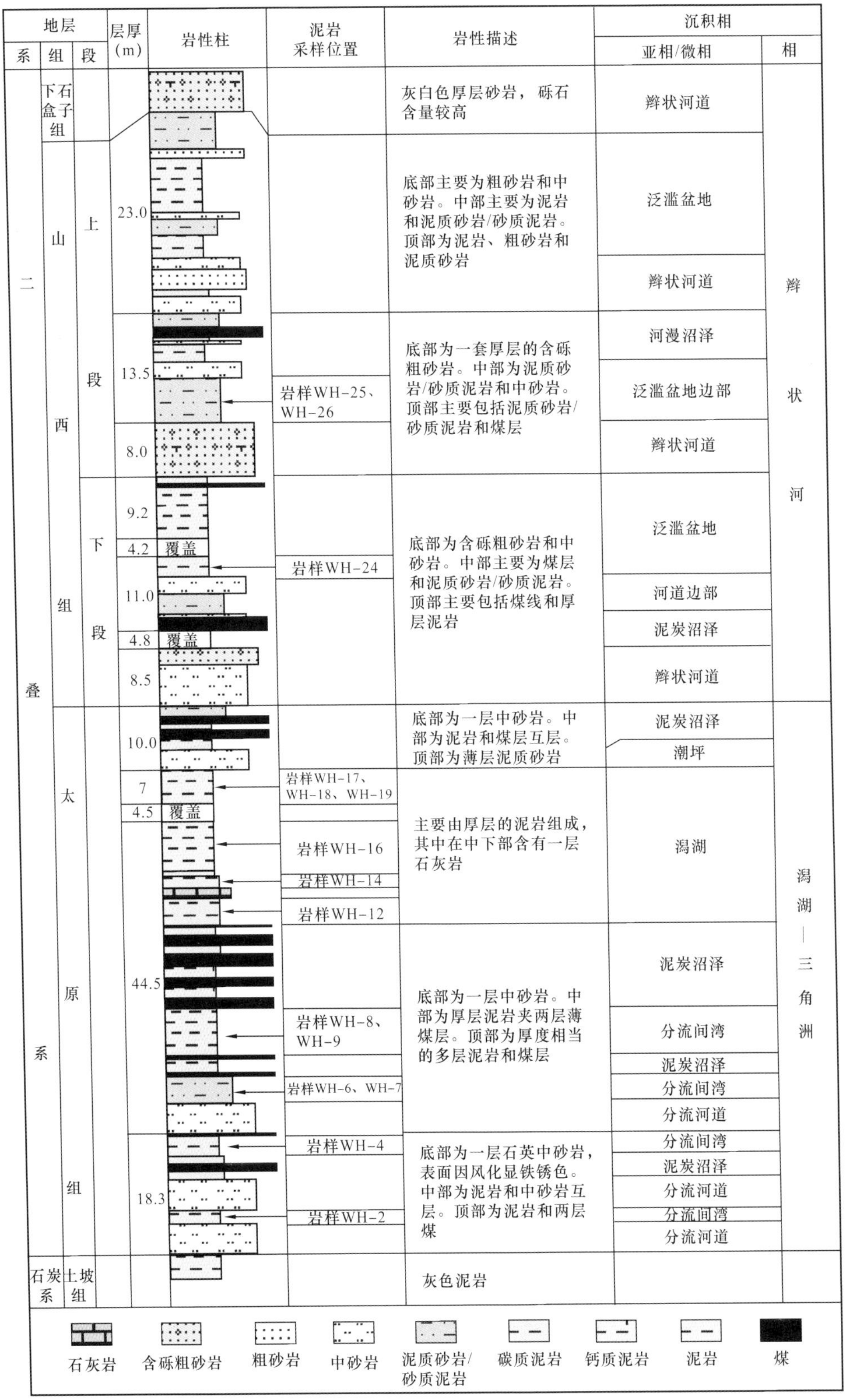

系	组	段	层厚(m)	泥岩采样位置	岩性描述	亚相/微相	相
二叠系	下石盒子组				灰白色厚层砂岩，砾石含量较高	辫状河道	辫状河
	山西组	上段	23.0		底部主要为粗砂岩和中砂岩。中部主要为泥岩和泥质砂岩/砂质泥岩。顶部为泥岩、粗砂岩和泥质砂岩	泛滥盆地 辫状河道	
			13.5 8.0	岩样WH-25、WH-26	底部为一套厚层的含砾粗砂岩。中部为泥质砂岩/砂质泥岩和中砂岩。顶部主要包括泥质砂岩/砂质泥岩和煤层	河漫沼泽 泛滥盆地边部 辫状河道	
		下段	9.2 4.2 覆盖 11.0 4.8 覆盖 8.5	岩样WH-24	底部为含砾粗砂岩和中砂岩。中部主要为煤层和泥质砂岩/砂质泥岩。顶部主要包括煤线和厚层泥岩	泛滥盆地 河道边部 泥炭沼泽 辫状河道	
	太原组		10.0		底部为一层中砂岩。中部为泥岩和煤层互层。顶部为薄层泥质砂岩	泥炭沼泽 潮坪	潟湖—三角洲
			7 4.5 覆盖	岩样WH-17、WH-18、WH-19 岩样WH-16 岩样WH-14 岩样WH-12	主要由厚层的泥岩组成，其中在中下部含有一层石灰岩	潟湖	
			44.5	岩样WH-8、WH-9 岩样WH-6、WH-7	底部为一层中砂岩。中部为厚层泥岩夹两层薄煤层。顶部为厚度相当的多层泥岩和煤层	泥炭沼泽 分流间湾 泥炭沼泽 分流间湾 分流河道	
			18.3	岩样WH-4 岩样WH-2	底部为一层石英中砂岩，表面因风化显铁锈色。中部为泥岩和中砂岩互层。顶部为泥岩和两层煤	分流间湾 泥炭沼泽 分流河道 分流间湾 分流河道	
石炭系	土坡组				灰色泥岩		

石灰岩 含砾粗砂岩 粗砂岩 中砂岩 泥质砂岩/砂质泥岩 碳质泥岩 钙质泥岩 泥岩 煤

图 2-3 鄂尔多斯盆地西北缘内蒙古乌海市乌达区道路沟剖面

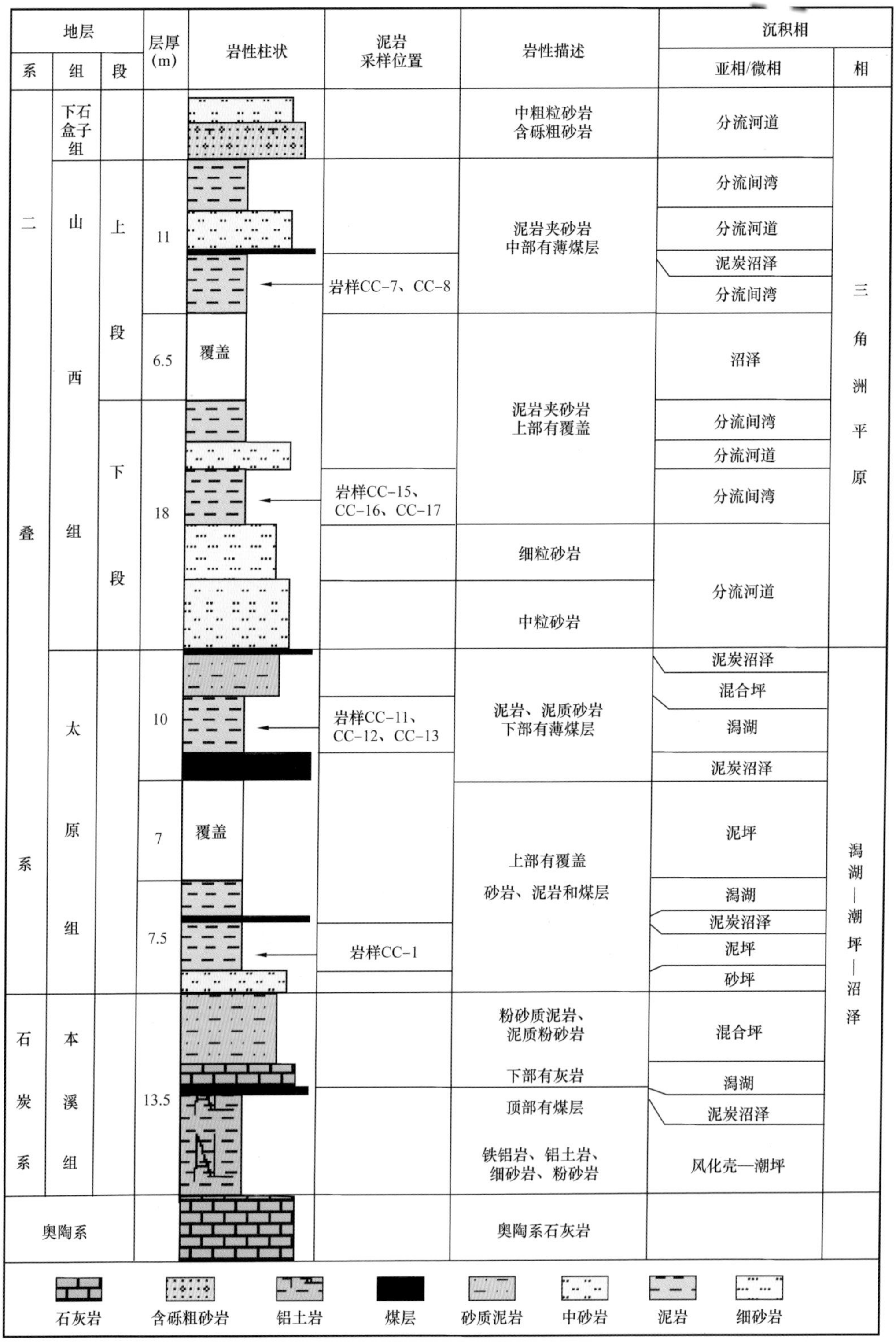

地层 系	地层 组	地层 段	层厚(m)	岩性柱状	泥岩采样位置	岩性描述	沉积相 亚相/微相	沉积相 相
二叠系	下石盒子组					中粗粒砂岩 含砾粗砂岩	分流河道	三角洲平原
	山西组	上段	11			泥岩夹砂岩 中部有薄煤层	分流间湾	
							分流河道	
							泥炭沼泽	
					岩样CC-7、CC-8		分流间湾	
			6.5	覆盖		泥岩夹砂岩 上部有覆盖	沼泽	
		下段	18				分流间湾	
							分流河道	
					岩样CC-15、CC-16、CC-17		分流间湾	
						细粒砂岩	分流河道	
						中粒砂岩		
	太原组		10			泥岩、泥质砂岩 下部有薄煤层	泥炭沼泽	潟湖—潮坪—沼泽
							混合坪	
					岩样CC-11、CC-12、CC-13		潟湖	
							泥炭沼泽	
			7	覆盖		上部有覆盖 砂岩、泥岩和煤层	泥坪	
			7.5				潟湖	
							泥炭沼泽	
					岩样CC-1		泥坪	
							砂坪	
石炭系	本溪组		13.5			粉砂质泥岩、 泥质粉砂岩	混合坪	
						下部有灰岩	潟湖	
						顶部有煤层	泥炭沼泽	
						铁铝岩、铝土岩、 细砂岩、粉砂岩	风化壳—潮坪	
奥陶系						奥陶系石灰岩		

石灰岩　含砾粗砂岩　铝土岩　煤层　砂质泥岩　中砂岩　泥岩　细砂岩

图 2-4　鄂尔多斯盆地东南缘陕西省澄城县尧头镇曹村剖面

山西组整体表现为泥页岩和砂岩互层。底部为北岔沟砂岩，岩性为浅白色、灰白色中粗砂岩，其上为细砂岩，再向上即为中砂岩、暗色碳质泥页岩和薄煤层的互层，顶部的泥页岩和上覆的下石盒子组骆驼脖子砂岩呈整合接触。整个山西组沉积相属于三角洲平原沉积，亚相包括：分流河道、分流间湾、泥炭沼泽，自下而上这些亚相的发育有一定的重复，说明其沉积经历了多个旋回。

整体而言，太原组中部与上部发育较多暗色泥页岩，并夹有多层煤层，碳质含量高，展布较稳定；山西组泥岩多夹砂岩。相对而言，太原组暗色泥页岩较山西组更发育。

四、泥页岩空间展布特征

前人研究表明（李新景等，2016；林腊梅等，2013；赵长毅，1996），地层的沉积环境、古构造及古气候环境直接影响着地层的沉积物及沉积构造特征。一般来说，在海水偏深、水体比较平静的沉积相中沉积的地层，可以不断接受来自陆源的较细粒物质沉积，经后期缓慢压实沉积作用，形成较厚的泥页岩。在气候相对温暖潮湿气候条件下，易形成含碳量高的富有机质暗色泥页岩。

泥页岩的埋深影响着页岩气的生成和聚集。只有当泥页岩达到一定的埋深（一定的温度、压力），干酪根才能开始大量的生烃和排烃。同时，埋深也直接影响着页岩气藏的经济价值及其经济效益，埋深太浅则页岩气不易保存，埋深太深则加大了开发成本。具有一定的有效厚度是泥页岩形成页岩气藏的重要条件。一定的厚度能够为页岩气的生成提供物质基础，为页岩气的储存提供足够的空间。同时，泥页岩的厚度越大，其封盖能力越强，从而能够减少页岩气的逸散，有利于页岩气的保存与成藏（付广等，1998）。

鄂尔多斯盆地太原—山西组在整个盆地发育较为稳定，岩性复杂、互层频繁，泥页岩单层厚度小、层数多，累计厚度大。受多期构造运动影响，整个盆地内的泥页岩埋深变化较大，分布在500～3800m。平面上看，鄂尔多斯盆地太原组和山西组泥页岩埋深的总体趋势相同，在局部有一定差异（图2-5和图2-6）。盆地北部太原—山西组被剥蚀区覆盖，埋深由盆地东北部向中部伊陕斜坡区逐步加大，呈现由东向西埋深加大的趋势。最浅处位于准格尔旗和府谷附近，埋深约500m；最深处位于靖边和延安附近，埋深一般大于3500m。鄂尔多斯盆地中东部泥页岩埋深在1000～3500m，最有利于页岩气的生成和储集。

鄂尔多斯盆地太原组泥页岩发育不稳定，连续厚度较小，累计厚度分布在0～30m，不同地区泥页岩厚度变化差异较大。神木—佳县一带厚度较大，泥页岩厚度分布在5～25m。除东部以外，大部分地区泥页岩厚度都在20m以下（图2-7）。鄂尔多斯盆地太原组的碳质泥页岩厚度分布在5～20m，东部神木和榆林地区厚度大于15m（图2-8）。

鄂尔多斯盆地山西组底部的泥页岩发育较差，被砂岩或煤层分割为若干层厚度较小的泥页岩层；顶部的泥页岩发育稳定，纵向上连续性较好，沿东西向整体呈中间厚两边薄的变化趋势。山西组泥页岩累计厚度分布在30～80m。除北部伊盟隆起以外，泥页岩厚度均大于30m，靖边、绥德部分区域泥页岩厚度大于60m，乌审旗、神木等部分区域泥页岩厚度在50m以上（图2-9）。鄂尔多斯盆地山西组碳质泥页岩厚度分布在10～20m，东南部地区厚度多大于20m（图2-10）。

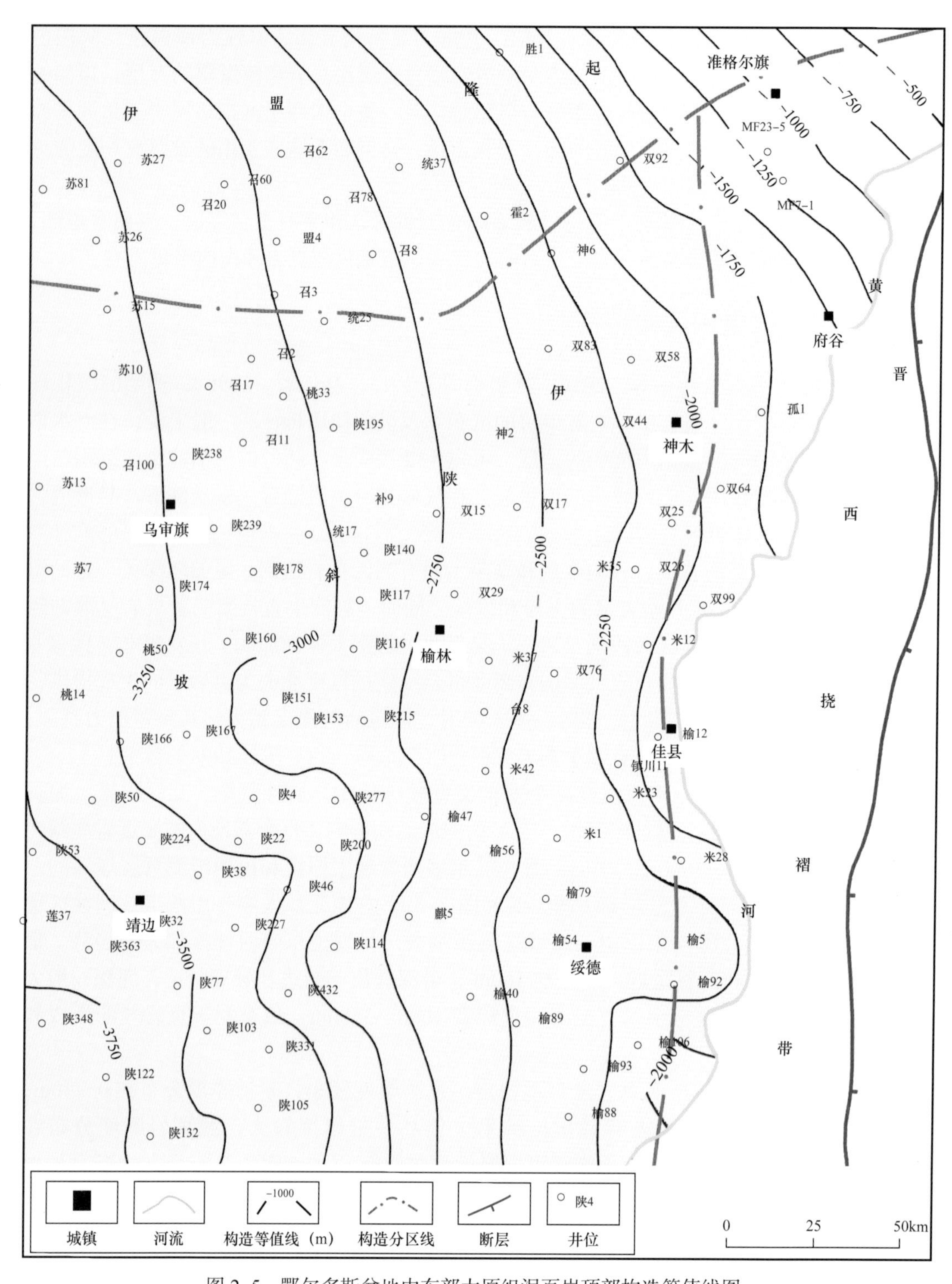

图 2-5　鄂尔多斯盆地中东部太原组泥页岩顶部构造等值线图

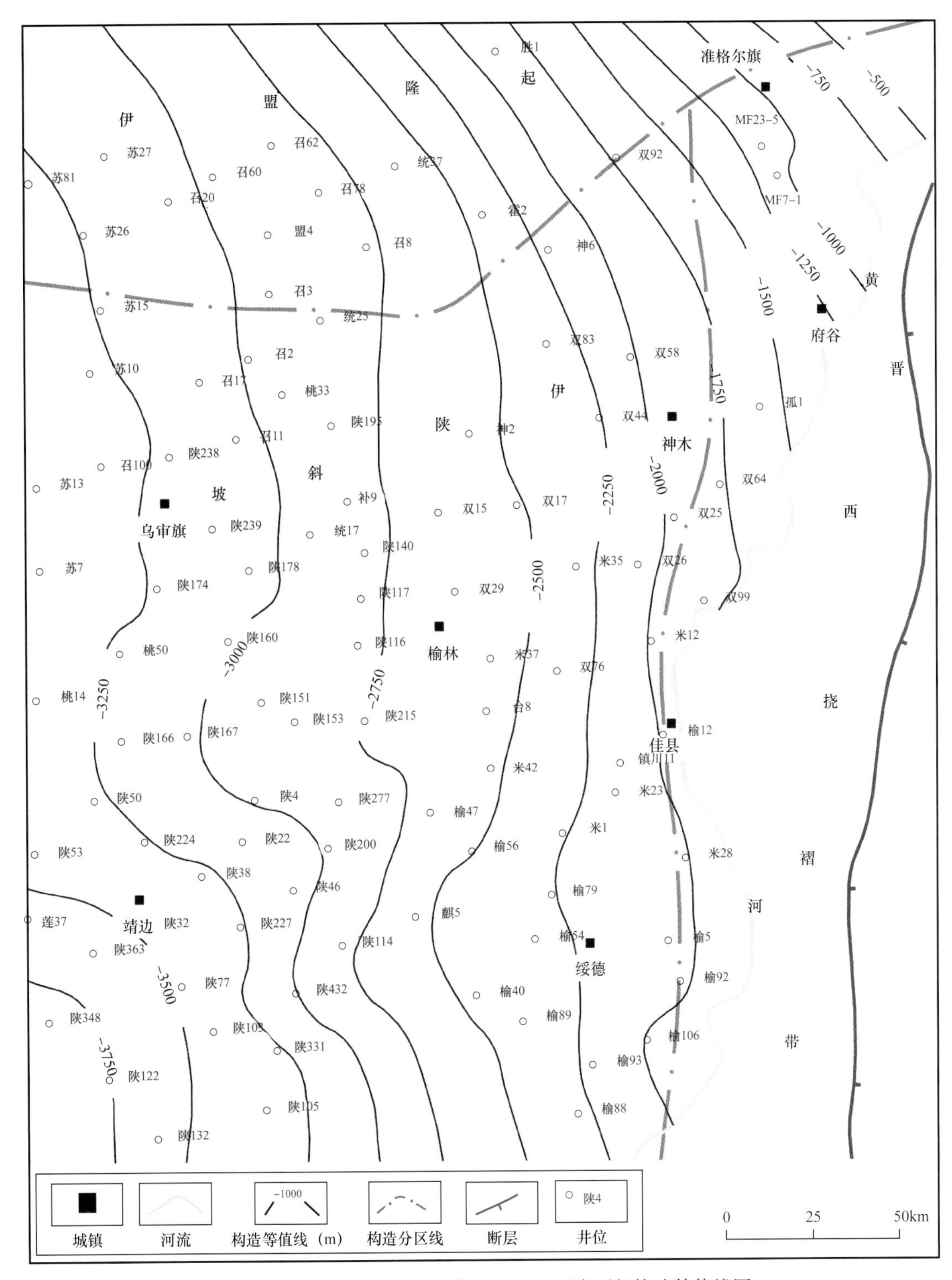

图 2-6　鄂尔多斯盆地中东部山西组泥页岩顶部构造等值线图

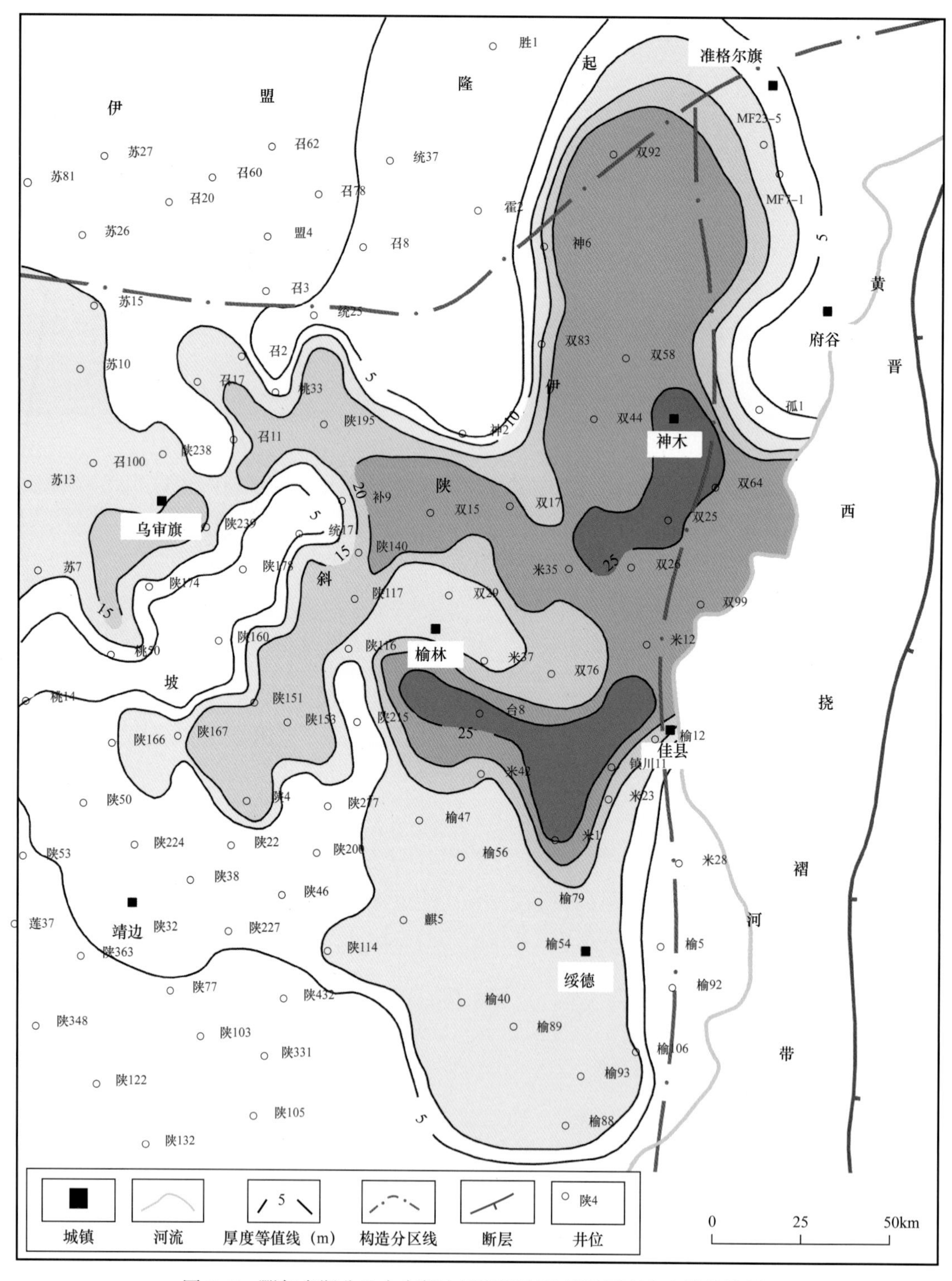

图 2-7　鄂尔多斯盆地中东部太原组泥页岩累计厚度分布等值线图

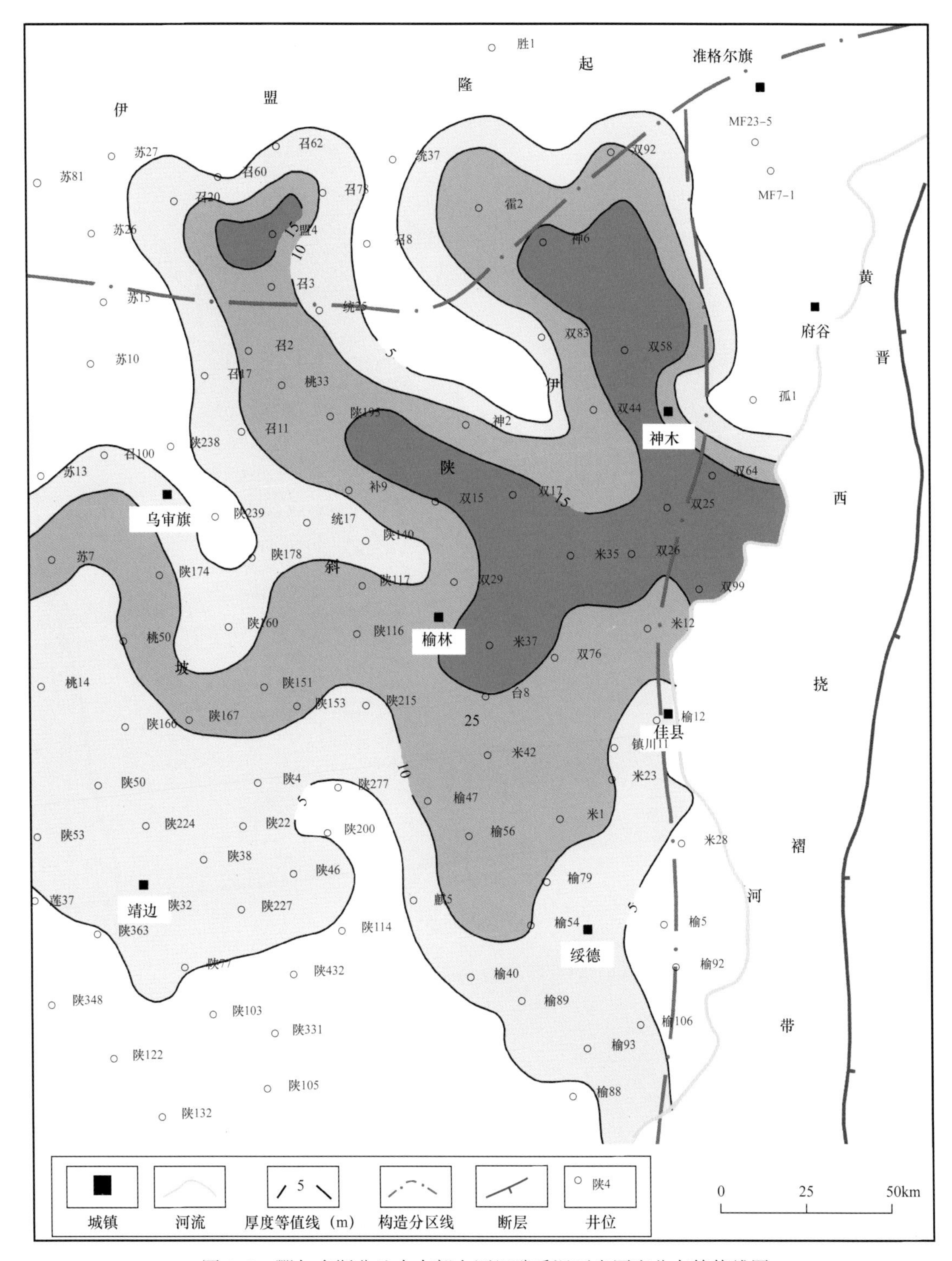

图 2-8　鄂尔多斯盆地中东部太原组碳质泥页岩厚度分布等值线图

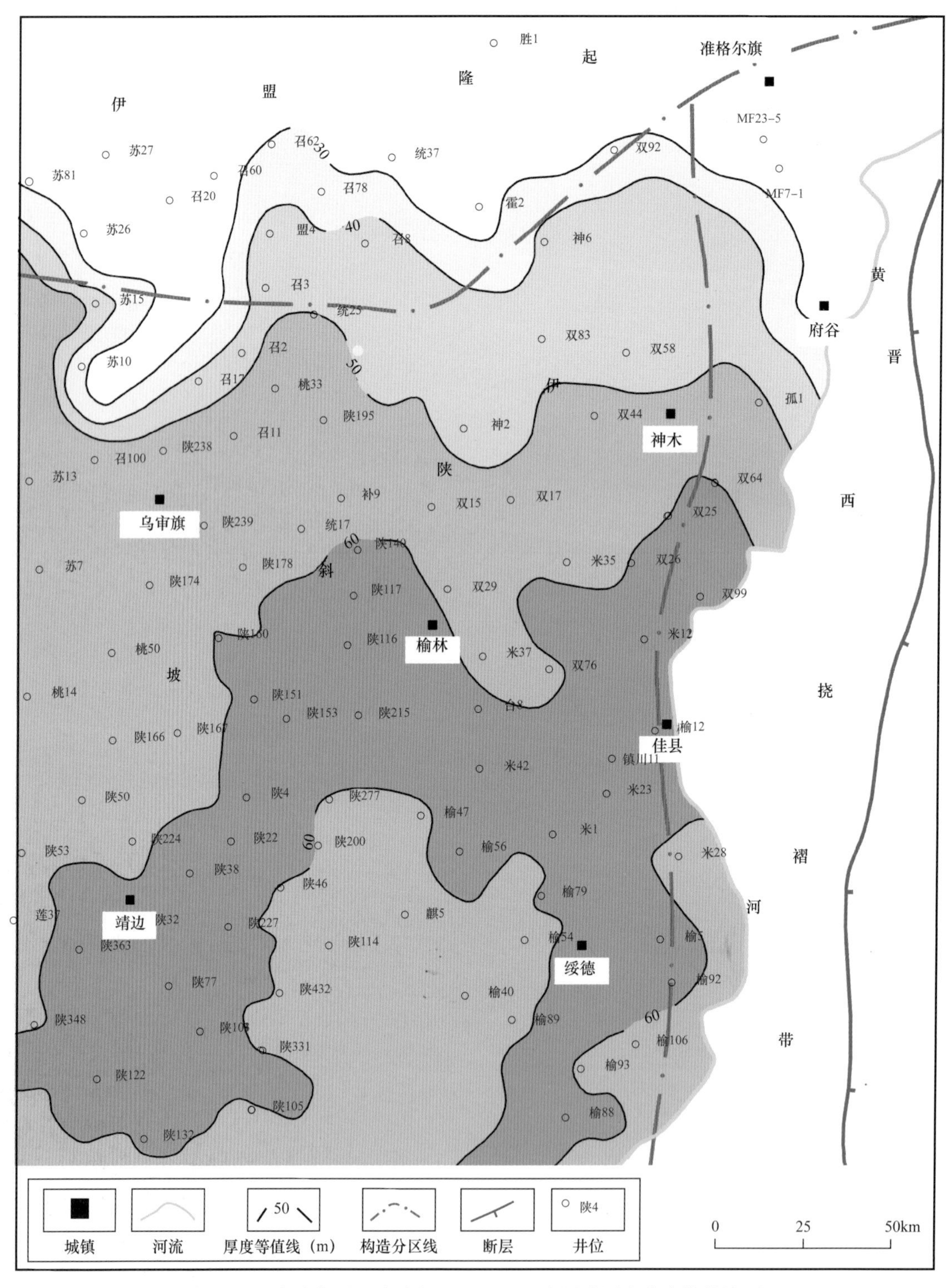

图 2–9　鄂尔多斯盆地中东部山西组泥页岩累计厚度分布等值线图

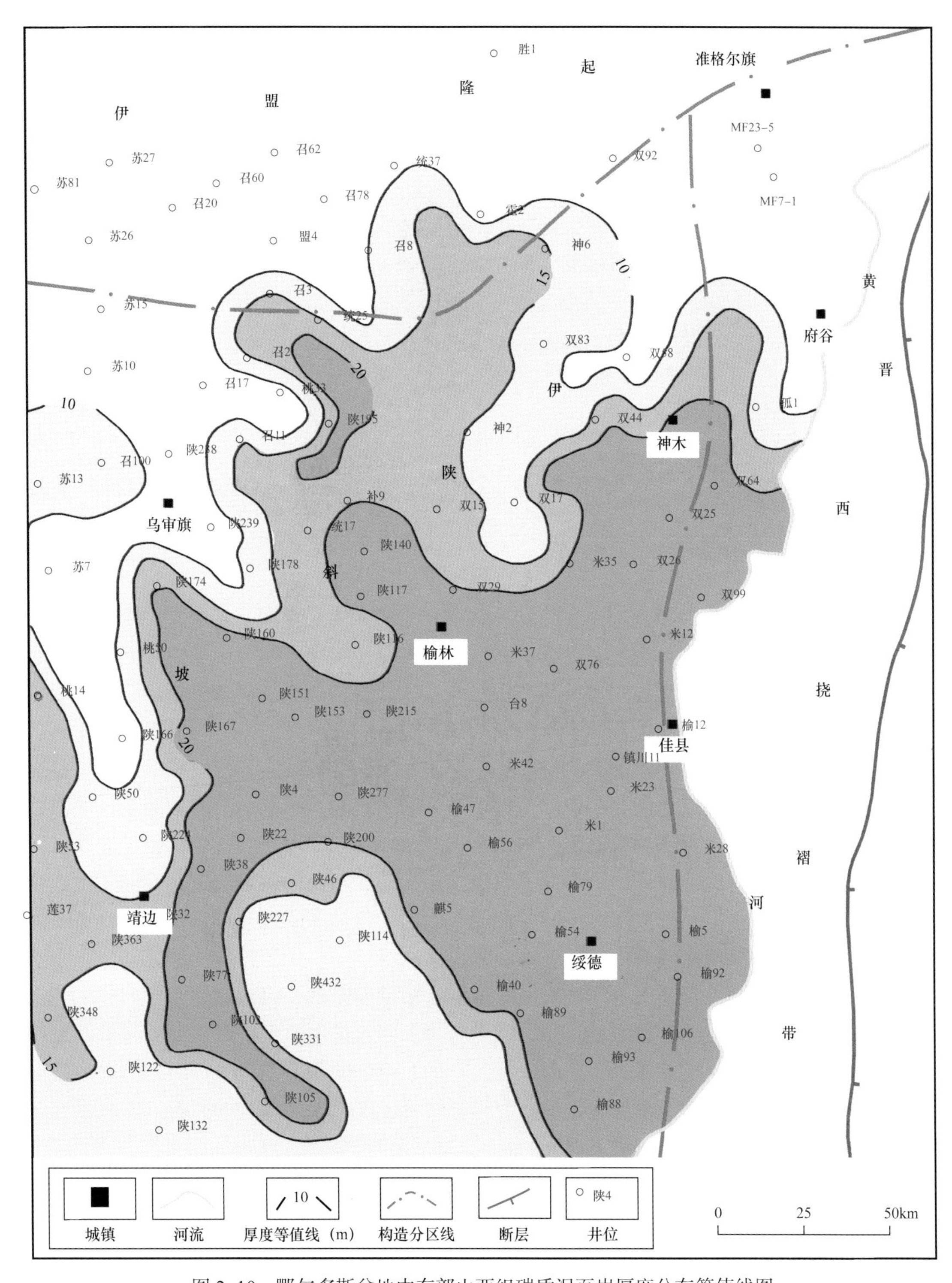

图 2-10　鄂尔多斯盆地中东部山西组碳质泥页岩厚度分布等值线图

第二节　沁水盆地

沁水盆地位于山西省东南部，晋西挠褶带中段，西起黄河，东抵吕梁山脉。盆地东西宽约 120km，南北长约 330km，总面积约 30000km^2，是中生代末期发育于古生界基底之上近南北向的大型复式向斜构造盆地。四周分别为太行山隆起、霍山隆起、中条隆起和五台山隆起所限。盆地总体呈鞋底状，向北北东延伸，内部发育不同类型的次级褶皱和断裂。盆地地层属华北地层区划，缺失志留系、泥盆系和下石炭统，其中二叠系太原—山西组为典型的海陆过渡—陆相沉积，是中国重要的含煤地层，也是海陆过渡相页岩气勘探的重要层位（Guo、Wang，2013；Su 等，2005；梁宏斌等，2011）。

一、区域构造特征

受华北地台构造演化影响，沁水盆地的形成演化包含几个重要阶段。中—晚元古代，沁水盆地南北两侧分别是古秦祁海和古兴蒙海，沁水盆地乃至整个华北地区的构造演化与两个洋壳对华北古陆的俯冲作用密切相关。由于它们向华北地台的不断俯冲，致使晚元古代末期，沁水盆地抬升为陆，处于大陆剥蚀状态。至晚古生代末期，沁水盆地的演化仍受控于整个华北地区的构造演化（秦勇等，2014；王莉萍，2012；闫宝珍等，2008）。

中生代开始，受太平洋板块俯冲及扬子板块剪刀式与华北板块碰撞的影响，华北板块开始产生差异分化，沁水盆地开始了其独立的演化过程。三叠纪时期，沁水盆地处于构造稳定发展阶段，但构造活动较前期有所加强。扬子板块向北俯冲，与华北板块碰撞拼接在一起，同时太平洋板块以北北西向向欧亚板块俯冲，受其综合影响，三叠纪末期，沁水盆地抬升遭受剥蚀。早—中侏罗世，由于太平洋板块及印度板块向华北板块的俯冲，在区内产生北西—南东方向的挤压应力，形成了以北东向、北北东向为主的构造；晚侏罗世，地壳进入强烈活动高潮期，形成了北东向、北北东向的伸展拉张断裂，沁水盆地抬升遭受剥蚀，盆地两侧的吕梁山及太行山开始形成。早白垩世继承了晚侏罗世的构造特征，沁水盆地进一步抬升遭受剥蚀，受太平洋板块及印度板块俯冲的影响，沁水盆地东侧形成北北东向的逆断层，由于该时期岩浆活动剧烈，在太行山东侧及沁水盆地的西侧处于强烈伸展作用之下，形成了沁水盆地西侧的晋中断陷及太行山东侧的断陷盆地，太行山、吕梁山最终形成；晚白垩世，该区构造仍然主要受太平洋板块及印度板块的俯冲的影响，沁水盆地仍以挤压抬升剥蚀为主，逐渐形成了现今的复向斜构造的雏形。

古近纪仍然继承了白垩纪的构造演化历程，以抬升剥蚀为主，仅在沁水盆地西侧的晋中断陷为断陷沉降区，但由于其早期抬升较高，没有接受古近纪沉积；新近纪及第四纪，沁水盆地及周缘地区以抬升剥蚀为主，仅在晋中断陷和山间断陷盆地接受了新近纪和第四纪沉积，并且由于喜马拉雅期多期次的挤压抬升，使先期形成的褶皱进一步被改造，逐渐形成现今的构造格局（顾娇杨等，2011；杨克兵等，2010；朱炎铭等，2014）。

盆地现今构造面貌为一近南北向的大型复式向斜，次级褶皱发育，局部为近南东、北东向和弧形走向的褶皱，中部则以北北东向褶皱发育为特点，断裂以北东、北北东和北东东向高角度正断层为主，集中分布于盆地西北部、西南部及东南部边缘，具体可划分为12 个构造区带（图 2-11）。

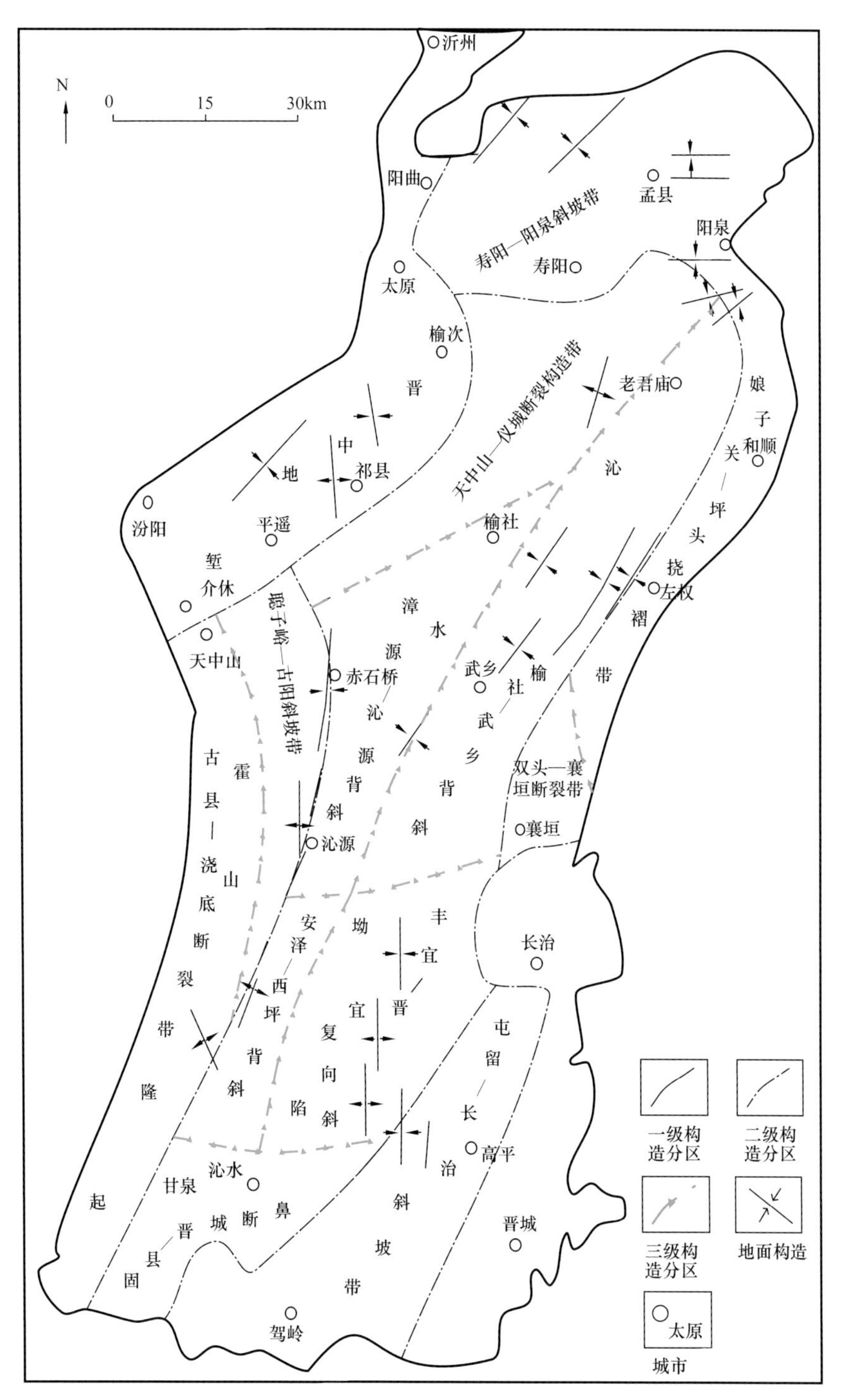

图 2-11　沁水盆地构造特征（据刘飞，2007，修改）

Ⅰ—寿阳—阳泉斜坡带；Ⅱ—天中山—仪城断裂构造带；Ⅲ—聪子峪—古阳斜坡带；Ⅳ—漳源—沁源带状断裂背斜构造带；Ⅴ—榆社—武乡断裂背斜构造带；Ⅵ—娘子关—坪头挠褶带；Ⅶ—双头—襄垣断裂构造带；Ⅷ—古县—浇底断裂构造带；Ⅸ—安泽—西坪断裂背斜构造带；Ⅹ—丰宜—晋仪复向斜带；Ⅺ—屯留—长治斜坡带；Ⅻ—固县—晋城断裂鼻状构造带

二、地层发育特征

沁水盆地地层属于华北地层区划（表2-2），自古生界至中、新生界均有出露，总体埋藏较浅。盆地自下而上发育奥陶系、石炭系、二叠系、三叠系和第四系，缺失志留系、泥盆系和下石炭统。受形态影响，沁水盆地地层展布具有典型的向斜盆地特征，边缘出露地层老，盆地内部出露较新地层。

表2-2 沁水盆地区发育地层简表

地层					岩性特征	厚度（m）
界	系	统（群）	组	代号		
新生界	第四系	全新统	汾河组	Q_4f	砂砾岩、砂及亚砂土	0～14
		上更新统	马兰组	Q_3m	亚砂、亚黏土	0～15
			峙峪组	Q_3s	亚砂、亚黏土	0～20
		中更新统	离石组	Q_2l	亚黏土、含钙质结核	0～30
		下更新统	大墙组	Q_1d	黏土	0～60
中生界	三叠系	下统	和尚沟组	T_1h	紫灰色薄—中层细粒砂岩夹紫红色泥岩	50
			刘家沟组	T_1l	浅灰、紫红色薄—中层细粒砂岩夹紫红色泥岩、砂岩	15～595
上古生界	二叠系	上统	石千峰组	P_2sh	黄绿色厚层状砂岩与紫红色泥岩互层	22～217
		中统	上石盒子组	P_2s	黄绿色中细粒砂岩夹泥岩	22～250
			下石盒子组	P_1x	黄绿色砂岩、粉砂岩、泥岩互层局部夹煤线	60～90
		下统	山西组	P_1s	黑色泥岩、粉砂质泥岩、粉砂岩煤层	42～60
			太原组	C_3t	灰白色中细粒砂岩、粉砂岩、泥岩、石灰岩、煤层	78～127
	石炭系	上统	本溪组	C_2b	灰褐色铁铝岩，底部见窝状山西式铁矿	1～53
下古生界	奥陶系	中统	峰峰组	O_2f	中厚层状豹皮状石灰岩，灰色薄层状白云质灰岩	50～170
			上马家沟组	O_2s	上部灰黑色中厚层状石灰岩，下部为泥灰岩，角砾状泥灰岩	170～308
			下马家沟组	O_2x	中厚层石灰岩，下部为角砾状泥灰岩，底部为浅灰、钙质泥岩	37～213
		下统		O_2l	青灰色厚层状白云岩，含燧石条带	64～208

奥陶系在盆地四周出露地表，岩性主要为青灰色厚层石灰岩、灰黑色中厚层石灰岩、泥灰岩和钙质泥岩。

下石炭统本溪组为灰褐色铁铝岩，底部见窝状山西式铁矿；上石炭统太原组是典型的海陆过渡相沉积，岩性交替现象比较频繁，在部分岩层可见少量动植物化石。露头观测及钻井岩性表明太原组岩性主要为灰白色中细粒砂岩、粉砂岩、石灰岩及煤层，其底部出露晋祠砂岩，以此为界可以划分太原组和本溪组。下二叠统山西组沉积时期海侵方向发生改变，发生明显的海退现象，岩石粒度总体较太原组较粗，岩性主要为黑色泥岩、粉砂质泥岩、粉砂岩及煤层，其中煤层在山西组沉积时期广泛发育，北岔沟砂岩充当太原组与山西组的分界层。石盒子组沉积时期继续发生海退现象，盆地岩性较山西组沉积时期更粗，主要为黄绿色砂岩、粉砂岩、泥岩互层，黄绿色中细粒砂岩夹泥岩、黄色泥岩夹砂岩。石千峰组为一套黄绿色厚层状砂岩与紫红色泥岩互层。

三叠系为一套浅灰紫红色薄—中层细粒砂岩夹紫红色泥岩、砂岩和灰紫色薄—中层细粒砂岩夹紫红色泥岩。第四系为黏土、含钙质结核亚黏土及砂砾岩。

太原组在本区广泛分布，保存完整，是当前进行页岩气勘探的主要层系。露头观测及钻井岩性表明目的层岩性主要为铝土质泥岩、泥岩、石灰岩、粉砂岩、煤层，并且岩层互层比较频繁。本溪组主要特征是发育灰褐色铁铝岩，并且局部地区出露窝状山西式铁矿；太原组沉积多套石灰岩，并且底部出露晋祠砂岩，以此为界可以划分太原组和本溪组，北岔沟砂岩充当太原组与山西组的分界层。由于在山西组沉积时期继续发生海退现象，导致山西组主要以砂岩、煤层、泥岩为主，不发育石灰岩，并且山西组煤层在全区均有发育。

三、沉积相特征

沁水盆地的下石炭—上二叠统主要包括太原组和山西组，为典型的海陆过渡相沉积。中奥陶世后，西北部靠近阴山古陆地区及南部古隆起较高外，山西境内广大地区准平原化。中石炭世后，经过本溪组沉积期的填平补充，地形更趋平坦，总趋势是北高南低，均匀沉降和补给，有利于大范围成沼，也给海水向西北方向进泛创造了有利条件；晚石炭世后期，贺兰坳拉槽填平补齐并停止活动，至晚石炭世太原组沉积时期海水逐渐侵入，且不断扩大范围，最终使得祁连、华北盆地相互连通，盆地中广泛的滨海相沉积体系逐渐形成，并且含有大量的煤层。此时，因兴蒙海槽的关闭，伊盟隆起北部隆升的区域成为主要的物源区，整体上盆地呈北陡南缓，北高南低的构造格局，冲积扇、三角洲、潮坪—障壁岛—浅水陆棚碳酸盐岩等沉积体系共存，并形成陆源碎屑与碳酸盐岩的混合沉积；随后，华北地台整体抬升，海水从盆地两侧退出，盆地由陆表海盆变为近海湖盆，沉积环境由海相转为陆相的过渡沉积，南北差异沉降和相带分异增强，该期沉积特征主要表现为三角洲相取代潮坪—浅水陆棚相，沉积相带呈现南北分异的特点，由北向南由冲积平原、三角洲

平原、三角洲前缘过渡到浅湖沉积，海相碳酸盐岩沉积逐渐演变为陆相碎屑岩含煤沉积（邵龙义等，2006）。

沁水盆地太原组以海陆过渡相沉积为主，岩性主要为石灰岩、中细砂岩、铝土质泥岩和煤层，石灰岩中可见狭盐性动物化石。盆地北部为三角洲沉积体系，发育三角洲平原和三角洲前缘；盆地中部是以潟湖为主的成煤环境，局部地区发育障壁沙坝；南部是以碳酸盐岩台地—潟湖为主的沉积体系，包括障壁岛、潟湖和潮坪相。总体来说，泥页岩层段主要集中于太原组的下段和中上段，与煤层和砂层形成互层。部分地区太原组下段可见大段灰白色砂砾岩，是为河道冲刷作用的产物。太原组下部发育为水退序列，表现为逆旋回，沉积相指示为沼泽、潟湖、潮坪和分流河道；太原组上部则发生水进，形成正旋回序列，沉积相指示为分流间湾、潟湖、分流河道、潮坪和沼泽。煤层在盆地大部分区域都有分布。

太原组沉积时期沁水盆地发生两次海进、海退交替现象，造成在盆地内沉积了多套石灰岩层，受海侵方向的影响，盆地内部石灰岩厚度呈规律性变化。山西组底部发育较厚的北岔沟砂岩，特征明显，可作为划分山西组与下伏太原组的标志层。

山西组沉积早期海水水位低，整个沁水盆地几乎都露出水面；后期处于典型的陆相沉积环境，仅在盆地周缘个别区域发现能够指示海相沉积的证据。沁水盆地山西组整体以陆相湖泊及其三角洲体系沉积为主，属于浅水三角洲沉积体系。盆地北部沉积相主要为三角洲平原相。煤层以亮煤为主，可见少量暗煤夹层，分布广泛分布。三角洲平原分流河道沉积了多套砂岩，以灰色—深灰色细砂岩、粉砂岩为主。分流河道岩性中下部以细砾粗砂岩和粗砂岩为主，发育槽状或板状交错层理；上部岩性以中—细粒砂岩为主，发育平行层理。盆地中部主要发育湖相，三角洲间湾、三角洲前缘和三角洲前缘远端等沉积相。煤层发育广泛、层数多、厚度较小。三角洲前缘由不同的微相组成，包括远沙坝和分流沙坝，以下部为细粒沉积、上部为粗粒沉积，具有反粒序特征的远沙坝为主。岩性以互层状分布的泥岩、粉砂岩、砂质泥岩为主。泥岩、粉砂岩中多见植物根化石、植物碎屑化石，具有平坦状断口，裂隙发育，水平层理发育，可见小型冲刷充填构造。远沙坝之上是分流沙坝，岩性以长石石英砂岩为主，厚度适中，分选性好。盆地南部是以湖泊为主的成煤环境，湖相分布面积最广，煤层厚度大，岩性以互层状分布的泥岩、粉砂岩、泥质粉砂岩、砂质泥岩为主。泥岩断口呈参差状或平坦状，可见黄铁矿结核或散晶、植物根部化石；细砂岩以石英、长石为主，局部可见鲕粒，发育不规则裂隙，裂隙以泥质充填为主，部分可见方解石充填。山西组沉积期的物源区包括两部分，主要是北部阴山古陆以及西南部附近的中条古陆。

以沁水盆地西北缘的太原西山王封乡剖面（图 2-12）、西缘的古阳镇北老母坡剖面（图 2-13）和东缘的昔阳南老乌岭剖面（图 2-14）为例，分析太原组泥页岩的发育水平和沉积特征。

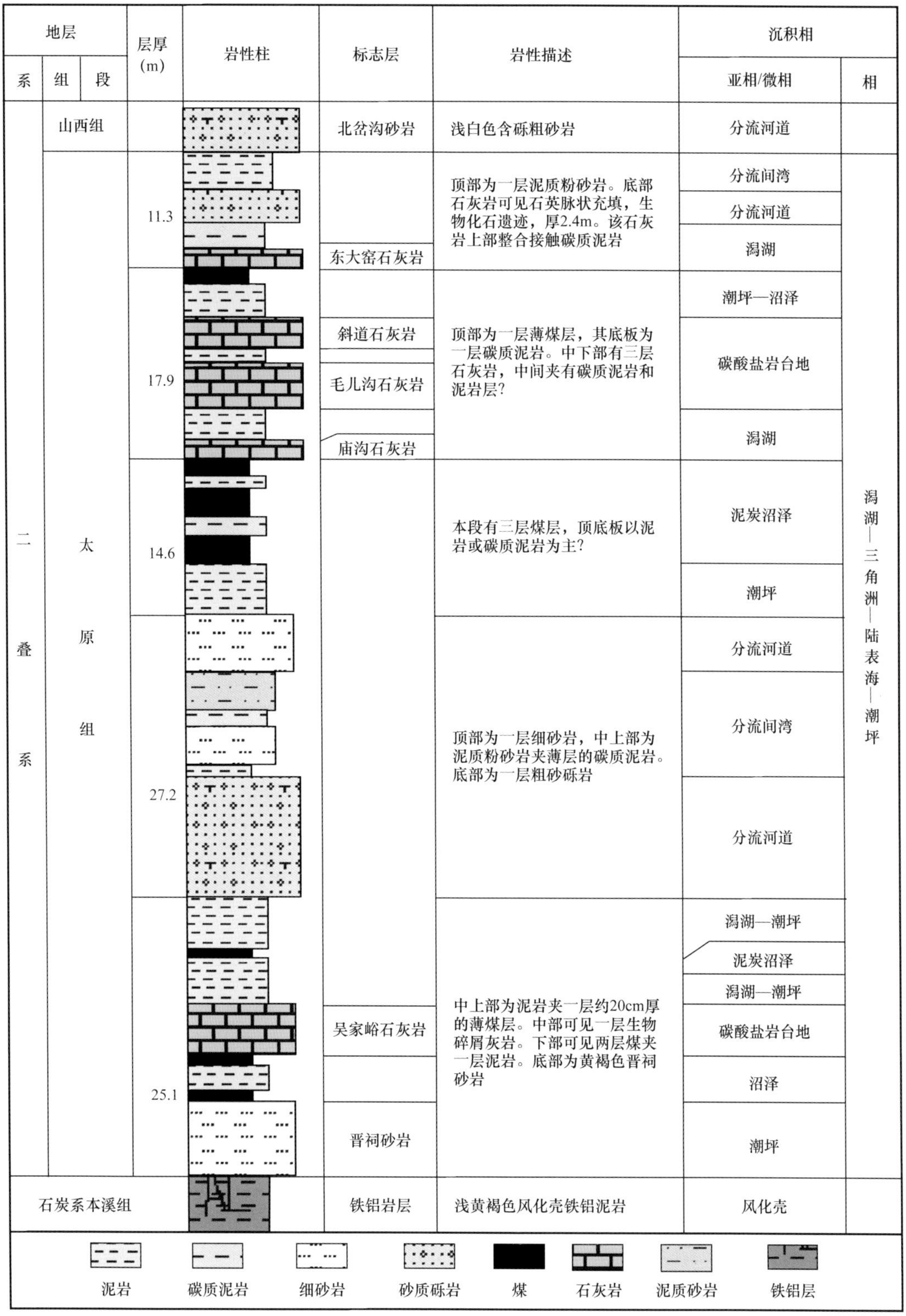

地层			层厚(m)	岩性柱	标志层	岩性描述	沉积相	
系	组	段					亚相/微相	相
二叠系	山西组				北岔沟砂岩	浅白色含砾粗砂岩	分流河道	
	太原组		11.3		东大窑石灰岩	顶部为一层泥质粉砂岩。底部石灰岩可见石英脉状充填，生物化石遗迹，厚2.4m。该石灰岩上部整合接触碳质泥岩	分流间湾 分流河道 潟湖	潟湖—三角洲—陆表海—潮坪
			17.9		斜道石灰岩 毛儿沟石灰岩 庙沟石灰岩	顶部为一层薄煤层，其底板为一层碳质泥岩。中下部有三层石灰岩，中间夹有碳质泥岩和泥岩层?	潮坪—沼泽 碳酸盐岩台地 潟湖	
			14.6			本段有三层煤层，顶底板以泥岩或碳质泥岩为主?	泥炭沼泽 潮坪	
			27.2			顶部为一层细砂岩，中上部为泥质粉砂岩夹薄层的碳质泥岩。底部为一层粗砂砾岩	分流河道 分流间湾 分流河道	
			25.1		吴家峪石灰岩 晋祠砂岩	中上部为泥岩夹一层约20cm厚的薄煤层。中部可见一层生物碎屑灰岩。下部可见两层煤夹一层泥岩。底部为黄褐色晋祠砂岩	潟湖—潮坪 泥炭沼泽 潟湖—潮坪 碳酸盐岩台地 沼泽 潮坪	
石炭系本溪组					铁铝岩层	浅黄褐色风化壳铁铝泥岩	风化壳	

图例：泥岩　碳质泥岩　细砂岩　砂质砾岩　煤　石灰岩　泥质砂岩　铁铝层

图 2-12　沁水盆地西北缘太原西山王封乡地层剖面

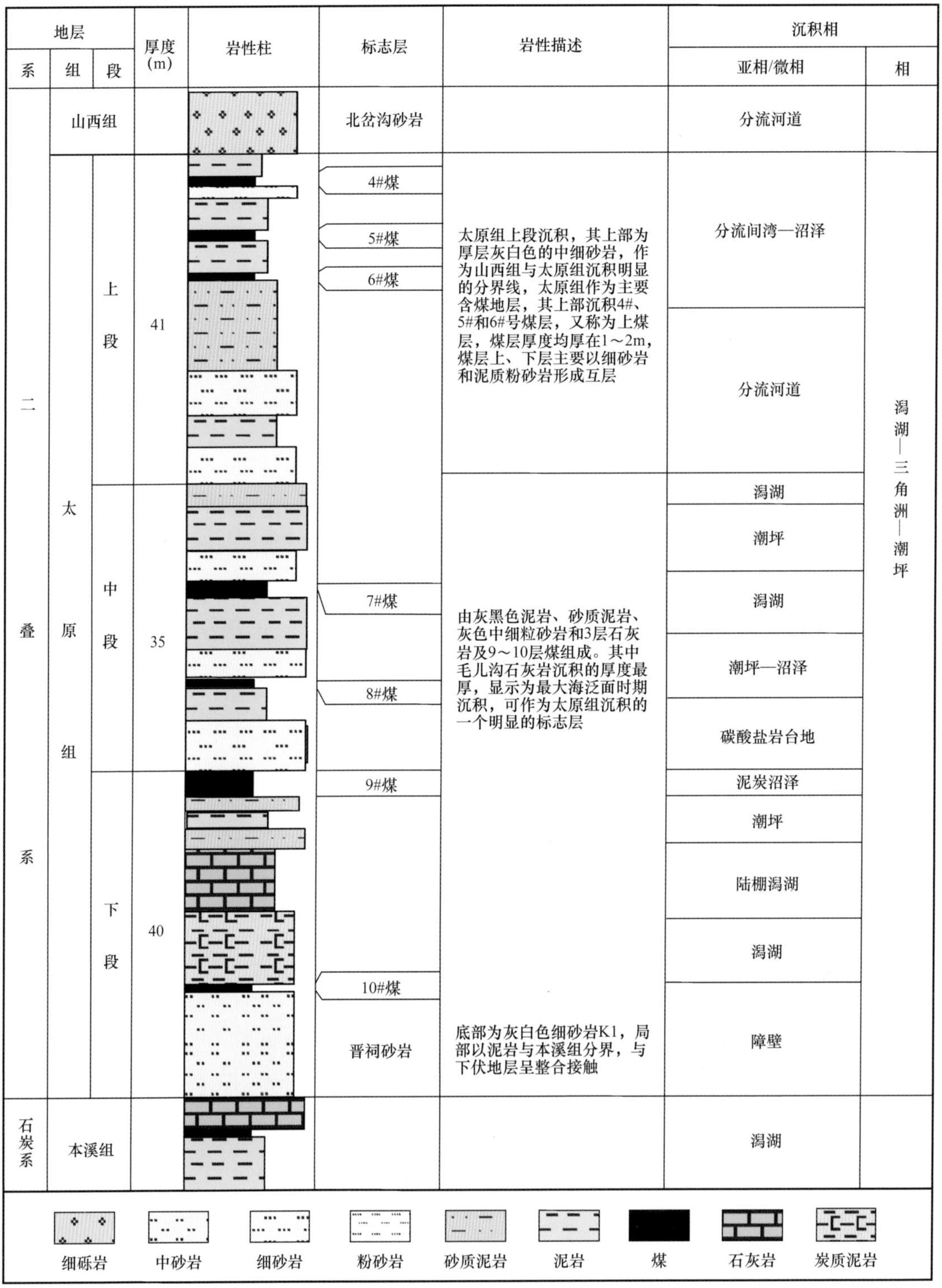

地层			厚度(m)	岩性柱	标志层	岩性描述	沉积相	
系	组	段					亚相/微相	相
二叠系	山西组				北岔沟砂岩		分流河道	
二叠系	太原组	上段	41		4#煤	太原组上段沉积，其上部为厚层灰白色的中细砂岩，作为山西组与太原组沉积明显的分界线，太原组作为主要含煤地层，其上部沉积4#、5#和6#号煤层，又称为上煤层，煤层厚度均厚在1～2m，煤层上、下层主要以细砂岩和泥质粉砂岩形成互层	分流间湾—沼泽	潟湖—三角洲—潮坪
					5#煤			
					6#煤		分流河道	
		中段	35			由灰黑色泥岩、砂质泥岩、灰色中细粒砂岩和3层石灰岩及9～10层煤组成。其中毛儿沟石灰岩沉积的厚度最厚，显示为最大海泛面时期沉积，可作为太原组沉积的一个明显的标志层	潟湖	
							潮坪	
					7#煤		潟湖	
							潮坪—沼泽	
					8#煤		碳酸盐岩台地	
		下段	40		9#煤		泥炭沼泽	
							潮坪	
							陆棚潟湖	
							潟湖	
					10#煤			
					晋祠砂岩	底部为灰白色细砂岩K1，局部以泥岩与本溪组分界，与下伏地层呈整合接触	障壁	
石炭系	本溪组						潟湖	

细砾岩　中砂岩　细砂岩　粉砂岩　砂质泥岩　泥岩　煤　石灰岩　炭质泥岩

图 2-13　沁水盆地西缘古阳镇北老母坡（古县安吉村）剖面

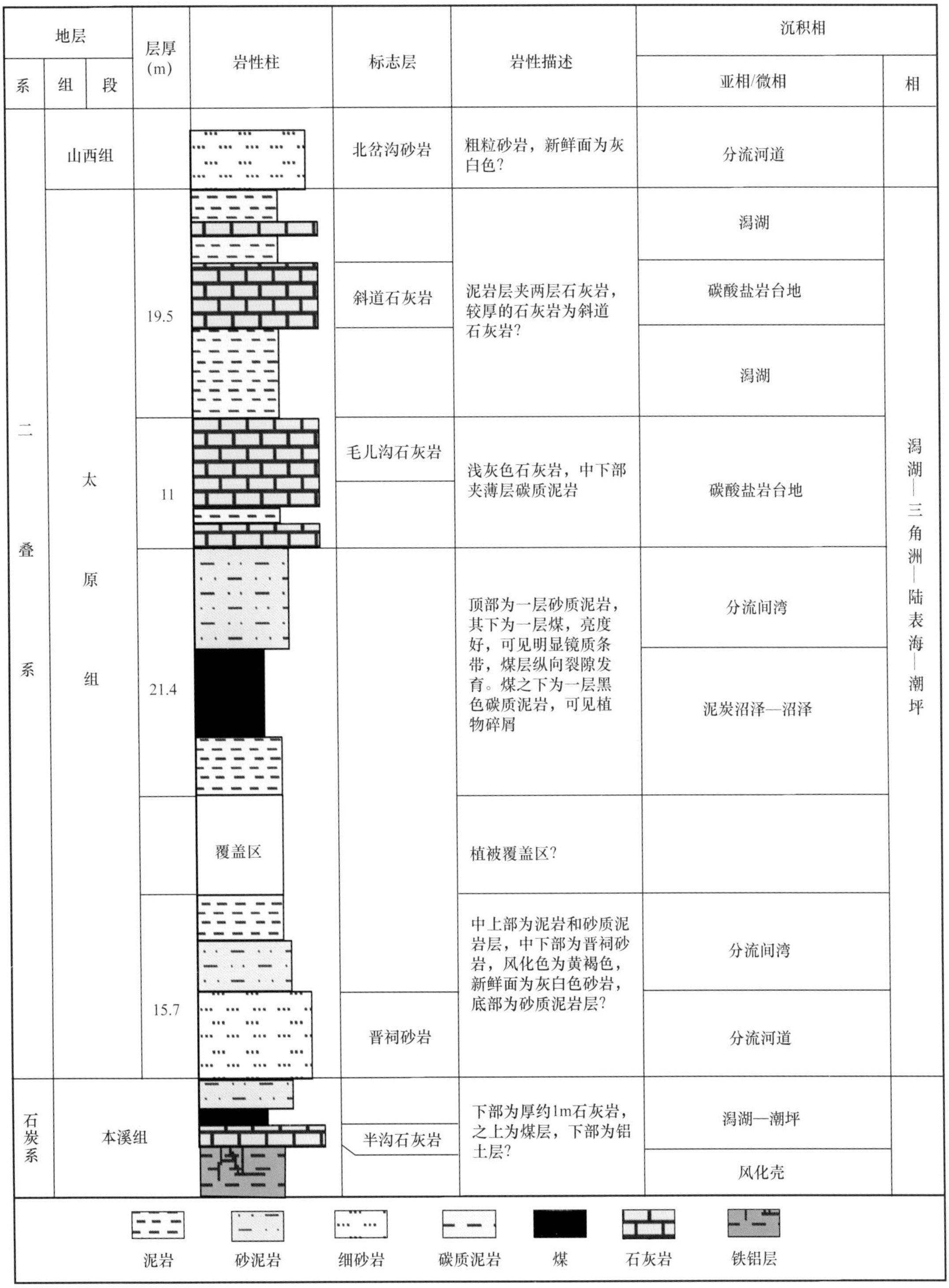

地层 系	地层 组	地层 段	层厚(m)	岩性柱	标志层	岩性描述	沉积相 亚相/微相	沉积相 相
二叠系	山西组				北岔沟砂岩	粗粒砂岩，新鲜面为灰白色?	分流河道	潟湖—三角洲—陆表海—潮坪
	太原组		19.5			泥岩层夹两层石灰岩，较厚的石灰岩为斜道石灰岩?	潟湖	
					斜道石灰岩		碳酸盐岩台地	
							潟湖	
			11		毛儿沟石灰岩	浅灰色石灰岩，中下部夹薄层碳质泥岩	碳酸盐岩台地	
			21.4			顶部为一层砂质泥岩，其下为一层煤，亮度好，可见明显镜质条带，煤层纵向裂隙发育。煤之下为一层黑色碳质泥岩，可见植物碎屑	分流间湾	
							泥炭沼泽—沼泽	
				覆盖区		植被覆盖区?		
			15.7			中上部为泥岩和砂质泥岩层，中下部为晋祠砂岩，风化色为黄褐色，新鲜面为灰白色砂岩，底部为砂质泥岩层?	分流间湾	
					晋祠砂岩		分流河道	
石炭系	本溪组				半沟石灰岩	下部为厚约1m石灰岩，之上为煤层，下部为铝土层?	潟湖—潮坪	
							风化壳	

图例：泥岩　砂泥岩　细砂岩　碳质泥岩　煤　石灰岩　铁铝层

图 2-14　沁水盆地东缘昔阳南老乌岭剖面

沁水盆地王封乡太原组为主要含煤组段之一，其顶、底分别以灰白色含砾粗砂岩与浅黄褐色铝土风化壳作为分界线。总体岩性以泥岩、砂质泥岩为主，砂岩以细砂岩和粉砂岩为主。太原组底部为水退序列，沉积相显示为沼泽、潟湖、潮坪和分流河道；上部则发生水进，形成正旋回序列，沉积相指示为分流间湾、分流河道、潮坪、潟湖和沼泽。

沁水盆地老母坡太原组为最重要的含煤地层段，煤层平均厚度在1～2m，与细砂岩和泥质粉砂岩形成互层。泥岩层主要分布在太原组的中上段。沉积相包括：分流河道、分流间湾、泥炭沼泽和潟湖。

沁水盆地老乌岭剖面太原组底部为砂质泥岩层，其上为太原组底部的标志层晋祠砂岩，风化色为黄褐色，新鲜面为灰白色砂岩。太原组上部为泥岩与砂质泥岩沉积互层，由于植被覆盖，有一部分无法观测，形成覆盖区。太原组中段可见一大段完整的煤层，亮度好，有明显的镜质条带。沉积相包括：分流河道、分流间湾、泥炭沼泽和潟湖。

四、泥页岩空间展布特征

地层的沉积环境、古构造及古气候环境直接影响着地层的沉积物及沉积构造特征（李玉喜等，2011；聂海宽等，2009；杨峰等，2013；郭少斌和黄磊，2013）。泥页岩的厚度和展布情况影响着页岩气的聚集成藏，可用于判断页岩气藏的边界。

沁水盆地太原组泥页岩顶部埋深分布在100～2000m，变化幅度较大。沁水盆地南部及周缘泥页岩埋深较浅，埋深在200m以内；盆地东北部和中部泥页岩埋深较深，可达1330m左右。整体呈边缘浅中央深的变化规律（图2–15）。沁水盆地山西组泥页岩顶部埋深分布在90～1800m，变化幅度较大。盆地东南部及周缘泥页岩埋深在500m以内，东北部和中部泥页岩埋深分别可达1200m和1800m，整体表现为向斜构造，边缘浅中央深（图2–16）。

沁水盆地太原组泥页岩累计厚度为5～80m，变化幅度较大。泥页岩较厚的地区为盆地东北部和中南部，最大值出现在东北部的昔阳地区，累计厚度达80m；泥页岩较薄的地区为盆地南部和西北部，最小值出现在南部的晋城地区，累计厚度不足10m（图2–17）。沁水盆地太原组碳质泥页岩主要位于其上段，单层厚度一般在5～10m；平面上，碳质泥页岩厚度为10～30m，整体分布稳定，北部和东部厚度较大（图2–18）。

沁水盆地山西组泥页岩累计厚度为2～100m，变化幅度较大。西缘古县地区最薄，厚度仅2m；沁源地区南部最厚，可达100m。整个盆地泥页岩厚度分布呈西薄东厚的特征（图2–19）。沁水盆地山西组碳质泥页岩在盆地北部主要位于上段，在盆地南部上、下段都有发育，单层厚度一般在8～15m；平面上，碳质泥页岩厚度为10～30m，东部到东南部厚度较大（图2–20）。

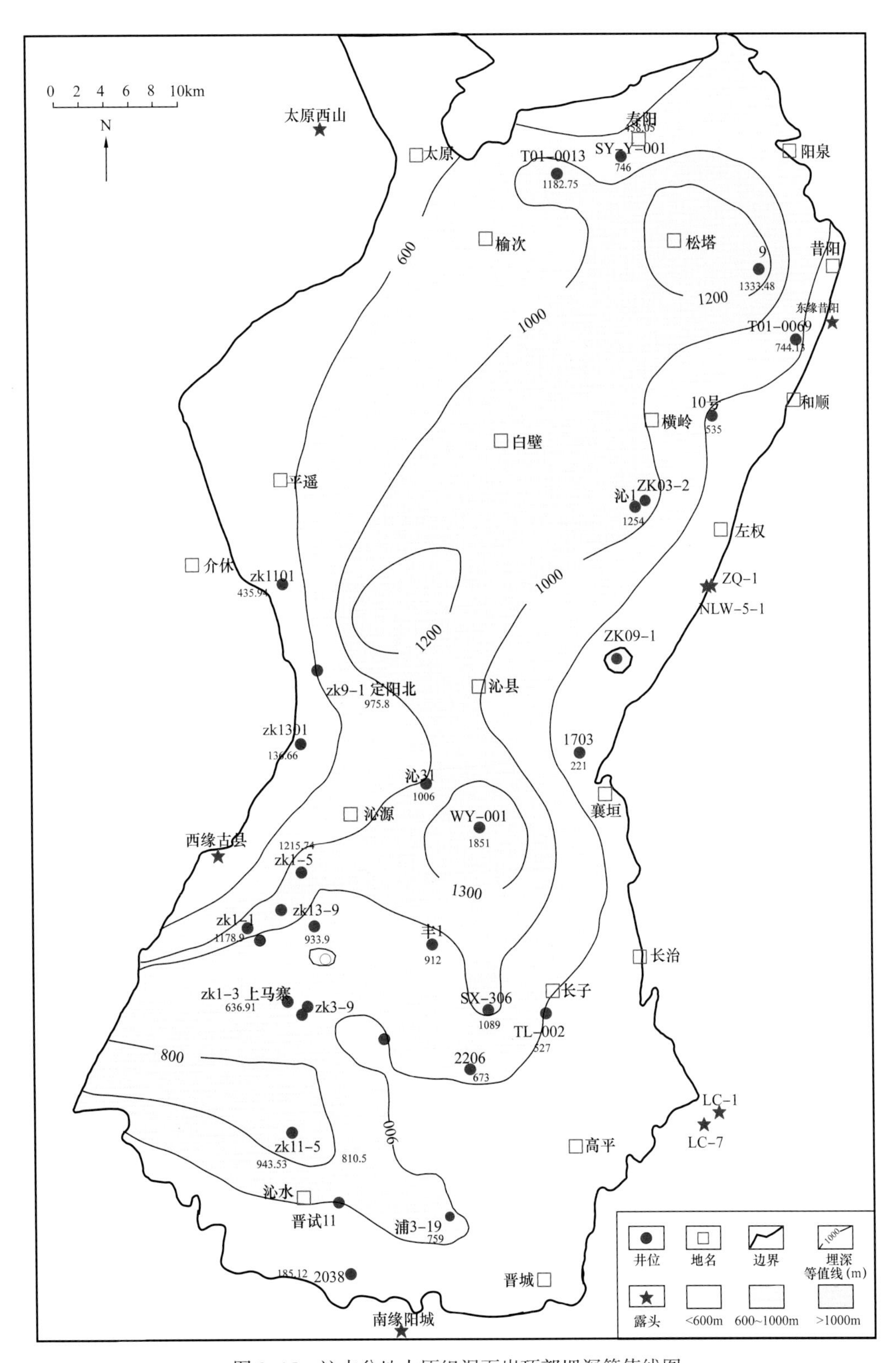

图 2-15 沁水盆地太原组泥页岩顶部埋深等值线图

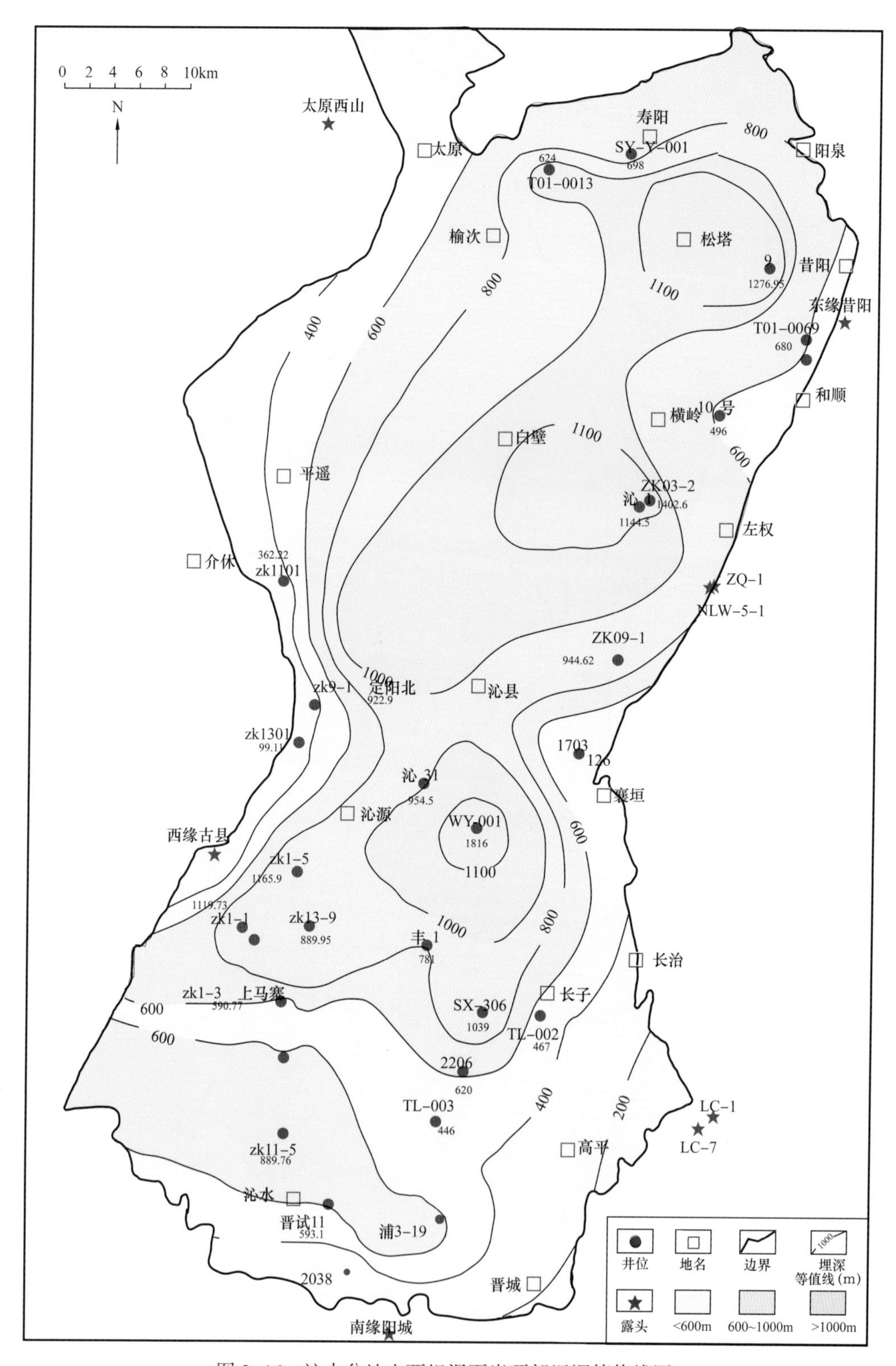

图 2-16　沁水盆地山西组泥页岩顶部埋深等值线图

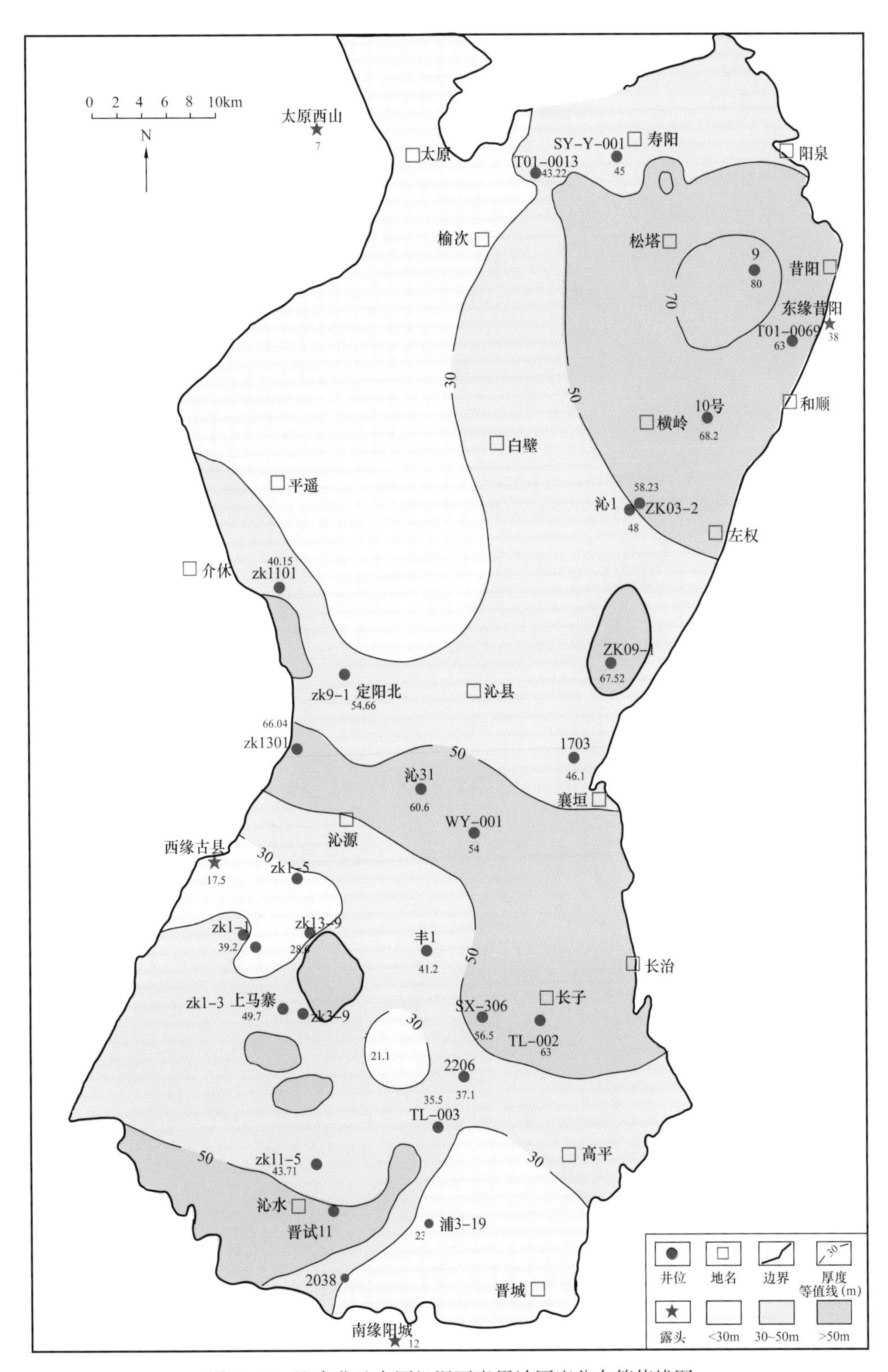

图 2-17 沁水盆地太原组泥页岩累计厚度分布等值线图

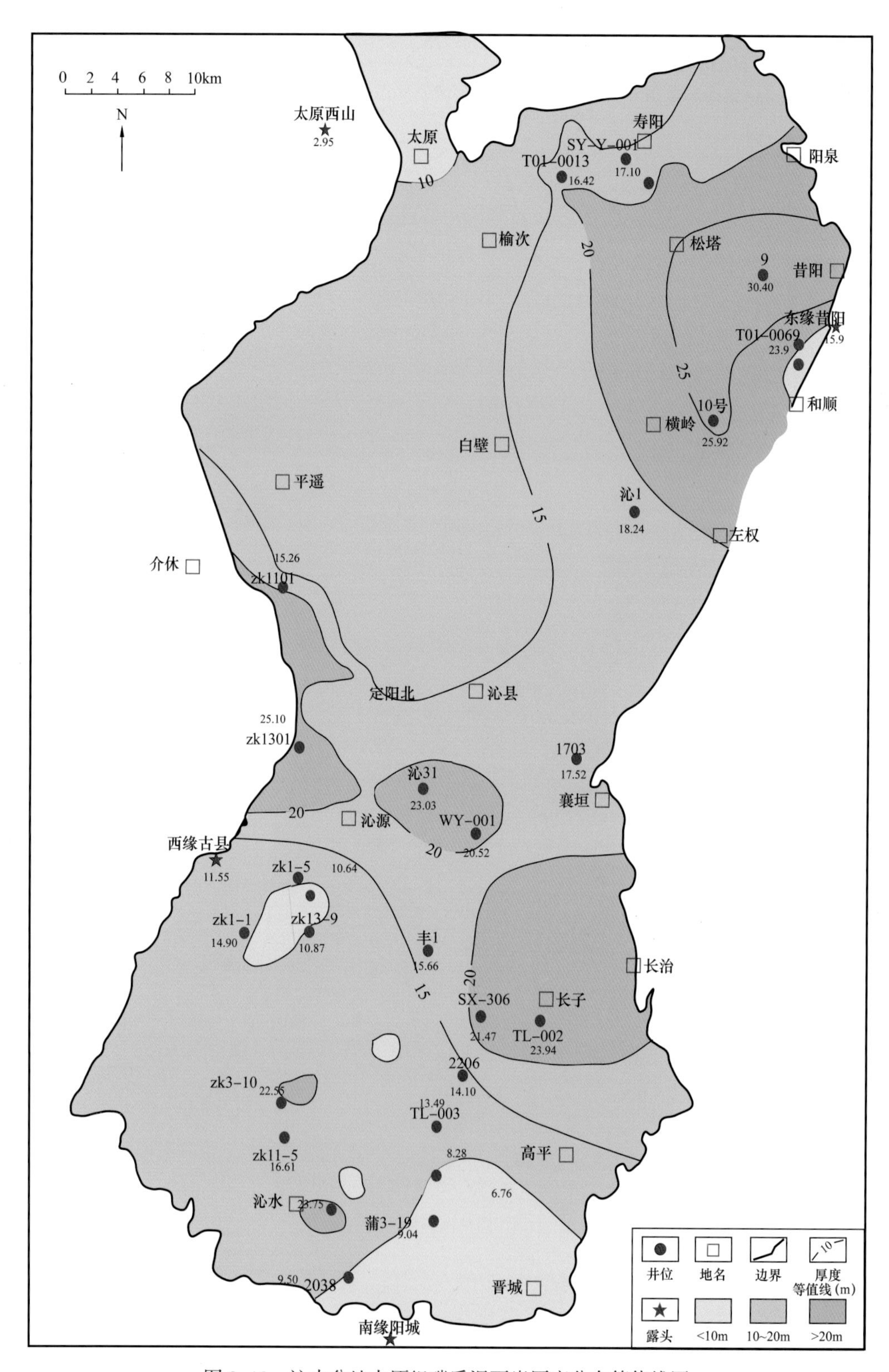

图 2-18 沁水盆地太原组碳质泥页岩厚度分布等值线图

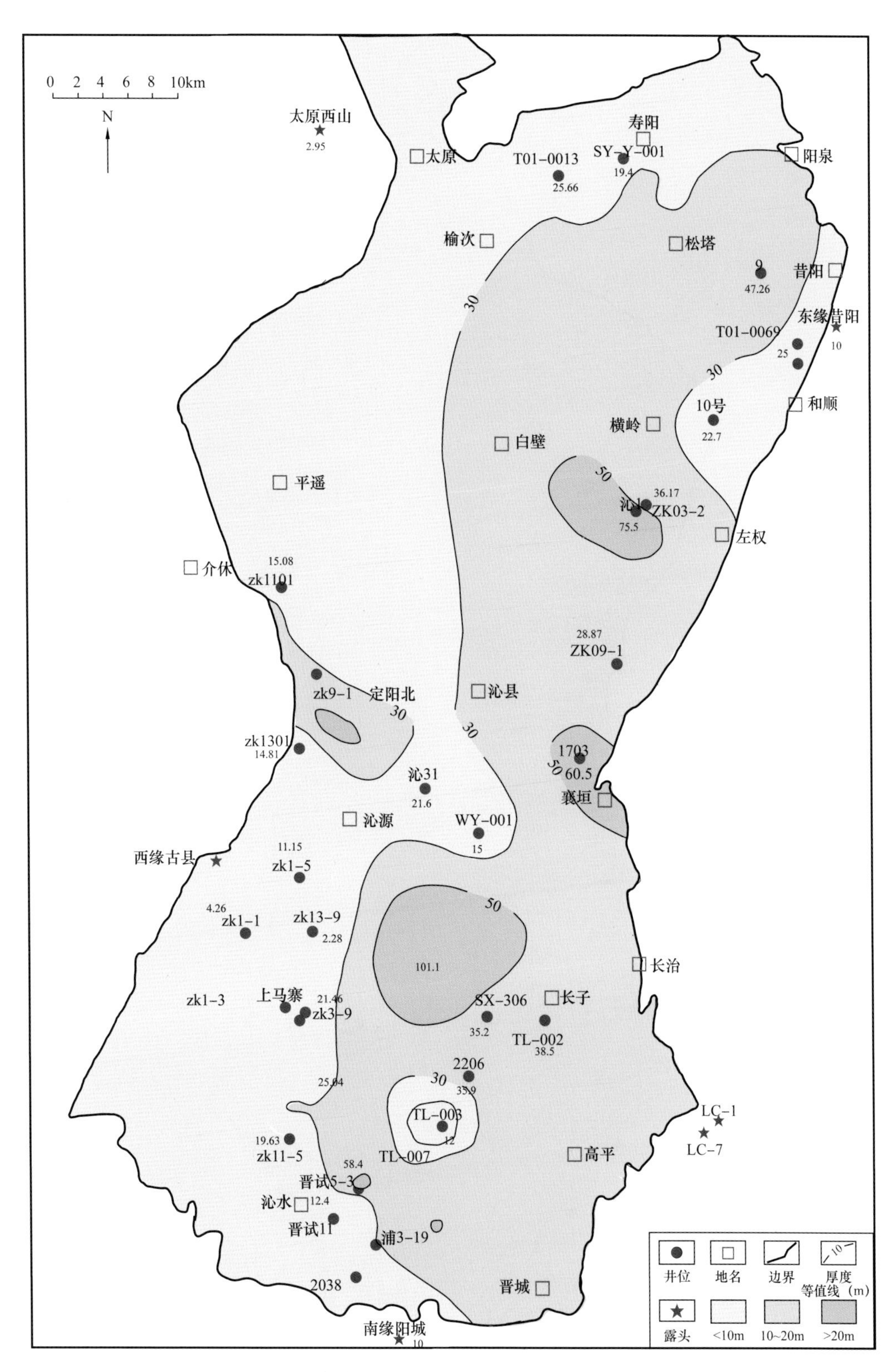

图 2-19　沁水盆地山西组泥页岩累计厚度分布等值线图

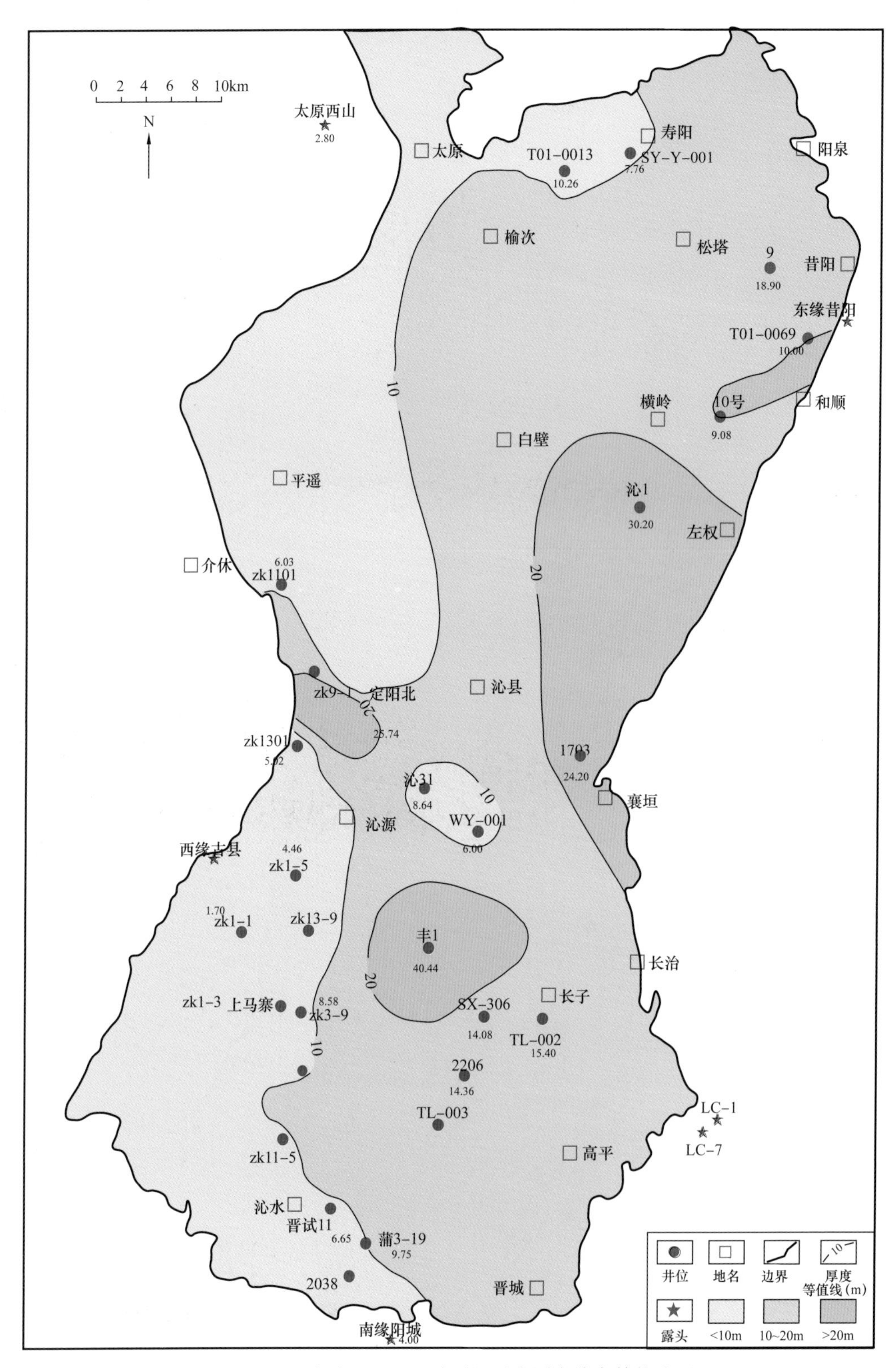

图 2-20 沁水盆地山西组碳质泥页岩厚度分布等值线图

第三节　南华北盆地

南华北盆地是指秦岭—大别造山带以北，郯庐断裂带以西，丰沛凸起以南地区，西含豫西隆起区，位于河南省、安徽省、江苏省、山东省四省交界处，主体位于河南省中、南部，总面积约 15×10^4 km^2（徐汉林等，2004）。地处华北地块南部与东秦岭—大别造山带北侧盆—山接合部位。大地构造位置属于华北板块南部及其边缘，构造线走向主要表现为北西—北西西向（程烜，2012；徐宏节等，2007）。岩性种类主要为沉积岩，普遍分布碳酸盐岩。地表出露的地层主要有寒武系、奥陶系、石炭系、二叠系、三叠系、侏罗系、古近系、新近系及第四系。上古生界厚度整体呈北厚南薄，东厚西薄的特点，北部地层保存较完整，西南方向遭受不同程度的剥蚀（王荣新等，2008）。南华北地区二叠系广泛发育煤系地层和暗色泥页岩，厚度大，具有天然气成藏的有利条件。其中太原组和山西组煤系泥页岩、碳质泥页岩和煤厚度稳定、有机质指标良好，埋深适中，泥页岩储层物性较好，页岩气资源丰富，具有广阔的勘探开发前景（王付斌等，2016）。

一、区域构造特征

从大地构造背景来看，南华北盆地位于华北板块南部及其与秦岭—大别造山带结合部，东临北北东向走滑断裂系统（郯庐断裂系），是在华北地台基础上发育起来的中、新生代叠合盆地。南缘以栾川—确山—固始—肥中断裂（F_1）与秦岭—大别造山带相邻，东与郯庐断裂（F_3）为界，与下扬子区（扬子板块）接邻，北部以焦作—商丘断裂（F_2）与渤海湾盆地分界（徐汉林等，2003）（图 2-21）。受秦岭—大别造山带的控制和中—新生代中国东部构造演化及郯庐断裂的影响，盆地具有东西分块的特点：总体延伸方向为近东西向，与秦岭—大别造山带平行；从南至北可划分为卢氏—周口坳陷带、篙箕—太康隆起带和三门峡—开封坳陷带（程烜，2012）。盆地内的隆、坳分布主要呈东西或北西西向。

南华北盆地主要含煤地层形成于下二叠统太原组和山西组。由于印支、燕山、喜马拉雅期多次构造运动的改造，现今为上覆地层封盖的石炭—二叠系已成为彼此分割的残留块体。其宏观分布格局主要受印支运动控制，印支期的复式向斜带（包括济阳、济源—中牟—黄口及太康地区）是其残留厚度最大的区带。由于燕山期进一步加剧了这种分带的格局，喜马拉雅期的构造发展又加剧了石炭—二叠系含煤岩系的分割及成藏条件的分异性，导致南华北盆地各凹陷下二叠统太原组和山西组成烃—成藏条件变化较大（徐向华等，2011）。

从区域构造演化角度看，南华北盆地主要经历了三个阶段：早震旦世褶皱基底形成阶段、震旦纪—三叠纪克拉通盆地形成阶段、三叠纪后褶皱造山与叠加改造阶段（王荣新等，2008）。

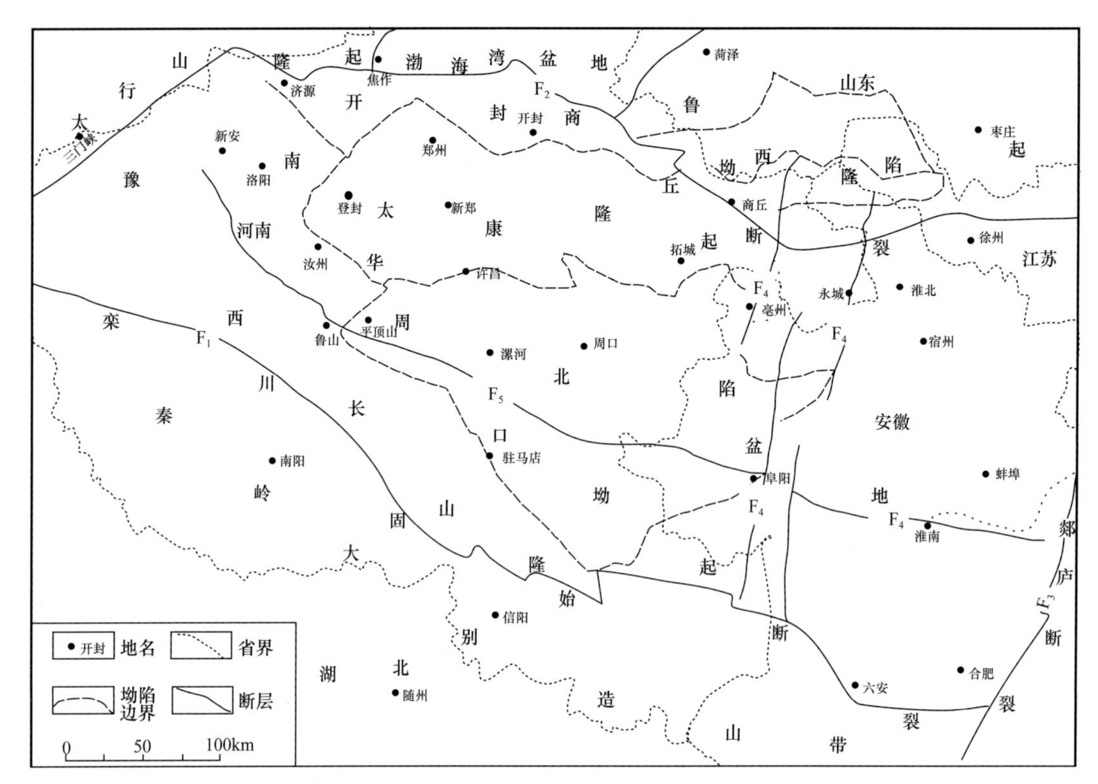

图 2-21　南华北盆地构造特征（据徐汉林等，2003，修改）

F_1—栾川—确山—固始—肥中断裂；F_2—焦作—商丘断裂；F_3—郯庐断裂；

F_4—夏邑—涡阳—麻城断裂；F_5—三门峡—鲁山—阜阳—淮南断裂

太古宙—晚元古代是南华北地区地壳大规模活动期，自太古宙末期形成的松散地块在此期间相互碰撞、拼合，形成规模不等的古陆核，并导致了华北古陆最终固结（徐汉林等，2004）。在这一时期，华北陆块主要经历了篙阳运动、中条运动、王屋山运动以及晋宁运动四次大的构造旋回。每一次构造运动都使得华北陆块陆壳面积不断扩大，洋壳不断缩小，地台边缘优地槽向冒地槽转化，最后一次的晋宁运动使华北、秦岭、扬子联为一体，形成一松散的华夏联合古大陆。自此以后，华北陆块进入了板块构造发展阶段。

震旦纪—中奥陶世初南华北地区基本保持了原先的构造格架，没有发生剧烈的构造运动，为一受秦岭海槽控制的陆表海盆地，北部为剥蚀区，南部为沉降带，海水自南向北侵入。期间的早加里东旋回以升降运动为主，沉积地层以平行不整合接触。寒武纪—中奥陶世经历了板块裂解，地台及被动大陆边缘的构造演化（余合中等，2005）。早加里东运动发生于早奥陶世末至中奥陶世初，华北地台南缘开始抬升，使得海水不断向北东方向退去，陆表海逐渐萎缩。南部边缘隆起带不断向北扩大，至中奥陶世仅在民权—永城—宿迁一线以北地区形成陆表浅海，其内堆积了局限台地相的碳酸盐岩沉积。中奥陶世末，由于秦岭主洋盆洋壳的向北俯冲，商丹—北淮阳断裂与栾川—方城—舒城断裂之间的北秦岭地区转化成为活动大陆边缘。从南向北依次由丹凤蛇绿岩套代表的商丹洋盆、秦岭岛弧和二郎坪蛇绿岩套代表的弧后有限洋盆构成沟—弧—盆体系。栾川—方城—舒城断裂以北地区为华北克拉通古陆隆起，没有接受晚奥陶世—早志留世的沉积。商丹—北淮阳断裂以南的南秦岭地区主体为一残留海盆地。在这一时期，华北地台经历了加里东期和海西期两期构造运动。华北南部自中—晚奥陶世隆起之后至晚石炭世之后重新沉降接受海侵，研究区南邻秦岭后造山伸展盆地，由于边缘隆起的存在，区内为一个南高北低的斜坡，为大华北盆地的组成部分。这种格局一直持续到早二叠世的太原组沉积期。晚石炭世末期，由于南部隆起被风化剥蚀，加之华北地台北部由下沉转为上升，形成了北高南地的古地貌，北部成为剥蚀区，海水由南及南东方向侵入，改变了原有的沉积特征。

从晚三叠世开始，扬子与华北板块之间发生强烈的陆—陆碰撞，秦岭—大别坳拉槽自东向西逐渐关闭，形成反转构造带，向南北两侧逆冲（徐宏节等，2007）。在秦岭—大别造山带的南侧、扬子板块的北缘形成了周缘前陆盆地；在南华北形成了类似前陆盆地结构的沉积坳陷。在古特提斯动力体系与古太平洋动力体系的共同作用下，早印支运动使得南华北地区在大规模隆升的同时，豫皖块体也发生翘曲，造成下—中侏罗统与三叠系之间的平行不整合接触（熊保贤和刘和甫，2000）。靠近郯庐断裂带的东部地区首先隆起并逐渐向西扩展，这种作用与区域隆升运动相结合，使得晚三叠世沉积盆地不断向西退缩，沉积中心不断向西迁移，导致中一晚三叠世大华北盆地的沉降—沉积中心迁移到吕梁山以西地区（陈世悦，2000）。

晚侏罗世—白垩纪南华北盆地属张扭性盆地阶段，华北板块的构造演化主要受到了燕山运动的影响。此时期古太平洋板块开始向亚欧板块之下俯冲，由于俯冲的角度还比较小，使得在俯冲消减带后方以挤压隆起为主；随着俯冲角度的逐渐增大，速度增加，俯冲带深部软流圈熔融物质上涌，导致在华北地区开始大范围的裂陷沉降，形成了南华北地区的中—新生代裂陷盆地，并叠加在早期的原型盆地之上（程烜，2012）。

晚白垩世—古近纪，南华北总体为伸展体质。受印度板块向亚欧板块的碰撞作用和太平洋板块的俯冲作用，中国东部大地构造演化进入今太平洋动力体系演化阶段。中国东部转入以拉张为主的背景之下（程烜，2012），华北地块东部开始向东蠕散，在豫西地区形成一系列呈北东或北北东方向展布的断陷盆地。

二、地层发育特征

南华北盆地地层从古生界、中生界到新生界均有出露，包括震旦系、寒武系、奥陶系、石炭系、二叠系、三叠系、侏罗系、古近系、新近系及第四系。其中，奥陶系马家沟组以上地层和石炭系本溪组以下地层缺失，二叠系保存最为完整，分布最为广泛（表 2–3）。

震旦系在南华北盆地分布局限，主要分布于南部的熊耳裂陷槽、中部的燕辽裂陷槽、北缘裂谷系和东缘裂谷系，主要为浅海相陆源碎屑岩，岩性为灰白色白云岩、杂色角砾状粗砾岩和由砾岩组成的冰碛砾岩（李振生，2018；解东宁，2007）。上古生界寒武系—奥陶系海相地层覆盖南华北盆地的大部分区域，主要为陆表海碳酸盐岩，寒武系主要岩性分别为砂泥岩、富含化石的砂质灰岩、石灰岩、白云岩及含泥质白云岩等（李振生，2018；时国等，2013；解东宁，2007）。奥陶系在三门峡—禹县—确山—固始一线以北广泛分布，与上石炭统本溪组呈平行不整合接触，岩性主要为灰色薄层泥晶含白云质石灰岩、泥灰岩及薄层泥质岩，深灰色厚层状至块状泥粉晶灰岩、灰质白云岩夹泥质白云岩及颗粒灰岩（解东宁，2007）。

表 2-3　南华北盆地发育地层表

地层系统					岩性特征	厚度（m）
界	系	统（群）	组	代号		
新生界	第四系			Q	泥质岩、砂岩、砾岩	
	新近系			N	黏土质泥岩、泥岩	
	古近系			E	粗砾岩、砂质页岩、砂岩	
中生界	白垩系			K	泥质粉砂岩、黏土岩、玄武岩、凝灰岩	
	侏罗系			J	黏土岩、粉砂岩、长石石英砂岩、砾岩	
	三叠系	上统	椿树腰组	T_3t	灰绿色黏土岩与灰黄色长石石英岩互层，夹碳质页岩、泥晶灰岩及煤层	
				T_3c	灰黄色长石石英砂岩与灰紫色粉砂质黏土岩互层，夹碳质页岩、泥灰岩及煤层	
		中统	油房庄组	T_2y	黄绿色长石石英砂岩、夹杂色黏土岩	
			二马营组	T_2e	灰紫色黏土岩与灰色长石石英砂岩互层	
		下统	和尚沟组	T_1h	紫红钙质黏土岩、粉砂岩夹灰白色细晶灰岩	
			刘家沟组	T_1l	紫红色细砂岩、长石砂岩、石英砂岩，夹紫红色薄层黏土岩	
上古生界	二叠系	上统	石千峰组	P_3s	灰白色中细粒砂岩，紫红色泥岩、灰褐色粉砂岩和细砂岩互层	
		中统	上石盒子组	P_2s	砂岩、灰绿色泥岩、粉砂岩夹白色砂岩和煤	
			下石盒子组	P_2x	灰色细粒砂岩、粉砂岩、泥岩夹煤线、粉砂质泥岩夹煤线	
		下统	山西组	P_1s	灰色泥质岩夹煤线、灰黑色泥岩、粉细砂岩夹煤层	50～130
			太原组	P_1t	灰色石灰岩、泥岩，煤、浅灰色细砂岩	120～160
	石炭系	上统	本溪组	C_2b	紫红色杂色铝质泥岩、灰色铝土矿和耐火黏土、煤、泥岩、砂质泥岩及石灰岩	
下古生界	奥陶系			O	灰色石灰岩、泥灰岩、灰质白云岩夹泥质白云岩	
	寒武系			∈	砂泥岩、石灰岩、白云岩	
元古宇	震旦系			Z	灰白色白云岩、杂色角砾状粗砾岩	

上石炭统本溪组在三门峡—郑州—郡陵—确山—固始一线以北有大面积分布，与下伏奥陶系相伴而生。岩性主要为紫红色杂色铝质泥岩、灰色铝土矿和耐火黏土、煤、泥岩、砂质泥岩及石灰岩（解东宁，2007）。二叠系广泛分布在南华北盆地。下二叠统岩性自下

而上分别为：太原组泥页岩、石灰岩、砂岩、粉砂岩及煤层；山西组黑色碎屑岩、浅灰色—深灰色中细粒砂岩、中细砂岩夹煤层、粉砂岩、砂质泥岩、泥岩。中二叠统岩性自下而上分别为：下石盒子组灰色细粒砂岩、粉砂岩、泥岩夹煤线、粉砂质泥岩夹煤线；上石盒子组砂岩、灰绿色泥岩、粉砂岩夹白色砂岩和煤。上二叠统石千峰组位于洛阳以西，与上石盒子组呈平行不整合接触，以东则由冲刷逐渐过渡到整合接触，岩性为灰白色厚层至巨厚层状中粗粒砂岩、灰白色中—细粒砂岩，紫红色泥岩、灰褐色粉砂岩和细砂岩互层。

下三叠统岩性自下而上分别为：刘家沟组紫红色细砂岩、长石砂岩、石英砂岩，夹紫红色薄层黏土岩；和尚沟组岩性为紫红钙质黏土岩、粉砂岩夹灰白色细晶灰岩。中三叠统岩性自下而上分别为：二马营组灰紫色黏土岩与灰色长石石英砂岩互层；油房庄组黄绿色长石石英砂岩和夹杂色黏土岩。上三叠统岩性自下而上分别为：椿树腰组灰黄色长石石英砂岩与灰紫色粉砂质黏土岩互层，夹碳质页岩、泥灰岩及煤层；谭庄组灰绿色黏土岩与灰黄色长石石英岩互层，夹碳质页岩、泥晶灰岩及煤层。侏罗系岩性主要为灰黑浅灰色黏土岩、粉砂岩、长石石英砂岩、灰绿色砂砾岩及火山碎屑岩。白垩系以角度不整合覆于侏罗系或前侏罗系之上，主要岩性为褐黄色泥质粉砂岩、黏土岩夹细砾岩及泥灰岩、灰绿色玄武岩夹火山角砾岩、安山质角砾岩夹粉砂质黏土岩、黄绿色凝灰质粉砂岩及凝灰岩。

古近系不整合覆盖在中生界及以前各时代地层之上，岩性自下而上分别为粗碎屑红色砂砾岩、红色砂质泥页岩与砂岩、砾岩不等厚互层、夹碳质页岩和泥灰岩、红色砂质页岩、泥岩与灰白色砂砾岩互层、红色砂砾岩与黏土质页岩、泥岩互层。新近系、第四系区域不整合覆盖于古近系之上，岩性主要是红色、棕黄色泥质岩与砂岩互层，下部有厚层砾状砂岩、砾岩。

下二叠统太原组和山西组为一套海陆过渡环境发育的煤系地层，煤系泥页岩、碳质页泥岩和煤，以及太原组的碳酸盐岩是太原组和山西组最重要的烃源岩（林小云等，2011）。太原组根据岩性可细分为两段：太 1 段上部由深灰色中厚层状燧石灰岩、砂质泥岩、泥岩组成；下部是夹薄煤层和两层薄石灰岩的砂泥岩互层段，L_5～L_6 石灰岩；底部主要岩性以灰白、灰色中厚层状中细粒石英砂岩为主。太 2 段发育了四层煤，煤层之间为砂质泥岩、偶夹泥岩，上部海相石灰岩较为发育（L_1～L_4 石灰岩），底部为发育铝土质泥岩段或碎屑岩段。山西组岩性根据岩性可细分为两段：山 1 段上部发育以泥岩或灰黑色、深灰砂质泥岩之间夹有薄煤层；中部发育了横向变化较大的浅灰、深灰色中厚层状细粒砂岩夹二 4 煤和二 5 煤薄煤层，下部是含白云母的灰白、灰色薄—中厚层状中—细粒砂岩，最底部为二 1 煤段，主要岩性是夹有 2—8 层中厚—厚层煤的灰黑色泥岩与粉、细砂岩呈不等厚互层。山 2 段的主体部分为浅灰、灰白色厚层状中—粗粒石英砂岩，底部为泥质粉砂岩，粉砂质泥岩。

三、沉积相特征

南华北盆地在晚古生代为华北克拉通盆地的一部分，受晚石炭世全球海平面上升影响，接受海侵，开始了从陆表海到陆相盆地的演化过程。二叠纪早期受阴山古陆抬升影响，华北陆表海海水自北西向南东退缩，南华北盆地太原—山西组发育了一套海陆过渡相为主的沉积地层（王荣新等，2008）。

二叠纪早期，华北地区南缘被剥蚀夷平，随后华北地台南缘发生沉降，海水由南东方向侵入，形成了广阔的陆表海沉积。这一时期，在河南省的北部地区以滨海平原相为主，西部地区则发育潮坪，潮道沉积，在临汝—禹县—泰康带以及阜阳—淮南发育障壁岛沉积，障壁岛后发育闭塞的潟湖海湾。太原组主要由碳酸盐岩、碎屑岩和煤层交替组成。石灰岩厚度呈现出东厚西薄、北厚南薄的趋势，南部石灰岩所占比例较大，且层数较多，砂岩夹层较少，向北石灰岩层数减少，砂岩夹层增多。总的古地貌特点是北高南低、西高东低，导致南部地层厚度大于北部，东部地层厚度大于西部（王荣新等，2008）。

山西组基本继承了太原组沉积时的古地理环境，但由于海水的退却，岸线向南迁移至宜阳—平顶山—淮阳—永城一带。此时发育豫西、鲁西两大水系，向南形成两个相连的河口湾，发育三角洲沉积，而侧翼则主要发育潮坪沉积。其中山西组沉积早期为在陆表海海水逐渐退出基础上形成的潮坪和泥炭沼泽相；晚期为河流作用为主的三角洲相（王荣新等，2008）。

以南华北盆地西缘的巩义市西村镇张沟村剖面和东缘的禹州市大风口剖面（图 2–22）为例，分析盆地内泥页岩发育水平和沉积特征。

南华北盆地西缘巩义市西村镇张沟村剖面出露完整，地层基底为寒武—奥陶系的巨厚石灰岩，其上地层为本溪组铁铝层，两者呈平行不整合接触。太原组是主要的含泥层段。下段主要由黑色、灰色、土黄色的薄泥岩层组成，质地软，可见明显的水平层理。石灰岩硬度大，新鲜面呈深灰色，风化面呈灰白色。下段岩性组合是典型的陆表海沉积，石灰岩为碳酸盐岩台地相，泥岩为沼泽相。中段由细砂岩、泥质粉砂岩和粉砂质泥岩组成。底部灰色钙质粉砂质泥岩，从下至上粉砂质成分逐渐增加，再向上为深灰色薄层细砂岩。顶部为一层灰色粉砂质泥岩，新鲜面为灰色，风化面呈棕色。中段岩性组合为潟湖沉积，泥质粉砂岩、粉砂质泥岩为潮坪相，细砂岩为砂坪相，泥岩为淡化潟湖相。上段岩性为深灰色薄层状石灰岩夹灰色泥岩，泥岩具水平层理。上段岩性组合为陆表海沉积，石灰岩为碳酸盐岩台地相，泥岩为沼泽相。

南华北盆地东缘禹州市大风口剖面出露完整（图 2–23）。太原组为陆表海环境下沉积形成的地层，岩性以石灰岩和泥页岩为主，夹有薄层中砂岩和细砂岩。太原组下段石灰岩中普遍可见燧石条带和蜓类生物化石，新鲜面呈深灰色，风化面呈灰白色。石灰岩中夹数层煤线和碳质泥岩。下段岩性组合为陆表海沉积，煤线和碳质泥岩为沼泽相，石灰岩为碳酸盐岩台地相。太原组中段主要为灰色泥岩夹粉砂岩，岩性组合为潟湖沉积。太原组上段主要岩性为石灰岩夹薄层灰色粉砂质泥岩，岩性组合为陆表海沉积。山西组为三角洲环境和淡化潟湖环境下沉积形成的地层。主要岩性为暗色泥岩、灰色粉砂质泥岩、粉砂岩、中—细粒岩屑砂岩和煤层。暗色泥岩发育于下段的淡化潟湖、分流间湾沉积和上段的分流间湾沉积。

四、泥页岩空间展布特征

含气页岩的埋藏深度，一方面可以反映保存条件的优劣，另一方面也是评价其能否进行经济开采的重要参数（李登华等，2009）。作为页岩气生成和赋存的物质基础，一定的泥页岩厚度是形成页岩气富集区的基本条件，也是页岩气资源丰度高低的重要影响因素（Jarvie 等，2007；张金川等，2003，2008）。

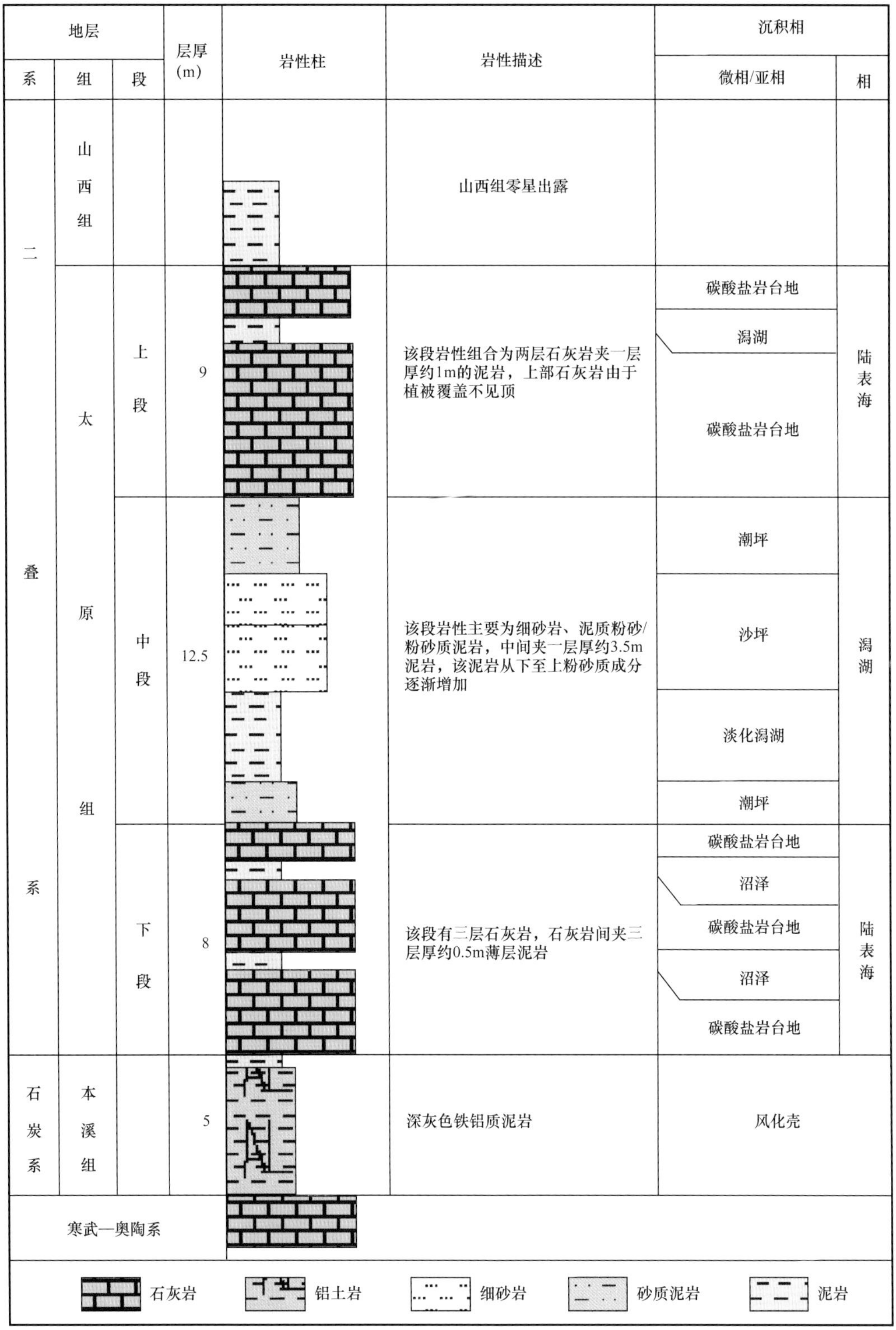

地层			层厚(m)	岩性柱	岩性描述	沉积相	
系	组	段				微相/亚相	相
二叠系	山西组				山西组零星出露		
	太原组	上段	9		该段岩性组合为两层石灰岩夹一层厚约1m的泥岩，上部石灰岩由于植被覆盖不见顶	碳酸盐岩台地 潟湖 碳酸盐岩台地	陆表海
		中段	12.5		该段岩性主要为细砂岩、泥质粉砂/粉砂质泥岩，中间夹一层厚约3.5m泥岩，该泥岩从下至上粉砂质成分逐渐增加	潮坪 沙坪 淡化潟湖 潮坪	潟湖
		下段	8		该段有三层石灰岩，石灰岩间夹三层厚约0.5m薄层泥岩	碳酸盐岩台地 沼泽 碳酸盐岩台地 沼泽 碳酸盐岩台地	陆表海
石炭系	本溪组		5		深灰色铁铝质泥岩	风化壳	
寒武—奥陶系							

石灰岩　铝土岩　细砂岩　砂质泥岩　泥岩

图 2-22　南华北盆地西缘巩义市西村镇张沟村剖面

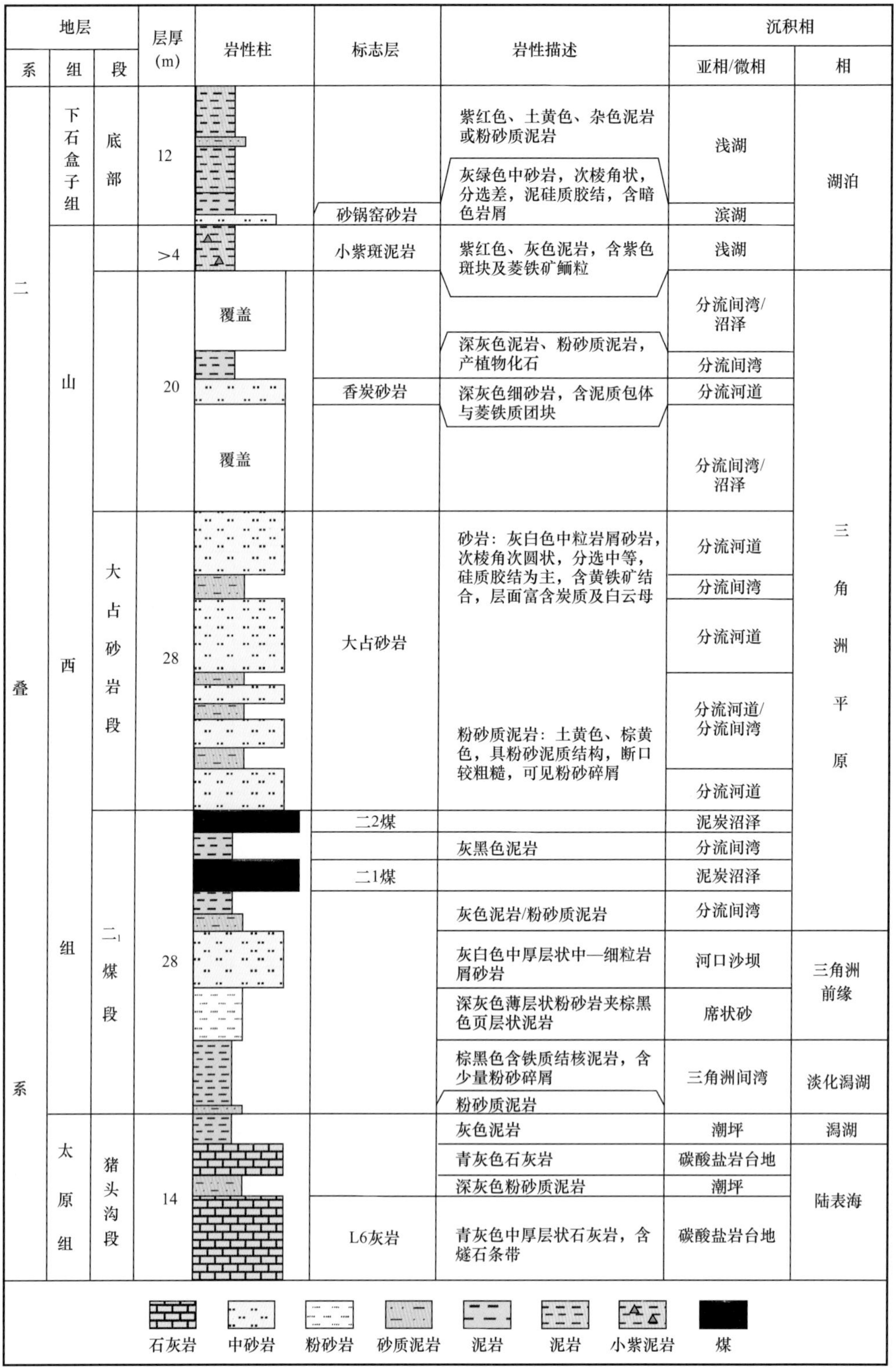

地层			层厚(m)	岩性柱	标志层	岩性描述	沉积相	
系	组	段					亚相/微相	相
二叠系	下石盒子组	底部	12			紫红色、土黄色、杂色泥岩或粉砂质泥岩	浅湖	湖泊
					砂锅窑砂岩	灰绿色中砂岩，次棱角状，分选差，泥硅质胶结，含暗色岩屑	滨湖	
	山西组		>4		小紫斑泥岩	紫红色、灰色泥岩，含紫色斑块及菱铁矿鲕粒	浅湖	
			20	覆盖			分流间湾/沼泽	三角洲平原
						深灰色泥岩、粉砂质泥岩，产植物化石	分流间湾	
					香炭砂岩	深灰色细砂岩，含泥质包体与菱铁质团块	分流河道	
				覆盖			分流间湾/沼泽	
		大占砂岩段	28		大占砂岩	砂岩：灰白色中粒岩屑砂岩，次棱角次圆状，分选中等，硅质胶结为主，含黄铁矿结合，层面富含炭质及白云母	分流河道	
							分流间湾	
							分流河道	
						粉砂质泥岩：土黄色、棕黄色，具粉砂泥质结构，断口较粗糙，可见粉砂碎屑	分流河道/分流间湾	
							分流河道	
		二1煤段	28		二2煤		泥炭沼泽	
						灰黑色泥岩	分流间湾	
					二1煤		泥炭沼泽	
						灰色泥岩/粉砂质泥岩	分流间湾	
						灰白色中厚层状中—细粒岩屑砂岩	河口沙坝	三角洲前缘
						深灰色薄层状粉砂岩夹棕黑色页层状泥岩	席状砂	
						棕黑色含铁质结核泥岩，含少量粉砂碎屑	三角洲间湾	淡化潟湖
						粉砂质泥岩		
	太原组	猪头沟段	14			灰色泥岩	潮坪	潟湖
						青灰色石灰岩	碳酸盐岩台地	陆表海
						深灰色粉砂质泥岩	潮坪	
					L6灰岩	青灰色中厚层状石灰岩，含燧石条带	碳酸盐岩台地	

图例：石灰岩　中砂岩　粉砂岩　砂质泥岩　泥岩　泥岩　小紫泥岩　煤

图 2-23　南华北盆地东缘禹州市大风口剖面

南华北盆地太原组泥页岩顶部埋深分布在210～4090m，变化幅度较大（图2-24）。平面上，在郑州—开封、许昌—漯河—周口一带，埋深相对全区较深，超过2000m；全区北部及中部较深，其他部位埋深较浅。南华北盆地山西组泥页岩顶部埋深分布在230～3610m，变化幅度较大（图2-25）。平面上，在郑州—开封、许昌—漯河—周口一带，埋深相对全区较深，超过2000m；全区北部及中部较深，其他部位埋深较浅。

南华北盆地太原组岩性为砂岩、泥岩、煤层和石灰岩互层，泥岩在全区广泛分布，但由于受多期构造运动的影响，剥蚀面积也较大。太原组泥页岩累计厚度为3～83m，变化幅度较大（图2-26）。平面上，南华北太原组泥岩厚度在新安地区厚度为8～83m，泥岩累计厚度变化较快；在登封—开封—永城、许昌—漯河—周口一带，相对全区较厚，厚度超过40m，局部地区厚达65m。南华北盆地太原组碳质泥页岩厚度一般在1～48m。平面上，碳质泥页岩在三门峡地区、永城—淮北地区厚度较大，为6～36m；在新郑—开封—周口—阜阳一带，相对全区较厚，厚度超过20m，局部地区厚达45m（图2-27）。

南华北盆地山西组岩性为砂岩、泥岩、煤层互层，泥岩在全区广泛分布，受多期构造运动的影响，剥蚀面积也较大。山西组泥页岩累计厚度为4～135m，变化幅度较大（图2-28）。平面上，南华北山西组泥岩厚度在新安地区厚度为32～135m，泥岩累计厚度变化较快；在新郑—开封—拓城—永城、许昌—漯河—周口一带，相对全区较厚，厚度超过40m，局部地区厚达83m。南华北盆地山西组碳质泥页岩厚度一般在1～72m。平面上，碳质泥页岩在济源南侧、三门峡—新安—洛阳—登封—郑州、平顶山—漯河—周口、开封—拓城—永城—淮北一带，相对全区较厚，厚度超过20m，局部地区厚超过40m（图2-29）。

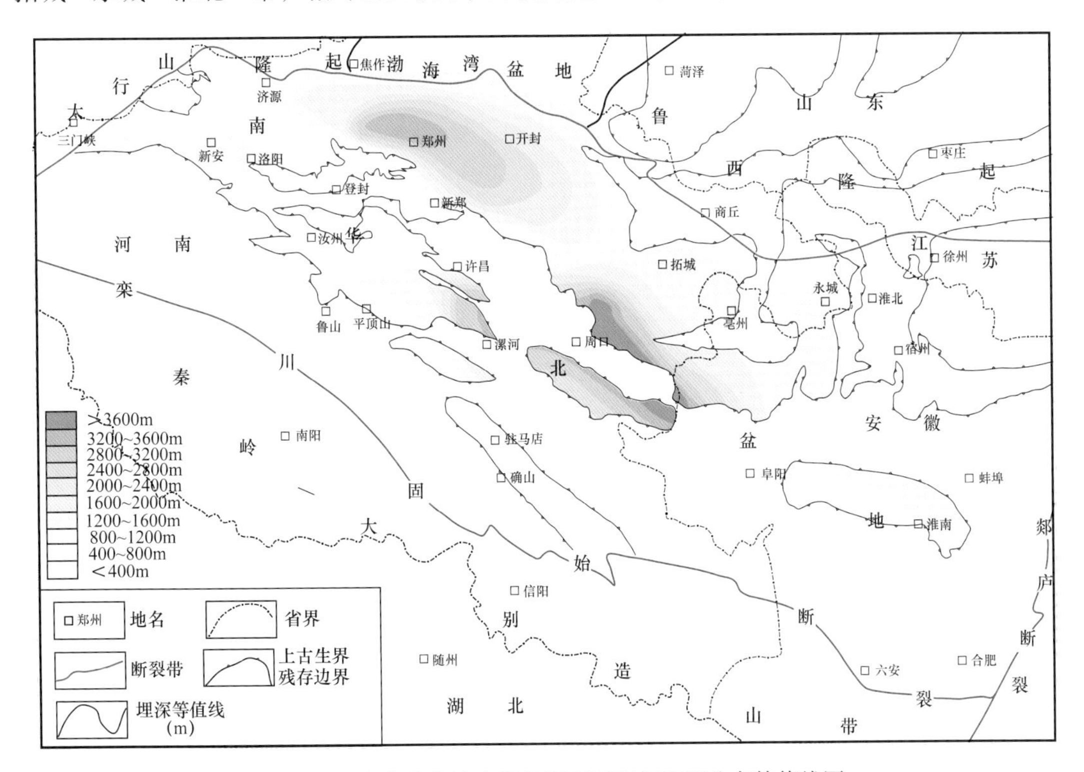

图2-24　南华北盆地太原组泥页岩顶部埋深分布等值线图

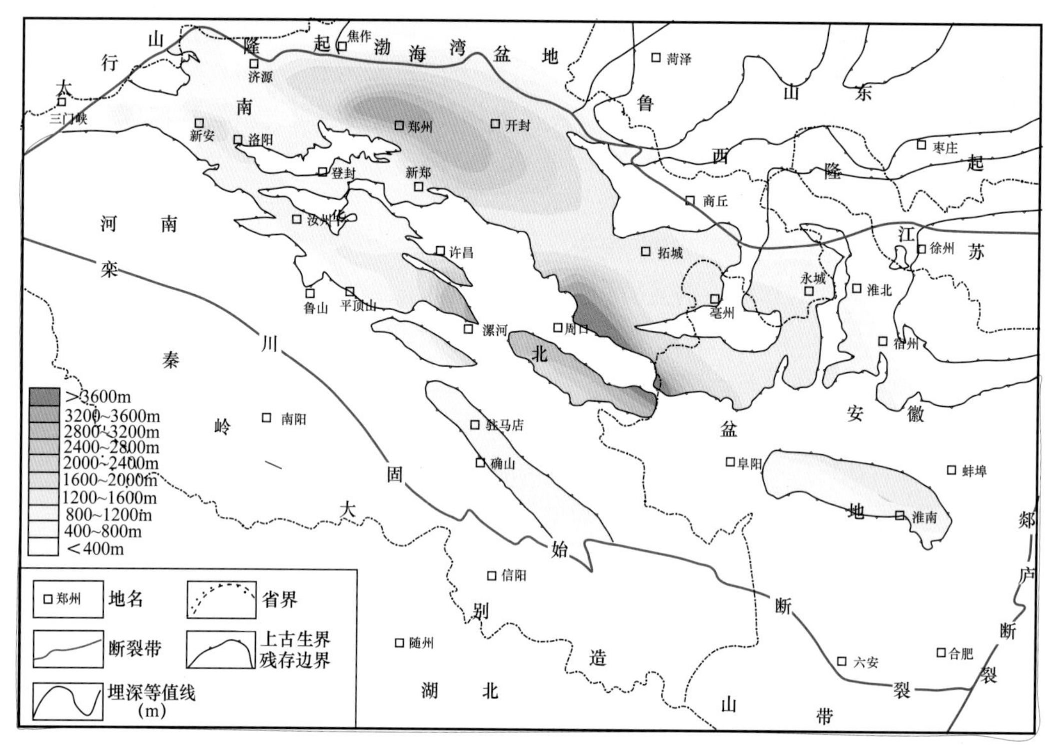

图 2-25 南华北盆地山西组泥页岩顶部埋深分布等值线图

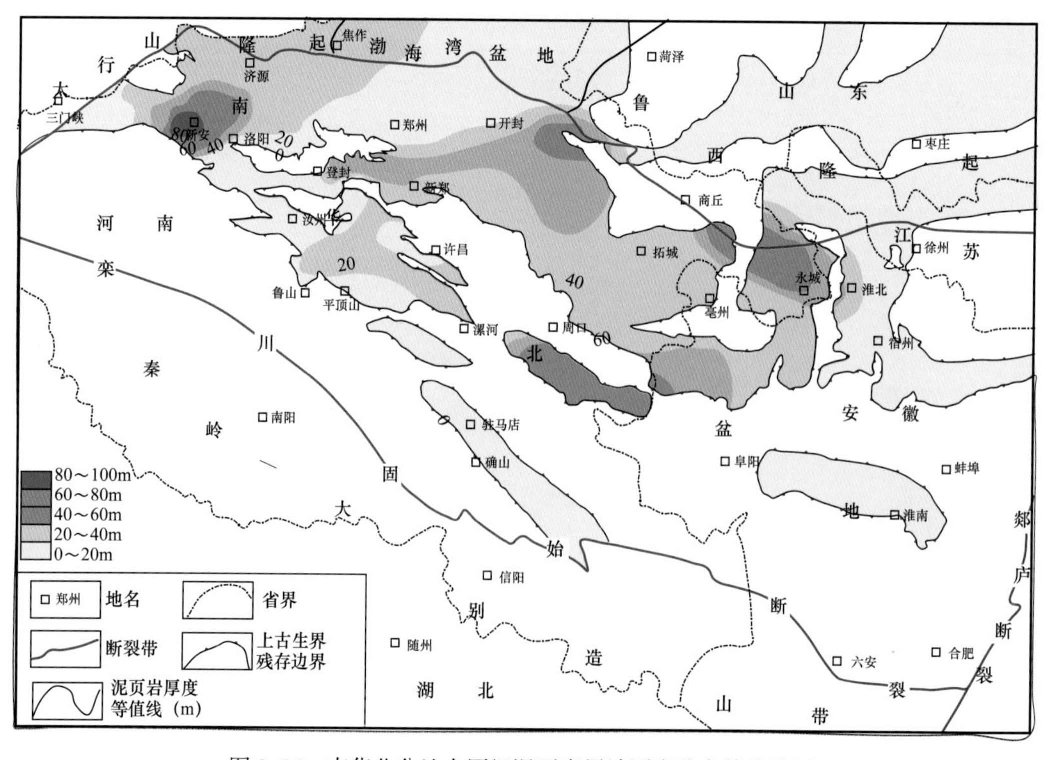

图 2-26 南华北盆地太原组泥页岩累计厚度分布等值线图

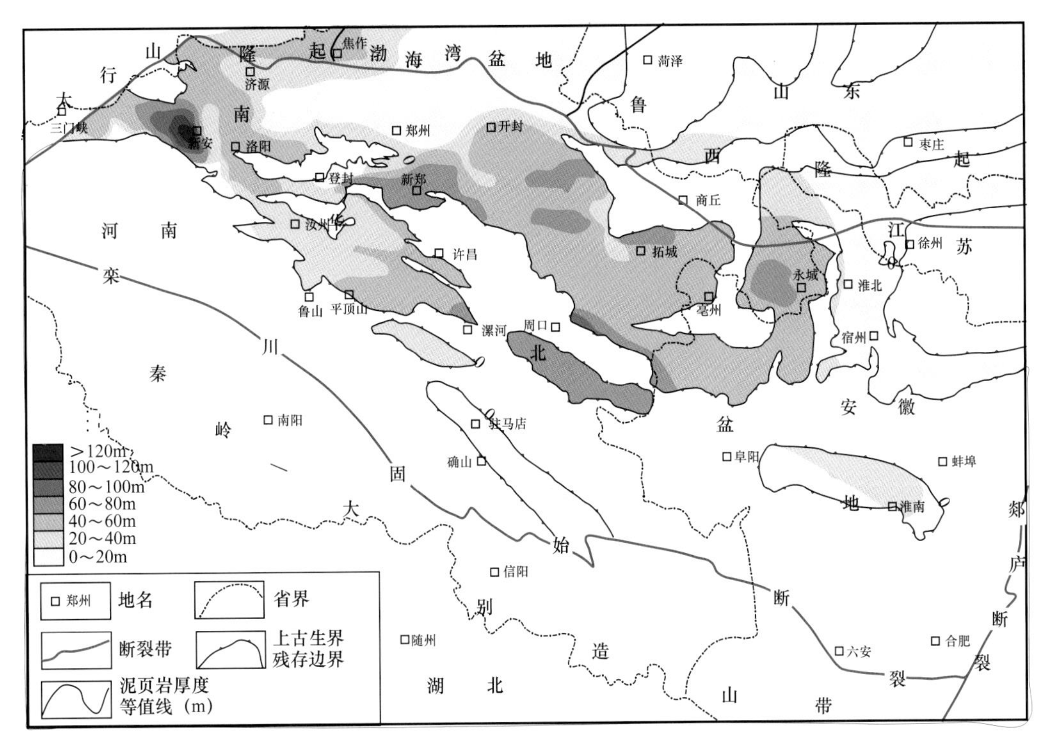

图 2-27　南华北盆地太原组碳质泥页岩厚度分布等值线图

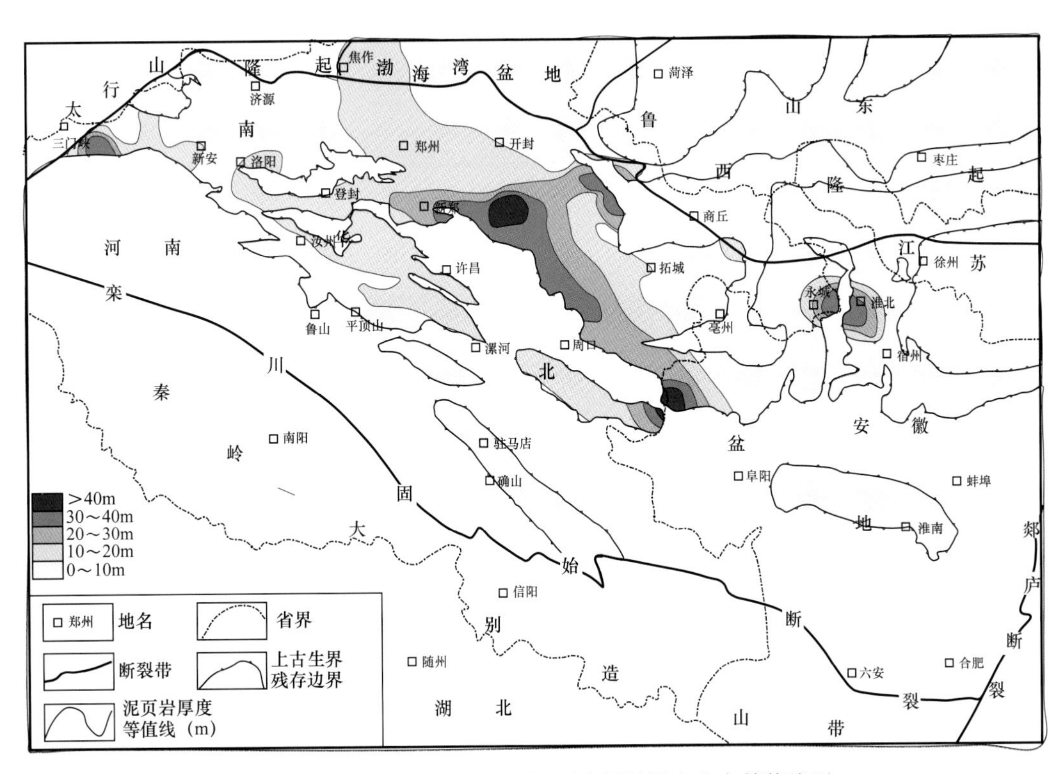

图 2-28　南华北盆地山西组泥页岩累计厚度分布等值线图

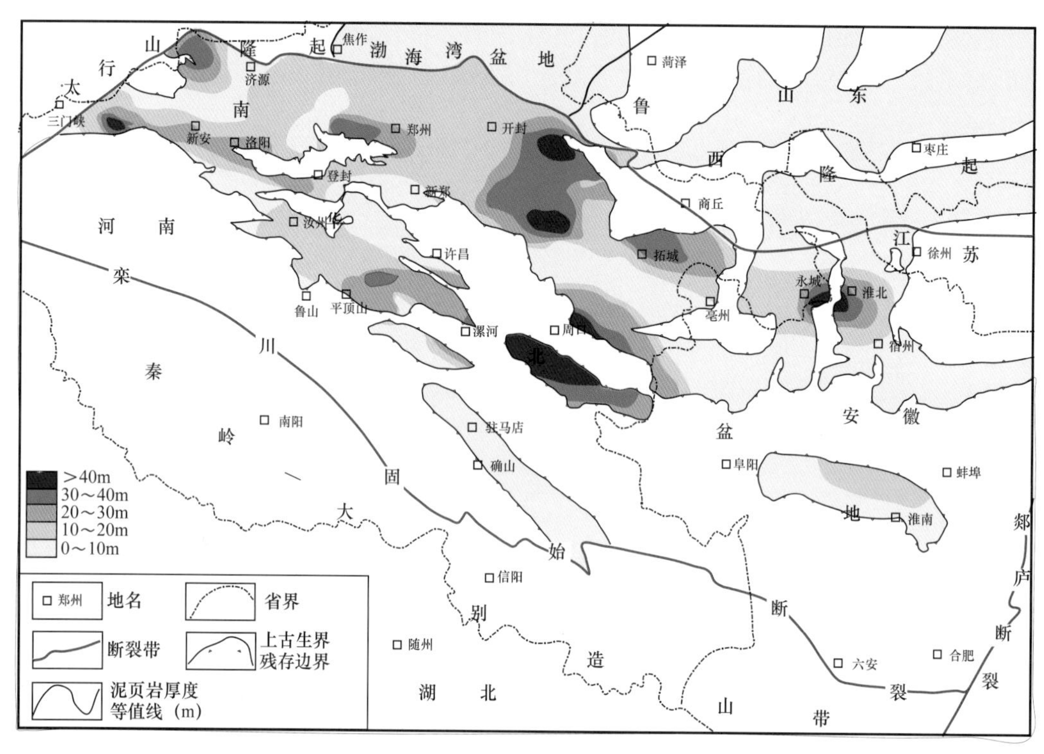

图 2-29　南华北盆地山西组碳质泥页岩厚度分布等值线图

第四节　黔西地区

黔西地区是指“遵义—贵阳—惠水”一线以西的贵州地区，包括水城、盘县和兴义等地，面积约为 $16\times10^4km^2$。地处云贵高原东部，乌蒙山脉东南麓，黔西高原向黔中山原丘陵和黔西南坳陷过渡的斜坡上，整体地势呈北西高南东低的特征。大地构造位置属扬子台地，构造演化时间漫长、构造形态多样。以北西—北东向褶皱为主，发育大规模的断层。岩性种类主要为沉积岩，普遍分布碳酸盐岩，沉积环境复杂，沉积相变化频繁。地表出露的地层主要有泥盆系、石炭系、二叠系、三叠系、侏罗系、古近系和第四系（窦新钊等，2012）。黔西地区上二叠统煤层分布广泛、储量巨大，页岩气资源也非常丰富，不仅是中国长江以南重要的煤炭工业基地，更是页岩气勘探开发的重要场所（桂宝林等，2001）。其中，龙潭组是当前黔西地区最重要的含煤地层，也是最具页岩气勘探前景的地层。

一、区域构造特征

从大地构造背景来看，黔西地区位于上扬子地块滇东—黔中隆起东部和黔西南坳陷（图 2-30）。在太平洋板块和印度洋板块的挤压作用下，黔西地区处于隆起状态并产生强烈的构造变形，发育北北东向线性向斜和褶皱，并伴有南东向倾斜的断层和北西向的逆冲推覆断层。背斜狭窄呈槽状，常被伴生断层破坏，向斜宽缓呈箱状，保存较为完好（钟方德，2018）。北部褶皱整体呈北东向展布，单个褶皱多呈反“S”形，表明其构造变形以挤压为主；发育规模不大的浅表脆性断层。中部向斜主要包括：盘关向斜、照子河向斜、土城向斜和旧普安向斜；发育多组断裂体系，形成包括“郎岱三角形构造、晴隆弧形构造、盘县三角构造和发耳菱形构造”的组合，情况复杂；断层倾角较大，部分断面直立或倒转。南部褶皱整体呈北西向展布，由一系列背斜和向斜相间排布而成（图 2–31）。

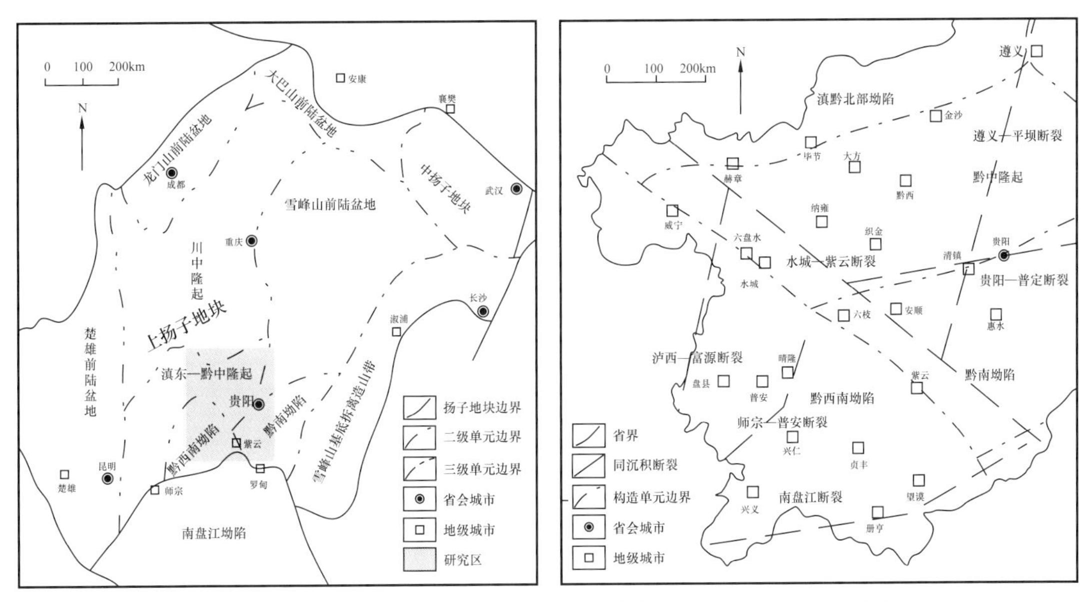

图 2–30　贵州省地理位置和黔西地区构造单元划分图（据熊孟辉等，2006；窦新钊等，2012 修改）

黔西地区主要含煤地层形成于上二叠统龙潭组和长兴组，属于晚二叠世上扬子聚煤盆地的一部分。上扬子聚煤盆地是在晚二叠世为西高东低的陆相、海陆过渡相和浅海相沉积环境中形成的巨大的聚煤盆地。燕山运动、喜马拉雅运动使其分解为北面的四川盆地和南面众多山间坳陷盆地和断陷盆地。煤层主要保存在盘关向斜、格目底向斜、比德向斜和三塘向斜等大型向斜或复式向斜中（窦新钊等，2012）。受构造影响，煤层总体走向为北东或北北东向，北东薄而南西厚（孙剑和赵兵，2018）。

从区域构造演化角度看，黔西地区所经历的构造演化与扬子地台区域构造演化一致，主要包括：武陵—雪峰期的基底形成阶段（Pt_2—Pt_3）、加里东期的被动大陆边缘—稳定台地阶段（Z—S）、海西期的陆内裂陷—稳定台地阶段（D—P）、印支期的稳定台地阶段（T_1—T_2）、燕山期的陆内造山阶段（T_3—K_1）和喜马拉雅期的挤压隆升阶段（K_2—Q），共六个构造发育阶段（Li 等，2018）；经历了：都匀运动、广西运动、紫云运动、黔桂运动、东吴运动、安源运动、燕山—喜马拉雅运动，共七次重要的构造运动（窦新钊等，2012）。

中元古代晚期，黔西地区处于大洋环境。武陵褶皱运动和雪峰运动发生在晚元古代的梵净山群沉积末期和板溪群沉积末期，是扬子地台的奠基性构造运动，结束了基底地槽型活动历史，转入地台盖层稳定的海相沉积。震旦纪黔西地区上升，仅有零星沉积。寒武纪开始，扬子板块东南缘在加里东期属于典型的被动大陆边缘（刘宝珺等，1993），黔西地区主要为浅海碳酸盐岩沉积。都匀运动发生在奥陶纪末至志留纪初，造成扬子地台上隆，奥陶系绝大部分被剥蚀，中志留统直接覆盖在寒武系之上。广西运动发生在志留纪末到石

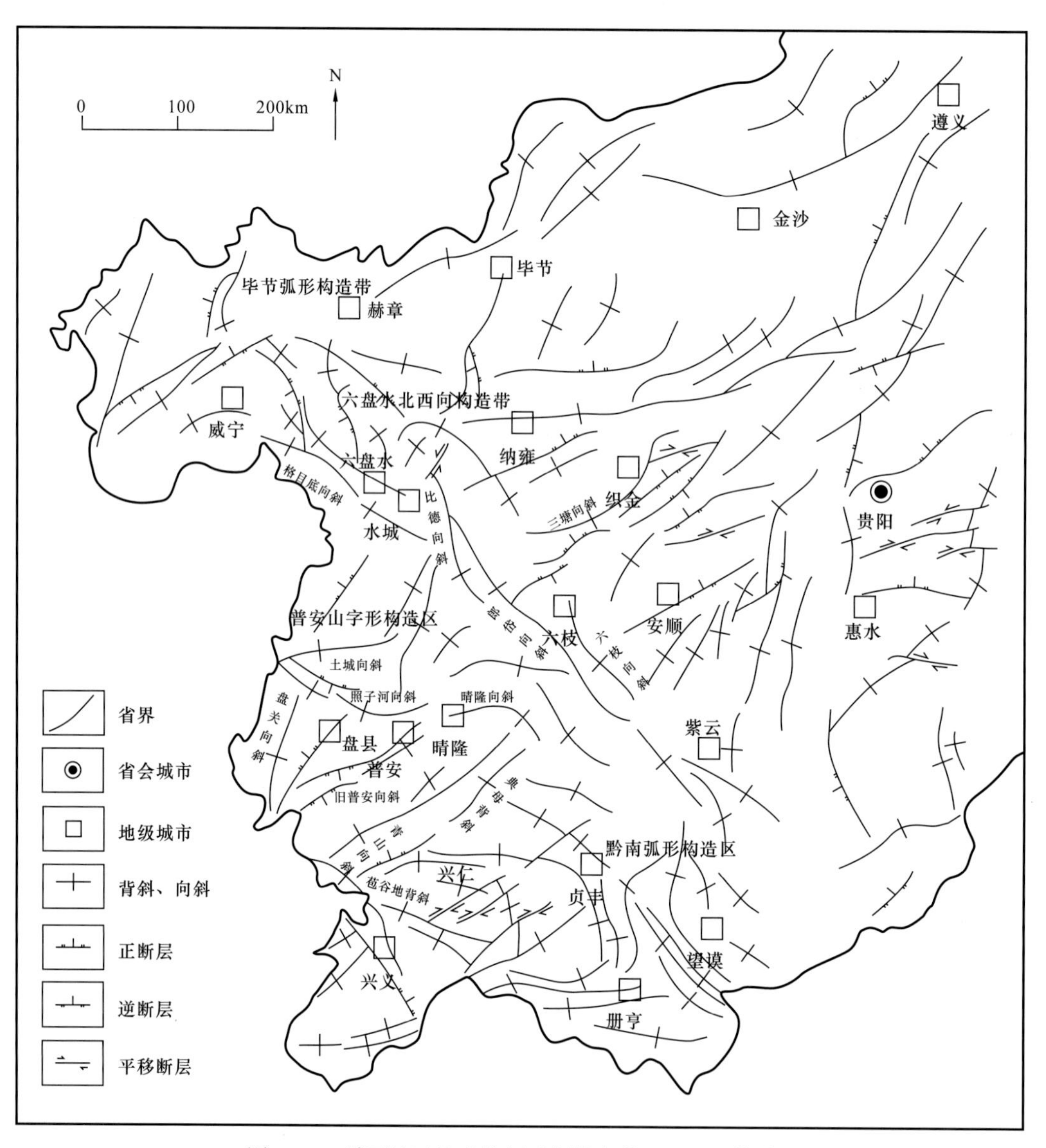

图 2-31　黔西地区构造特征（据钟方德，2018，修改）

炭纪初，前古特提斯期的洋盆几乎全部封闭，南华褶皱带与扬子地台合并为统一的华南板块（马力等，2004），黔西地区隆升为陆，上、下古生界呈假整合接触，标志着加里东期的结束。泥盆纪至中二叠世晚期，因热地幔上涌，岩石圈伸展变薄且不均匀沉陷，发生裂陷作用。紫云运动发生在泥盆纪末到早石炭世晚期，期间出现高等植物的首次繁盛，海侵规模达到最大，此后除深水盆地外，浅海台地环境不同程度地开始海退。

黔桂运动发生在晚石炭世末到早二叠世末，仍然保持黔西地区北高南低的地势特征和北西向的构造格架，广大地区皆为碳酸盐岩台地环境。中二叠世至晚二叠世初期，受峨眉山地幔柱快速上升的影响，峨眉山玄武岩大规模喷发（Ali 等，2005；王尚彦等，2006；徐义刚，2002；叶远谋等，2018）。东吴运动使地壳普遍抬升并遭受差异剥蚀，造就了西高东低的古地理格局。地壳抬升使早二叠世形成的碳酸盐岩开阔台地剥蚀平原向东倾斜，形成了平缓宽阔的斜坡。晚二叠世，海水自东南方向侵入，在黔西地区自西向东依次划分出陆相—海陆过渡相—海相的沉积环境（Ali 等，2005；叶远谋等，2018；徐义刚，2002；解习农和程守田，1992；丁述理，1994；冯增昭和何幼斌，1993；邵龙义等，1998；黄昔容和陶述平，1999），是黔西地区最重要的成煤时期。进入印支期，由于岩石圈热收缩效应（贵州省地质矿产局，1987），黔西地区整体沉陷，形成海进序列沉积，中三叠世早期为稳定的浅海台地相碳酸盐岩沉积。中三叠世末期，地壳全部隆升，大规模的海侵基本结束，安源运动结束了黔西地区海相沉积的历史，终止了泥盆纪以来的拉张运动，黔西地区进入全面挤压阶段（吴根耀，2001）。晚三叠世，黔西地区挤压抬升，开始陆相沉积。燕山运动中期，黔西地区进入新特提斯构造发展阶段，经历了北东—南东向、近南北向和北西—南东向挤压的应力转换过程，奠定了现今的构造格局。至此，黔西地区结束了大型盆地的沉积历史，构造变形基本稳定。喜马拉雅运动发生在新生代，主要以间歇性和差异性隆升为主，大部分地层被后期挤压隆升所剥蚀（林树基，1993），造成新生代地层记录不全。黔西地区远离碰撞带，冲断构造不明显，没有火山活动和岩浆侵入，是构造相对平静区（马力等，2004）。

二、地层发育特征

黔西地区地层从古生界、中生界到新生界均有出露，包括泥盆系、石炭系、二叠系、三叠系、侏罗系、古近系及第四系。其中，寒武系仅在黔西北部地区有零星分布；缺失大量奥陶系、志留系和白垩系（钟方德，2018）；二叠系和三叠系保存最为完整，分布最为广泛（表 2-4）。

表 2-4　黔西地区发育地层表（据窦新钊，2012；邢雅文，2013，修改）

地层系统					岩性特征	厚度（m）
界	系	统（群）	组	代号		
新生界	第四系			Q	陆相碎屑堆积	0～300
	新近系			N		
	古近系	渐新统		E_3		
		古—始新统		E_{1-2}		
中生界	白垩系			K	浅灰色角砾岩、砾岩和含砾泥岩	100～500
	侏罗系			J	紫红色陆相砾岩、砂岩和泥页岩	
	三叠系	上统	二桥组	T_3e	灰黄色陆相砂岩、粉砂岩和碳质泥岩	1600～2400
		中统	法郎组	T_2f	台地相石灰岩、浅灰色白云岩和灰色泥灰岩夹碎屑岩	
			关岭组	T_2g	台地相石灰岩、浅灰色白云岩和灰色泥岩	
		下统	永宁镇组	T_1yn	灰色石灰岩、泥质灰岩和白云岩夹泥岩	
			飞仙关组	T_1f	紫红色—灰色砂岩、深灰色泥岩和石灰岩	

续表

地层系统					岩性特征	厚度（m）
界	系	统（群）	组	代号		
上古生界	二叠系	上统	长兴组	P_2ch	灰色泥岩夹砂岩、硅质灰岩及煤层	0～160
			龙潭组	P_2l	深灰色砂岩、粉砂岩、灰黑色含煤泥页岩和黑色碳质泥岩	170～360
			峨眉山玄武岩组	$P_2\beta$	深灰色拉斑玄武岩、火山角砾岩、凝灰岩和煤层	0～280
		下统	茅口组	P_1m	深灰色—灰色石灰岩夹燧石灰岩、灰色白云岩、砂岩和泥页岩	200～600
			栖霞组	P_1q	浅灰色—灰色夹燧石灰岩、深灰色泥灰岩和灰色白云岩	60～200
			梁山组	P_1l	灰色—深灰色砂岩、灰色石灰岩和白云岩	30～120
	石炭系	上统	马平组	C_3m	灰色、灰白色石灰岩、白云质灰岩、白云岩夹石英砂岩和页岩	1300～2400
		中统	黄龙组	C_2h	灰色、灰白色石灰岩、白云质灰岩、白云岩夹石英砂岩和页岩	
		下统	摆佐组	C_1b	灰色、灰白色石灰岩、白云质灰岩、白云岩夹石英砂岩和页岩	
			大塘组	C_1d		
			岩关组	C_1y		
	泥盆系			D	海相白云岩、深灰色硅质岩、灰色石灰岩夹石英砂岩和砾岩	1100～1300
下古生界	志留系			S	海相砂岩、深灰色页岩和薄层石灰岩	
	奥陶系			O	石灰岩、海相砂岩、白云岩和页岩	
	寒武系			€	深灰色石灰岩和浅灰色白云岩	
元古宇	震旦系			Z	变质砂岩、板岩和凝灰岩	
		板溪群				
		梵净山群				

震旦系和寒武系仅在黔西北部零星出露，主要岩性分别为变质砂岩、板岩和凝灰岩以及深灰色石灰岩和浅灰色白云岩。奥陶系主要发育在黔西北部，主要岩性为灰色海相砂岩和泥页岩，因都匀运动被抬升剥蚀，其上与志留系呈假整合接触。志留系剥蚀严重，仅在黔西北部发育，南部缺失，主要岩性为海相砂岩、深灰色泥页岩和薄层石灰岩，其上以广西运动与泥盆系的不同层位假整合接触（窦新钊等，2012）。

泥盆系在黔西地区剥蚀严重、零星出露，主要岩性为海相白云岩、深灰色硅质岩、深灰色石灰岩夹石英砂岩和砾岩，其上因紫云运动与石炭系呈假整合接触。石炭系在黔西地区发育齐全，岩性以深灰色、灰色石灰岩和白云质石灰岩为主，其上因黔桂运动与二叠系呈假整合接触（窦新钊等,2012）。二叠系广泛分布在黔西地区且保存完好。下二叠统岩性自下而上分别为：梁山组灰色、深灰色砂岩、灰色石灰岩和白云岩，栖霞组浅灰色石灰岩夹燧石灰岩、深灰色泥灰岩和灰色白云岩，茅口组深灰色、灰色石灰岩、灰色白云岩、砂岩和泥页岩。茅口组因东吴运动与上二叠统峨眉山玄武岩组呈假整合接触。上二叠统岩性自下而上分别为：峨眉山玄武岩组深灰色拉斑玄武岩、火山角砾岩、凝灰岩和煤层，龙潭组深灰色砂岩、粉砂岩、灰黑色含煤泥页岩和黑色碳质泥岩，长兴组深灰色、灰色泥岩夹砂岩、硅质灰岩、泥灰岩和煤层。长兴组因晚海西运动与下三叠统飞仙关组呈假整合接触。其中，上二叠统龙潭组为一套海陆过渡相的含煤岩系（杨瑞东等，2012），与下伏峨眉山玄武岩组为平行不整合接触，与上覆长兴组为整合接触，是黔西地区最主要的含煤地层和页岩气最重要的烃源岩（王社教等，2009）。根据岩性可细分为三段：第一段主要为灰色—深灰色薄至中厚层状的粉砂质泥岩和碳质泥岩，夹少量细砂岩和煤，平均厚度约 130m；第二段主要为黄褐色—灰色薄至中厚层状的粉砂岩和泥质粉砂岩，以及浅灰色粉砂质泥岩和深灰色碳质泥岩互层，夹有煤层，平均厚度约 60m；第三段为深灰色中厚至厚层状石灰岩，夹灰色粉砂质泥岩，局部含菱铁矿和黄铁矿，产腕足类动物化石和少量植物化石，平均厚度约 70m（孙全宏，2014）。

三叠系广泛分布在黔西地区，主要岩性为灰色台地相石灰岩、浅灰色白云岩、灰黄色陆相砂岩、粉砂岩和碳质泥岩。侏罗系零星分布于黔西地区中部，主要岩性为紫红色陆相砾岩、砂岩和泥页岩。白垩系零星分布于黔西地区中部，主要岩性为浅灰色角砾岩、砾岩和含砾泥岩，剥蚀严重。古近—第四系在黔西地区零星分布，厚度较薄，主要岩性为陆相碎屑堆积（窦新钊等，2012）。

三、沉积相特征

贵州二叠系分布广泛，发育完整，沉积类型多样。上、中二叠统主要为碳酸盐岩；下二叠统主要为碎屑岩和石灰岩，黔西地区夹有峨眉山玄武岩，是典型的海陆过渡相沉积（杨有龙，2015）。

黔西地区晚二叠世聚煤盆地位于扬子准台地的西缘，成煤期属于华南晚二叠世陆表海坳陷盆地的一部分。晚二叠世初期，由于东吴运动的影响，康滇古陆强烈抬升，贵州大部分地区也抬升成陆，同时伴随峨眉山玄武岩大规模喷发（孙剑和赵兵，2018）。黔西地区沉积相带主要受控于北北东向或北东向泸西—富源断裂和师宗—普安断裂的同沉积作用（图 2-30），呈北东向展布（窦新钊等，2012）。西边的康滇古陆隆升，陆源碎屑补给充分，煤系地层厚度大，聚煤条件好。在北西高、南东低的古地理条件下，黔西地区迎来了二叠纪第二次海侵，呈现海相—海陆过渡相—陆相的沉积古地理格局（徐彬彬等，2003）。泸西—富源断裂北西侧主要是陆相的河流、湖泊和沼泽沉积；泸西—富源断裂和师宗—普安断裂之间北东向条带主要为过渡相的三角洲、三角洲—潮坪、潟湖—潮坪和扇三角洲沉积，是黔西地区主要聚煤区；师宗—普安断裂南东侧主要是海相的碎屑泥质潮下、局限碳酸盐岩台地、开阔碳酸盐岩台地、边缘生物礁和深水盆地沉积（窦新钊等，2012）。

黔西地区在上古生界发育多套泥页岩，其中在海侵之初形成的海陆过渡相龙潭组是区内最重要的含煤地层，最有可能形成页岩气藏（陈榕等，2018）。龙潭组的沉积相可以概括为“狭长状三角洲与潟湖潮坪的三角洲复合体系”。龙潭组下段是一个水进层序，中段是一个水退或进积体系域，上段也是一个水进层序。黔西地区龙潭组有两个伸展较远的狭长状三角洲：一个位于南部，经过富源、红果，到达利民井田和盘县特区；另一个规模更大，位于北缘，经过土城井田以北的洒基、茨嘎，到达九村煤矿或羊场。北缘的狭长状三角洲（简称为“茨嘎狭长状三角洲”）以南和南部的狭长状三角洲（可简称为“红果狭长状三角洲”）两侧的广大区域则发育了潟湖、次级障壁和潮坪。潟湖西侧边缘的潮坪相带上也发育一些小型潟湖三角洲，它们在龙潭组的垂直相序上与潮坪相和泥炭沼泽相组合在一起（肖建新，1997）。

以黔西地区盘关向斜东南翼的盘县西冲镇背武甲村剖面（图 2-32）为例，分析晚二叠世沉积特征。背武甲村龙潭组剖面剥露较好，地层出露齐全。剖面底部可见峨眉山玄武岩，顶部可见龙潭组与飞仙关组底部的杂色泥页岩段过渡。本区未见以石灰岩为标志的长兴组出现。

该区整个龙潭组形成于海陆过渡相的潟湖—潮坪—沼泽沉积体系。上、中、下三段均发育有潟湖相泥岩、潮坪相砂岩和泥炭沼泽相煤层，具有较大的页岩气勘探潜力。龙潭组下段位于峨眉山玄武岩之上，底部有一褐黄色薄层铁质风化壳，由褐灰色褐铁矿化铝质泥岩和黄灰—灰白色铝土质泥岩组成；中部为深灰色—灰色泥页岩和煤层互层，单层厚度向上在逐渐增大；上部为灰色—灰黑色中至薄层泥页岩夹粉砂质泥页岩。龙潭组下段主要由潟湖相和潮坪—泥炭沼泽相组成，暗色泥页岩发育于潟湖相，水平层理发育，煤层发育于潮坪相之上。龙潭组中段与下段相似，也是由潟湖相和潮坪—泥炭沼泽相组成：下部为深灰色—灰黑色中至薄层暗色泥页岩夹粉砂质泥页岩和厚煤层；中部为黄灰色—灰色中至薄层泥页岩夹页片状粉砂质泥岩，以及深灰色厚层泥页岩和薄煤层的互层；上部为厚煤层夹暗色泥页岩。龙潭组上段的下部出现了砂质障壁，为黄灰色厚层含泥质细砂岩夹薄煤层，易风化；中部为浅灰色厚层粉砂质泥页岩以及薄煤层、泥页岩和粉砂质泥页岩的互层；上部为深灰色中至厚层含生物碎屑粉晶灰岩、灰色泥页岩夹薄层粉砂质泥岩和厚煤层。

整个龙潭组上段是一个水进的过程，沉积相类型包括：障壁—泥炭沼泽、潮坪—泥炭沼泽和潟湖。龙潭组上段上部为潟湖相暗色泥页岩，到飞仙关组底部时，泥页岩已变成浅紫红色，一方面反映气候由潮湿向干旱的转变，另一方面也反映沉积环境由潟湖向淡化潟湖的转变。整个含煤地层的多级旋回特征表明晚二叠世成煤期经历了频繁的海退海进事件，并直接控制着成煤体系的空间展布及煤层的规模和特征（孙剑和赵兵，2018）。

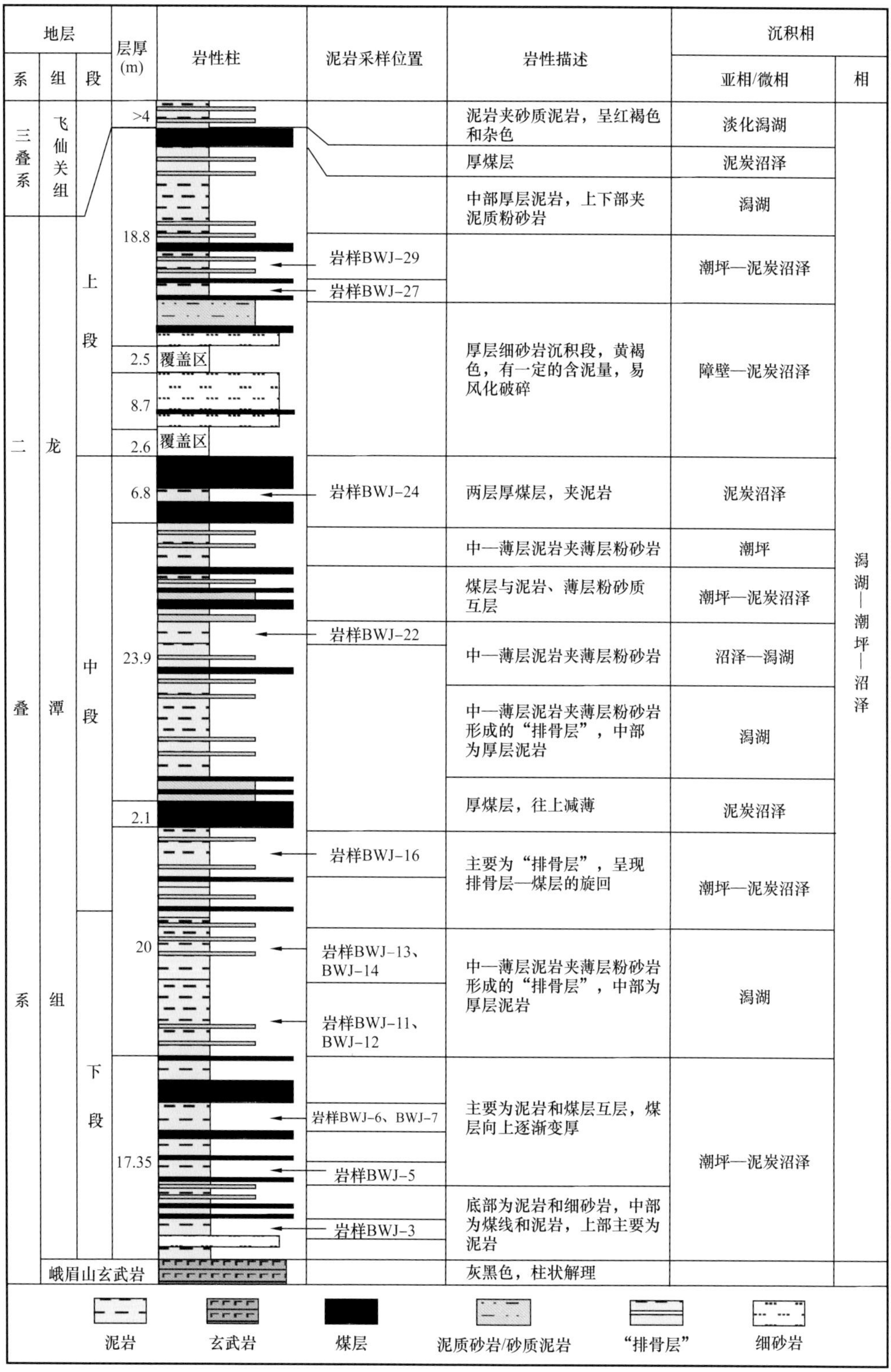

地层			层厚(m)	岩性柱	泥岩采样位置	岩性描述	沉积相	
系	组	段					亚相/微相	相
三叠系	飞仙关组		>4			泥岩夹砂质泥岩，呈红褐色和杂色	淡化潟湖	潟湖—潮坪—沼泽
二叠系	龙潭组	上段	18.8			厚煤层	泥炭沼泽	
						中部厚层泥岩，上下部夹泥质粉砂岩	潟湖	
					岩样BWJ-29 岩样BWJ-27		潮坪—泥炭沼泽	
			2.5 覆盖区 8.7 2.6 覆盖区			厚层细砂岩沉积段，黄褐色，有一定的含泥量，易风化破碎	障壁—泥炭沼泽	
		中段	6.8		岩样BWJ-24	两层厚煤层，夹泥岩	泥炭沼泽	
			23.9			中—薄层泥岩夹薄层粉砂岩	潮坪	
						煤层与泥岩、薄层粉砂质互层	潮坪—泥炭沼泽	
					岩样BWJ-22	中—薄层泥岩夹薄层粉砂岩	沼泽—潟湖	
						中—薄层泥岩夹薄层粉砂岩形成的“排骨层”，中部为厚层泥岩	潟湖	
			2.1			厚煤层，往上减薄	泥炭沼泽	
			20		岩样BWJ-16	主要为“排骨层”，呈现排骨层—煤层的旋回	潮坪—泥炭沼泽	
		下段			岩样BWJ-13、BWJ-14 岩样BWJ-11、BWJ-12	中—薄层泥岩夹薄层粉砂岩形成的“排骨层”，中部为厚层泥岩	潟湖	
			17.35		岩样BWJ-6、BWJ-7 岩样BWJ-5	主要为泥岩和煤层互层，煤层向上逐渐变厚	潮坪—泥炭沼泽	
					岩样BWJ-3	底部为泥岩和细砂岩，中部为煤线和泥岩，上部主要为泥岩		
	峨眉山玄武岩					灰黑色，柱状解理		

泥岩　玄武岩　煤层　泥质砂岩/砂质泥岩　“排骨层”　细砂岩

图 2-32　黔西地区盘关向斜东南翼盘县西冲镇背武甲村龙潭组综合柱状图

四、泥页岩空间展布特征

富有机质泥页岩发育的程度与规模，多受到沉积环境、构造背景和古气候的影响。一般来说，先经历抬升剥蚀、后经历沉积埋藏的地层有利于页岩气的成藏。富有机质泥页岩的埋深和厚度对其生成和储集页岩气的能力也具有重大的影响。龙潭组海陆过渡相煤系富有机质泥页岩表现为单层厚度小、层数多，累计厚度大，与煤层、致密砂岩和石灰岩频繁互层的特点（郭少斌等，2015；罗沙等，2017）。

黔西地区龙潭组泥页岩的顶部埋深为30～1040m，变化幅度较大。黔西中部盘县地区的龙潭组泥页岩埋深最浅，黔西南部兴仁地区和黔西北部大方地区的龙潭组泥页岩埋藏最深。盘县矿区的龙潭组泥页岩顶部埋深主要为200～640m，埋藏适中。整个黔西地区龙潭组泥页岩顶部埋深呈南北向埋藏较深，东西向埋深较浅的分布特征（图2-33）。

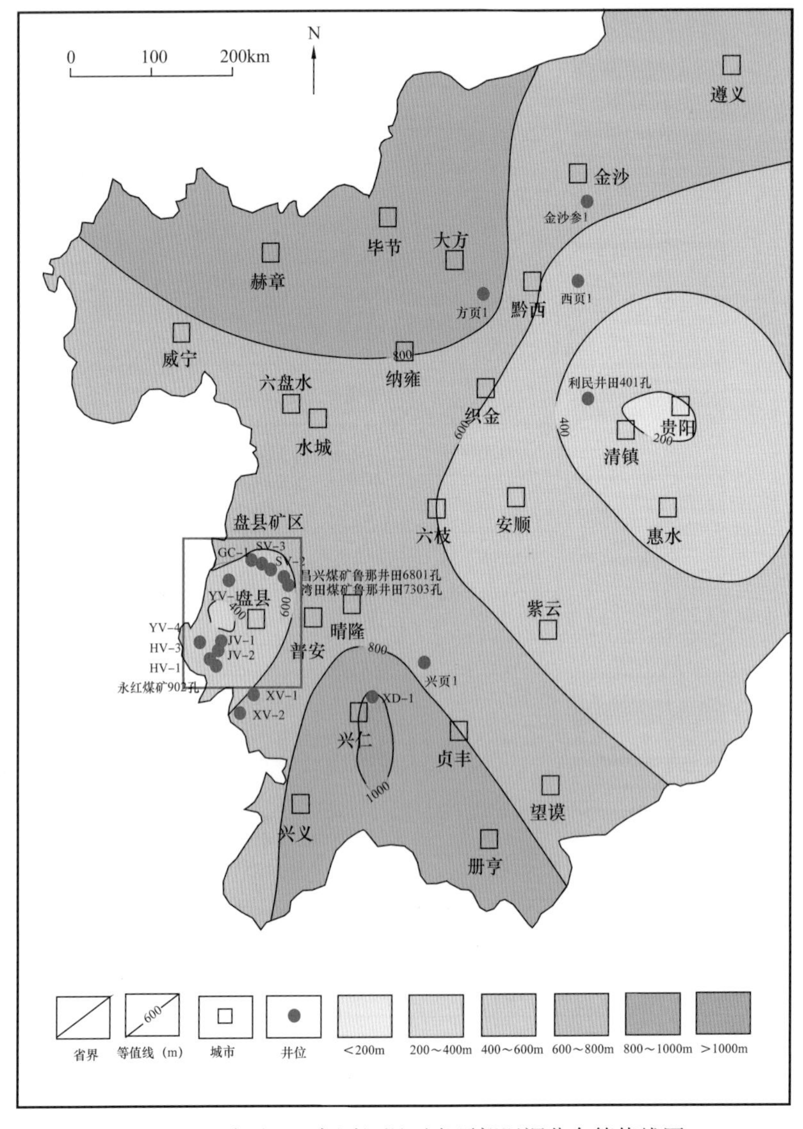

图2-33　黔西地区龙潭组泥页岩顶部埋深分布等值线图

黔西地区龙潭组泥页岩累计厚度为20～280m，变化幅度较大。黔西南部兴仁地区的龙潭组泥页岩厚度最大，黔西北部威宁地区和黔南东部紫云—惠水地区的龙潭组泥页岩厚度最小。盘县矿区的龙潭组泥页岩厚度主要分布在40～100m，泥页岩较发育。整个黔西地区龙潭组泥页岩累计厚度呈现南西—北东向厚度大，北西—南东向厚度小的分布形态（图2-34）。黔西地区龙潭组碳质泥页岩主要分布在中段和上段，与煤层相邻，单层厚度可达2m；平面上碳质泥岩厚度为20～140m，南部兴仁地区碳质泥页岩厚度较大，北部地区厚度较小（图2-35）。

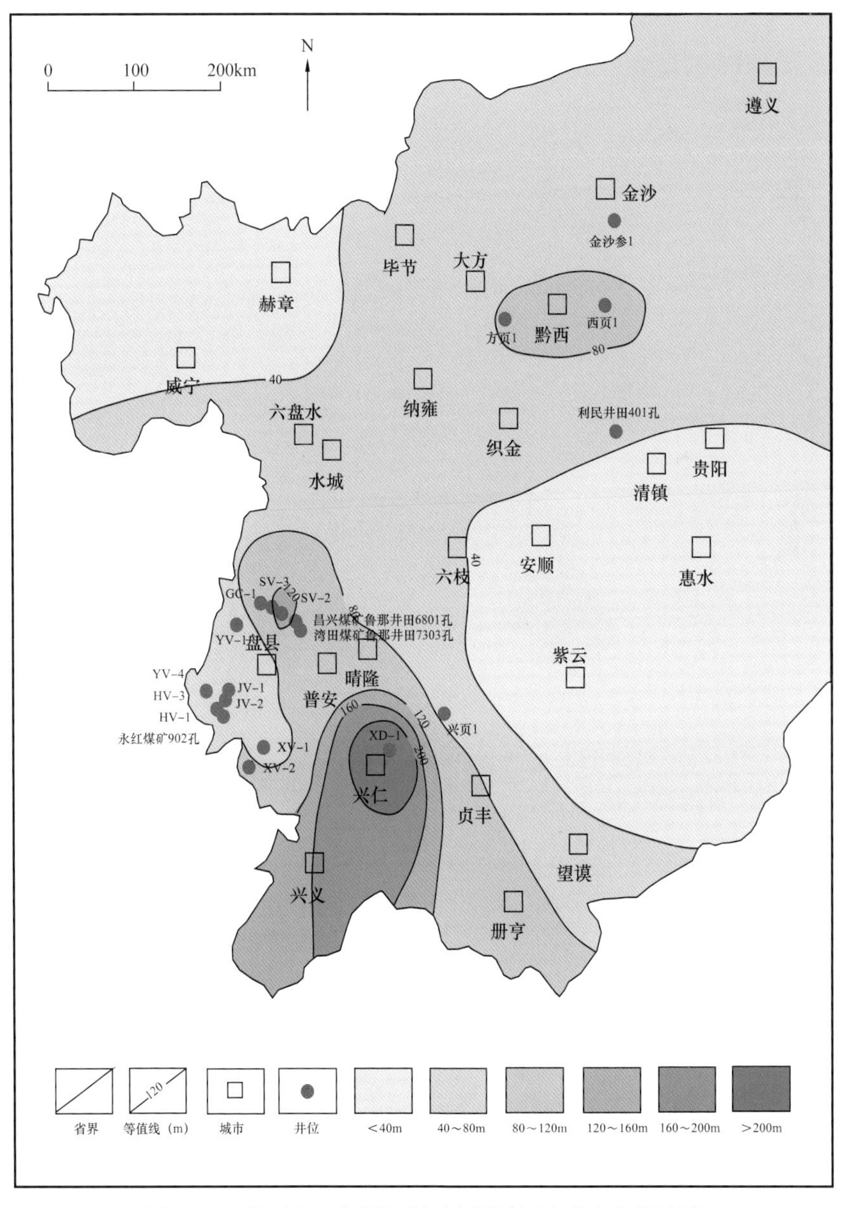

图2-34　黔西地区龙潭组泥页岩累计厚度分布等值线图

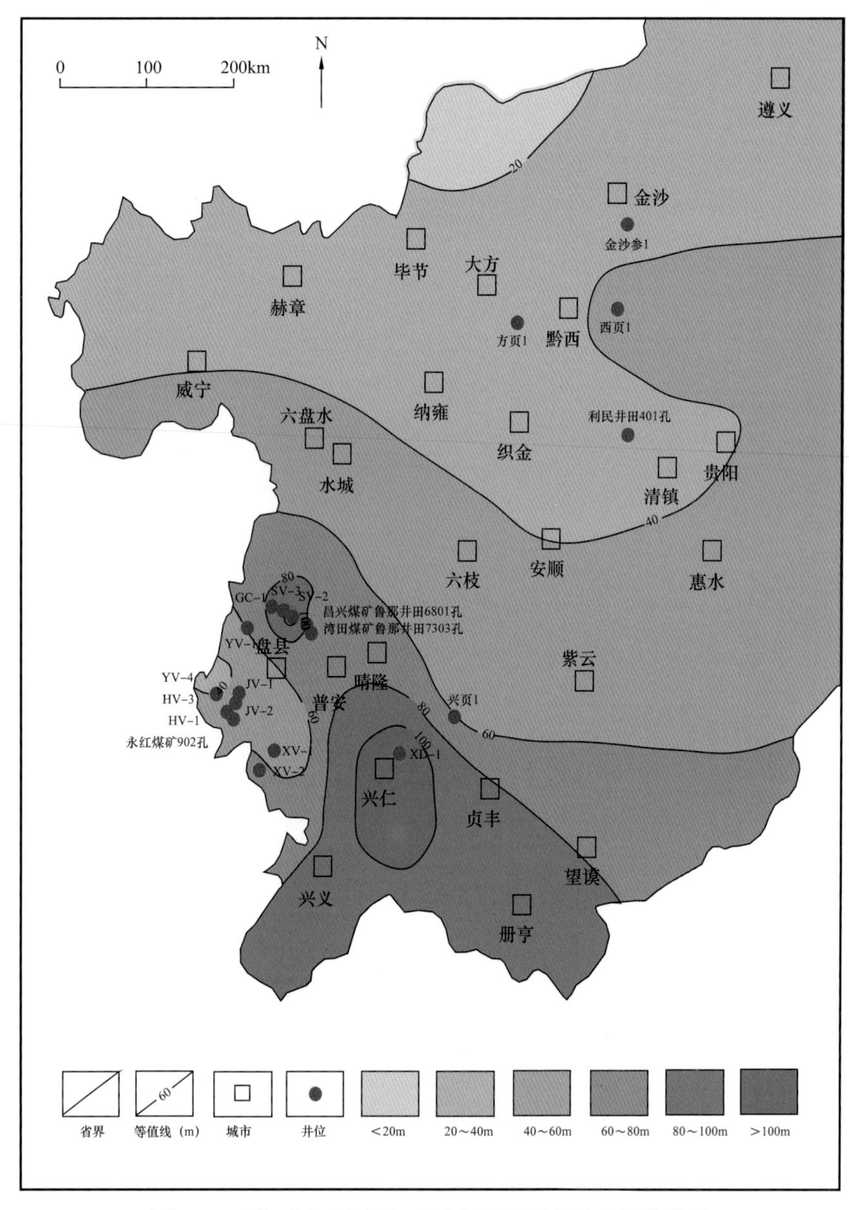

图 2–35　黔西地区龙潭组碳质泥页岩厚度分布等值线图

第三章　海陆过渡相泥页岩地球化学特征

泥页岩有机地球化学特征不仅影响岩石的生烃能力，还对岩石储集和吸附能力具有重要的控制作用。决定富有机质泥页岩中生成天然气数量的主要因素包括岩石中的总有机质碳含量（TOC）、有机质类型和有机质热演化程度。前两者主要由沉积环境决定，而第三者主要是由沉积后热演化的强度和维持时间决定的。泥页岩有机地球化学特征的测试主要包括：有机质丰度测试技术、有机质类型检测技术及有机质演化程度检测技术（姜振学等，2018）。

泥页岩作为烃源岩，有机质是评价其生烃潜力的重要指标，有机质丰度和类型决定了其原始生烃能力，好的烃源岩条件可以保证产出足量的天然气来满足自身的储集需要。有机质丰度大小是衡量泥页岩地球化学特征最基本的依据，常用的评价指标是有机碳含量（TOC）、生烃潜力（S_1+S_2）、总烃（HC）和氯仿沥青"A"。当泥页岩处于成熟—过成熟演化阶段，后面三项评价指标就已经基本上失去了原始的地质评价意义，仅有机碳基本能反映原始烃源岩的面貌，因此常选用TOC作为泥页岩有机质丰度的重要评价指标。有机质间的差异源自不同的初始产物，其干酪根成分可以揭示不同的沉积过程中及沉积环境的变化，其类型可以影响生烃类型。

第一节　鄂尔多斯盆地

鄂尔多斯盆地上古生界共发育两套烃源岩，分别为上石炭统本溪组和下二叠统太原—山西组泥页岩（郭少斌等，2015）。笔者在承担"鄂尔多斯盆地上古生界页岩气资源调查评价与选区"的项目期间，对鄂尔多斯盆地海陆过渡相泥页岩地层的地球化学特征进行了深入研究，并取得了一定成果（Guo等，2013；Guo、Wang，2013；付金华等，2013；郭少斌等，2014；郭少斌等，2017；郭少斌和王义刚，2013；郭少斌和赵可英，2014；黄家国等，2014；黄家国等，2015；赵可英等，2014；赵英可和郭少斌，2015）。太原组和山西组有机质丰度较高，烃源岩处于高成熟—过成熟阶段，具有较强的生烃能力。

一、有机质类型

有机质类型对富有机质泥页岩油气的生成具有重要影响，是评价烃源岩的重要指标。大量实验和研究证明，烃源岩的有机质类型不同，其生烃潜力、生烃类型、生烃门限（门限深度和门限温度）以及对天然气的吸附率和扩散率会具有一定的差异。干酪根是沉积岩中主要的固态有机物，既不溶于碱性水溶剂也不溶于普通有机溶剂（Tissot、Durand，1974；Welte、Tissot，1984）。干酪根类型一般分为Ⅰ型、$Ⅱ_1$型、$Ⅱ_2$型及Ⅲ型。其中，Ⅰ型干酪根为腐泥型，主要来自藻类沉积物，生油潜力大；$Ⅱ_1$型和$Ⅱ_2$型干酪根分别为腐殖—腐泥型和腐泥—腐殖型，主要来自海相浮游生物和微生物，生油潜力中等；Ⅲ型干酪根为腐殖型，主要来自陆相高等植物，生油潜力差，当演化程度足够高时，可成为生气来源。

有机质类型的研究方法有很多种（姜振学等，2018），相比显微组分分析法和岩石热解法，利用碳同位素分析法所确定的有机质类型更为精确。因为干酪根碳同位素是相当稳定的，主要与沉积有机质的化学组成或母质类型有关，受其他因素影响很小（苏艾国，1999）。有机质类型测试由 Finngan MAT–252 仪器完成（陈永权等，2005），检测依据为《有机物和碳酸盐岩碳、氧同位素分析方法》。实验前，样品颗粒先用稀盐酸处理 12 小时去除碳酸质，用蒸馏水洗净后，再用氢氟酸处理 12 小时去除硅酸质。实验过程中，将样品制备成纯二氧化碳气，用 MAT–252 双进样法与 GBW04405 参考气比较测试，给出相对 PDB 的值。碳同位素分析法采用的有机质类型划分标准如表 3–1 所示（黄籍中，1988）。

表 3–1　碳同位素分析法的有机质类型划分指标

类型	Ⅰ型	$Ⅱ_1$型	$Ⅱ_2$型	Ⅲ型
指标（$\delta^{13}C$，‰）	<–28	–28～–26.5	–26.5～–25	>–25

实验结果显示（表 3–2），鄂尔多斯盆地中东部地区太原组有机质 $\delta^{13}C$ 含量分布在 –24.1‰～–23.5‰，山西组有机质 $\delta^{13}C$ 含量分布在 –22.6‰～–22.3‰。依据划分标准，鄂尔多斯盆地中东部地区太原组和山西组泥页岩的有机质类型均为Ⅲ型，倾向于生成热成因的天然气（黄籍中，1980）。

表 3–2　鄂尔多斯盆地中东部上古生界太原组和山西组有机质碳同位素分析结果及有机质类型划分

层位	$\delta^{13}C$ 最低值（‰）	$\delta^{13}C$ 最高值（‰）	有机质类型
太原组	–24.1	–23.5	Ⅲ型
山西组	–22.6	–22.3	Ⅲ型

二、有机质丰度

有机质丰度是烃源岩评价的基础指标，也是控制页岩气聚集成藏的重要因素。常用来评价烃源岩有机质丰度的主要参数为总有机碳含量（TOC）、氯仿沥青“A”和总烃含量（HC）。其中，TOC 控制着后两者，它既是泥页岩生气的物质基础，直接决定着泥页岩的生烃强度，也是泥页岩吸附气的重要载体，可以直接增加页岩气的吸附量，并通过自身多孔隙性的特征，增大游离气的存储空间（王祥等，2010；杨振恒等，2009）。泥页岩等温吸附实验的结果证明，泥页岩吸附气含量与其有机碳含量呈明显的正相关关系，较高的有机碳含量往往预示着较大的页岩气含量。国内外分析研究和实测结果表明，为了能够达到生烃条件，泥页岩作为烃源岩其 TOC 下限为 0.5%。而具有开发价值的页岩气藏其 TOC 应大于 2%。

有机质丰度的研究方法有很多种（姜振学等，2018），相较于岩石抽提法和岩石热解法，总有机碳法的评价指标和实验仪器都更为成熟，所测得的 TOC 更为精确。有机质丰度测试由 LecoCS–200 碳硫测定仪完成，检测依据为中华人民共和国国家标准《沉积岩中总有机碳的测定》，实验环境为 27℃。实验前，单位质量的样品被研磨成粉末状，用稀盐酸处理 2 小时去除碳酸质，然后用蒸馏水洗净，在 70℃的条件下干燥 12 小时。实验过程中测得的有机质碳质量分数即为样品的 TOC。

实验结果显示（表 3–3），鄂尔多斯盆地中东部地区太原组泥页岩 TOC 含量分布在 0.136%～9.361%，平均为 2.52%；山西组泥页岩 TOC 含量分布在 0.28%～3.14%，平均为 1.41%。如图 3–1 所示，鄂尔多斯盆地中东部太原组泥页岩 TOC 主要分布 2%～3%，所占比例为 37.5%，其中 TOC 小于 1% 的占比 12.5%，TOC 在 1%～2% 的占比 29.17%，TOC 含量大于 3% 的占比 20.83%；山西组泥页岩 TOC 主要分布在 0～2%，所占比例为 72.22%，TOC 在 2%～3% 的占比 22.22%，大于 3% 的占比 5.56%。太原组泥页岩整体 TOC 含量较高，且达到国际公认的具有商业开采价值的泥页岩 TOC 含量下限（2%），表明泥页岩有机质丰度处于较高水平，预示着较好的物质基础和较高的生烃能力。

表 3–3　鄂尔多斯盆地中东部地区上古生界太原组和山西组泥页岩 TOC 测试结果

层位	TOC 最低值（%）	TOC 最高值（%）	TOC 平均值（%）
太原组	0.136	9.36	2.52
山西组	0.28	3.14	1.41

海陆过渡相泥页岩连续厚度薄、岩性变化快，致使其 TOC 含量在垂向分布上差异较大。鄂尔多斯盆地中东部地区山西组的 TOC 含量纵向变化如图 3–2 所示，可知 Y–88 井在深度为 2400～2430m 时，存在 TOC 高值区，有机质丰度高，最大可达 3.13%，地层厚度也相对较大，是页岩气富集相对有利的层段。

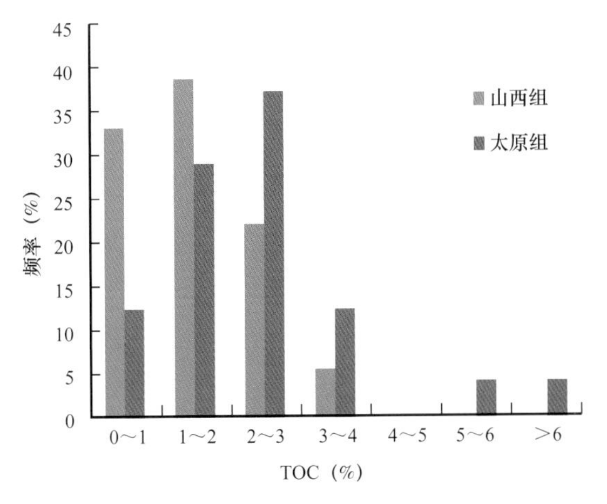

图 3–1　鄂尔多斯盆地中东部地区上古生界太原组和山西组泥页岩 TOC 分布频率直方图

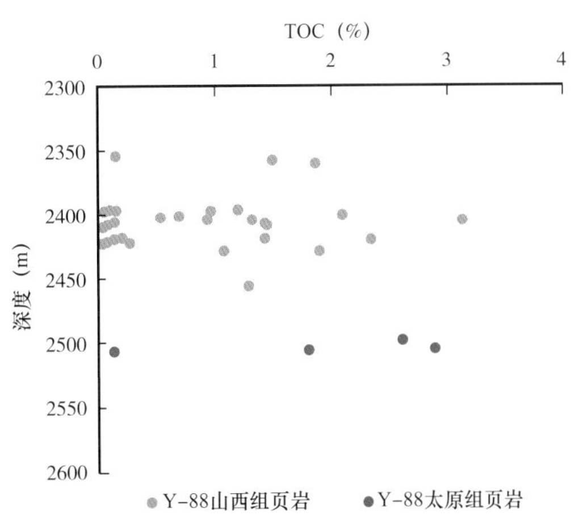

图 3–2　鄂尔多斯盆地中东部地区上古生界太原组和山西组泥页岩 TOC 垂向分布图

三、有机质成熟度

有机质成熟度是指在有机质所经历的埋藏时间内，由于增温作用所引起的各种变化，是表征烃源岩成烃有效性和产物性质的重要参数。干酪根只有在达到一定的热成熟度后才能开始大量生烃和排烃。对于热成因的页岩气来说，泥页岩的成熟度进入生气窗是产生页岩气的必备条件。一定范围内，泥页岩的热成熟度越高，表明泥页岩生气的可能性越大，吸附气量也会逐渐增大。通常用镜质组反射率（R_o）来表征有机质的热成熟度（陈家良等，2004）。中国海陆过渡相泥页岩成熟阶段划分标准如表3–4所示。

表3–4 中国海陆过渡相泥页岩成熟阶段划分标准

成熟阶段	未成熟	成熟	高成熟	过成熟
R_o（%）	<0.8	0.8～1.6	1.6～2.5	>2.5
成烃阶段	生物气	液态烃	凝析油—湿气	干气

有机质成熟度的研究方法有很多种，相较于岩石热解法，显微组分法的原理和仪器都更为成熟，所测得的R_o更为准确。有机质成熟度测试由MPV–SP显微光度计完成，检测依据为《沉积岩中镜质体反射率测定方法》，实验温度为22℃，湿度为30%～32%。实验前，干酪根从样品中被分离出来，打磨成薄片进行测量。实验过程中，根据光电效应原理，将折射光强度在温度为24℃、相对湿度为35%的条件下，通过光电倍增器转换成电流强度，然后与标准样品在相同条件下产生的电流强度进行比较，得出样品的R_o。

实验结果显示（表3–5），鄂尔多斯盆地中东部地区太原组泥页岩R_o含量分布在3.20%～3.33%，平均为3.29%；山西组泥页岩R_o含量分布在0.63%～2.68%，平均为1.72%。如图3–3所示，太原组泥页岩R_o分布在大于2.5%，且均大于3.0%，有机质处于过成熟演化阶段，以生干气为主；鄂尔多斯盆地中东部山西组泥页岩R_o主要分布在0.8%～1.6%和1.6%～2.0%，所占比例分别为30.77%和46.15%，有机质处于高成熟—过成熟演化阶段，且位于页岩气能够聚集成藏的R_o含量下限（0.5%）和R_o含量上限（3.5%）之间，表明其正处于生气高峰，有利于页岩气的聚集成藏。

表3–5 鄂尔多斯盆地中东部地区上古生界太原组和山西组泥页岩R_o测试结果

层位	R_o最低值（%）	R_o最高值（%）	R_o平均值（%）	热演化阶段
太原组	3.20	3.33	3.29	过成熟阶段
山西组	0.63	2.68	1.72	高成熟阶段

鄂尔多斯盆地中东部地区太原组和山西组的R_o含量纵向变化如图3–4所示，R_o整体上随着深度的增加而增大，即热演化程度与埋藏深度表现一致。从平面上看，鄂尔多斯盆地中东部地区太原组泥页岩热成熟度自东向西逐渐增大，最大值位于研究区的西部，R_o值可达3.5%以上，最小值位于北部，R_o值低于0.6%（图3–5）。鄂尔多斯盆地中东部地区山西组泥页岩热成熟度的变化趋势与太原组一致（图3–6）。

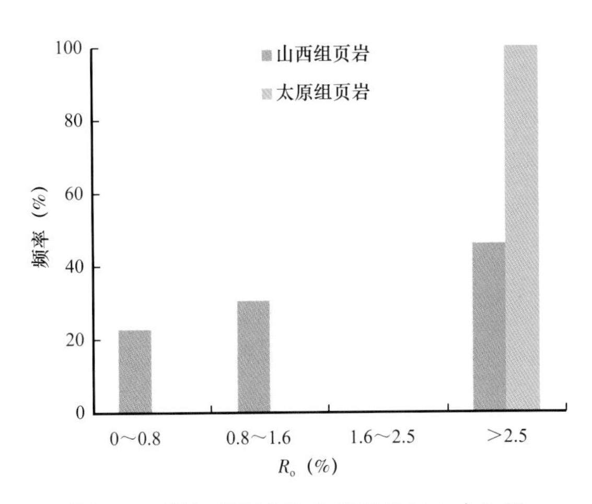

图 3-3　鄂尔多斯盆地中东部地区上古生界太原组和山西组泥页岩 R_o 分布频率直方图

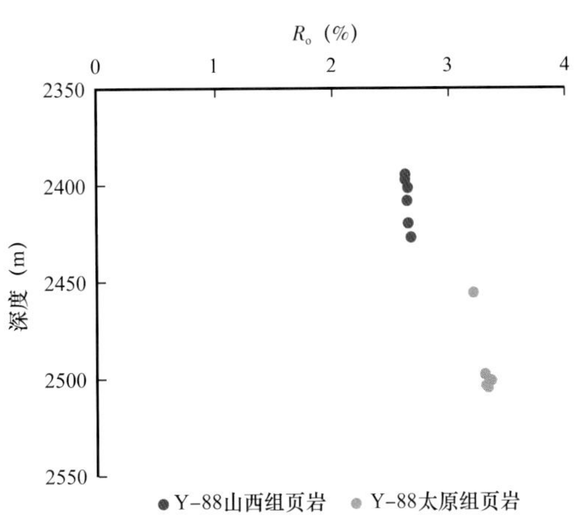

图 3-4　鄂尔多斯盆地中东部地区上古生界太原组和山西组泥页岩 R_o 随深度变化图

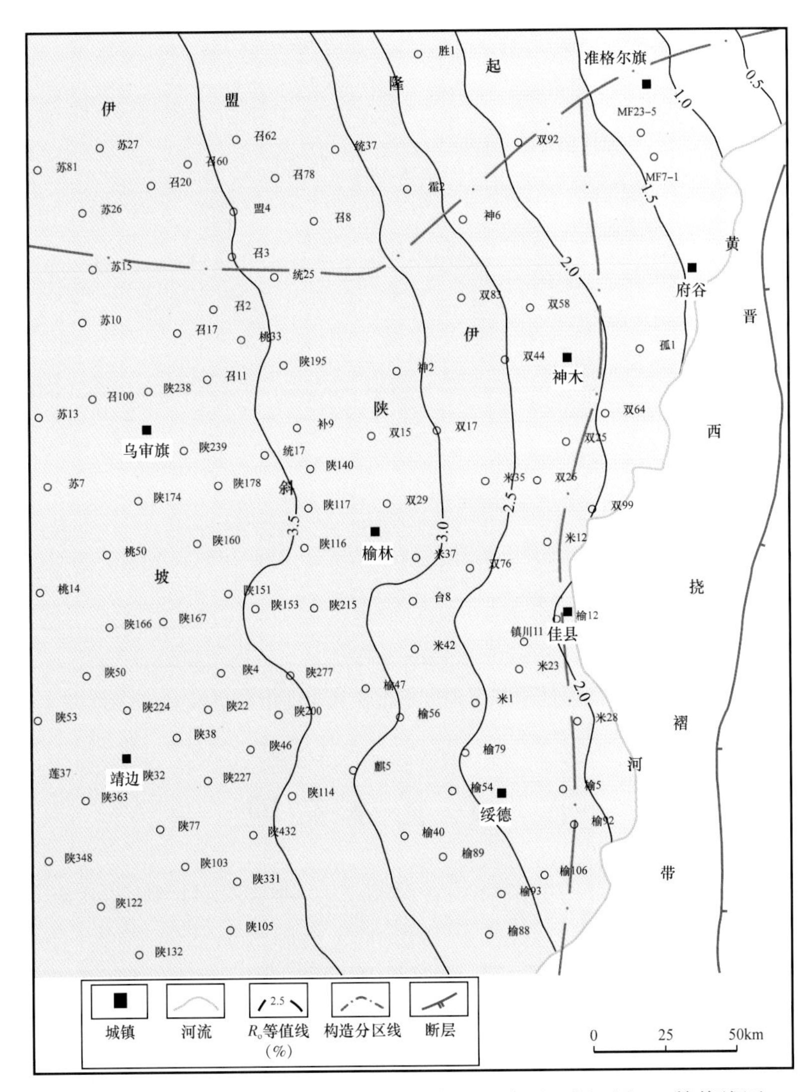

图 3-5　鄂尔多斯盆地中东部地区上古生界太原组泥页岩 R_o 等值线图

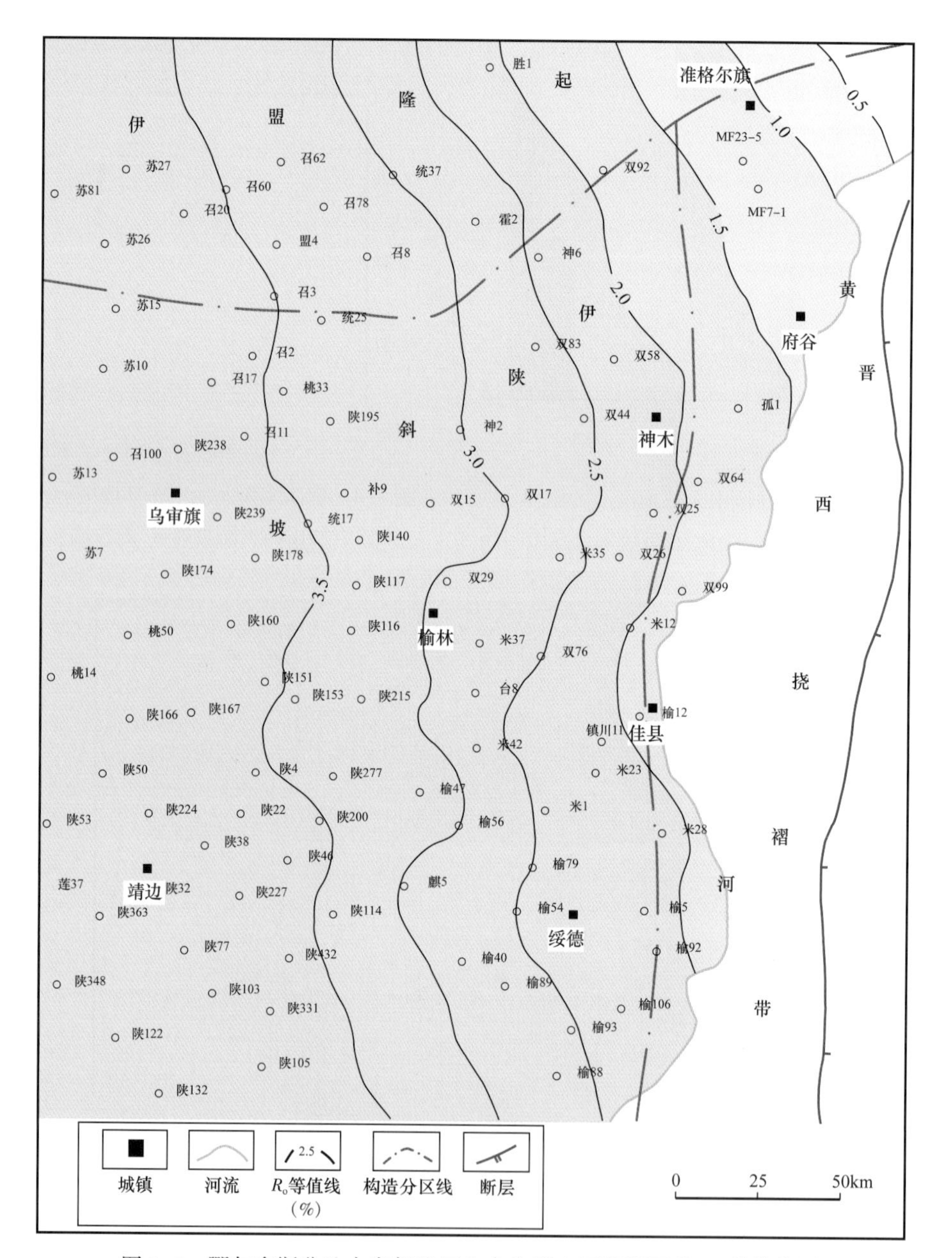

图 3-6　鄂尔多斯盆地中东部地区上古生界山西组泥页岩 R_o 等值线图

第二节　沁水盆地

沁水盆地上古生界共发育两套烃源岩，分别为二叠系太原—山西组和二叠系下石盒子组泥页岩（郭少斌等，2015）。国土资源部油气资源战略研究中心（王祥等，2010）和中国地质调查局曾分别组织了对沁水盆地及周缘页岩气资源的调查评价。其中，太原组富含有机质的暗色泥页岩主要位于其上段，其下段主要是煤层；山西组富含有机质的暗色泥页岩在盆地北部主要位于上段，煤层发育在盆地北部上段和南部下段，沉积环境南北有别（Law、Curtis，2002；Schettler 等，1991；刘洪林等，2010；吴财芳等，2005；邹才能等，2012）。太原组和山西组有机质丰度较高，成熟度适中，处于生油或生气高峰期，具有很强的生烃能力，为上古生界最重要的优质烃源岩，是形成大型油气田的物质基础。

一、有机质类型

利用碳同位素分析法确定有机质类型。实验结果显示（表 3–6），沁水盆地太原组有机质 $\delta^{13}C$ 含量分布在 –24.0‰～–23.4‰，山西组有机质 $\delta^{13}C$ 含量分布在 –25.0‰～–23.6‰。依据划分标准，沁水盆地太原组和山西组泥页岩的有机质类型均为Ⅲ型，倾向于生成热成因的天然气。

表 3–6　沁水盆地上古生界太原组和山西组有机质碳同位素分析结果及有机质类型划分

层位	$\delta^{13}C$ 最低值（‰）	$\delta^{13}C$ 最高值（‰）	有机质类型
太原组	–24.0	–23.4	Ⅲ型
山西组	–25.0	–23.6	Ⅲ型

二、有机质丰度

利用总有机碳法测定有机质丰度。实验结果显示（表 3–7），沁水盆地太原组泥页岩 TOC 含量分布在 0.92%～7.21%，平均为 2.91%；山西组泥页岩 TOC 含量分布在 0.91%～5.91%，平均为 2.48%。如图 3–7 所示，沁水盆地太原组泥页岩 TOC 主要分布在 1%～2% 和 3%～4%，所占比例均为 30.77%，TOC 大于 3% 的所占比例为 46.15%，表明有机质丰度处于较高水平，具有良好的生气物质基础，是该地区页岩气成藏的关键地质条件；山西组泥页岩 TOC 主要分布在 1%～2%，所占比例为 46.15%，泥页岩 TOC 分布在 2%～3% 的占 15.38%，TOC 大于 3% 的占比为 30.77%，泥页岩整体 TOC 含量较高。

表 3–7　沁水盆地上古生界太原组和山西组泥页岩 TOC 测试结果

层位	TOC 最低值（%）	TOC 最高值（%）	TOC 平均值（%）
太原组	0.92	7.21	2.91
山西组	0.91	5.91	2.48

沁水盆地太原组的 TOC 含量纵向变化如图 3–8 所示，TOC 随深度变化差异较大。ZK–13 井在深度为 600～700m 时，存在 TOC 高值区，有机质丰度高，最大可达 7.21%，且地层厚度也相对较大，是页岩气富集相对有利的层段。

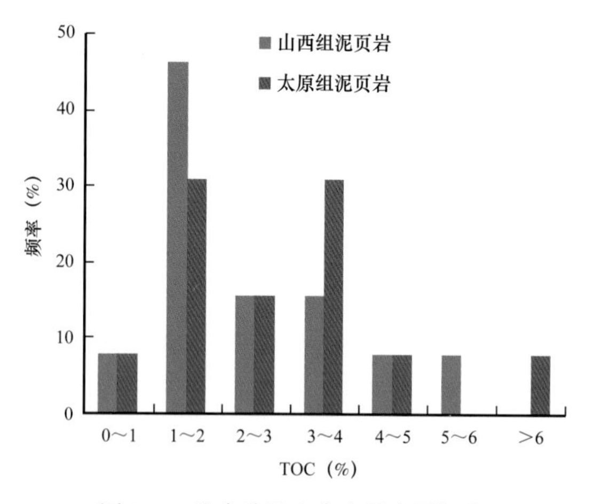

图 3-7　沁水盆地上古生界太原组和山西组泥页岩 TOC 分布频率直方图

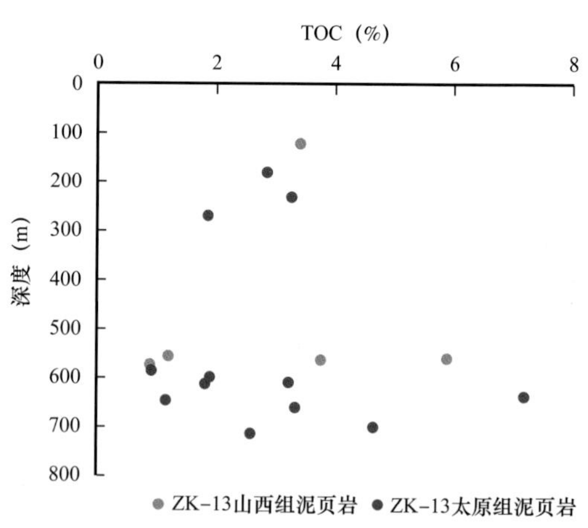

图 3-8　沁水盆地上古生界太原组和山西组泥页岩 TOC 垂向分布图

三、有机质成熟度

利用显微组分法测定有机质成熟度。实验结果显示（表 3-8），沁水盆地太原组泥页岩 R_o 含量分布在 1.72%～2.35%，平均为 2.00%；山西组泥页岩 R_o 含量分布在 1.51%～2.45%，平均为 1.99%。如图 3-9 所示，沁水盆地太原组泥页岩 R_o 分布在 1.6%～2.5%，其中分布在 1.6%～2.0% 的占 46.15%，分布在 2.0%～2.5% 的占 53.85%，有机质成熟度适中且正处于生气高峰，有利于页岩气的聚集成藏；山西组泥页岩 R_o 主要分布在 1.6%～2.5%，所占比例为 84.62%，其中分布在 1.6%～2.0% 的占 30.77%，分布在 2.0%～2.5% 的占 53.85%，有机质演化集中在高成熟阶段，有利于有机质热解生气。

表 3-8　沁水盆地上古生界太原组和山西组泥页岩 R_o 测试结果

层位	R_o 最低值（%）	R_o 最高值（%）	R_o 平均值（%）	热演化阶段
太原组	1.72	2.35	2.00	高成熟
山西组	1.51	2.45	1.99	高成熟

沁水盆地太原组和山西组的 R_o 含量纵向变化如图 3-10 所示，R_o 整体上随着深度的增加而增大，即热演化程度与埋藏深度表现一致，在一定程度上反映了埋深对泥页岩有机质成熟度的影响。从平面上看，沁水盆地太原组泥页岩热成熟度在北部、中部和东南部较大，最大值位于中部，R_o 值为 2.44%（图 3-11）。沁水盆地山西组泥页岩热成熟度在中部和北部较大，南部、东部和西部的边缘地区成熟度较低（图 3-12）。

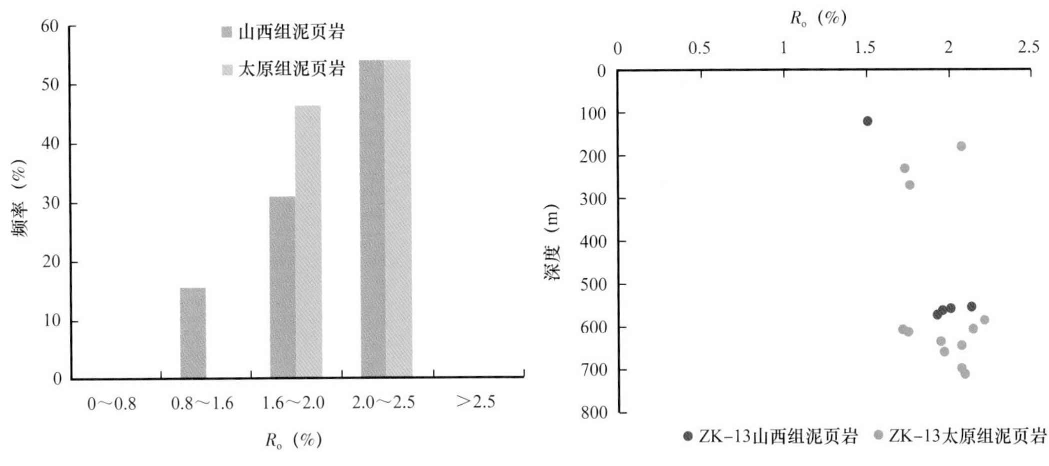

图 3-9　沁水盆地上古生界太原组和山西组泥页岩 R_o 分布频率直方图

图 3-10　沁水盆地上古生界太原组和山西组泥页岩 R_o 随深度变化图

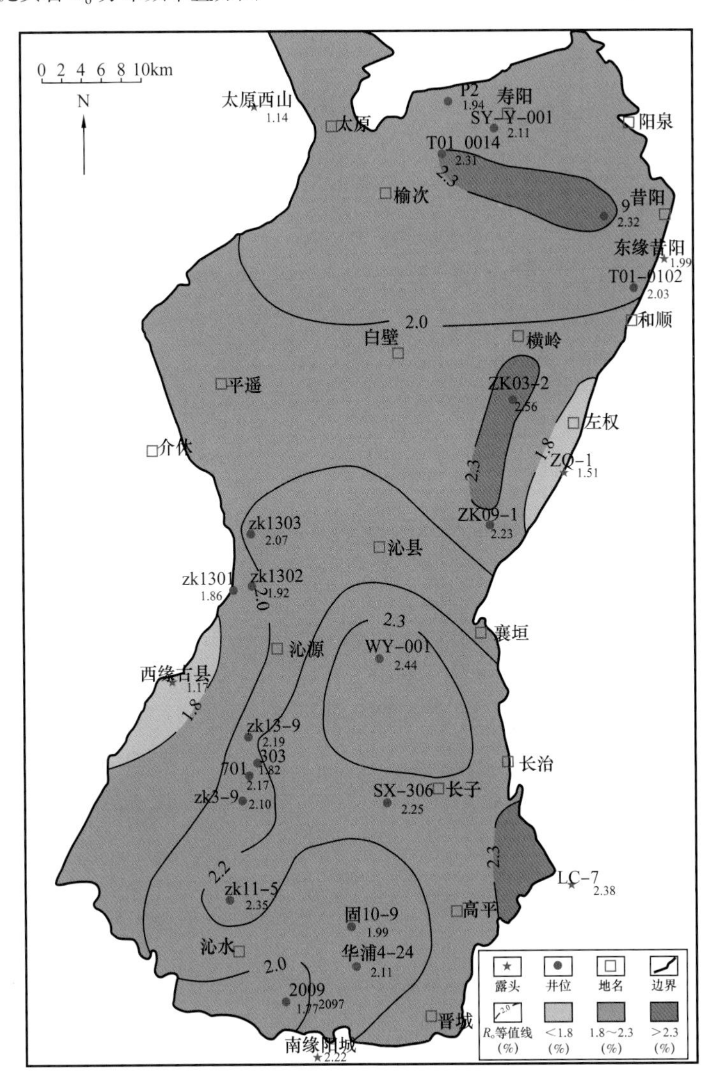

图 3-11　沁水盆地上古生界太原组泥页岩 R_o 等值线图

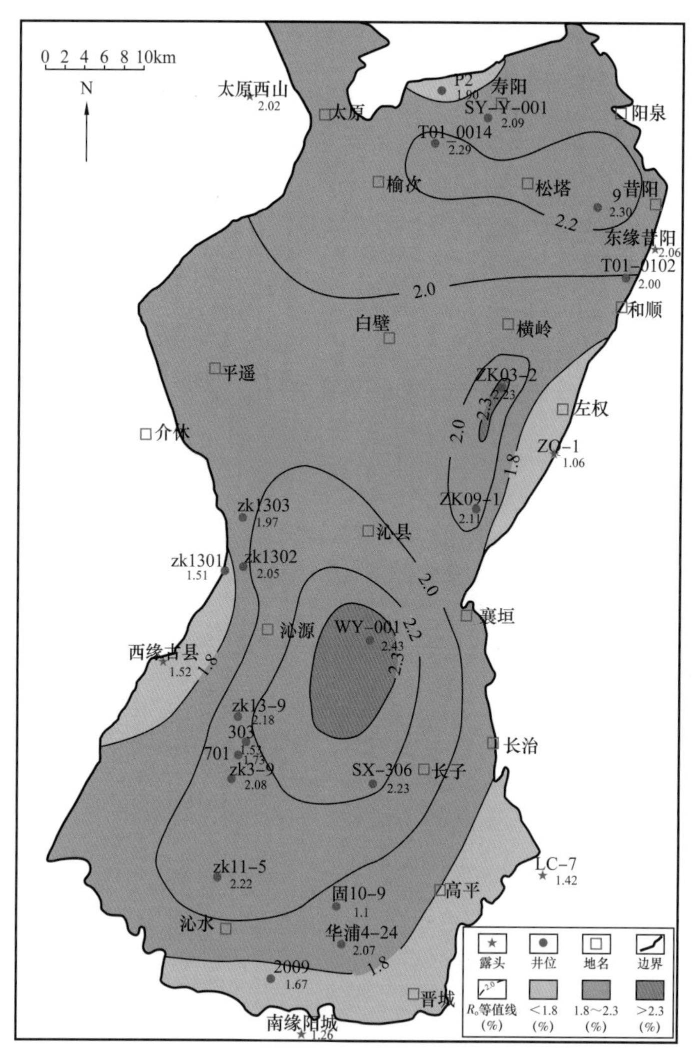

图 3-12　沁水盆地上古生界山西组泥页岩 R_o 等值线图

第三节　南华北盆地

南华北盆地上古生界共发育两套烃源岩，分别为二叠系太原—山西组和二叠系下石盒子组泥页岩（郭少斌等，2015）。国土资源部油气资源战略研究中心曾组织了对南华北页岩气资源的调查评价（林小云等，2011；孙军等，2014）。太原组和山西组的 TOC 含量较高，热演化程度处于成熟—过成熟阶段，以生气为主（王荣新等，2008）。

一、有机质类型

利用碳同位素分析法确定有机质类型。实验结果显示（表 3-9），南华北盆地太原组有机质 $\delta^{13}C$ 含量分布在 −24.3‰～−23.9‰，山西组有机质 $\delta^{13}C$ 含量分布在 −24.0‰～−23.3‰。依据划分标准，南华北太原组和山西组泥页岩的有机质类型均为Ⅲ型，倾向于生成热成因的天然气。

表 3-9　南华北盆地上古生界太原组和山西组有机质碳同位素分析结果及有机质类型划分

层位	$\delta^{13}C$ 最低值（‰）	$\delta^{13}C$ 最高值（‰）	有机质类型
太原组	−24.3	−23.9	Ⅲ型
山西组	−24.0	−23.3	Ⅲ型

二、有机质丰度

利用总有机碳法测定有机质丰度。实验结果显示（表 3-10），南华北盆地太原组泥页岩 TOC 含量分布在 0.45%～6.32%，平均为 2.21%；山西组泥页岩 TOC 含量分布在 0.11%～5.10%，平均为 1.42%。如图 3-13 所示，南华北盆地太原组泥页岩 TOC 主要分布在 1%～3%，所占比例为 66.7%，TOC 含量大于 3% 占比为 18.18%；山西组泥页岩 TOC 主要分布在 0～2%，所占比例为 74.36%，TOC 含量大于 3% 占比为 10.25%。太原组泥页岩有机质丰度高于山西组泥页岩，具有更好的生气物质基础。

表 3-10　南华北盆地上古生界太原组和山西组泥页岩 TOC 测试结果

层位	TOC 最低值（%）	TOC 最高值（%）	TOC 平均值（%）
太原组	0.45	6.32	2.21
山西组	0.11	5.10	1.42

南华北盆地太原组和山西组的 TOC 含量纵向变化如图 3-14 所示，TOC 随深度变化差异较大。JX-1 井太原组泥页岩在深度为 2920～2960m 时，存在 TOC 高值区，有机质丰度高，最大可达 5.06%，地层厚度也相对较大，是页岩气富集相对有利的层段；JX-1 井山西组泥页岩在深度为 2840～2900m 时，存在 TOC 高值区，有机质丰度高，最大可达 5.10%。

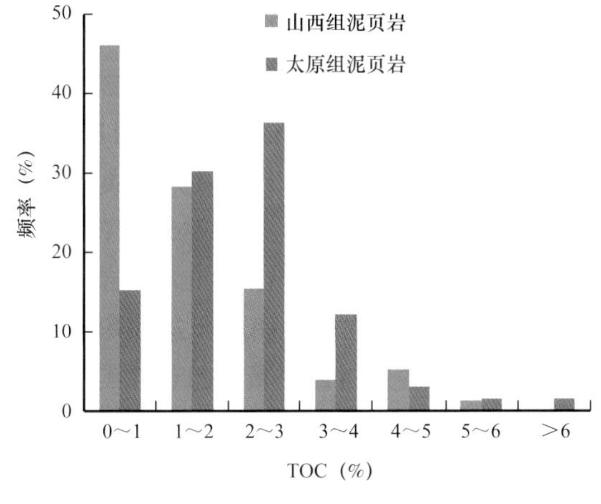

图 3-13　南华北盆地上古生界太原组和山西组泥页岩 TOC 分布频率直方图

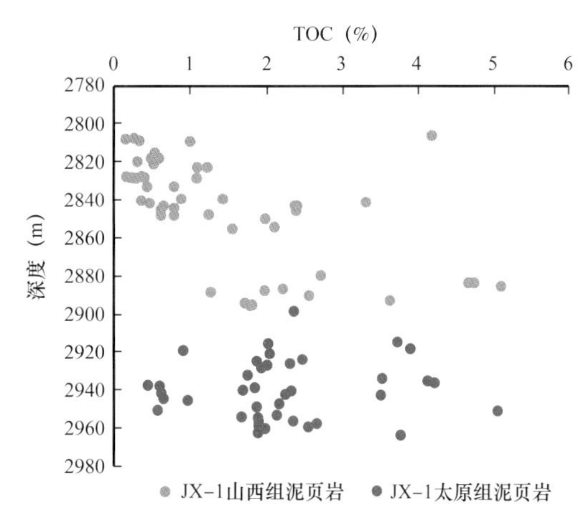

图 3-14　南华北盆地上古生界太原组和山西组泥页岩 TOC 垂向分布图

三、有机质成熟度

利用显微组分法测定有机质成熟度。实验结果显示（表3–11），南华北盆地太原组泥页岩 R_o 含量分布在1.20%～4.13%，平均为3.33%；山西组泥页岩 R_o 含量分布在0.93%～4.47%，平均为3.21%。如图3–15所示，南华北盆地太原组泥页岩 R_o 主要分布在2.5%～4.0%，所占比例为73.08%；山西组泥页岩 R_o 主要分布在2.5%～4.0%，所占比例为68.75%。泥页岩有机质成熟度偏高，普遍为高成熟—过成熟演化阶段，有利于有机质热解生气。

表3–11　南华北盆地上古生界太原组和山西组泥页岩 R_o 测试结果

层位	R_o 最低值（%）	R_o 最高值（%）	R_o 平均值（%）	热演化阶段
太原组	1.20	4.13	3.33	过成熟
山西组	0.93	4.47	3.21	过成熟

南华北盆地太原组和山西组的 R_o 含量纵向变化如图3–16所示，R_o 整体上随着深度的增加而增大，即热演化程度与埋藏深度表现一致。从平面上看，南华北盆地太原组泥页岩热成熟度在郑州—开封—周口一带及许昌—漯河一带，相对较高，超过2.0%；郑州、漯河地区泥页岩成熟度超过4.0%，处于成熟—过成熟阶段（图3–17）。南华北盆地山西组泥页岩热成熟度在郑州—开封—周口一带，相对较高，超过2.0%；郑州、漯河泥页岩成熟度超过4.0%，处于成熟—过成熟阶段，生烃能力强（图3–18）。

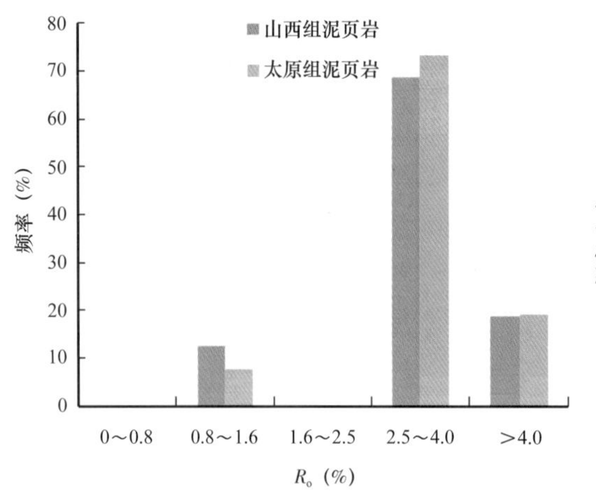

图3–15　南华北盆地上古生界太原组和山西组泥页岩 R_o 分布频率直方图

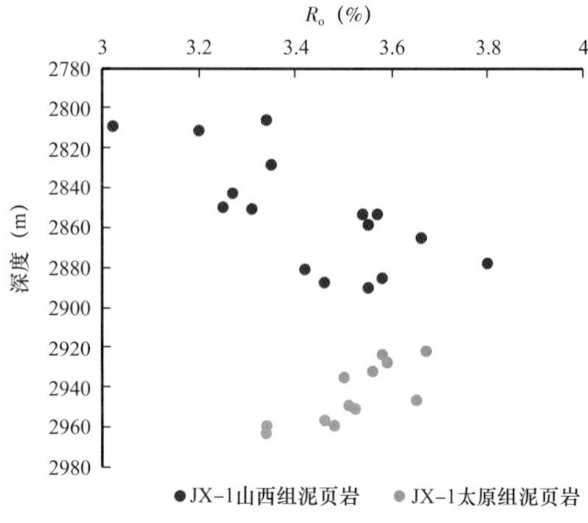

图3–16　南华北盆地上古生界太原组和山西组泥页岩 R_o 随深度变化图

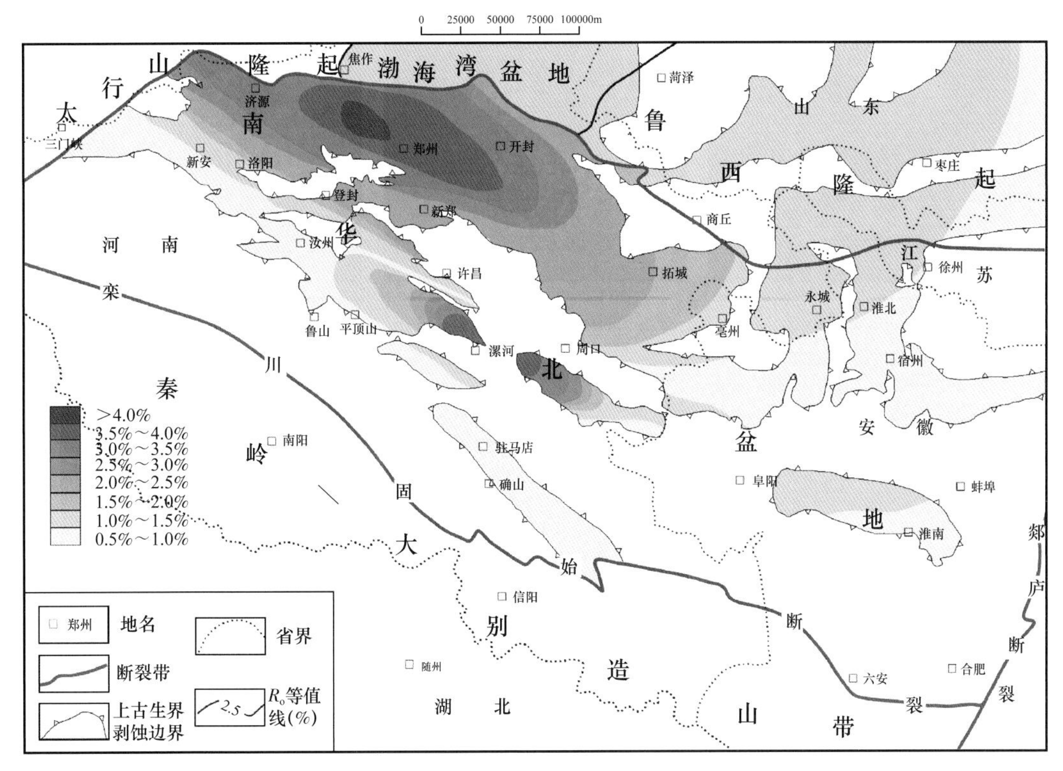

图 3-17　南华北盆地上古生界太原组泥页岩 R_o 等值线图

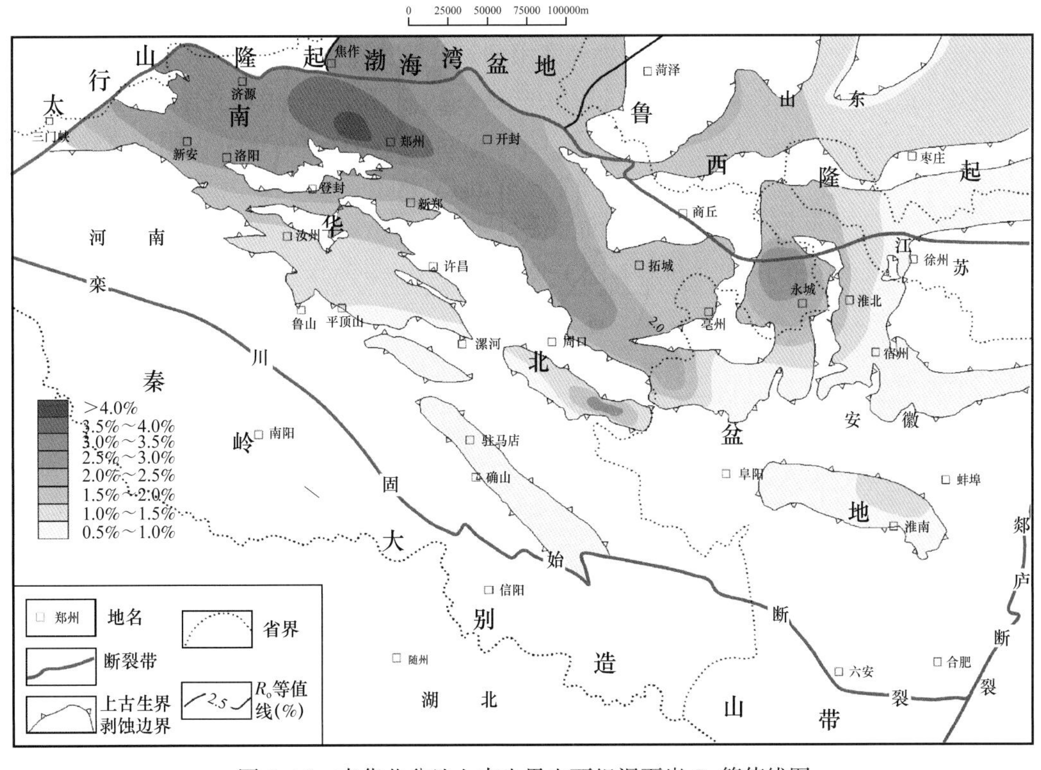

图 3-18　南华北盆地上古生界山西组泥页岩 R_o 等值线图

第四节 黔西地区

贵州地区上古生界共发育3套烃源岩（杨瑞东等，2012）。其中龙潭组煤系地层的分布范围广，大部分烃源岩已处于高成熟—过成熟早期阶段，热演化定型期与生烃高峰重合，生烃具有时间短、效率高的特点（王立亭和桑惕，1989），具有形成油气田的物质基础（罗沙等，2017），是上古生界最重要的优质烃源岩。

一、有机质类型

利用碳同位素分析法确定有机质类型。实验结果显示（表3–12），黔西地区龙潭组有机质 $\delta^{13}C$ 含量分布在 –24.9‰～–23.2‰。依据划分标准，黔西地区龙潭组泥页岩的有机质类型均为Ⅲ型，倾向于生成热成因的天然气。

表3–12 黔西地区上古生界上二叠统龙潭组有机质碳同位素分析结果及有机质类型划分

层位	$\delta^{13}C$ 最低值（‰）	$\delta^{13}C$ 最高值（‰）	有机质类型
龙潭组	–24.9	–23.2	Ⅲ型

二、有机质丰度

利用总有机碳法测定有机质丰度。实验结果显示（表3–13），黔西地区龙潭组泥页岩TOC含量分布在0.29%～11.89%，平均为3.34%。如图3–19所示，黔西地区龙潭组泥页岩TOC主要分布在3%～4%，所占比例为24.69%，TOC分布在2%～3%的占18.52%，TOC大于4%的高达29.63%。整个黔西地区上古生界上二叠统龙潭组泥页岩有机质丰度处于较高水平，具有良好的生气物质基础，是该地区页岩气成藏的关键地质条件。

表3–13 黔西地区上古生界上二叠统龙潭组泥页岩TOC测试结果

层位	TOC最低值（%）	TOC最高值（%）	TOC平均值（%）
龙潭组	0.29	11.89	3.34

黔西地区龙潭组的TOC含量纵向变化如图3–20所示，TOC随深度变化差异较大。XD–1井在深度为1100～1460m时，均存在TOC高值区，表明整个龙潭组泥页岩的有机质丰度高，生烃潜力巨大。

三、有机质成熟度

利用显微组分法测定有机质成熟度。实验结果显示（表3–14），黔西地区龙潭组泥页岩 R_o 含量分布在0.86%～2.90%，平均为2.56%。如图3–21所示，黔西地区龙潭组泥页岩 R_o 大多大于2.5%，所占比例高达85.19%，R_o 为0.8%～1.6%和1.6%～2.5%的各占

7.41%。结果表明黔西地区上古生界过渡相泥页岩有机质成熟度较高，集中在过成熟演化阶段，有利于页岩气的聚集成藏。

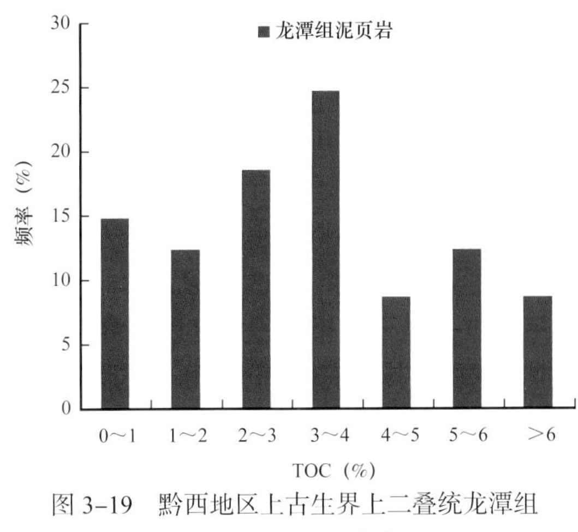

图 3-19　黔西地区上古生界上二叠统龙潭组泥页岩 TOC 分布频率直方图

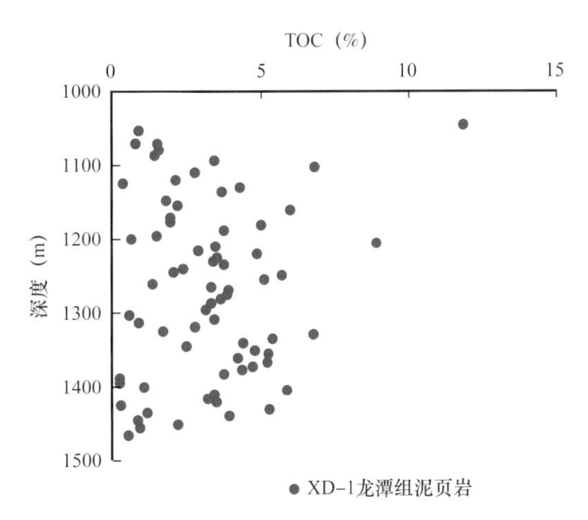

图 3-20　黔西地区上古生界上二叠统龙潭组泥页岩 TOC 垂向分布图

表 3-14　黔西地区上古生界上二叠统龙潭组泥页岩 R_o 测试结果

层位	R_o 最低值（%）	R_o 最高值（%）	R_o 平均值（%）	热演化阶段
龙潭组	0.86	2.90	2.56	过成熟

黔西地区龙潭组的 R_o 含量纵向变化如图 3-22 所示，R_o 整体上随着深度的增加而增大，即热演化程度与埋藏深度表现一致，在一定程度上反映了埋深对泥页岩有机质成熟度的影响。从平面上看，黔西地区龙潭组泥页岩热成熟度变化明显，自西向东逐渐增大，在北部和南部取得 R_o 最大值（图 3-23）。一般来说，有机质成熟度随埋深增大而增大，但对比黔西地区龙潭组泥页岩埋深情况和 R_o 分布特征可知二者存在较大差异，部分地区出现埋深大而成熟度低的特征。分析该地区的构造演化过程，明确其原因是在后期的构造运动中，底部地层被抬升并遭受了风化剥蚀所致。

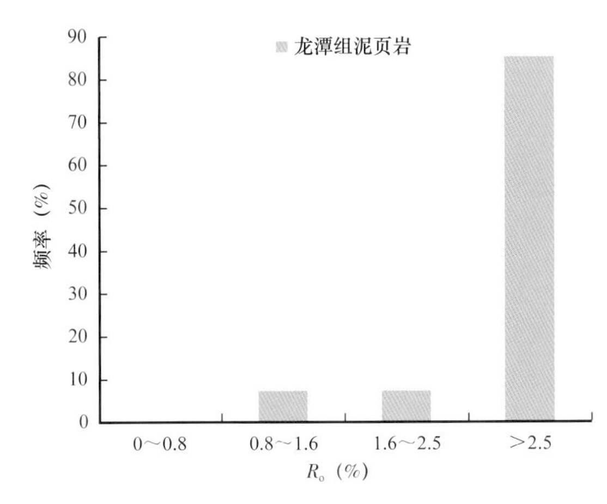

图 3-21　黔西地区上古生界上二叠统龙潭组泥页岩 R_o 分布频率直方图

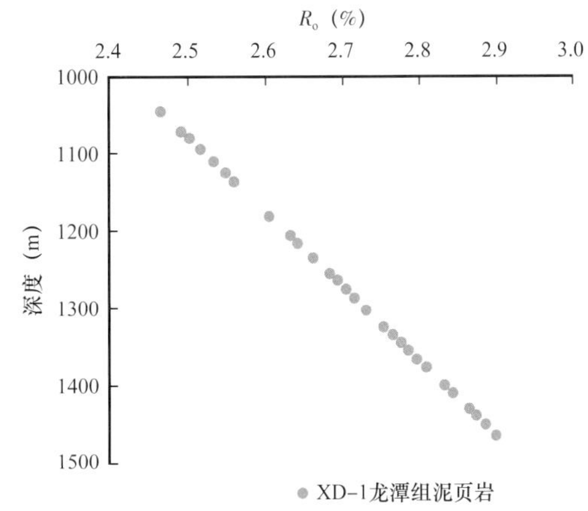

图 3-22　黔西地区上古生界上二叠统龙潭组泥页岩 R_o 随深度变化图

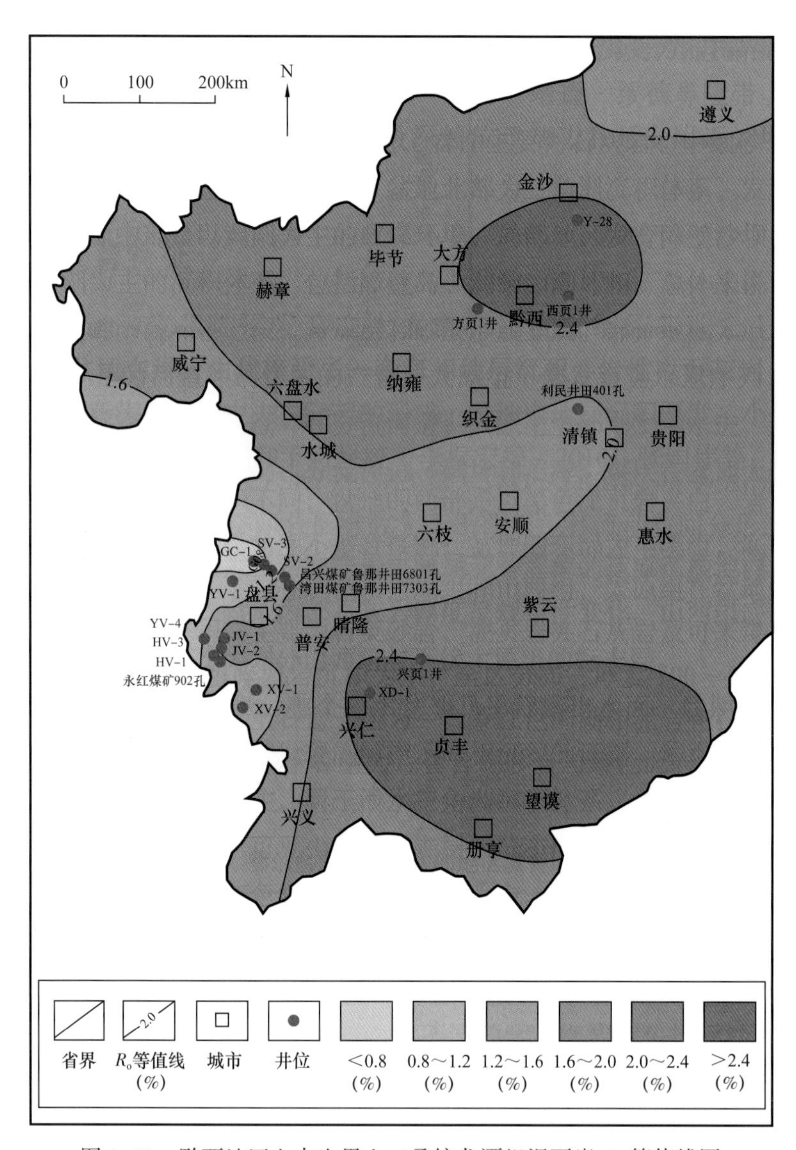

图 3-23　黔西地区上古生界上二叠统龙潭组泥页岩 R_o 等值线图

第四章　海陆过渡相泥页岩储层特征

泥页岩储层特征对页岩气的分布和赋存具有重要影响（Chalmers 等，2012；Clarkson 等，2013）。影响富有机质泥页岩吸附和储集能力的主要因素包括岩石矿物组成、储集空间类型、孔隙发育特征、孔径分布特征、孔隙度和渗透率。泥页岩储层特征的测试主要包括：X 衍射黏土矿物及全岩矿物分析、氩离子抛光扫描电镜观察、核磁共振孔隙度和渗透率测定、储层孔体积—比表面及孔径测定等。

相比常规油气储层，页岩储层较为致密，具有低孔隙度低渗透率的特征。孔隙结构是决定泥页岩中气体吸附和流通能力的关键因素（韩双彪等，2013；姜振学等，2016）。利用核磁共振实验可测量泥页岩储层的孔隙度和渗透率，并通过 T_2 谱图分析孔隙连通性和孔隙结构复杂程度。页岩是多孔介质，孔隙尺寸跨度大，储层中存在的大量纳米级孔隙和微裂缝是页岩气储存的重要空间（Loucks 等，2009，2012）。结合高压压汞和气体吸附实验的储层孔体积、比表面积和孔径分布定量表征，对泥页岩储层吸附能力和储集能力的研究具有重要意义（Clarkson 等，2013）。除此之外，使用高分辨率设备，如聚焦离子束扫描电镜（FIB-SEM）和宽离子束扫描点（BIB-SEM），可以直接观察泥页岩的孔隙类型和孔隙形态（Klaver 等，2012，2016）。泥页岩的孔隙类型多样，主要为有机质孔、矿物粒内孔、黏土矿物层间孔和微裂缝等，黏土矿物含量、成岩作用和有机质生烃作用对其有着较大的影响（Mastalerz 等，2013）。

第一节　鄂尔多斯盆地

一、矿物组成

泥页岩主要由黏土矿物、脆性矿物和碳酸盐矿物组成。黏土矿物主要包括高岭石、伊利石、蒙皂石和伊 / 蒙混层等；脆性矿物主要包括石英、长石和黄铁矿等；碳酸盐矿物主要包括方解石、白云石和其他矿物。三种矿物含量的差异会影响到泥页岩的吸附能力和储集能力（Huang、Shen，2015；Jarvie 等，2007；Jiang 等，2016）。利用 X 射线衍射实验对全岩矿物和黏土矿物进行测试分析是研究储层矿物组成最常用的方法。测试由 D8 型 X 射线衍射仪完成，检测依据为《石油与天然气工业标准》。实验前，单位质量的样品被粉碎至低于 300 目的大小，并与乙醇混合，在研钵中研磨，随后涂抹在玻片上进行分析。X 射线衍射仪利用铜质 X 射线管，工作条件为 40kV 和 30mA。

实验结果表明（表 4-1，图 4-1），鄂尔多斯盆地中东部太原组泥页岩的矿物成分主要为黏土矿物，含量为 53.75%～55.25%，平均为 54.50%；其次是脆性矿物，含量为 33.75%～42.00%，平均为 37.87%；碳酸盐矿物较少，含量为 2.75%～12.50%，平均为 7.63%。如图 4-2 所示，泥页岩黏土矿物中伊 / 蒙混层和高岭石的含量最高，分别为 32.50%～39.50% 和 25.00%～36.25%，平均分别为 36.00% 和 35.62%；其次为伊利石，含量为 17.75%～22.25%，平均为 20.00%。脆性矿物中石英含量最高，为 33.50%～41.50%，平均为 37.50%；长石含量极少，平均仅为 0.37%。碳酸盐矿物主要为其他矿物中的菱铁矿。

表 4-1　鄂尔多斯盆地中东部地区太原组和山西组泥页岩矿物组成测试结果

层位	黏土矿物含量（%）	脆性矿物含量（%）	碳酸盐矿物含量（%）
太原组	53.75～55.25/54.50	33.75～42.00/37.87	2.75～12.50/7.63
山西组	48.00～58.00/53.30	40.07～49.50/45.43	0～3.00/1.27

注：表中斜线左侧表示最小值～最大值，斜线右侧表示平均值。

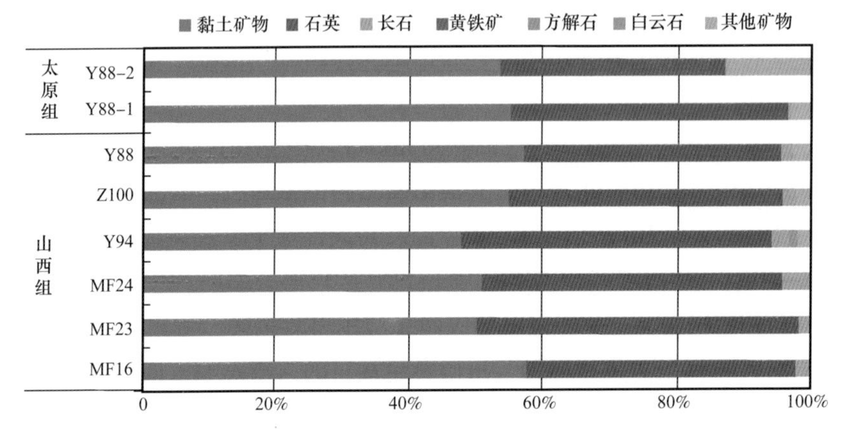

图 4-1　鄂尔多斯盆地中东部地区太原组和山西组泥页岩全岩矿物组成

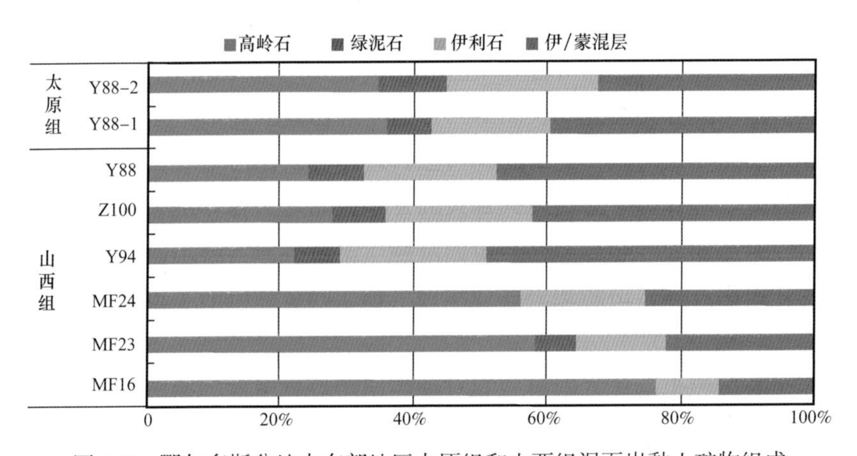

图 4-2　鄂尔多斯盆地中东部地区太原组和山西组泥页岩黏土矿物组成

山西组泥页岩的矿物成分主要为黏土矿物，含量为 48.00%～58.00%，平均 53.30%；其次是脆性矿物，含量为 40.07%～49.50%，平均为 45.43%；碳酸盐矿物较少，含量为 0～3%，平均为 1.27%。如图 4-2 所示，泥页岩黏土矿物中高岭石的含量最高，为 22.33%～76.50%，平均为 44.30%；其次为伊 / 蒙混层，含量为 14.00%～49.00%，平均为

33.24%。脆性矿物中石英含量最高，为 38.36%～48.00%，平均为 43.12%；长石含量较低，平均仅为 2.31%。碳酸盐矿物主要为菱铁矿。

对比可知，太原组和山西组泥页岩的全岩和黏土矿物组成具有一定差异，山西组泥页岩具有较高的石英含量，脆性更高，而碳酸盐岩矿物含量相对较低。两组泥页岩的黏土矿物含量相似，太原组泥页岩中，高岭石和伊/蒙混层含量接近，而山西组泥页岩中的高岭石则占据了主导地位。

二、孔隙发育特征

页岩气是以游离、吸附和溶解状态赋存于泥页岩的基质孔隙和裂缝中，以及有机质或黏土矿物颗粒表面的非常规天然气（Curtis，2002；Jarvie 等，2007；Montgomery 等，2005）。其中，溶解气仅少量存在（张金川等，2008；张雪芬等，2010）。孔隙既是游离气的主要存储空间，也是吸附气的直接或间接的赋存场所（孙寅森和郭少斌，2016）。因此，泥页岩的孔隙发育特征是决定页岩储层含气性的关键因素（焦堃等，2014），也是评价其储集性能的重要指标（Jiang 等，2016；Tang 等，2015）。泥页岩孔隙结构复杂，孔径大小分布范围广，除了微米级孔隙外还存在着大量的纳米级孔隙。目前，主要的页岩孔隙研究方法可被分为定性研究和定量研究。利用扫描电镜和高分辨率场发射扫描电镜，可通过图像定性观察到泥页岩中孔隙的类型、形态特征及颗粒间接触关系（焦堃等，2014）；利用高压压汞和气体吸附实验，可以得到泥页岩孔隙的体积、比表面积、孔径大小及分布区间等信息（琚宜文等，2014；张林晔等，2014；张盼盼等，2014），从而定量表征泥页岩的孔隙发育特征。

（一）孔隙形态学特征

氩离子抛光扫描电镜实验需要利用氩离子束轰击预抛光表面，得到高品质的页岩截面，然后进行扫描电镜观察。经过打磨后的样品，被放入 TSD-100 型氩离子抛光机中，用氩离子束轰击页岩样品表面，去除杂质以得到一个平整的表面。抛光后，将薄片用导电胶固定在样品台上，在表面喷涂 10nm 的金膜来增强导电性。处理后的样品用 Q200F 型冷场发射扫描电子显微镜进行观察，获得页岩样品不同视域下清晰的扫描图像，其精度可达 0.1nm（Chalmers 等，2012；Li 等，2018；白斌等，2014）。

根据 Loucks（2009，2012）等人的分类方案，页岩孔隙可被划分为无机矿物孔、有机质孔和微裂缝，每种孔隙类型特征及成因见表 4-2。

从氩离子抛光扫描电镜的观察结果来看（图 4-3 和图 4-4），鄂尔多斯盆地中东部地区太原组和山西组泥页岩的储集空间的孔隙类型复杂、形态多样。主要包括有机质孔、无机矿物孔和微裂缝。

有机质孔主要发育在有机质内部，受有机质含量、分布和演化程度的影响。泥页岩中的干酪根达到一定成熟后开始大量生烃，导致有机质体积的缩小，形成有机质孔隙。此类孔隙多呈椭圆形或不规则多边形，孔径大小一般小于 1μm，孤立状分布，连通性较差。鄂尔多斯盆地太原组泥页岩的有机质成熟度较高，大部分样品中均可见有机质孔隙。有机质孔多呈粒状或不规则形状，孔径较小，分布不均（图 4-3a），可见集中分布的马蜂窝状有机质孔（图 4-3b）和与生烃有关的气泡状有机质孔（图 4-3d）。

表 4-2　页岩孔隙分类及特征（据孙寅森等，2016，修改）

孔隙类型		孔径分布	孔隙形态	成因机制
无机矿物孔	粒间孔	百纳米—微米	三角形，多边形，狭缝形	矿物颗粒不完全胶结或成岩作用
	粒内孔	十几纳米—微米	椭圆形，近圆形	后期成岩改造
	黄铁矿晶间孔	几十纳米—几百纳米	多边形	晶体生长不致密或成岩收缩
	黏土矿物晶间孔	百纳米—微米	狭缝形，不规则形状	原生孔隙或后期压实成岩改造
有机质孔		数纳米—几百纳米—微米	近圆形，椭圆形，气泡状，串珠状，不规则多边形	有机质生烃演化
微裂缝		百纳米—几十微米	长条形	沉积、成岩、微构造等应力作用

太原组泥页岩的无机矿物孔主要为矿物粒内孔（图 4-3c）和黏土矿物层间孔（图 4-3f）。泥页岩中黏土矿物含量较高，成岩过程中蒙皂石向伊利石转化时会发生脱水作用，蒙皂石脱去水分子之后体积减小，在黏土矿物内形成微孔隙。黏土矿物孔一般集中发育，孔隙呈不规则状，孔径主要集中在 0.5～1μm，个别可达 5～10μm。太原组泥页岩中微裂缝并不发育，仅局部可见（图 4-3e）。

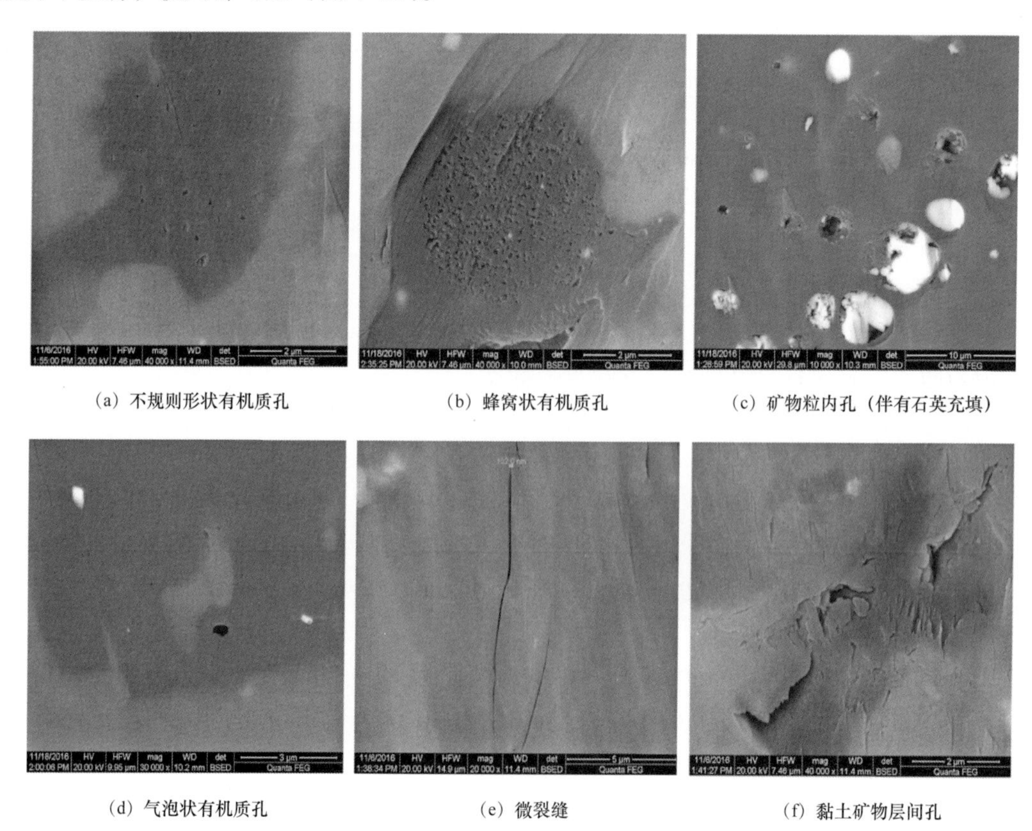

（a）不规则形状有机质孔　（b）蜂窝状有机质孔　（c）矿物粒内孔（伴有石英充填）

（d）气泡状有机质孔　（e）微裂缝　（f）黏土矿物层间孔

图 4-3　鄂尔多斯盆地中东部地区上古生界太原组泥页岩氩离子抛光扫描电镜图

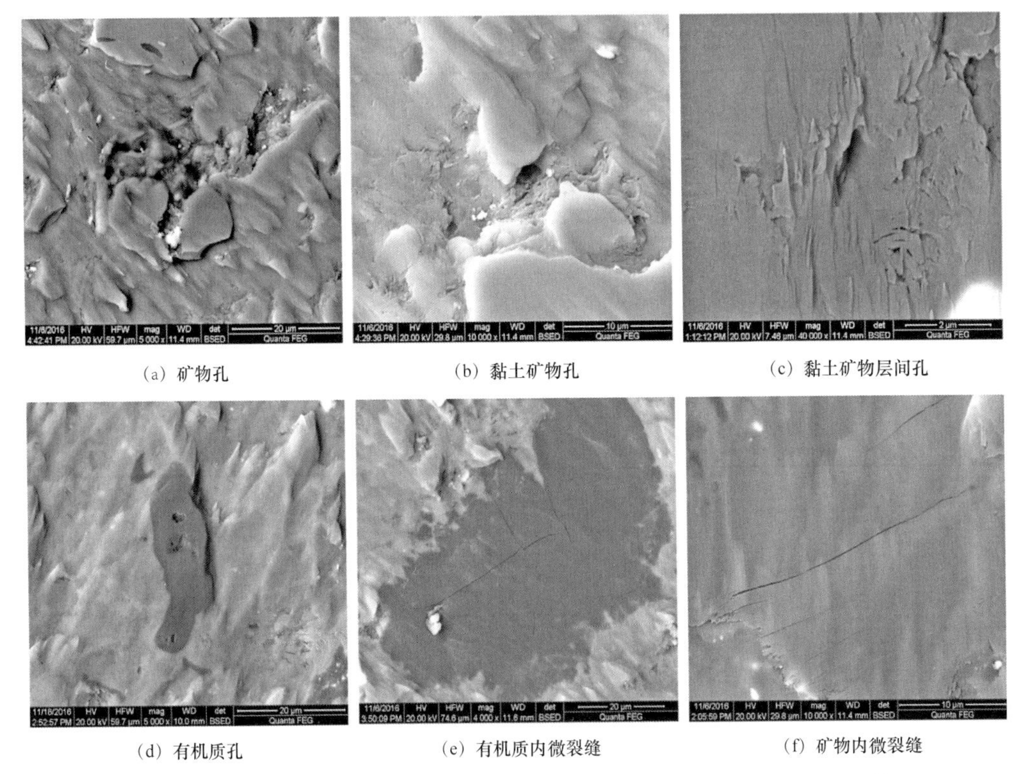

（a）矿物孔　（b）黏土矿物孔　（c）黏土矿物层间孔

（d）有机质孔　（e）有机质内微裂缝　（f）矿物内微裂缝

图 4–4　鄂尔多斯盆地中东部地区上古生界山西组泥页岩氩离子抛光扫描电镜图

研究区山西组泥页岩的无机矿物孔包括矿物粒内孔、矿物粒间孔（图 4–4a、b）和黏土矿物层间孔（图 4–4c）。黏土矿物层间孔多呈片状分布。有机质孔发育较少，常呈不规则形状（图 4–4d）。泥页岩微裂缝的缝宽可小于 1μm，也可达数十微米。因有机质生烃演化过程中体积缩小，在其内部或边缘形成的微裂缝（图 4–3e），常受控于有机质或矿物骨架的延伸方向，裂缝表面往往不太平整，容易表现出锯齿状的特征。因泥页岩内部产生异常高压，受到地层压力作用的影响而形成的裂缝多成片出现，缝的延伸方向跟力的方向一致，沿力的方向裂缝多呈平行分布（图 4–3f）。

（二）全孔径孔隙表征

根据国际理论和应用化学联合会（IUPAC）的分类（IUPAC，1994），孔隙按照孔径大小可划分为微孔（＜2nm）、中孔（2～50nm）和宏孔（＞50nm）。为了精确表征泥页岩储层孔径的分布特征，采用高压压汞实验、氮气吸附和二氧化碳吸附实验相结合的方法，利用相应的理论和公式，分别计算宏孔、中孔和微孔的孔体积和比表面积，并研究其孔径分布特征。

宏孔孔隙结构由 AP9500 自动注汞仪测量完成。单位重量的样品被粉碎至直径为 3～10nm 的颗粒，在 110℃条件下烘干 24 小时以除去游离水和吸附水，然后被置于真空中进行注射。仪器测量范围为 0.003～1000μm，宏孔体积、比表面积和孔径分布由最大进汞量和 Washburn 公式计算而得（Washburn，1921）。中孔孔隙结构由 QSI 比表面积和孔隙度分析仪测量完成。单位质量的样品被粉碎至 60～80 目大小，在 300℃的条件下真空处理 3 小时，去除残余水和毛细管水。在 77.35K 的条件下，以纯净氮气为介质，测量不同相对压力下的氮气吸附量。仪器测量范围为 0.35～400nm，中孔体积和孔径分布由 BJH 模型计算而得，比表面积由 BET 模型计算而得（Barrett 等，1951；Brunaner 等，1938）。微孔孔隙结构由 NOVA4200 表面积和孔隙度分析仪测量完成。二氧化碳气在 0℃的条件下可以进入直径小于 0.36nm 的孔隙。实验前，单位质量的样品被粉碎至 100 目大小，在 20℃的真空条件下脱气 20 小时。仪器测量范围为 0.35～2nm，微孔体积、比表面积和孔径分布分别由 D-A、D-R 和 DFT 模型计算而得（Dollimore、Heal，1964；Webb、Orr，1997）。

由表 4-3 可知，鄂尔多斯盆地中东部太原组泥页岩孔体积分布范围为 0.01842～0.07343cm^3/g，平均为 0.03678cm^3/g。其中，宏孔体积分布范围为 0.00460～0.06690cm^3/g，平均为 0.02643cm^3/g，占总孔体积的 71.86%；中孔体积分布范围为 0.00438～0.01789cm^3/g，平均为 0.00851cm^3/g，占 23.15%；微孔体积分布范围为 0.00111～0.00325cm^3/g，平均为 0.00184cm^3/g，占 4.99%。峰值主要集中在 3～4nm 和大于 50×10^{4}nm 处（图 4-5a），宏孔是孔体积的主要贡献者，其次是中孔。

表 4-3　鄂尔多斯盆地中东部地区太原组和山西组泥页岩孔体积分布表

层位	孔体积（cm^3/g）				孔体积占比（%）		
	微孔	中孔	宏孔	总孔	微孔	中孔	宏孔
太原组	0.00111～0.00325/0.00184	0.00438～0.01789/0.00851	0.00460～0.06690/0.02643	0.01842～0.07343/0.03678	4.99	23.15	71.86
山西组	0.00034～0.00187/0.00092	0.00347～0.01161/0.00723	0.00340～0.01800/0.01000	0.01283～0.02572/0.01815	5.29	42.39	52.32

注：表中斜线左侧表示最小值～最大值，斜线右侧表示平均值。

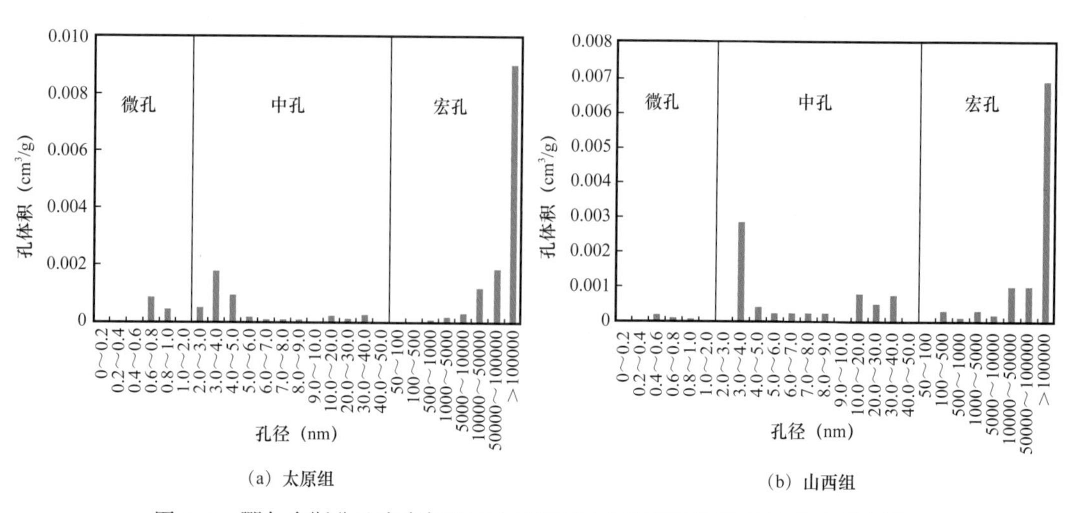

（a）太原组　（b）山西组

图 4-5　鄂尔多斯盆地中东部地区太原组和山西组泥页岩孔体积分布直方图

山西组泥页岩孔体积分布范围为 0.01283～0.02572cm^3/g，平均为 0.01815cm^3/g。其中，宏孔体积分布范围为 0.00340～0.01800cm^3/g，平均为 0.01000cm^3/g，占总孔体积

的 53.32%；中孔体积分布范围为 0.00347～0.011610cm^3/g，平均为 0.00723cm^3/g，占 42.39%；微孔体积分布范围为 0.00034～0.00187cm^3/g，平均为 0.00092cm^3/g，占 5.29%。峰值主要集中在 3～4nm 和大于 10×10^4nm 处（图 4-5b），宏孔和中孔是孔体积的主要贡献者。

由表 4-4 可知，鄂尔多斯盆地中东部太原组泥页岩比表面积分布范围为 7.3680～25.8159m^2/g，平均为 13.2754m^2/g。其中，宏孔比表面积分布范围为 0.0020～0.0220m^2/g，平均为 0.0160m^2/g，占总比表面积的 0.18%；中孔比表面积分布范围为 2.6206～20.6119m^2/g，平均为 7.8944m^2/g，占 53.43%；微孔比表面积分布范围为 3.1730～9.8630m^2/g，平均为 5.3650m^2/g，占 46.39%。峰值主要集中在 0.6～0.8nm 和 3～4nm 处（图 4-6a），中孔是比表面积的主要贡献者，其次是微孔，宏孔的贡献可以忽略不计。

山西组泥页岩比表面积分布范围为 5.5506～10.1821m^2/g，平均为 7.8730m^2/g。其中，宏孔比表面积分布范围为 0.0050～0.0240m^2/g，平均为 0.0084m^2/g，占总比表面积的 0.11%；中孔比表面积分布范围为 3.1533～5.3222m^2/g，平均为 4.3952m^2/g，占 58.94%；微孔比表面积分布范围为 1.1170～5.7400m^2/g，平均为 3.4694m^2/g，占 40.95%。峰值主要集中在 0.4～0.6nm 和 4～5nm 处（图 4-6b），中孔是比表面积的主要贡献者，其次是微孔，宏孔的贡献可以忽略不计。

表 4-4　鄂尔多斯盆地中东部地区太原组和山西组泥页岩比表面积分布表

层位	比表面积（m^2/g）				比表面积占比（%）		
	微孔	中孔	宏孔	总孔	微孔	中孔	宏孔
太原组	3.1730～9.8630/5.3650	2.6206～20.6119/7.8944	0.0020～0.0220/0.0160	7.3680～25.8159/3.2754	46.39	53.43	0.18
山西组	1.1170～5.7400/3.4694	3.1533～5.3222/4.3952	0.0050～0.0240/0.0084	5.5506～10.1821/7.8730	40.95	58.94	0.11

注：表中斜线左侧表示最小值～最大值，斜线右侧表示平均值。

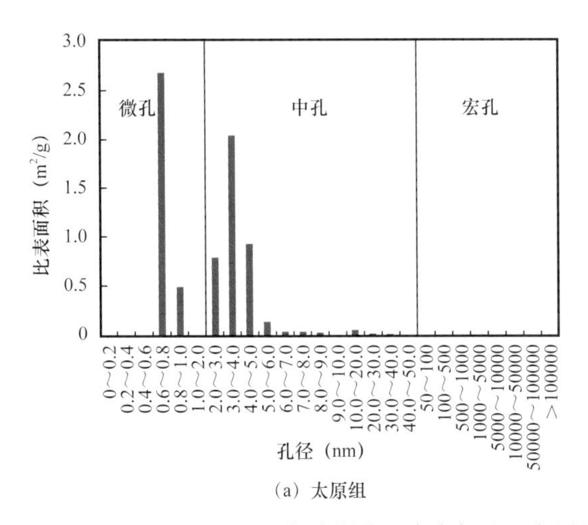

（a）太原组

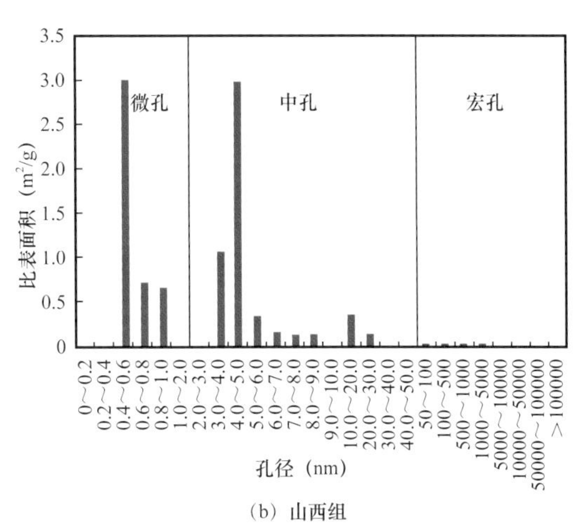

（b）山西组

图 4-6　鄂尔多斯盆地中东部地区太原组和山西组泥页岩比表面积分布直方图

三、储层物性特征

孔隙度和渗透率是表征泥页岩储集性和连通性的重要参数。目前研究泥页岩孔隙度和渗透率最常用的方法为核磁共振法。核磁共振实验由 RecCore–04 型低磁场核磁共振岩样分析仪完成，检测依据为《石油与天然气工业标准》。

鄂尔多斯盆地中东部太原—山西组泥页岩的孔隙度和渗透率测试结果如表 4–5 所示。太原组泥页岩孔隙度为 3.14%～4.42%，平均为 3.86%；渗透率为 0.000341～0.000541mD，平均为 0.000441mD。山西组泥页岩孔隙度为 3.43%～5.30%，平均为 4.18%；渗透率为 0.000251～0.000485mD，平均为 0.000368mD。鄂尔多斯盆地中东部地区太原—山西组泥页岩整体物性较差，其中山西组泥页岩孔隙度较大，但渗透率较低，孔隙度和渗透率无相关关系，表明泥页岩孔隙的连通性较差。

表 4–5　鄂尔多斯盆地中东部地区太原组和山西组泥页岩孔隙度和渗透率测试结果

层位	孔隙度（%）	渗透率（mD）
太原组	3.14～4.42/3.86	0.000341～0.000541/0.000441
山西组	3.43～5.30/4.18	0.000251～0.000485/0.000368

注：表中斜线左侧表示最小值～最大值，斜线右侧表示平均值。

核磁共振 T_2 谱图是一条平面上的曲线，横坐标为弛豫时间（T_2）、纵坐标为信号强度，图内富含大量孔隙结构信息，可用于孔隙连通性、孔径分布和孔隙结构复杂程度的研究（Li 等，2018；Ma、Guo，2019）。根据弛豫机理（Coates 等，1999；Chu 等，2007），核磁共振 T_2 谱图与孔喉分布密切相关，其弛豫时间和孔隙直径具有对应关系。最常见的核磁共振 T_2 谱图为单峰谱图和双峰谱图，单峰谱图的 T_2 值介于 0.1～10ms，峰值主要分布在 1～2.5ms，表明储层发育孔径小于 50nm 的小孔（包含微孔和中孔）；双峰谱图第二个峰的 T_2 值介于 10～100ms，表明储层还发育孔径大于 50nm 的大孔（包括宏孔和微裂缝）。对比离心前后的信号强度，可观察到谱图中的峰值会降低或消失。这一现象与孔隙的连通性和流动性有关（Li 等，2018）。

如图 4–7 所示，鄂尔多斯盆地太原—山西组泥页岩的核磁共振 T_2 谱图主要为双峰型谱图，第一个峰值明显高于第二个峰值，表明泥页岩储层主要发育小孔，同时也发育有一定的大孔。太原组 T_2 谱图（图 4–7a）显示，两个峰值之间是连续的，说明小孔和大孔之间具有一定的连通性。对比离心前后的两条曲线，可见离心后第二个峰值大幅下降，第一个峰值下降较小，表明大孔之间具备一定的连通性，可使部分自由流体流动，小孔之间的连通性较差，导致束缚在小孔孔壁的残余水不能够通过离心实验被离出。山西组 T_2 谱图（图 4–7b）显示，两个峰值之间基本不连续，说明小孔和大孔间连通性较差。离心后两个峰值均有明显降低，且峰值有明显左移，表明小孔和大孔各自的连通性较好。

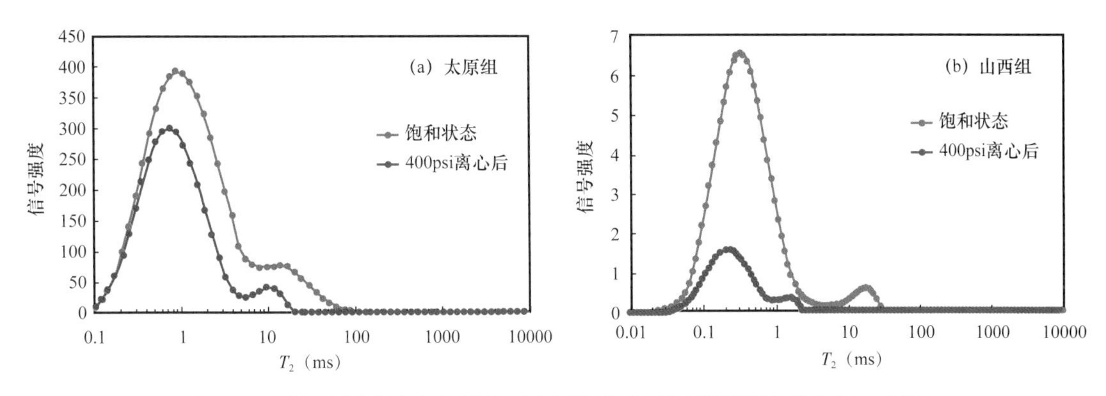

图 4-7　鄂尔多斯盆地中东部地区太原组和山西组泥页岩核磁共振 T_2 谱图

分形维数可定量表征孔隙比表面粗糙程度和孔隙结构复杂程度（Avnir、Jaroniec，1989；Mandelbrot，1984）。对于三维空间，分形维数值介于 2～3，越高的数值表明更粗糙的比表面和更复杂的孔隙结构（Yan 等，2017）。利用核磁共振实验数据和 T_2 谱图计算出的分形维数，可将微孔和中孔—宏孔区分开来，分段表征泥页岩储层吸附空间和流动空间的复杂程度。根据分形几何理论，核磁共振分形维数的计算公式为（Zhang、Weller，2014）：

$$S_v=(T_{2max}/T_2)^{D-3} \tag{4-1}$$

$$\lg S_v=(3-D)\lg T_2+(D-3)\lg T_{2max} \tag{4-2}$$

其中，T_2（ms）为横向弛豫时间；S_V 为弛豫时间小于 T_2 时孔隙累积体积占总孔体积的比例；T_{2max} 为最大弛豫时间，D 为分形维数。

在具有分形特征的泥页岩当中，其 $\lg S_V$ 和 $\lg T_2$ 呈线性相关。可以通过回归分析得出 $\lg S_V$ 和 $\lg T_2$ 的图像斜率，并利用公式（2）计算出泥页岩的分形维数。Zhou 等（2016）利用分形维数研究低阶煤的孔隙结构时，将孔隙空间划分为吸附空间和可流动空间。根据前文研究，弛豫时间 T_2 小于 2.5ms 时对应的是孔径小于 2nm 的微孔，属于吸附空间；弛豫时间 T_2 大于 2.5ms 时对应的是孔径大于 2nm 的中孔—宏孔，属于可流动空间。

如图 4-8 和表 4-6 所示，鄂尔多斯盆地中东部地区太原—山西组泥页岩具有分形特征。太原组泥页岩的吸附空间分形维数（D_A）和可流动空间分形维数（D_S）分别分布在 0.4939～1.1383 和 2.3211～2.6081，平均分别为 0.8595 和 2.5061；山西组泥页岩的吸附空间分形维数和可流动空间分形维数分别分布在 0.9648～1.2497 和 2.3960～2.5422，平均分别为 1.1073 和 2.4691。山西组泥页岩的吸附空间分形维数大于太原组，其流动空间分形维数小于太原组，表明山西组泥页岩储层具有更加粗糙的表面和相对简单的孔隙结构，有利于页岩气的吸附和流动。这一现象与山西组泥页岩微孔和中孔含量较高，宏孔含量较低有关。

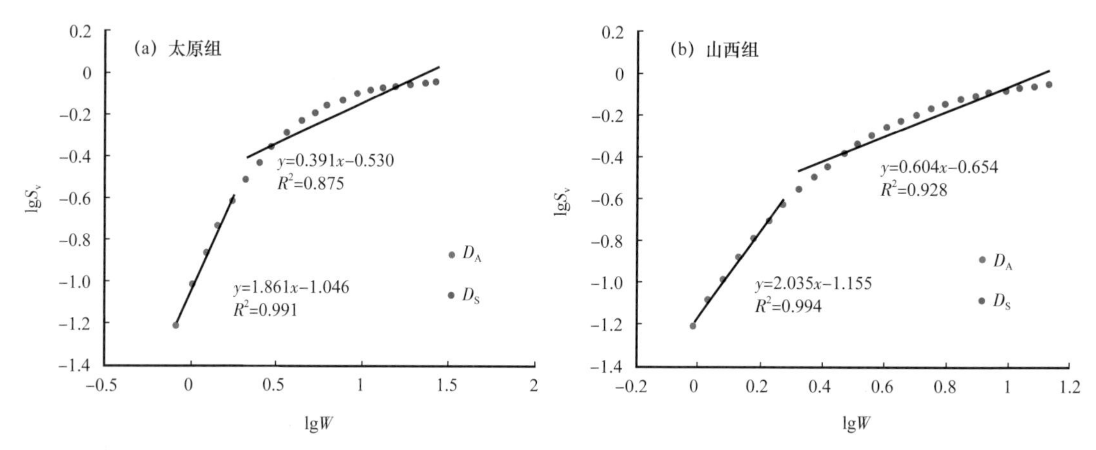

图 4–8 鄂尔多斯盆地中东部地区太原组和山西组泥页岩分形维数线性关系图

表 4–6 鄂尔多斯盆地中东部地区太原组和山西组泥页岩分形维数

层位	吸附空间分形维数 D_A	可流动空间分形维数 D_S
太原组	0.4939～1.1383/0.8595	2.3211～2.6081/2.5061
山西组	0.9648～1.2497/1.1073	2.3960～2.5422/2.4691

注：表中斜线左侧表示最小值～最大值，斜线右侧表示平均值。

第二节 沁水盆地

一、矿物组成

实验结果表明（表 4–7，图 4–9），沁水盆地太原组泥页岩的矿物成分主要为黏土矿物，含量为 53.00%～61.00%，平均为 56.00%；其次是脆性矿物，含量为 38.00%～44.50%，平均为 40.67%；碳酸盐矿物含量较低，平均为 3.33%。脆性矿物中石英含量最高，在 37.00%～39.00%，平均为 37.83%；长石含量较少，平均为 2.17%；含少量黄铁矿。碳酸盐矿物中菱铁矿相对含量较高。如图 4–10 所示，黏土矿物中伊 / 蒙混层含量最高，在 29.00%～53.50%，平均为 38.16%；其次为高岭石，含量为 19.00%～43.00%，平均为 31.00%；伊利石和绿泥石平均含量为 20.67% 和 10.17%。

沁水盆地山西组泥页岩的矿物成分主要为黏土矿物，含量为 54.50%～63.00%，平均为 58.88%；其次是脆性矿物，含量为 36.00%～44.50%，平均为 39.88%；碳酸盐矿物较少，平均为 1.24%。脆性矿物中石英含量最高，为 35.00%～42.00%，平均为 37.75%；其次为长石，含量在 1.00%～4.00%，平均为 2.13%。碳酸盐矿物主要是菱铁矿和白云石。如图 4–10 所示，泥页岩黏土矿物中伊 / 蒙混层的含量最高，为 44.00%～49.00%，平均为 45.75%；其次为高岭石和伊利石，平均含量分别为 22.25% 和 21.12%；绿泥石含量最低，平均为 10.88%。对比可知，沁水盆地太原组和山西组泥页岩具有相似的矿物组成。

表 4-7　沁水盆地太原组和山西组泥页岩矿物组成测试结果

层位	黏土矿物含量（%）	脆性矿物含量（%）	碳酸盐矿物含量（%）
太原组	53.00～61.00/56.00	38.00～44.50/40.67	0.50～8.00/3.33
山西组	54.50～63.00/58.88	36.00～44.50/39.88	1.00～2.00/1.24

注：表中斜线左侧表示最小值～最大值，斜线右侧表示平均值。

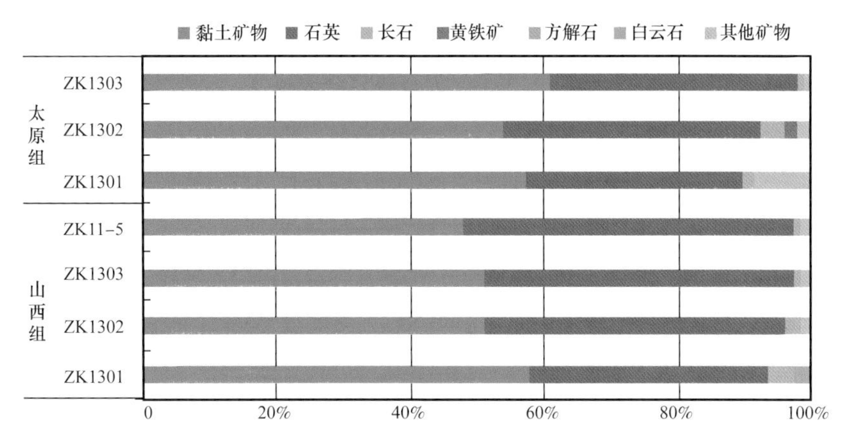

图 4-9　沁水盆地太原组和山西组泥页岩全岩矿物组成

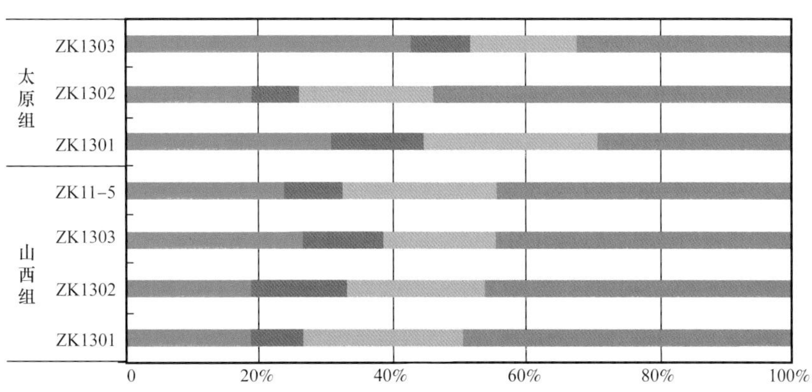

图 4-10　沁水盆地太原组和山西组泥页岩黏土矿物组成

二、孔隙发育特征

（一）孔隙形态特征

从氩离子抛光扫描电镜的观察结果来看（图 4-11），沁水盆地太原组泥页岩储层孔隙类型复杂、形态多样，发育不同程度的微米—纳米级孔隙和微裂缝。黏土矿物孔十分发育，以粒间孔和粒内孔为主，受不同黏土矿物类型的影响，孔隙形态多呈花瓣形、三角形、叠片状和不规则形态（图 4-11b）。部分样品中可见有机质孔，在有机质内发育较少，多呈粒状；在有机质与矿物交界处较为发育，多呈椭圆形（图 4–11a）。受应力、压实或脱水作用的影响，微裂缝常发育在矿物之间；生烃使得有机质收缩体积减小而在有机质内部、有机质与矿物之间产生微裂缝（图 4–11c）。受叠片状孔隙发育的影响，常见多条矿物间微裂缝沿同一方向呈平行组状分布。此外还可见黄铁矿晶间孔，主要呈团簇状或分散状分布（图 4–11d）。

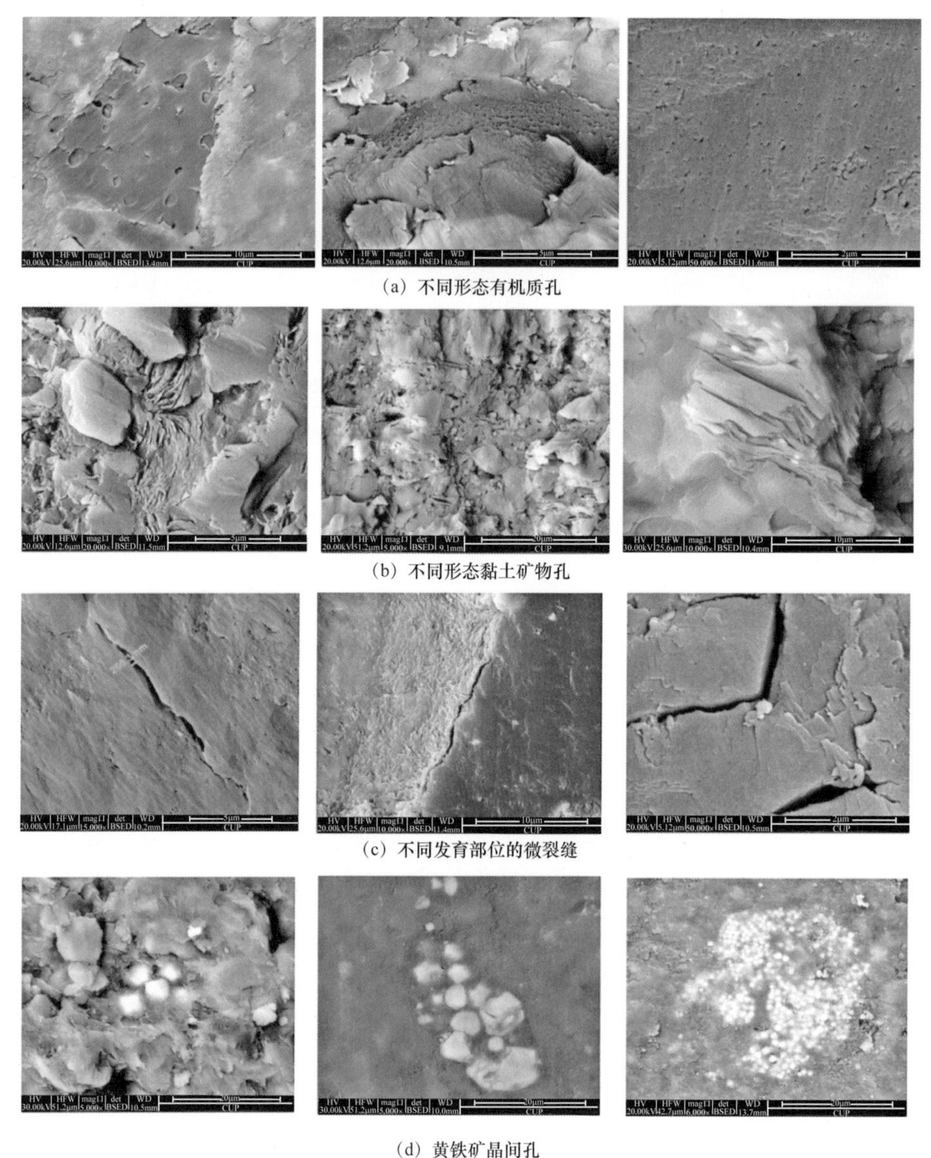

（a）不同形态有机质孔

（b）不同形态黏土矿物孔

（c）不同发育部位的微裂缝

（d）黄铁矿晶间孔

图 4–11　沁水盆地上古生界太原组泥页岩氩离子抛光扫描电镜图

山西组泥页岩同样发育不同程度的纳米—微米级无机矿物孔、有机质孔和微裂缝。有机孔多呈粒状和椭圆形，与有机质生排烃相关（图 4–12d、e）；矿物孔包括书页状、丝带状的黏土矿物粒间孔（图 4–12a）、不规则形状的长石内溶孔（图 4–12c）和团簇状的黄铁矿晶间孔（图 4–12b）。微裂缝在矿物内部、有机质内部和二者间均有发育（图 4–12f）。

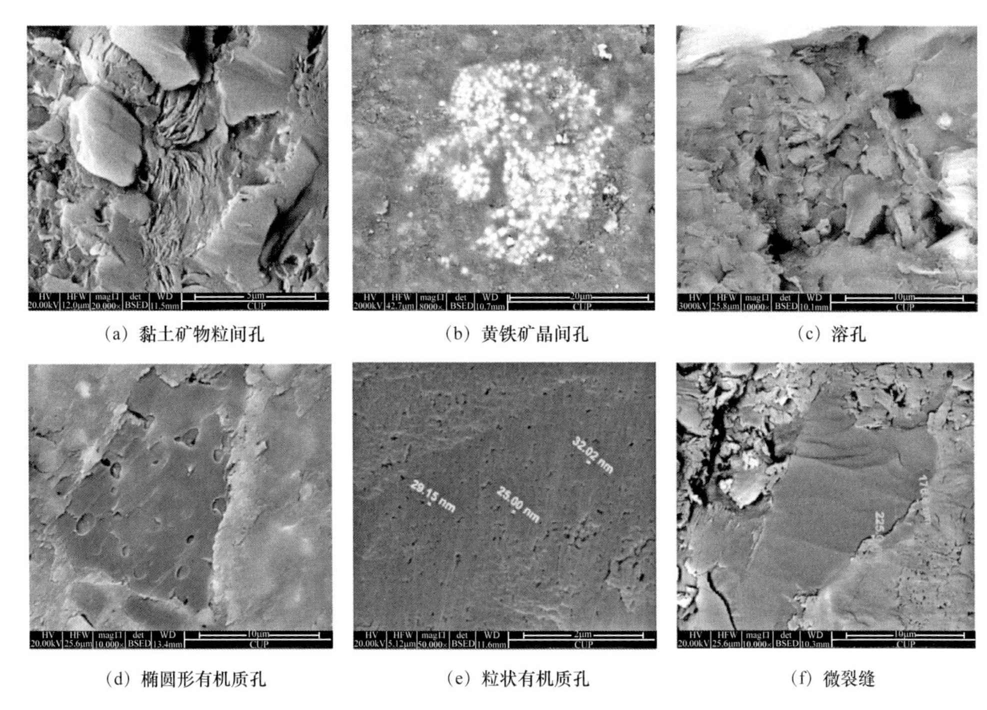

（a）黏土矿物粒间孔　（b）黄铁矿晶间孔　（c）溶孔

（d）椭圆形有机质孔　（e）粒状有机质孔　（f）微裂缝

图 4-12　沁水盆地上古生界山西组泥页岩氩离子抛光扫描电镜图

（二）全孔径孔隙表征

沁水盆地太原—山西组泥页岩微孔—中孔—宏孔（纳米—微米尺度）的全孔径分布特征分别由高压压汞、氮气吸附和二氧化碳吸附实验测试和计算而得。由表 4-8 可知，沁水盆地太原组泥页岩孔体积分布范围为 0.01290～0.01910cm^3/g，平均为 0.01567cm^3/g。其中，宏孔体积分布范围为 0.00300～0.00930cm^3/g，平均为 0.00670cm^3/g，占总孔体积的 43.27%；中孔体积分布范围为 0.00268～0.00972cm^3/g，平均为 0.00645cm^3/g，占 40.94%；微孔体积分布范围为 0.00175～0.00367cm^3/g，平均为 0.00249cm^3/g，占 15.79%。峰值主要集中在 0.4～0.6nm、10～20nm 和大于 10×10^4nm 处（图 4-13a），宏孔和中孔是孔体积的主要贡献者，其次是微孔。

表 4-8　沁水盆地太原组和山西组泥页岩孔体积分布表

层位	孔体积（cm^3/g）				孔体积占比（%）		
	微孔	中孔	宏孔	总孔	微孔	中孔	宏孔
太原组	0.00175～0.00367/0.00249	0.00268～0.00972/0.00645	0.00300～0.00930/0.00670	0.01290～0.01910/0.01567	15.79	40.94	43.27
山西组	0.00050～0.00226/0.00161	0.00460～0.00739/0.00565	0.00240～0.00630/0.00390	0.00920～0.01350/0.01110	14.00	51.30	34.70

注：表中斜线左侧表示最小值～最大值，斜线右侧表示平均值。

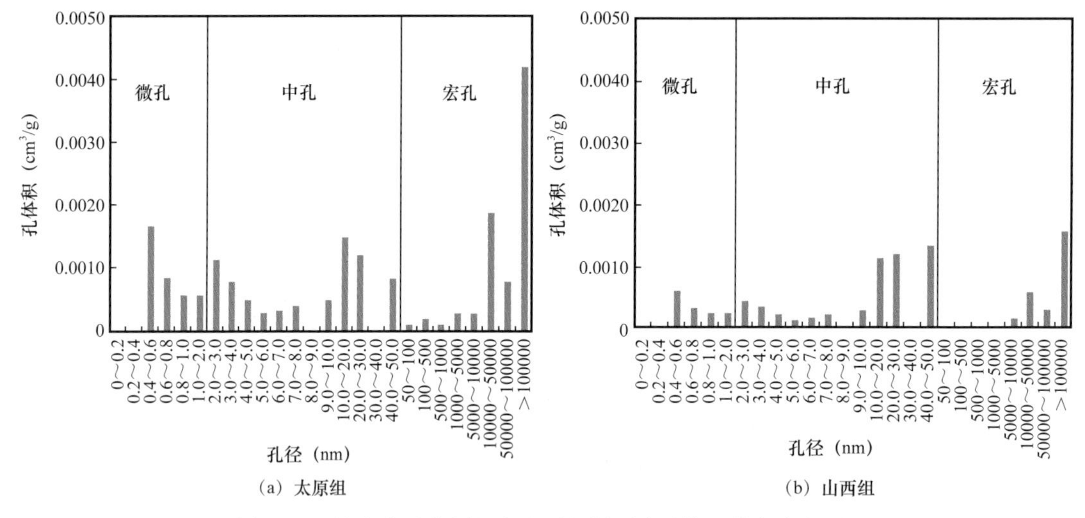

图 4-13　沁水盆地太原组和山西组泥页岩孔体积分布直方图

山西组泥页岩孔体积分布范围为 0.00920～0.01350cm^3/g，平均为 0.01110cm^3/g。其中，宏孔体积分布范围为 0.00240～0.00630cm^3/g，平均为 0.00390cm^3/g，占总孔体积的 34.70%；中孔体积分布范围为 0.00460～0.00739cm^3/g，平均为 0.00565cm^3/g，占 51.30%；微孔体积分布范围为 0.00050～0.00226cm^3/g，平均为 0.00161cm^3/g，占 14.00%。峰值主要集中在 40～50nm 和大于 10×10^4nm 处（图 4-13b），中孔是孔体积的主要贡献者，其次是宏孔。

由表 4-9 所示，沁水盆地太原组泥页岩比表面积分布范围为 6.9049～16.1071m^2/g，平均为 11.2285m^2/g。其中，宏孔比表面积分布范围为 0.0030～0.0160m^2/g，平均为 0.0083m^2/g，占总比表面积的 0.08%；中孔比表面积分布范围为 1.4860～6.5671m^2/g，平均为 3.9656m^2/g，占 34.76%；微孔比表面积分布范围为 4.5974～11.2157m^2/g，平均为 7.2546m^2/g，占 65.16%。峰值主要集中在 0.4～0.6nm 和 2～3nm 处（图 4-14a），微孔是比表面积的主要贡献者，其次是中孔，宏孔的贡献可以忽略不计。

山西组泥页岩比表面积分布范围为 3.4868～10.3028m^2/g，平均为 7.5984m^2/g。其中，宏孔比表面积分布范围为 0.0050～0.0090m^2/g，平均为 0.0048m^2/g，占总比表面积的 0.07%；中孔比表面积分布范围为 2.0743～3.8173m^2/g，平均为 2.7961m^2/g，占 40.19%；

表 4-9　沁水盆地太原组和山西组泥页岩比表面积分布表

层位	比表面积（m^2/g）				比表面积占比（%）		
	微孔	中孔	宏孔	总孔	微孔	中孔	宏孔
太原组	4.5974～11.2157/7.2546	1.4860～6.5671/3.9656	0.0030～0.0160/0.0083	6.9049～16.1071/11.2285	65.16	34.76	0.08
山西组	1.4075～6.4765/4.7975	2.0743～3.8173/2.7961	0.0050～0.0090/0.0048	3.4868～10.3028/7.5984	59.74	40.19	0.07

注：表中斜线左侧表示最小值～最大值，斜线右侧表示平均值。

微孔比表面积分布范围为 1.4075～6.4765m²/g，平均为 4.7975m²/g，占 59.74%。峰值主要集中在 0.4～0.6nm 和 2～3nm 处（图 4-14b），微孔是比表面积的主要贡献者，其次是中孔，宏孔的贡献可以忽略不计。

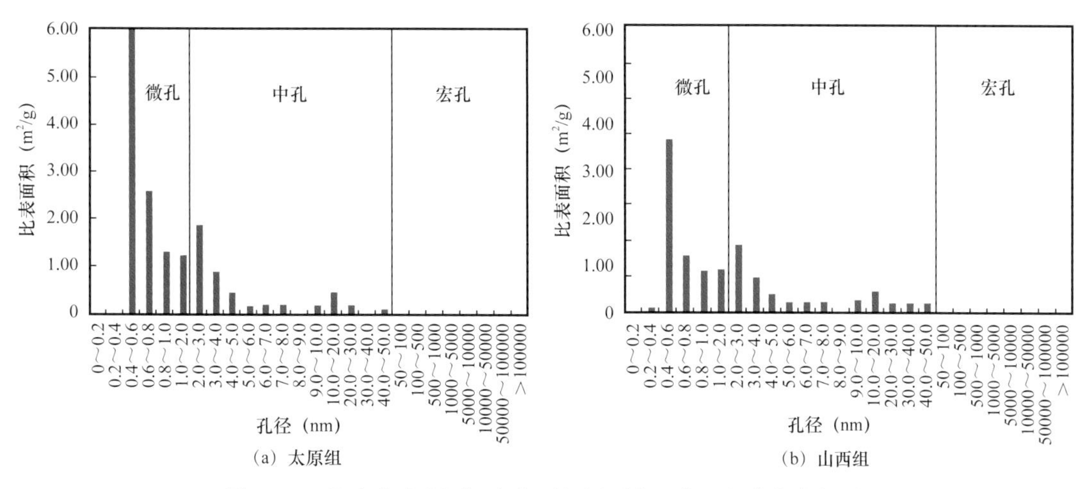

图 4-14　沁水盆地太原组和山西组泥页岩比表面积分布直方图

三、储层物性特征

沁水盆地太原—山西组泥页岩的孔隙度和渗透率测试结果如表 4-10 所示。太原组泥页岩孔隙度为 1.65%～4.67%，平均为 3.47%；渗透率为 0.000224～0.001918mD，平均 0.000689mD。山西组泥页岩孔隙度为 1.80%～6.32%，平均为 3.46%；孔隙度为 2.15%～6.95%，平均为 4.21%；渗透率为 0.000043～0.004546mD，平均为 0.000151mD。沁水盆地太原—山西组泥页岩整体物性较差，其中山西组泥页岩孔隙度大但渗透率低，孔隙度和渗透率无相关关系，表明泥页岩孔隙的连通性较差。

表 4-10　沁水盆地太原组和山西组泥页岩孔隙度和渗透率测试结果

层位	孔隙度（%）	渗透率（mD）
太原组	1.65～4.67/3.47	0.000224～0.001918/0.000689
山西组	2.15～6.95/4.21	0.000043～0.004546/0.000151

注：表中斜线左侧表示最小值～最大值，斜线右侧表示平均值。

如图 4-15 所示，沁水盆地太原—山西组泥页岩的核磁共振 T_2 谱图主要双峰型谱图，第一个峰值明显高于第二个峰值，表明泥页岩储层主要发育小孔，同时也发育一定量的大孔。两峰之间不连续，说明小孔和大孔之间的连通性较差。离心后，两个峰值具有明显下降，且向左偏移，表明小孔和大孔各自之间的连通性较好。

如图 4-16 和表 4-11 所示，沁水盆地太原—山西组泥页岩具有分形特征。太原组泥页岩的吸附空间分形维数和可流动空间分形维数分别分布在 1.2069～2.5937 和 2.4280～2.7975，平均分别为 1.7965 和 2.5805；山西组泥页岩的吸附空间分形维数和可流

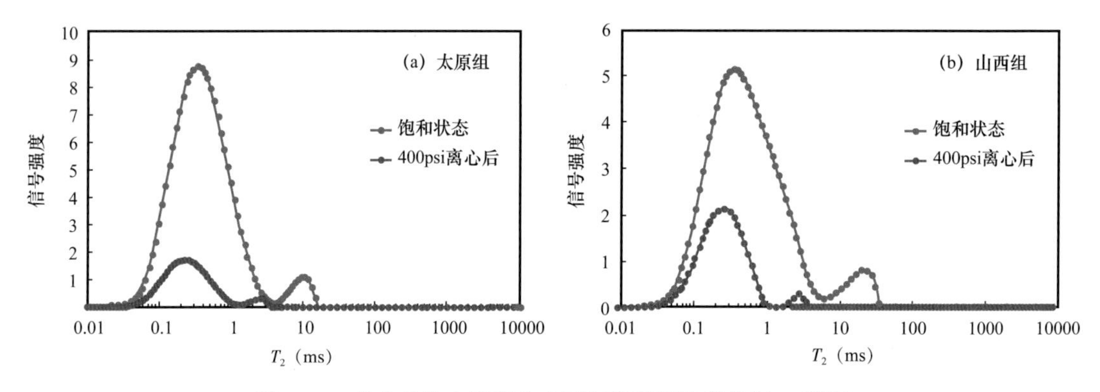

图 4-15　沁水盆地太原组和山西组泥页岩核磁共振 T_2 谱图

动空间分形维数分别分布在 1.1747～1.9015 和 2.3741～2.9040，平均分别为 1.4972 和 2.6818。太原组泥页岩的吸附空间分形维数大于山西组，其流动空间分形维数小于山西组，表明太原组泥页岩储层具有更加粗糙的表面和相对简单的孔隙结构，有利于页岩气的吸附和流动。

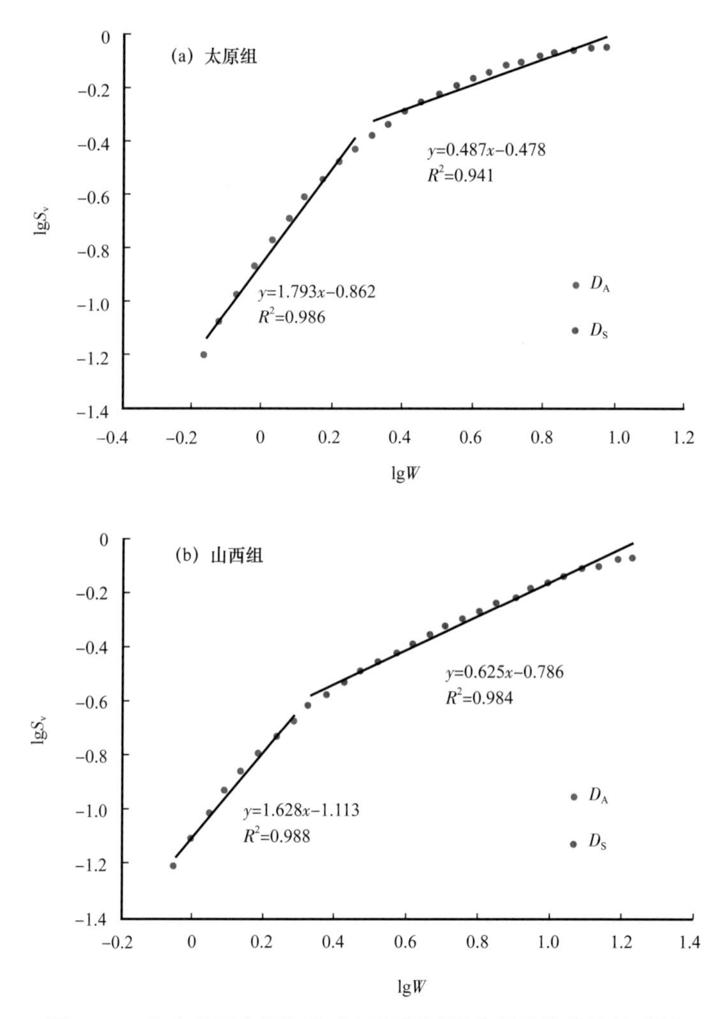

图 4-16　沁水盆地太原组和山西组泥页岩分形维数线性关系图

表 4-11　沁水盆地太原组和山西组泥页岩分形维数

层位	吸附空间分形维数 D_A	可流动空间分形维数 D_S
太原组	1.2069～2.5937/1.7965	2.4280～2.7975/2.5805
山西组	1.1747～1.9015/1.4972	2.3741～2.9040/2.6818

注：表中斜线左侧表示最小值～最大值，斜线右侧表示平均值。

第三节　南华北盆地

一、矿物组成

实验结果表明（表 4-12，图 4-17），南华北盆地太原组泥页岩的矿物成分主要为脆性矿物，含量为 38.22%～58.93%，平均为 48.08%；其次是黏土矿物，含量为 40.31%～60.03%，平均为 47.34%；碳酸盐矿物较少，含量为 0.76%～10.25%，平均为 4.26%。脆性矿物中石英含量最高，为 30.27%～54.50%，平均为 41.88%；其次为黄铁矿，含量为 3.73%～7.35%，平均为 5.11%；长石平均含量仅为 1.41%。碳酸盐矿物中白云石相对含量较高，平均可达 2.54%。如图 4-18 所示，泥页岩黏土矿物中伊利石的含量最高，为 25.33%～65.33%，平均为 49.44%；其次为伊 / 蒙混层和高岭石，含量分别为 7.34%～41.33% 和 13.00%～25.67%，平均分别为 22.64% 和 17.70%；绿泥石含量最低，平均为 10.22%。

南华北盆地山西组泥页岩的矿物成分主要为脆性矿物，含量为 44.00%～51.30%，平均为 48.62%；其次是黏土矿物，含量为 44.30～52.00%，平均为 47.31%；碳酸盐矿物较少，含量为 3.81%～4.40%，平均为 4.07%。脆性矿物中石英含量最高，为 34.56%～46.20%，平均 41.82%；长石和黄铁矿平均含量分别为 3.40% 和 3.39%。碳酸盐矿物中菱铁矿相对含量较高，平均可达 3.90%。如图 4-18 所示，泥页岩黏土矿物中伊利石的含量最高，为 15.22%～58.80%，平均为 41.34%；其次为高岭石和伊 / 蒙混层，含量分别为 13.80%～36.55% 和 8.00%～39.01%，平均含量分别为 25.12% 和 21.28%；绿泥石含量最低，平均为 12.26%。对比可知，南华北盆地太原组和山西组泥页岩具有相似的矿物组成，黏土矿物和脆性矿物含量接近。脆性矿物中石英占据了主导地位，黏土矿物中伊利石含量高于伊 / 蒙混层和高岭石含量。

表 4-12　南华北盆地太原组和山西组泥页岩矿物组成测试结果

层位	黏土矿物含量（%）	脆性矿物含量（%）	碳酸盐矿物含量（%）
太原组	40.31～60.03/47.34	38.22～58.93/48.40	0.76～10.25/4.26
山西组	44.30～52.00/47.31	44.00～51.30/48.62	3.81～4.40/4.07

注：表中斜线左侧表示最小值～最大值，斜线右侧表示平均值。

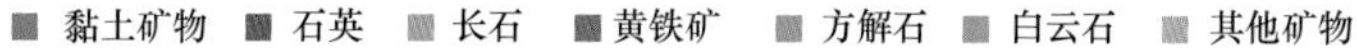

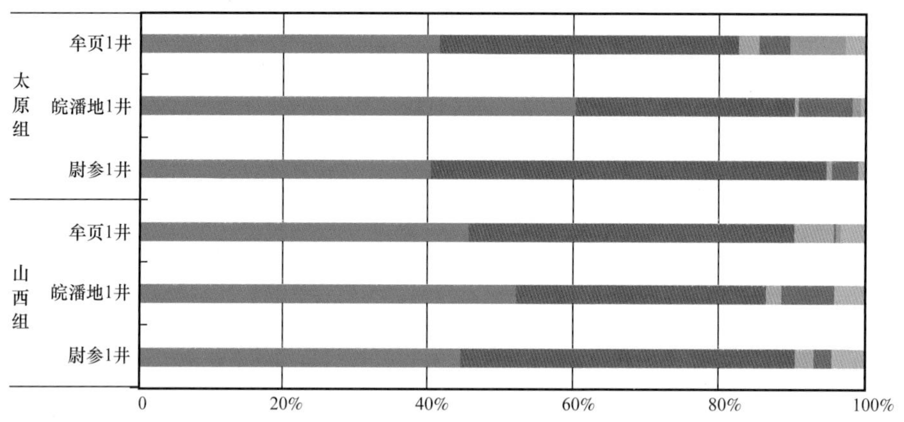

图 4-17　南华北盆地太原组和山西组泥页岩全岩矿物组成

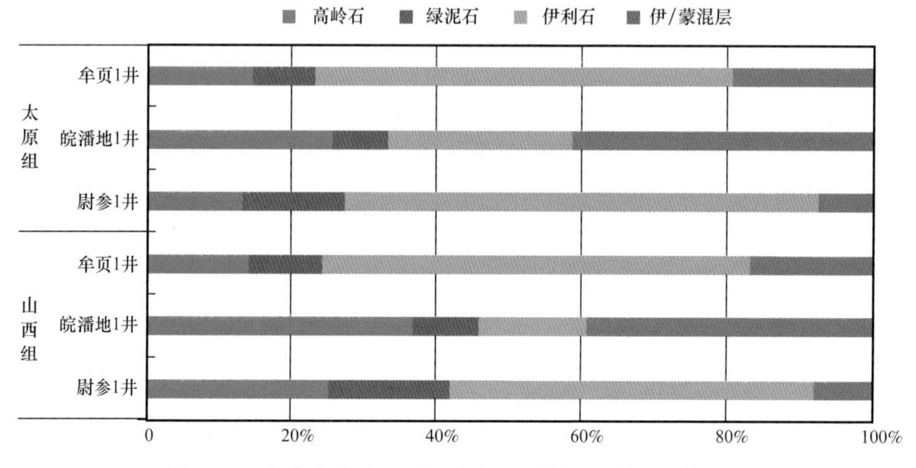

图 4-18　南华北盆地太原组和山西组泥页岩黏土矿物组成

二、孔隙发育特征

（一）孔隙形态特征

从氩离子抛光扫描电镜的观察结果来看（图 4–19），南华北盆地太原组泥页岩储层孔隙类型主要为有机质孔、黏土矿物孔、脆性矿物孔和微裂隙。其中，黏土矿物孔最为发育，主要类型包括黏土矿物晶间孔、变形孔、周缘孔和溶蚀孔等（图 4–19c、e、f）。有机质孔发育较差，形状不规则，按发育位置可分为有机质内部孔、有机—黏土复合体内部孔和有机质边缘次生孔缝（图 4–19a、b）。部分样品可见微裂缝（图 4–19d）。

山西组泥页岩储层孔隙类型与太原组相同（图 4–20）。其中，有机质孔较为发育，集中分布在有机质内部，可见与生排烃作用相关的气泡状孔隙（图 4–20b、c）。黏土矿物孔发育较差，见少量不规则形状的黄铁矿晶间孔（图 4–20d、e）。微裂缝发育在矿物内部以及有机质和矿物边缘（图 4–20a、f）。

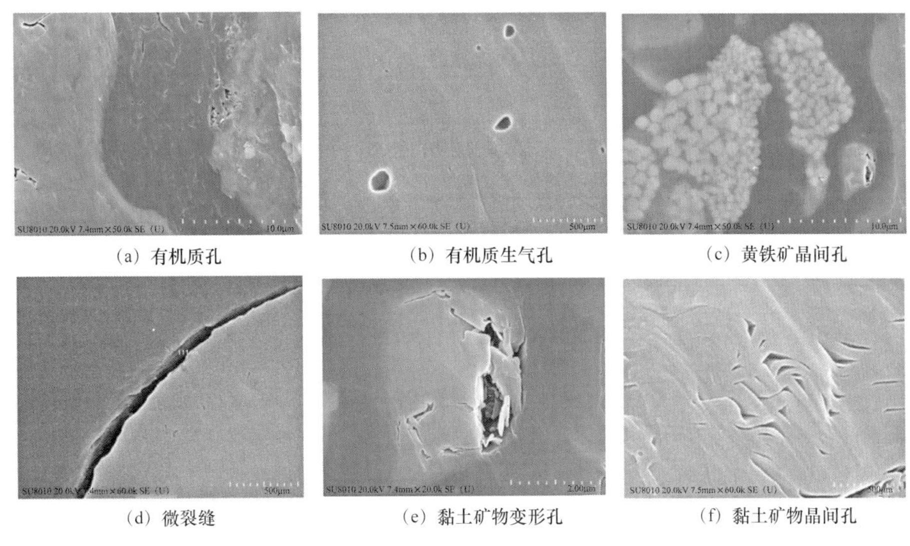

（a）有机质孔　（b）有机质生气孔　（c）黄铁矿晶间孔

（d）微裂缝　（e）黏土矿物变形孔　（f）黏土矿物晶间孔

图 4-19　南华北盆地上古生界太原组泥页岩氩离子抛光扫描电镜图

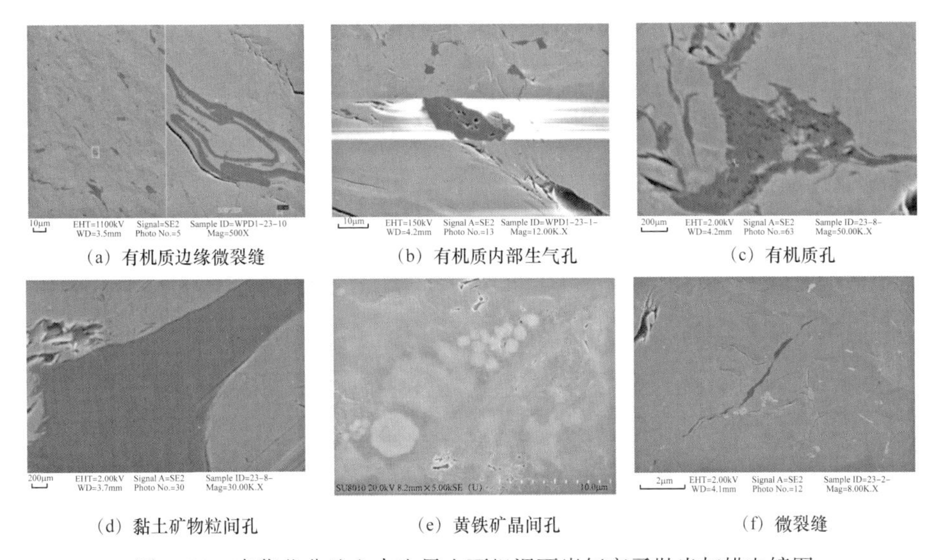

（a）有机质边缘微裂缝　（b）有机质内部生气孔　（c）有机质孔

（d）黏土矿物粒间孔　（e）黄铁矿晶间孔　（f）微裂缝

图 4-20　南华北盆地上古生界山西组泥页岩氩离子抛光扫描电镜图

（二）全孔径孔隙表征

南华北盆地太原—山西组泥页岩微孔—中孔—宏孔（纳米—微米尺度）的全孔径分布特征分别由高压压汞、氮气吸附和二氧化碳吸附实验测试和计算而得。由表 4-13 可知，南华北盆地太原组泥页岩孔体积分布范围为 0.00828～0.01677cm^3/g，平均为 0.01309cm^3/g。其中，宏孔体积分布范围为 0.00260～0.00800cm^3/g，平均为 0.00520cm^3/g，占 38.66%；中孔体积分布范围为 0.00429～0.00984cm^3/g，平均为 0.00661cm^3/g，占 51.32%；微孔体积分布范围为 0.00051～0.00193cm^3/g，平均为 0.00128cm^3/g，占 10.02%。峰值主要集中在 10～20nm 和大于 10×10^4nm 处（图 4-21a），中孔是孔体积的主要贡献者，其次是宏孔。

山西组泥页岩孔体积分布范围为 0.00683～0.01918cm^3/g，平均为 0.01309cm^3/g。其

中，宏孔体积分布范围为0.00280～0.01220cm^3/g，平均为0.00617m^3/g，占总孔体积的46.49%；中孔体积分布范围为0.00097～0.01082cm^3/g，平均为0.00553cm^3/g，占41.65%；微孔体积分布范围为0.00071～0.00196cm^3/g，平均为0.00139cm^3/g，占11.86%。峰值主要集中在10～20nm和大于10×10^4nm处（图4–21b），宏孔和中孔是孔体积的主要贡献者，其次是微孔。

表4–13　南华北盆地太原组和山西组泥页岩孔体积分布表

层位	孔体积（cm^3/g）				孔体积占比（%）		
	微孔	中孔	宏孔	总孔	微孔	中孔	宏孔
太原组	0.00051～0.00193/0.00128	0.00429～0.00984/0.00661	0.00260～0.00800/0.00520	0.00828～0.01677/0.01309	10.02	51.32	38.66
山西组	0.00071～0.00196/0.00139	0.00097～0.01082/0.00553	0.00280～0.01220/0.00617	0.00683～0.01918/0.01309	11.86	41.65	46.49

注：表中斜线左侧表示最小值～最大值，斜线右侧表示平均值。

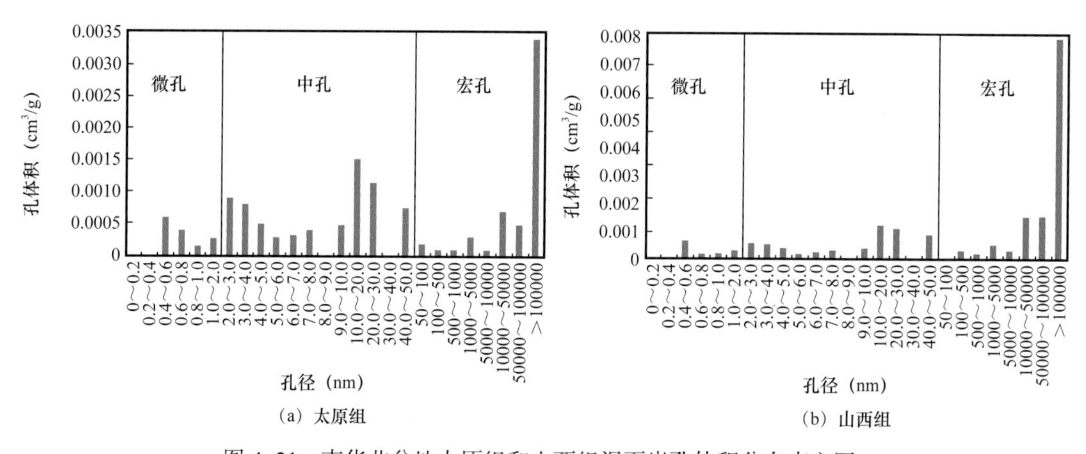

图4–21　南华北盆地太原组和山西组泥页岩孔体积分布直方图

由表4–14可知，南华北盆地太原组泥页岩比表面积分布范围为4.9810～13.0205m^2/g，平均为8.0192m^2/g。其中，宏孔比表面积分布范围为0.0020～0.1220m^2/g，平均为0.0462m^2/g，占总比表面积的0.60%；中孔比表面积分布范围为2.4340～6.7610m^2/g，平均为3.9193m^2/g，占49.50%；微孔比表面积分布范围为1.5530～6.2410m^2/g，平均为4.0537m^2/g，占49.90%。峰值主要集中在0.4～0.6nm和2～3nm处（图4–22a），微孔和中孔是比表面积的主要贡献者，宏孔的贡献可以忽略不计。

山西组泥页岩比表面积分布范围为3.9820～12.3960m^2/g，平均为7.7832m^2/g。其中，宏孔比表面积分布范围为0.0030～0.0210m^2/g，平均为0.0100m^2/g，占总比表面积的0.12%；中孔比表面积分布范围为0.1740～6.8010m^2/g，平均为3.2242m^2/g，占41.43%；微孔比表面积分布范围为2.2570～6.4140m^2/g，平均为4.5490m^2/g，占58.45%。峰值主要集中在0.4～0.6nm和2～3nm处（图4–22b），微孔是比表面积的主要贡献者，其次是中孔，宏孔的贡献可以忽略不计。

表 4-14　南华北盆地太原组和山西组泥页岩比表面积分布表

层位	比表面积（m^2/g）				比表面积占比（%）		
	微孔	中孔	宏孔	总孔	微孔	中孔	宏孔
太原组	1.5530～6.2410/4.0537	2.4340～6.7610/3.9193	0.0020～0.1220/0.0462	4.9810～13.0250/8.0912	49.90	49.50	0.60
山西组	2.2570～6.4140/4.5490	0.1740～6.8010/3.2242	0.0030～0.0210/0.010	3.9820～12.3960/7.7832	58.45	41.43	0.12

注：表中斜线左侧表示最小值～最大值，斜线右侧表示平均值。

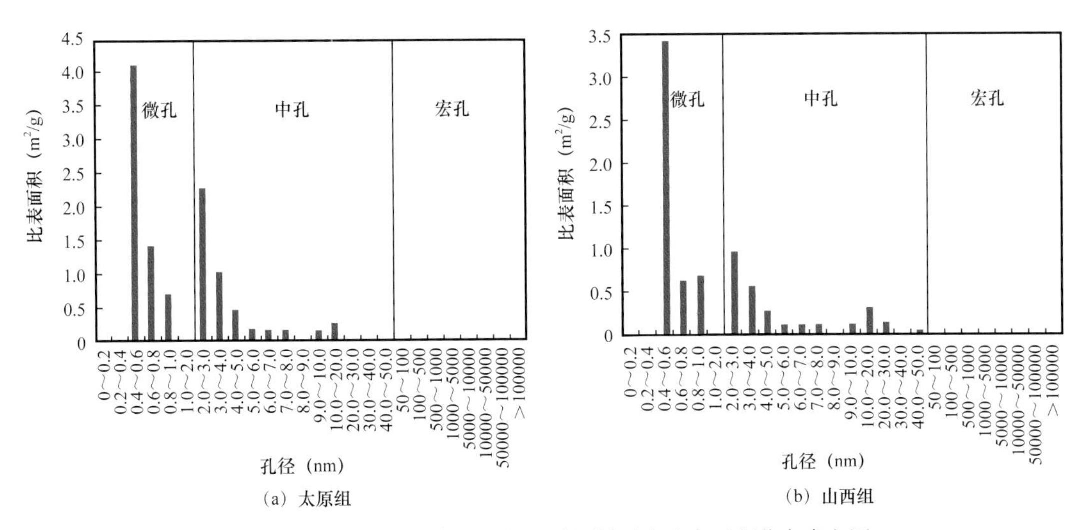

图 4-22　南华北盆地太原组和山西组泥页岩比表面积分布直方图

三、储层物性特征

南华北盆地太原—山西组泥页岩孔隙度和渗透率测试结果见表 4-15。太原组泥页岩孔隙度为 2.09%～4.79%，平均为 3.94%；渗透率为 0.000040～0.001020mD，平均为 0.000556mD。山西组泥页岩孔隙度为 0.85%～5.75%，平均为 2.11%；渗透率为 0.000001～0.000566mD，平均为 0.000549mD。南华北太原—山西组泥页岩整体物性较差，二者渗透率相似但山西组孔隙度更低。孔隙度和渗透率无明显的相关关系，表明泥页岩储层孔隙连通性较差。

表 4-15　南华北盆地太原组和山西组泥页岩孔隙度和渗透率测试结果

层位	孔隙度（%）	渗透率（mD）
太原组	2.09～4.79/3.94	0.000040～0.001020/0.000556
山西组	0.85～5.75/2.11	0.000001～0.000566/0.000549

注：表中斜线左侧表示最小值～最大值，斜线右侧表示平均值。

如图 4-23 所示，南华北盆地太原—山西组泥页岩的核磁共振 T_2 谱图主要双峰型谱图，第一个峰值明显高于第二个峰值，表明泥页岩储层主要发育小孔，同时也发育一定量的大孔。两峰之间不连续，说明小孔和大孔之间的连通性较差。离心后，第一个峰值大幅下降，第二个峰值消失，表明小孔和大孔各自间连通性较好。

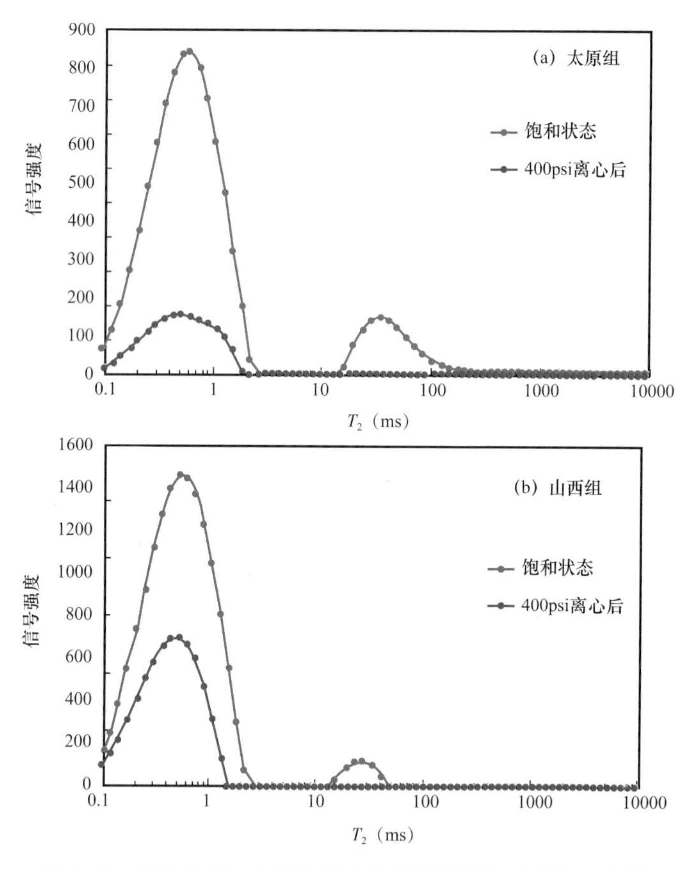

图 4-23　南华北盆地太原组和山西组泥页岩核磁共振 T_2 谱图

如图 4-24 和表 4-16 所示，南华北盆地太原—山西组泥页岩具有分形特征。太原组泥页岩的吸附空间分形维数和可流动空间分形维数分别分布在 0.7299～1.3644 和 2.0695～2.4931，平均分别为 1.1082 和 2.3282；山西组泥页岩的吸附空间分形维数和可

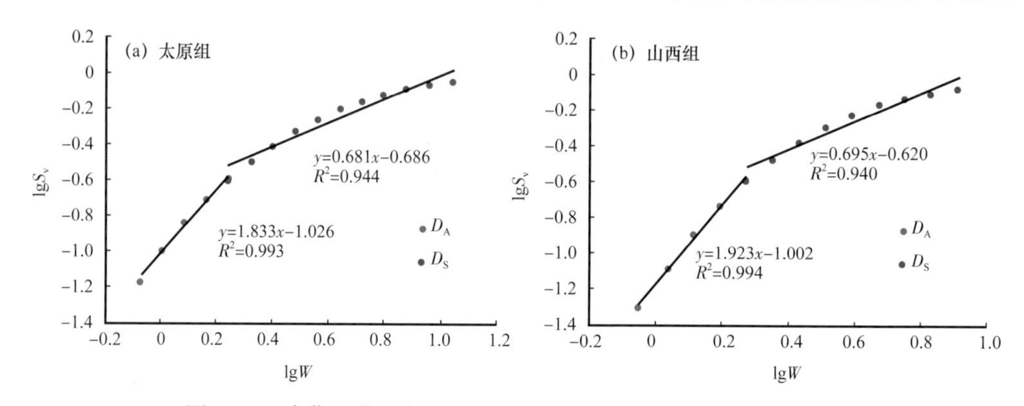

图 4-24　南华北盆地太原组和山西组泥页岩分形维数线性关系图

流动空间分形维数分别分布在0.6839～1.6498和2.1017～2.7890，平均分别为1.2162和2.4502。山西组泥页岩的两组分形维数均大于太原组，表明山西组泥页岩储层具有更加粗糙的表面和更为复杂的孔隙结构，有利于页岩气的吸附，但不利于页岩气的流动。

表4-16　南华北盆地太原组和山西组泥页岩分形维数

层位	吸附空间分形维数 D_A	可流动空间分形维数 D_S
太原组	0.7299～1.3644/1.1082	2.0695～2.4931/2.3282
山西组	0.6839～1.6498/1.2162	2.1017～2.7890/2.4502

注：表中斜线左侧表示最小值～最大值，斜线右侧表示平均值。

第四节　黔西地区

一、矿物组成

实验结果表明（表4-17，图4-25），黔西地区龙潭组泥页岩最主要的矿物成分为黏土矿物，含量为36.52%～71.50%，平均为57.91%；其次是脆性矿物，含量为28.50%～45.00%，平均为34.45%；碳酸盐矿物较少，含量为0～27.72%，平均为7.64%。脆性矿物中石英含量最高，为17.00%～27.50%，平均为22.66%；长石含量为0～8.00%，平均为3.99%；个别样品中含有较多黄铁矿，最大可达14%。碳酸盐矿物中白云石相对含量较高，平均达4.96%；方解石平均含量为1.65%。如图4-26所示，泥页岩黏土矿物中伊/蒙混层的含量最高，为31.50%～93.50%，平均为56.57%；其次为绿泥石和高岭石，含量分别为3.50%～37.00%和0.80%～28.50%，平均含量分别为20.07%和16.26%；伊利石含量最低，平均为7.10%。

表4-17　黔西地区龙潭组泥页岩矿物组成测试结果

层位	黏土矿物含量（%）	脆性矿物含量（%）	碳酸盐矿物含量（%）
龙潭组	36.52～71.50/57.91	28.50～45.00/34.45	0～27.72/7.64

注：表中斜线左侧表示最小值～最大值，斜线右侧表示平均值。

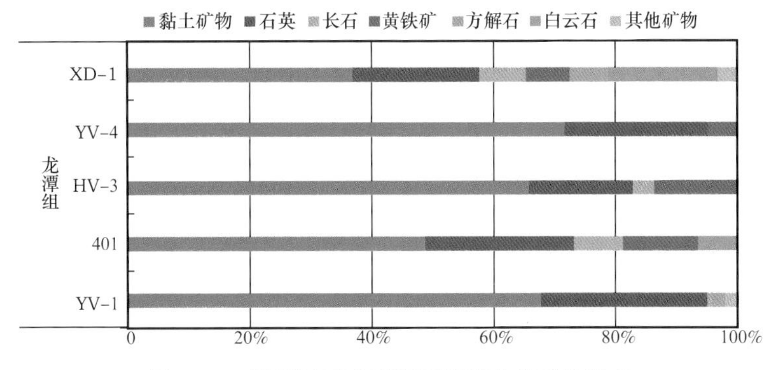

图4-25　黔西地区龙潭组泥页岩全岩矿物组成

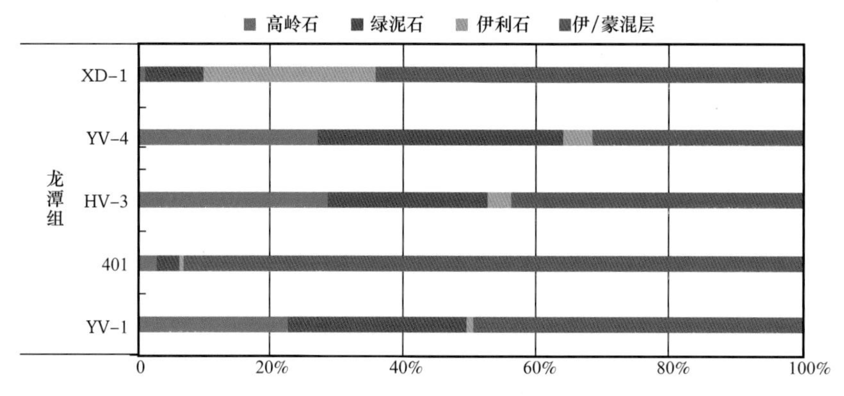

图 4-26　黔西地区龙潭组泥页岩黏土矿物组成

二、孔隙发育特征

(一)孔隙形态特征

从氩离子抛光扫描电镜观察结果来看(图 4-27),黔西地区龙潭组泥页岩主要发育有机质孔、无机矿物孔和微裂缝三大类孔隙。泥页岩储层中有机质孔较为发育,其原因与热成熟度升高和生排烃作用有关,可在一定程度上反映油气的生成情况。有机质与矿物交界处发育的有机质孔,多呈不规则形状;有机质内部发育的有机质孔,通常呈角形或椭圆形,相互之间少有接触;生烃效果较好的有机质内部,有机质孔常呈气泡状,部分孔隙还能相互连通,形成复杂的孔隙网络(图 4-27a、b)。

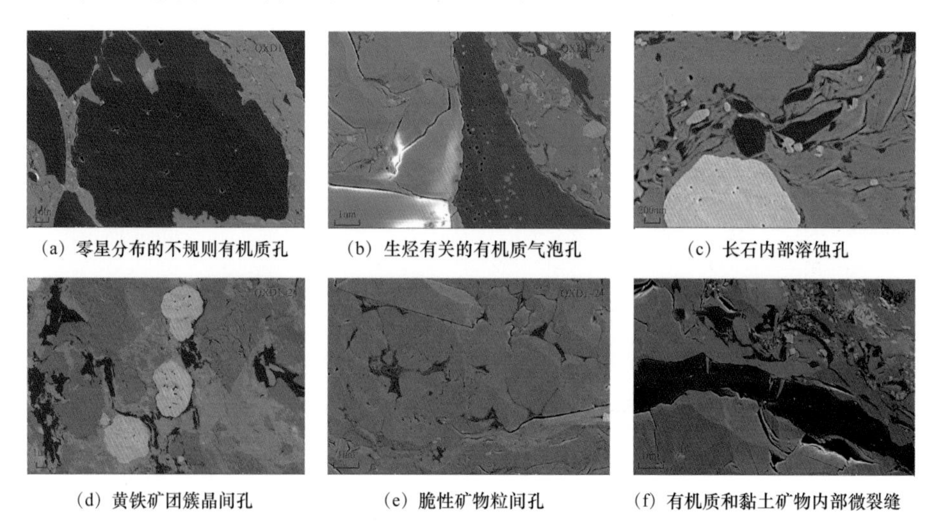

图 4-27　黔西地区上二叠统龙潭组泥页岩氩离子抛光扫描电镜图

无机矿物孔主要发育在矿物颗粒内部或不同矿物边界上,主要类型为粒内孔和粒间孔,对泥页岩储层的孔隙度、孔体积和比表面积有着巨大贡献(Ji 等,2016;Loucks 等,2009)。受黏土矿物的类型、含量以及压实、胶结作用的影响,无机矿物孔多呈花瓣状、片状、三角形或不规则形状。溶蚀孔主要发育在长石颗粒内,成因与埋深、压力、温度和酸性液体有关，形状不规则且孔径较大（图 4–27c）。发育在团簇状黄铁矿中的角状晶间孔，有时会被有机质或黏土充填（图 4–27d）。脆性矿物粒间孔常呈无序片状、狭缝状或楔形，易受压实作用发生形变（图 4–27e）。

微裂缝大多受应力和压实作用的影响（焦堃等，2014；孙寅森等，2016），分布在黏土矿物和有机质内部或二者的交界处。微裂缝长可达几至几十微米，宽几微米，可见多条微裂缝平行分布（图 4–27f）。

（二）全孔径孔隙表征

黔西地区龙潭组泥页岩微孔—中孔—宏孔（纳米—微米尺度）的全孔径分布特征分别由高压压汞、氮气吸附和二氧化碳吸附实验测试和计算而得。由表 4–18 可知，黔西地区龙潭组泥页岩孔体积分布范围为 0.02487～0.03457cm^3/g，平均为 0.02789cm^3/g。其中，宏孔体积分布范围为 0.00456～0.00927cm^3/g，平均为 0.00650cm^3/g，占总孔体积的 24.00%；中孔体积分布范围为 0.01284～0.02630cm^3/g，平均为 0.01830cm^3/g，占 64.87%；微孔体积分布范围为 0.00272～0.00351cm^3/g，平均为 0.00305cm^3/g，占 11.13%。峰值主要集中在 10～20nm 和 40～50nm 处（图 4–28），中孔是孔体积的主要贡献者，其次是宏孔和微孔。

表 4–18　黔西地区龙潭组泥页岩孔体积分布表

层位	孔体积（cm^3/g）				孔体积占比（%）		
	微孔	中孔	宏孔	总孔	微孔	中孔	宏孔
龙潭组	0.00272～0.00351/0.00305	0.01284～0.02630/0.01830	0.00456～0.00927/0.00650	0.02487～0.03457/0.02789	11.13	64.87	24.00

注：表中斜线左侧表示最小值～最大值，斜线右侧表示平均值。

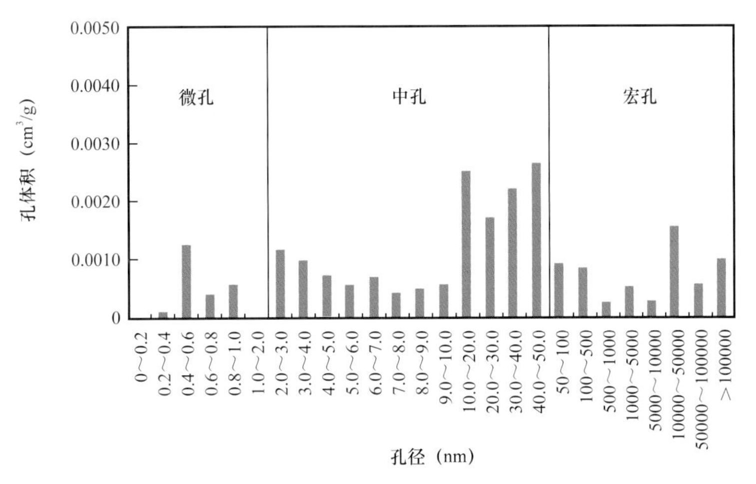

图 4–28　黔西地区龙潭组泥页岩孔体积分布直方图

由表 4–19 可知，黔西地区龙潭组泥页岩比表面积分布范围为 19.1230～24.5605m^2/g，平均为 21.2046m^2/g。其中，宏孔比表面积分布范围为 0.0181～0.0710m^2/g，平均为 0.0486m^2/g，占总比表面积的 0.23%；中孔比表面积分布范围为 7.5080～15.5770m^2/g，平均为 11.3492m^2/g，占

52.88%；微孔比表面积分布范围为 8.7135～11.5460m²/g，平均为 9.8067m²/g，占 46.89%。峰值主要集中在 0.6～0.8nm 和 2～3nm 处（图 4–29），中孔是比表面积的主要贡献者，其次是微孔，宏孔的贡献可以忽略不计。

表 4–19　黔西地区龙潭组泥页岩比表面积分布表

层位	比表面积（m^2/g）				比表面积占比（%）		
	微孔	中孔	宏孔	总孔	微孔	中孔	宏孔
龙潭组	8.7135～11.5460/9.8067	7.5080～15.5770/11.3492	0.0181～0.0710/0.0486	19.1230～24.5605/21.2046	46.89	52.88	0.23

注：表中斜线左侧表示最小值～最大值，斜线右侧表示平均值。

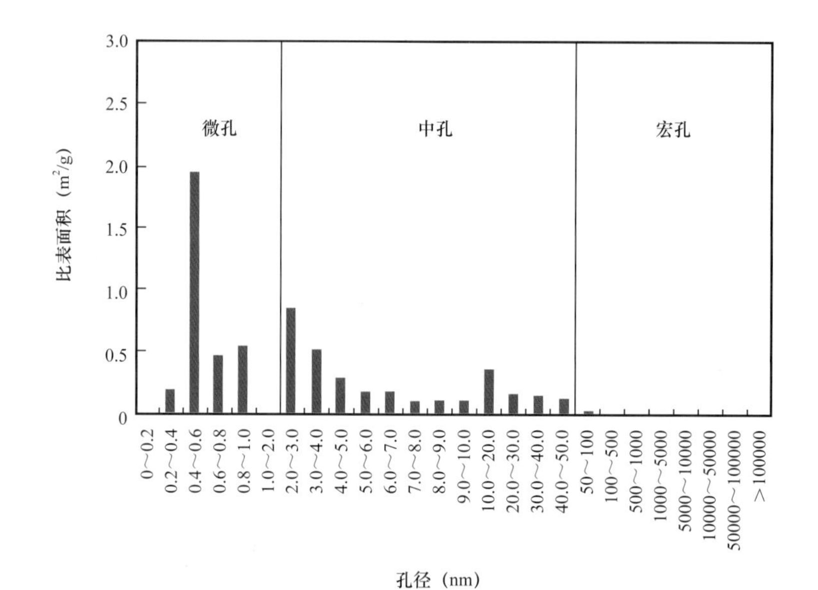

图 4–29　黔西地区龙潭组泥页岩比表面积分布直方图

三、储层物性特征

黔西地区龙潭组泥页岩孔隙度和渗透率测试结果见表 4–20。龙潭组泥页岩孔隙度为 2.16%～4.26%，平均为 3.38%；渗透率为 0.000123～0.000427mD，平均为 0.000295mD。前人研究（Loucks 等，2012；Pan 等，2015）认为具有商业开采价值的泥页岩储层孔隙度和渗透率下限值分别为 1.00% 和 0.001mD。对比可知，黔西地区龙潭组泥页岩渗透率极低，储层孔隙连通性差。

表 4–20　黔西地区龙潭组泥页岩孔隙度和渗透率测试结果

层位	孔隙度（%）	渗透率（mD）
龙潭组	2.16～4.26/3.38	0.000123～0.000427/0.000295

注：表中斜线左侧表示最小值～最大值，斜线右侧表示平均值。

如图 4–30 所示，黔西地区龙潭组泥页岩的核磁共振 T_2 谱图包括单峰型和双峰型，表明该地区泥页岩孔隙类型多变，孔隙结构复杂。如图 4–30a 所示，单峰峰值在 T_2=2.5ms 左右，表明泥页岩储层主要发育小孔；离心后峰值略有下降，表明孔隙间连通性较差。如图 4–30b 所示，双峰型谱图中的第一个峰值明显高于第二个峰值，表明泥页岩储层在发育小孔的同时，也发育一定量的大孔。两峰之间不连续，说明小孔和大孔之间的连通性较差。离心后，第一个峰值大幅下降，第二个峰值消失，表明小孔和大孔各自之间连通性较好。

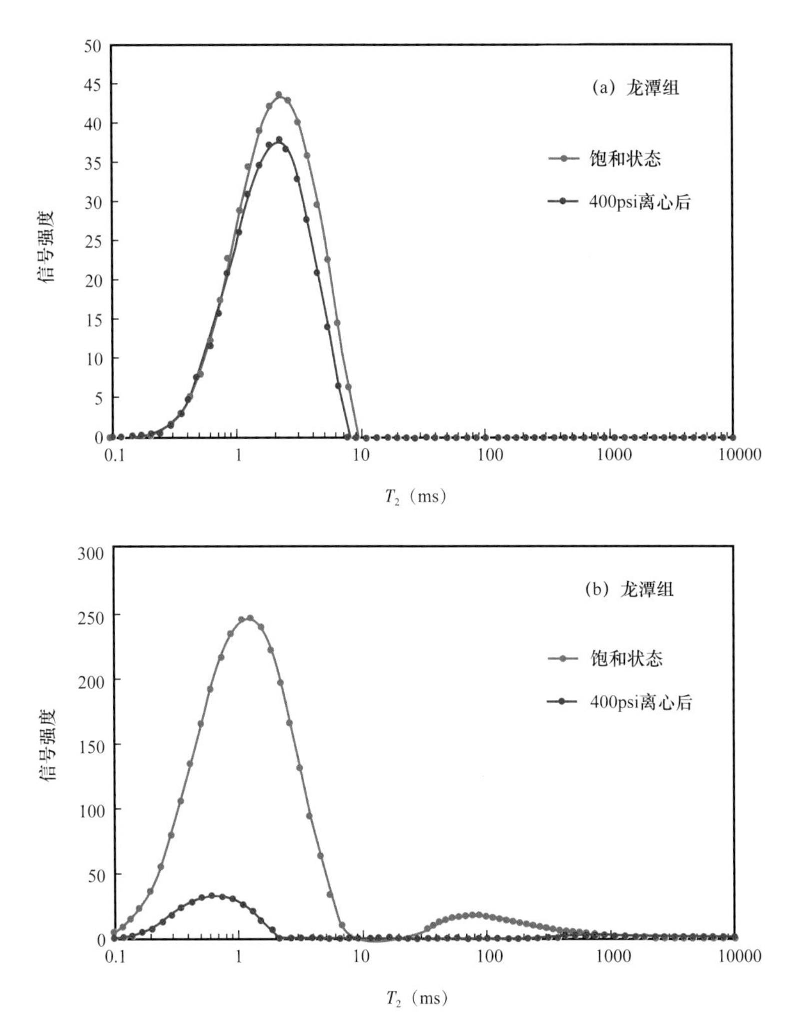

图 4–30　黔西地区龙潭组泥页岩核磁共振 T_2 谱图

如图 4–31 和表 4–21 所示，黔西地区龙潭组泥页岩具有分形特征。泥页岩的吸附空间分形维数分布在 0.9073～1.5512，平均为 1.2594；可流动空间分形维数分别分布在 2.1684～2.6121，平均为 2.3929。分形维数的变化范围较大，平均值相较其他地区较高，表明龙潭组泥页岩储层非均质性较强，具有粗糙的表面和复杂的孔隙结构，有利于页岩气的吸附，但不利于页岩气的流动。

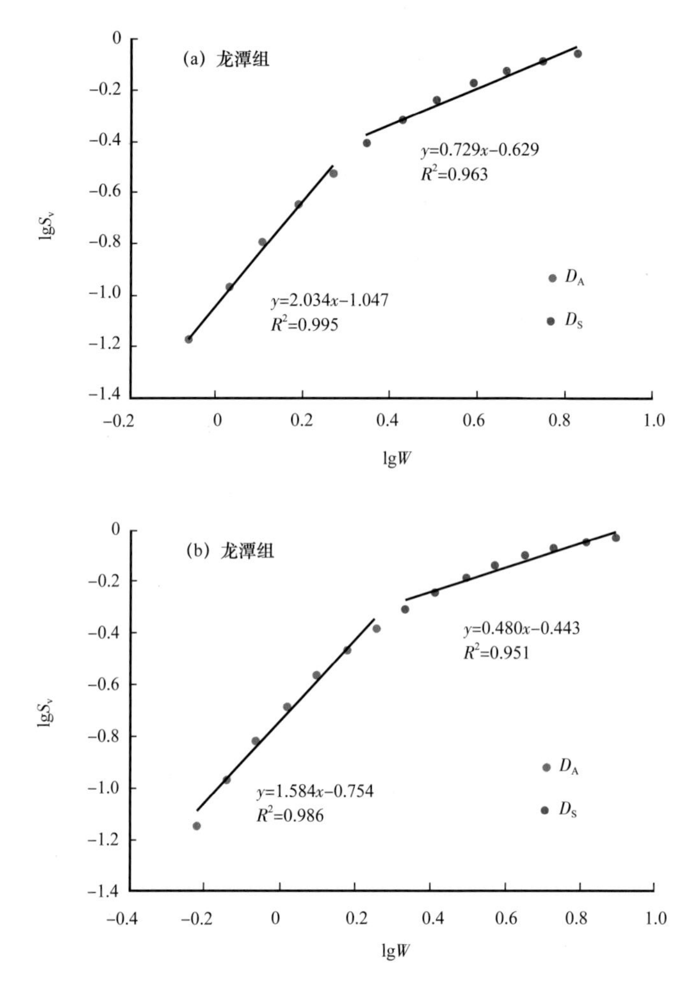

图 4-31　黔西地区龙潭组泥页岩分形维数线性关系图

表 4-21　黔西地区龙潭组泥页岩分形维数

层位	吸附空间分形维数 D_A	可流动空间分形维数 D_S
龙潭组	0.9073～1.5512/1.2594	2.1684～2.6121/2.3929

注：表中斜线左侧表示最小值～最大值，斜线右侧表示平均值。

第五章　海陆过渡相泥页岩含气性与预测方法

泥页岩含气量是指每吨泥页岩中所含天然气在标准状态（0℃，101.325kPa）下的体积，包括游离气、吸附气和溶解气（唐颖等，2011），其中游离气和吸附气占绝对优势。泥页岩含气性是页岩气勘探潜力评价、勘探有利区优选、资源量计算的重要指标，也是后期进行开发规划、气藏描述、储量计算的关键参数，其可靠性、准确性，对页岩气资源评价和储量预测具有重要的意义。

第一节　含气性影响因素

一、有效厚度

与常规气藏一样，要形成有工业价值的页岩气藏，泥页岩储层需要达到一定的有效厚度。泥页岩的有效厚度是指在含气泥页岩中具有符合储备标准的天然气生产能力的储层部分的厚度。骨架矿物组成、TOC、孔隙度、渗透率、含水饱和度等这些因素均会影响泥页岩储层的产气能力。只有足够厚度的泥页岩一般才具有充足的有机质与孔隙、微裂隙等存储空间。更有利于页岩气藏的富集。烃源岩的有效排烃距离约为28m，泥页岩层段的厚度必须超过有效排烃距离，所以一般认为泥页岩储层的有效厚度不得低于30m（田成伟等，2011）。因页岩气储层大量使用水平井与压裂技术，因此从工程施工的角度也认为泥页岩的厚度应超过30m。近些年由于水平井钻井、体积压裂、分段压裂等技术的进步，泥页岩储层的有效厚度下限进一步下降为10.0～15.0m。美国地质调查局提出当有机质丰度大于2%的时候，为保证开发的经济价值，页岩气储层的厚度下限为15m。国土资源部也发布了页岩气储量计算规范。这个规范将不同的含气量储层对应不同的厚度下限。当储层的含气量不低于为1.0m^3/t时，储层的厚度下限为50m；当储层的含气量不低于2.0m^3/t时，储层的厚度下限为30m；当储层的含气量不低于4.0m^3/t时，储层的厚度下限为15m。

二、有机质

（一）有机质类型

我们通常将有机质类型按照沉积环境以及古生物来源来划分，通常分为Ⅰ型、Ⅱ$_1$型、Ⅱ$_2$型和Ⅲ型。在实验室里我们通常将泥页岩的显微组分划分为腐泥组、壳质组、镜质组和惰质组四种，根据这四种显微组分在干酪根中的比例乘以加权数，来进行类型指数的划分（式 5–1）（侯读杰等，2011）：

$$TI=\left(A\times100+B\times50-C\times75-D\times100\right)/100 \quad (5–1)$$

其中，A 为腐泥组分百分含量（%）；B 为壳质组分百分含量（%）；C 为镜质组百分含量（%）；D 为惰质组百分含量（%）。

采用《透射光—荧光干酪根显微组分鉴定及类型划分方法》中的分类标准（表 5–1）。不同类型的有机质具有不同的生烃能力，其中海陆过渡相泥页岩有机质类型以Ⅲ型为主，具有较强的生气能力。

表 5–1 干酪根类型划分标准

干酪根类型	类型指数 TI
Ⅰ	＞80
$Ⅱ_1$	40～80
$Ⅱ_2$	0～40
Ⅲ	＜0

（二）有机质含量

有机碳含量（TOC）是影响泥页岩储层含气量最为重要的指标，因为它不仅是生烃的基础物质，同时也是重要的储集空间。通常来讲 TOC 高的储层生烃能力大。对比中美不同盆地、不同地层的泥页岩的变质程度或热演化程度，海陆过渡相泥页岩储层非均质性强、岩相变化快，TOC 值通常变化范围比较广，而且通常具有一定的旋回性，中间夹有煤层的附近其 TOC 经常远远高于一般泥页岩层中 TOC 的含量。此外，有机质含量越高，其生烃作用后产生的有机质孔隙也会越多，随着有机碳含量的增大，微观孔隙类型会增多以及孔隙度也会增大（Ross 和 Bustin 等，2009；李博等，2019），可供天然气吸附的比表面急剧增大，泥页岩吸附气含量随之增加。

三、成熟度

有机质的热演化程度的高低对烃源岩生烃过程意义非常重大（Jarvie 等，2007），在烃源岩评价中是非常重要的参数，特别是在高产泥页岩中的评价。泥页岩储层有机质热演化程度是另一个影响烃源岩生烃的重要指标。当 R_o 小于 0.5% 通常认为有机质处于未成熟或者低成熟阶段；R_o 介于 0.5%～1.3% 之间时为有机质的生油窗，有机质开始生烃；R_o 在 1.3%～2.5% 之间时为有机质大量生烃时期；当 R_o 大于 2.5% 时为过成熟作用阶段。以北美开采页岩气的经验来看，当泥页岩储层其他条件相差不多时，不同的区块 R_o 对页岩气的富集程度具有相当的影响。根据前人的研究成果对比不同沉积相的泥页岩储层发现，海相泥页岩储层的成熟度通常在 2.0%～5.0% 之间；海陆过渡相的成熟度比海相低，但也都进入生气窗，也有可能因受到其他热事件的叠加影响而导致局部区域达到较高的热演化程度；陆相泥页岩储层热演化程度偏低，通常在 0.5%～2.0%，既有油生成也有气生成。

四、矿物组成

泥页岩矿物三端元为脆性矿物、黏土矿物以及自生矿物，对含气量均有影响。但其影响含气的实质是矿物颗粒间形成的孔隙在大小、表面物化特性、结构参数上的差异。石英作为骨架颗粒，粒间孔尺度上多为宏孔，理论上应该与吸附气量呈负相关。但考虑到沉积作用，即石英的主要成分是 SiO_2，为深水沉积产物，而硅质含量的增加会吸附更多的有机质。随着石英含量的增大，岩石有机质含量是增加的，泥页岩的吸附气含量也随着石英含量的增加而增大（张作清等，2013）。黏土矿物中多发育微中孔级别的层间缝，这种多重弯曲、孔缝具有极大的比表面积，与吸附气呈弱负相关关系，可以赋存大量吸附气。黏土矿物与吸附气量间呈正相关关系。也有学者研究认为，开放型的黏土矿物主要是考虑到不同黏土矿物的吸附性能力不同（聂海宽等，2011）。碳酸盐矿物主要指方解石和白云石，根据泥页岩地层纵向沉积环境分析，认为碳酸盐矿物含量与有机碳含量呈负相关。方解石在矿物组成中一般充当填隙物的角色，即使作为溶蚀孔隙和粒间孔出现，也仍以宏孔为主，所以与吸附气之间表现为负相关。另外，方解石在沉积埋藏过程中发生的胶结作用会进一步减少孔隙。

由于页岩气储层的基质渗透率一般为纳达西级，岩性致密，需要加砂压裂产生裂缝网络来提高页岩气体的渗流能力，因此页岩气储层本身应该具有一定的脆性，从而在外力作用下容易产生裂缝，为页岩气的大规模压裂开采提供了有利条件（王世谦等，2013）。

页岩气选区评价中对页岩气储层矿物组成的一般标准是，石英和（或）碳酸盐类矿物的质量分数大于 40%，最低限度不能低于 25%（李猛，2014）。相反，黏土矿物的质量分数一般要求小于 30%，而且黏土矿物中的膨胀性矿物（如蒙皂石）的含量越低越好。在页岩气开发中，压裂造缝较关键，牵涉到页岩气井的产能，而暗色泥岩中的脆性成分是保证泥岩能被顺利压裂的关键因素（杨一鸣等，2012）。脆性成分，尤其是 SiO_2 含量高，地层脆性大，在合适的地应力作用下易产生裂缝，为天然气聚集提供有效空间（杨一鸣等，2012）。

五、储层物性条件

储层物性条件主要包括有效孔隙度、渗透率和含水饱和度，它们对泥页岩储集性能具有直接影响。

（一）有效孔隙度

从不同的角度可以将泥页岩储层的孔隙度划分为不同的类型。泥页岩储层的孔隙空间按成因划分可以分为次生孔隙与原生孔隙，按照孔径的大小可以划分为大孔（＞50nm）、中孔（2～50nm）及微孔（＜2nm）（姜振学等，2016）。大孔及中孔是游离气存储的主要空间，而微孔因为孔隙直径小，基本被吸附相的甲烷分子所占满，所以对游离气来讲，微孔的意义不大。这里所说的有效孔隙度不同于砂岩储层，在泥页岩储层中，黏土束缚水所占据的空间也属于有效孔隙度。有效孔隙度是计算泥页岩储层游离气量的重要参数，是泥页岩储层中游离气的主要存储空间。

（二）含水饱和度

一般情况下，泥页岩中的水主要的形式就是束缚水，可动水的数量是非常少的，相对而言基本上可以忽略不计，束缚水存储于泥页岩储层部分孔隙空间中，如果有着越来越高的含水量，那么就会占据越来越多的孔隙空间，很少有孔隙空间可以供页岩气储集。因此，对于泥页岩储层而言，储层含水饱和度增加，意味着含气储集空间减少，从而降低游离气的含量。

含水饱和度在很大程度上影响着页岩气的含气量，其原因主要有两个方面：一方面是泥页岩层中含水量越高，则水占据的孔隙空间就越大，可以提供给游离气储集的空间变小；另一方面，由于水比气更易吸附于泥页岩表面，当岩石被水润湿以后，水占据泥页岩中矿物比表面，从而减少可供页岩气吸附的赋存场所，进而大大降低吸附态页岩气的存储空间（万金彬等，2015）。因此，含水量高的泥页岩不但使得含气量降低，还会降低气体的生产速度，导致生产出水的麻烦，所以页岩气有利区应是产水较少的区域（聂海宽，2010）。

六、地层温压

地层温度和压力对游离气量的影响主要体现在压缩系数上。随着温度的升高，甲烷分子的能量增大，直接导致相同质量的甲烷气体的体积变大，从而造成压力升高。压力的升高以及分子活性的增大，会导致甲烷分子更容易通过微孔隙、微裂隙逃逸。因此，温度的升高对游离气的保存是非常不利的。

随着压力的升高，相同质量的甲烷气体会存在一定的压缩，相同孔隙度下的储层会存储更多的甲烷游离气，但随着压力的升高，也会存在着游离气向吸附气转化的现象。这就表现为当压力增加到一定程度后，游离气量不再增加或者增加缓慢的现象。

此外，对吸附气而言，在相同的实验压力条件下，温度不同测量得到泥页岩对甲烷的吸附量也不同，泥页岩的吸附量随着温度的升高而降低。

七、沉积相及岩性分类

不同沉积环境下的泥页岩在沉积厚度、规模、岩石矿物组成、有机质类型和丰度等方面均存在巨大差异，而这些因素又对泥页岩的含气性具有重要影响。前人研究表明浅海陆棚相是海相页岩气的有利勘探区，而海陆过渡相的沼泽及其相邻地区，泥页岩最为发育，且多与煤层相邻，泥页岩累计厚度大，有机质丰度高，是页岩气富集的重要部位。

此外，泥页岩根据其 TOC 和黏土矿物组分的差异又可以将泥页岩分为富有机质黏土质泥页岩、富有机质硅质泥页岩，贫有机质黏土质泥页岩、贫有机质硅质泥页岩和非烃源岩五类，这种方法囊括了影响泥页岩含气性的两个重要因素：TOC 和黏土矿物。其中富有机质黏土质泥页岩，富含有机质和黏土矿物，理论上含气性最好（黄保家等，2013；吴靖等，2018）。

八、生排烃作用

这里说的生排烃作用有两个过程，第一个过程是有机质在热演化的过程中烃类从有机质中生成并排出到泥页岩储层中聚集的过程，形成原地成藏，后文称为生烃过程；第二过程是当原地成藏聚集到一定压力后，促使储层产生微裂隙等运移通道，烃类物质从泥页岩储层运移到附近的砂岩储层成藏或进一步运移至别处成藏，也就是常说的幕式排烃机理，后文称为排烃过程。超厚泥页岩储层中部一般具有极低的排烃率。若泥页岩排烃能力强，游离气被大量排出泥页岩层段，游离气饱和度降低，会导致吸附气进一步解吸；吸附气的解吸会导致在原本温压状态下的有机质进一步生烃转化，从而达到游离气、吸附气与有机质三者之间的化学平衡。研究区域的太原—山西组储层属于海陆过渡相储层，砂泥互层以及煤泥互层的现象严重。较薄的单储层厚度可能并不利于页岩气的原地成藏。因此，如果单按泥页岩储层理论含气量模型来评价储层的含气性，会出现较大偏差。

第二节　泥页岩含气量预测常用方法

目前，泥页岩含气量的确定缺乏专门的行业标准，主要参照煤层气行业的技术方法。直接法即解吸法，是指通过测定现场钻井岩心或有代表性岩屑的解吸行为获取实际含气量。间接法则是通过等温吸附实验模拟以及测井解释等方法分别获取吸附气和游离气的含量（魏强等，2015；李玉喜等，2011）。

一、解吸法

解吸法是测量泥页岩含气量最直接的方法，它能够在模拟地层实际环境的条件下反映泥页岩的含气性特征，因此被用来作为页岩气含量测量的基本方法（魏强等，2015）。岩心解吸方式包括快速解吸和慢速解吸两种方法。快速解吸的时间短，一般在 8～24 小时之间，总解吸气量包括损失气、解吸气和残留气三部分；慢速解吸的时间长达 45 天以上，总解吸气量包括损失气量和解吸气量两部分（李玉喜等，2011）。损失气为岩心地层钻开后到装罐前散失的气量，损失气的起算时间为岩心提至钻井液压力等于泥页岩层流体压力的时间，或采用提钻到井深一半的时间；解吸气包括岩心装罐解吸获得的天然气和为获取残留气在碎样过程中释放的天然气两部分；残留气为样品粉碎到一定目数后解吸获得的天然气量（魏强等，2015）。解吸气量和残留气量都可以通过直接测定得到，而损失气却是根据初始解吸数据，利用最小二乘法直线回归推算或者图解法求取。在钻井取心过程中，天然气散失不可避免，取心方式、测定方法、逸散时间以及估算方法都影响到损失气量的大小，仔细测量吸附气体和选择合适的数学预测对于准确估算损失气体至关重要（唐颖等，2011）。

二、等温吸附实验法

等温吸附实验法是通过泥页岩实验样品的等温实验来模拟样品的吸附过程，将结果与 Langmuir 方程 $V=V_L*P/(P+P_L)$ 拟合，利用泥页岩储层温度和压力，结合等温吸附曲线计算出泥页岩的吸附气量，再根据含气饱和度和有效孔隙度计算游离气量，溶解气一般忽略不计，总含气量就是吸附气和游离气之和，是间接测试含气量的方法（唐颖等，2011）。等温吸附曲线是确定其临界吸附 / 解吸压力的重要途径，它是指在固定的温度条件下，以逐步加压的方式使已经脱气的干燥泥页岩样品重新吸附甲烷，据此建立的压力和吸附气量的关系曲线反映了泥页岩对甲烷气体的吸附能力。但等温吸附线得到的气体含量反映泥页岩储层所具有的最大容量，一般用来评价泥页岩的吸附能力，确定泥页岩含气饱和度的等级，并在缺少现场解吸数据时定性地比较不同泥页岩含气量的大小。对于实际含气量及含气饱和度的计算，特别是泥页岩中存在的游离气无法进行有效的判断，存在较大误差，在求取泥页岩含气量大小时一般不用（唐颖等，2011）。

三、测井解释法

测井解释法是利用测井资料通过计算分别求出总含气量中游离气和吸附气各自含量，综合分析测井资料确定出富含有机质的泥页岩含气量的方法（卜兆君等，2005；张金川等，2008）。常规测井评价泥页岩含气含量的主要方法：利用测录井资料划分富含有机质的页岩气异常显示层段，即找出“甜点”层段；再利用基于岩心资料建立的储层孔隙度、含气饱和度等关键参数模型确定游离气含量；利用岩性密度、声波、电阻率等测井资料，建立基于岩心分析形成的 TOC 计算模型，再通过岩心 TOC 与解吸气含量关系模型确定页岩气储层吸附气含量，或是依据地层压力等参数通过朗格缪尔方程计算饱和吸附气含量；泥页岩储层总含气量为游离气与吸附气含量之和，建立连续页岩气储层含气量剖面（薛冰等，2018）。

第三节　基于测井解释法的含气量预测

在上述的三种泥页岩含气量预测的常用方法中，解析法在钻井取心过程中，天然气散失不可避免，取心方式、测定方法、逸散时间以及估算方法都影响到损失气量的大小。等温吸附实验法受实验条件所限，需通过数学模型拟合计算含气量数值，对于实际含气量及含气饱和度的计算，特别是泥页岩中存在的游离气无法进行有效的判断，存在较大误差（Guo，2013）。

相比于现场解析法和等温吸附法，测井解释法克服了解析法的天然气散失和实验值能反映的单点数据十分有限的弊端。因此本次以鄂尔多斯盆地中东部太原—山西组海陆过度相泥页岩为例，将测井解释与实验数据拟合反演，通过温度压力、储集空间、生排烃、岩性及岩性组合、矿物组分等分析，采用新的解释技术和方法，进一步明确鄂尔多斯盆地太原—山西组游离气、吸附气影响因素。在此基础上建立盆地中东部太原—山西组泥页岩的吸附气、游离气的计算模型。

一、泥页岩测井响应特征与分类

（一）太原—山西组泥页岩测井响应特征

通过测井进行泥页岩含气性评价，首先要在测井段中对泥页岩进行识别，由于泥页岩即可作为源岩，又可以作为储层，部分泥页岩的有机质含量非常高，其测井响应与其他岩石有很大不同，基于这一特点就可以有效地识别泥页岩，同时也可以实现对泥页岩储层的有效评价。

泥页岩地层所表现出的测井特征详细如下：在双侧向电阻率曲线中，根据显示结果可知泥页岩层具体为中、低值，而在双侧向电阻率方面，根据统计结果可知泥页岩层具体为负差异，如果泥页岩层有着越来越高的粉砂质、灰质含量，在这种背景下就对应着越来越大的电阻率，并没有表现出显著的负差异，亦或是表现出一定的正差异；在井径曲线方面，根据统计结果可知泥页岩层具体为扩径；在自然伽马曲线方面，根据显示结果可知泥页岩层具体为高值；在三孔隙度曲线方面，根据显示结果可知泥页岩层具体为高值；光电截面指数值显示为低值。表 5–2 为该区主要岩层测井响应平均值表，图 5–1 为相应测井响应特征。

表 5–2 研究区主要岩层测井响应平均值表

序号	岩性	CAL（cm）	SP（mV）	GR（API）	PE（b/e）	AC（μs/m）	CNL（%）	DEN（g/cm^3）	RLLS（Ω·m）	RLLD（Ω·m）
1	泥岩	26.84	56.61	93.13	3.02	242.09	26.35	2.47	48.03	52.61
2	碳质泥岩	26.78	59.32	95.17	2.84	252.21	29.89	2.35	39.25	40.75
3	煤	27.44	56.01	69.74	2.63	294.02	34.36	2.04	49.72	56.66
4	细砂岩	25.44	52.99	79.18	2.92	218.78	16.71	2.62	45.63	54.82
5	石灰岩	23.18	30.18	22.58	4.12	190.69	4.81	2.61	1633.86	3527.36

泥页岩的自然伽马根据统计分析结果可知具体为正异常，砂岩有着相对较低的自然伽马值，粉砂岩有着相对较高的灰分，自然伽马测井根据统计分析结果可知响应高值，比砂岩高，不过并不高于泥页岩；泥页岩双侧向电阻率根据统计分析结果可知具体为负异常，砂岩双侧向电阻率根据统计分析结果可知具体为正异常，粉砂岩双侧向电阻率根据统计分析结果可知处于两者间；泥页岩的自然电位根据统计分析结果可知具体为正异常，砂岩根据统计分析结果可知具体为低值，粉砂岩根据统计分析结果可知处于两者中间；泥页岩井径根据统计分析结果可知有着很明显的扩径现象，局部井段有显著的扩径；泥页岩的声波时差测井响应存在着相对弱的正异常（图 5–1）。

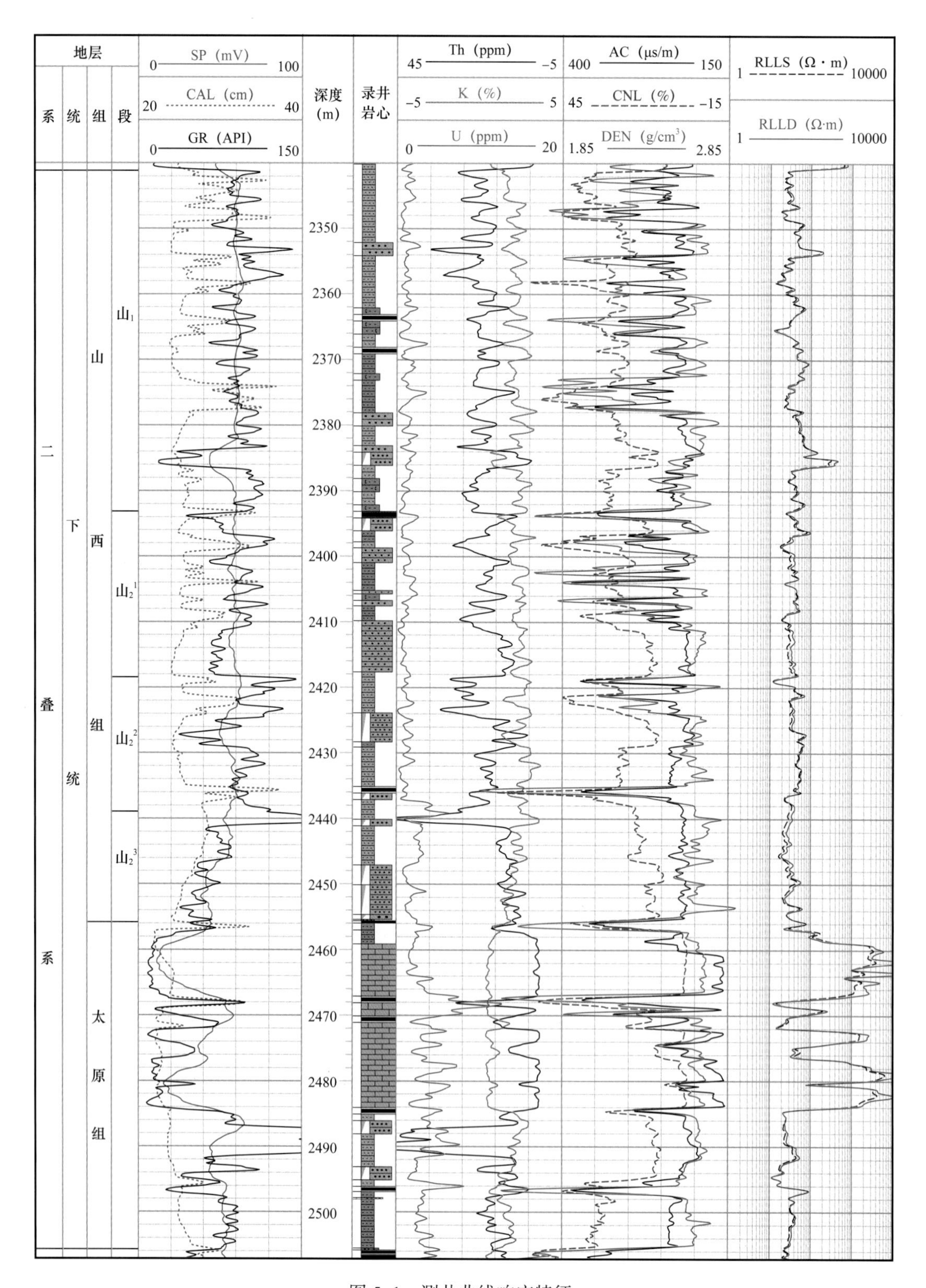

图 5-1　测井曲线响应特征

从图 5-2 可以看出，细砂岩的侧向电阻率测井响应呈较好的正态分布，其次是泥页岩，煤的侧向电阻率测井响应分布较为分散。

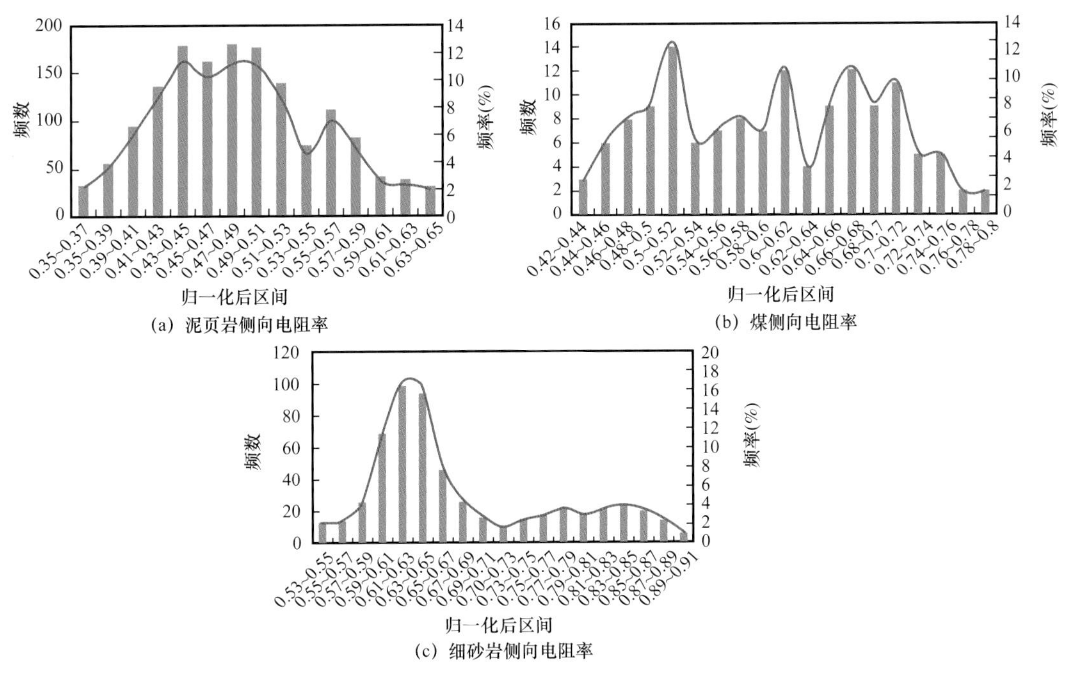

图 5-2　山西组泥页岩、煤、细砂岩侧向电阻率测井响应分布直方图

从图 5-3 可以看出，细砂岩、泥页岩的声波测井响应呈较好的正态分布，煤的声波测井响应分布较为分散。

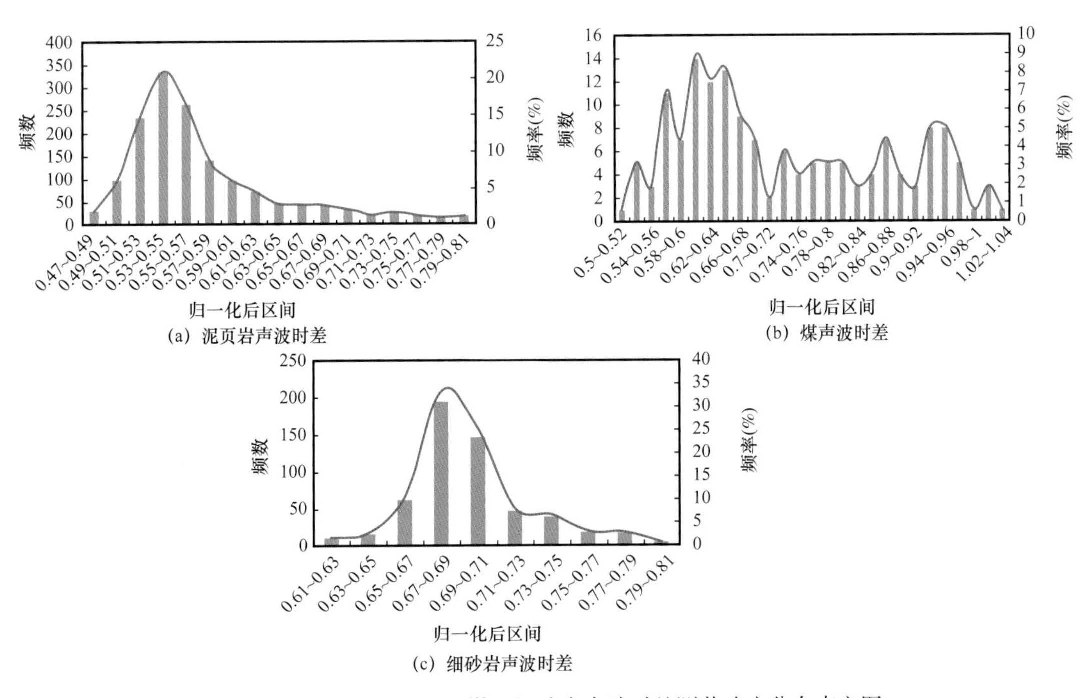

图 5-3　山西组泥页岩、煤、细砂岩声波时差测井响应分布直方图

从图 5-4 可以看出，泥页岩、煤、细砂岩自然电位测井响应分布均较为分散。

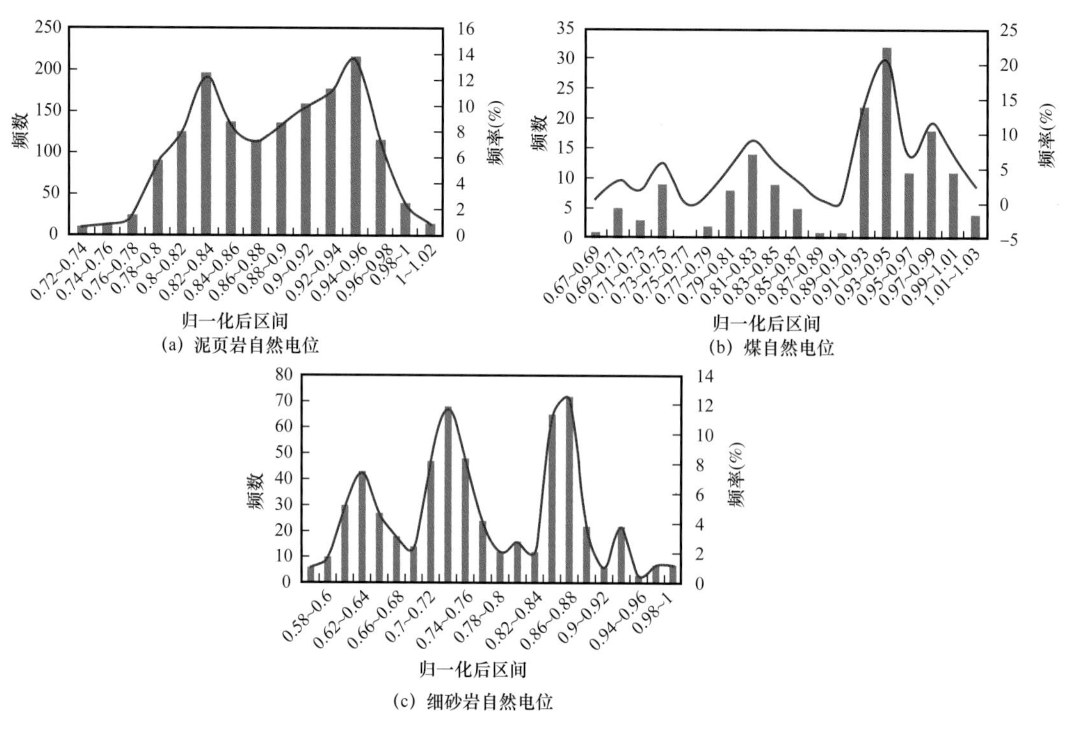

图 5-4 山西组泥页岩、煤、细砂岩自然电位测井响应分布直方图

从图 5-5 可以看出，泥页岩、煤、细砂岩自然伽马测井响应分布均较为分散。

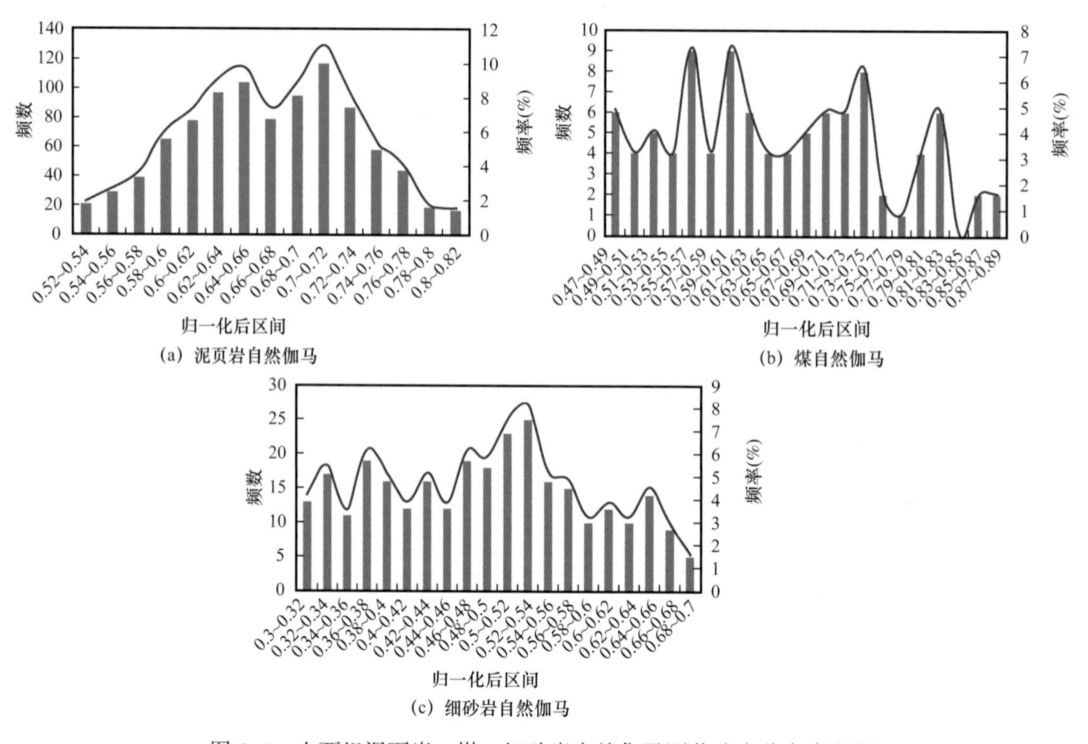

图 5-5 山西组泥页岩、煤、细砂岩自然伽马测井响应分布直方图

从图 5-6 细砂岩的侧向电阻率测井响应符合正态分布，泥页岩则更为集中，煤、细砂岩的侧向电阻率测井响应较分散。

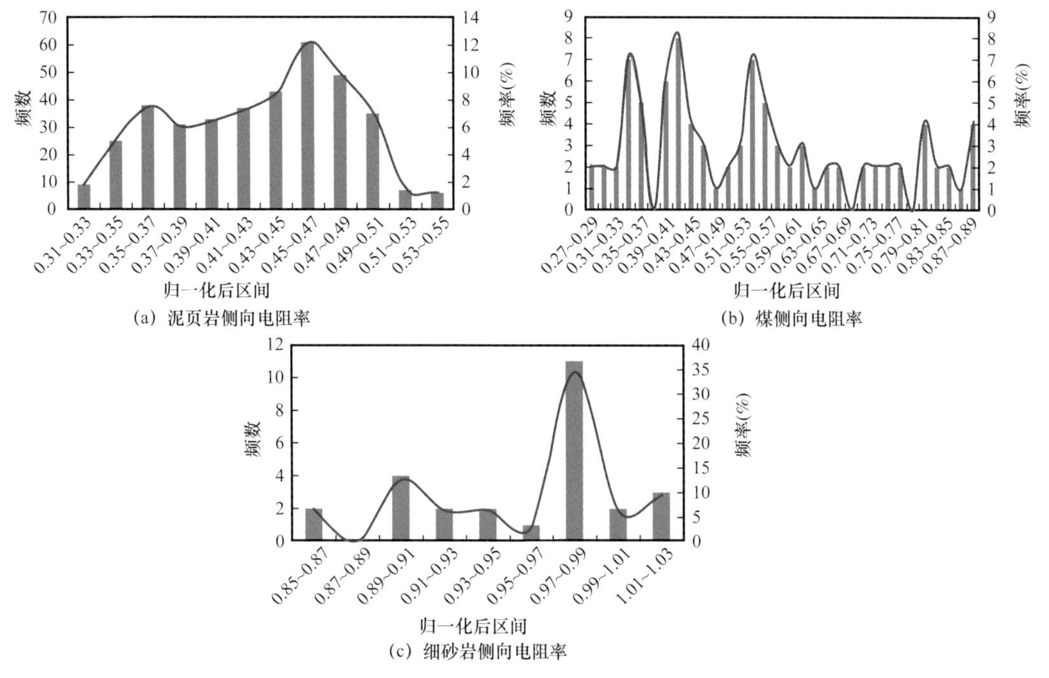

(a) 泥页岩侧向电阻率　(b) 煤侧向电阻率　(c) 细砂岩侧向电阻率

图 5-6　太原组泥页岩、煤、细砂岩侧向电阻率测井响应分布直方图

从图 5-7 可以看出，细砂岩的声波时差测井响应呈较好的正态分布，泥页岩、煤的声波时差测井响应分布比较相似，均比较分散。

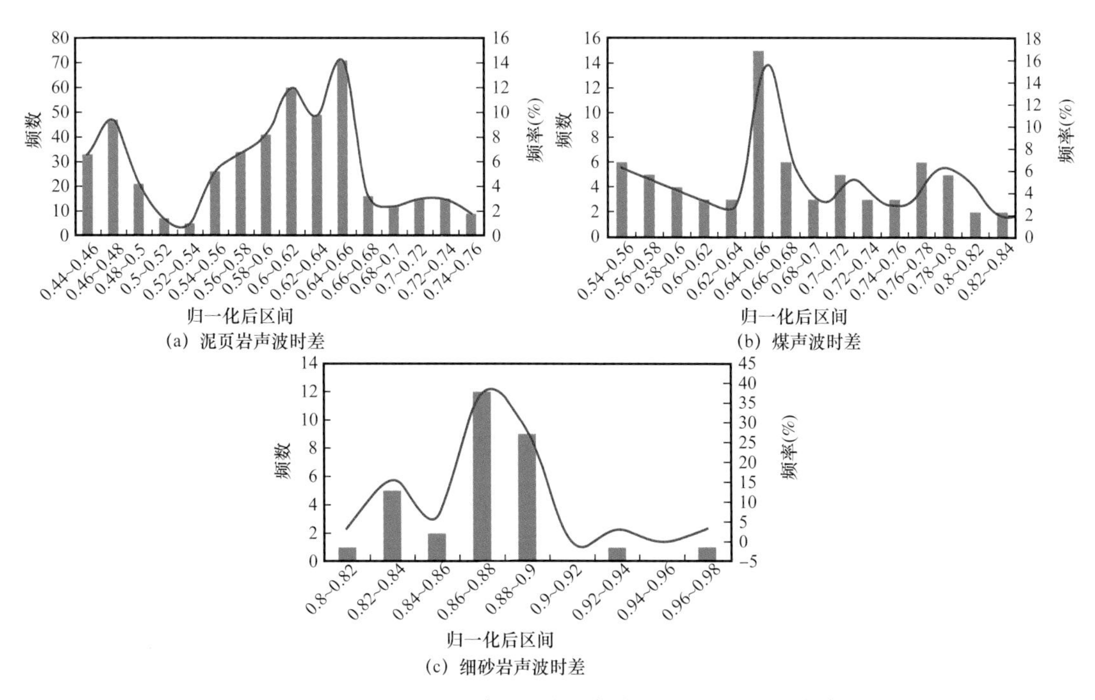

(a) 泥页岩声波时差　(b) 煤声波时差　(c) 细砂岩声波时差

图 5-7　太原组泥页岩、煤、细砂岩声波时差测井响应分布直方图

从图 5-8 可以看出，泥页岩、煤的自然电位测井响应分布集中度更高一些，细砂岩的自然电位测井响应分布较分散。

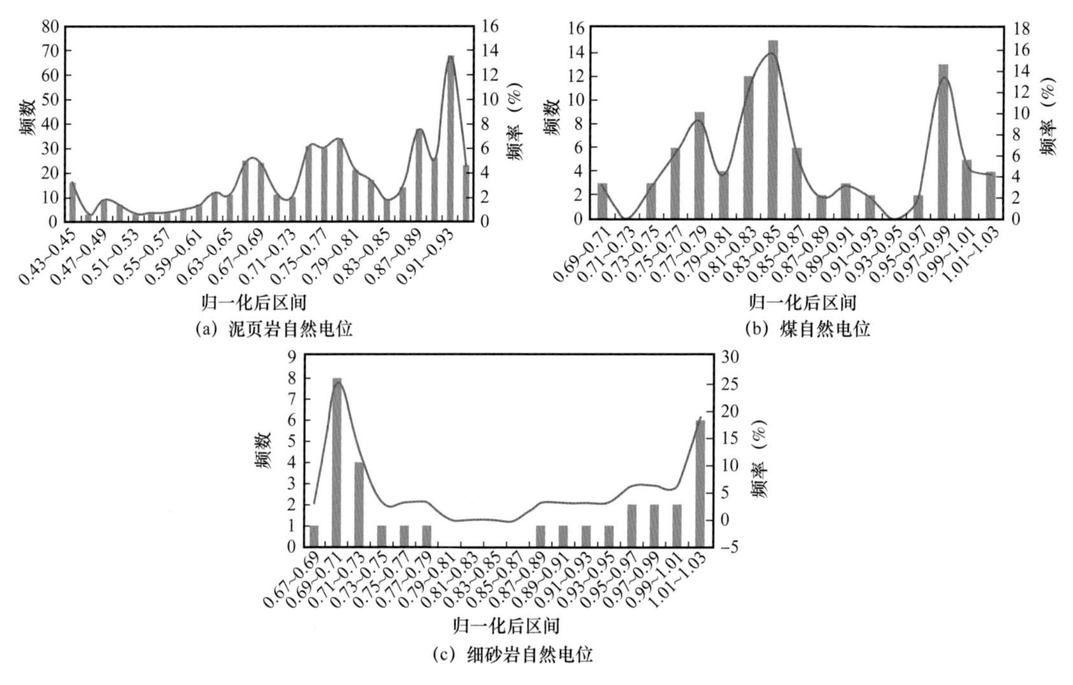

图 5-8　太原组泥页岩、煤、细砂岩自然电位测井响应分布直方图

从图 5-9 可以看出，泥页岩、煤的自然伽马测井响应分布比较相似，均比较分散，石灰岩的自然伽马测井响应分布相对比较集中。

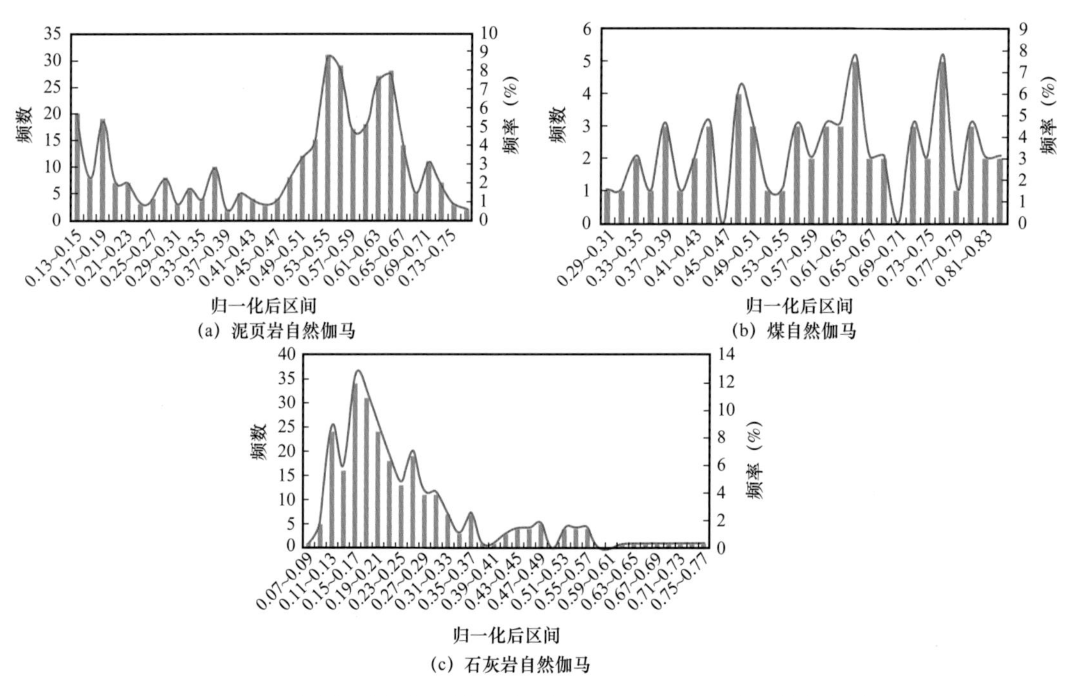

图 5-9　太原组泥页岩、煤、石灰岩自然伽马测井响应分布直方图

（二）岩性分类

本次采用TOC、黏土矿物含量作为泥页岩分类的标准。TOC是本次岩相分类最重要的标准，前人对TOC的界限标准做了不同的研究。如表5-3中所示，程克明（1994）等人提出对于煤系泥页岩储层应达到TOC大于75%，否则可以定义为不具备生烃能力的非烃源岩泥岩，而差烃源岩与中等—好烃源岩的分界指标在TOC=1.5%；陈建平（1997）等人同样认为煤系有效泥页岩储层的TOC大于0.75%，并且也将TOC=1.5%定义为差烃源岩与中等—好烃源岩的分界指标（表5-4）；黄第藩（1996）等人将有效泥页岩储层的下限定位0.6%，并且也将TOC=1.5%定义为差烃源岩与中等—好烃源岩的分界指标（表5-5）。因此，综合前人研究，普遍认为TOC低于0.6%的烃源岩为无效的泥页岩储层，并且建议TOC=1.5%为差烃源岩与中等—好烃源岩的分类标准。

表5-3　程克明关于煤系泥岩TOC及生烃潜力评价标准

<table>
<tr><th>级别</th><th>有机碳（%）</th><th>S_1+S_2（mg/g）</th><th>氯仿沥青“A”（%）</th></tr>
<tr><td>非</td><td>＜0.75</td><td>＜0.5</td><td>＜0.15</td></tr>
<tr><td>差</td><td>0.75～1.5</td><td>0.5～2.0</td><td>0.15～0.3</td></tr>
<tr><td>中</td><td>1.5～3.0</td><td>2.0～6.0</td><td>0.3～0.6</td></tr>
<tr><td>好</td><td rowspan="2">＞3.0</td><td>6.0～20.0</td><td>0.6～1.2</td></tr>
<tr><td>很好</td><td>＞20.0</td><td>＞1.2</td></tr>
</table>

表5-4　陈建平关于煤系泥岩TOC及生烃潜力评价标准

评价指标	生烃级别				
	非	差	中	好	很好
TOC（%）	＜0.75	0.75～1.50	1.50～3.00	3.00～6.00	3.00～6.00
S_1+S_2（mg/g）	＜0.50	0.50～2.00	2.00～6.00	6.00～20.00	＞20.00
氯仿沥青“A”（%）	＜0.15	0.15～0.30	0.30～0.60	0.60～1.20	＞1.20
总烃（‰）	＜0.05	0.05～0.12	0.12～0.30	0.30～0.70	＞0.70

表5-5　黄第潘关于煤系泥岩TOC及生烃潜力的评价标准

评价指标	生烃级别				
	非	差	中	好	很好
TOC（%）	＜0.6	0.6～1.5	1.50～3.0	3.0～9.0	9.0～40
S_1+S_2（mg/g）	＜0.5	0.5～2.0	2.0～6.0	6.0～20	20～200
氯仿沥青“A”（%）	＜0.15	0.15～0.4	0.4～0.8	0.8～2.8	2.8～20
总烃（‰）	＜0.06	0.06～0.16	0.16～0.35	0.35～0.80	0.80～5.00

结合本次实验的统计，为了达到最好的分类效果，对前人的分类标准做了微调。通过统计直方图（图 5-10）可以看出 TOC 以 1.5% 作为分类的界限较好，TOC 含量大于 1.5% 的样品占总样品的百分比为 33.33%，同时确定 TOC 低于 0.5% 的作为非烃源岩，也就是无效的没有生烃能力的泥页岩储层；而黏土矿物以 55% 作为分类的分界线，黏土矿物成分大于 55% 的样品占总样品数 42.86%。做出如下分类方案如图 5-11 所示。综上所述，利用决策树分类法（图 5-12）可以把泥页岩储层分为五类：（1）富有机质黏土质页岩；（2）富有机质硅质页岩；（3）贫有机质黏土质页岩；（4）贫有机质硅质页岩；（5）非烃源岩。

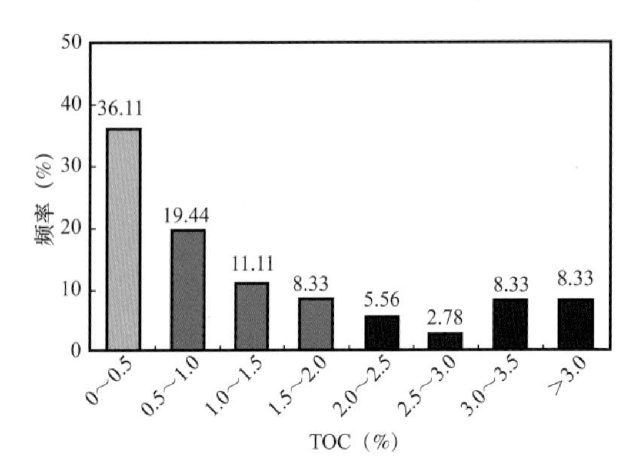

图 5-10　太原组储层 TOC 数据统计直方图　　图 5-11　山西组储层黏土矿物组分数据统计直方图

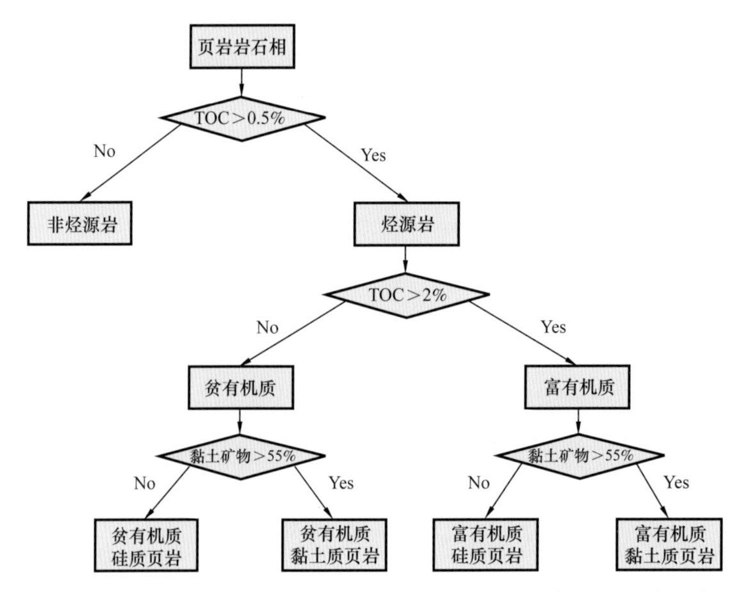

图 5-12　本次研究根据 TOC—黏土矿物组分的决策树岩相分类方案

图 5-13 为 Y88 井决策树分类模型下的岩相分类。从分类的结果来看，泥页岩储层段被较好地分为富含有机质黏土质泥页岩、富含有机质硅质泥页岩、贫有机质黏土质泥页岩、贫有机质硅质泥页岩、没有生烃能力的无效泥页岩这五种岩性。除去太原组底部还有较长连续的富含有机质黏土质泥页岩外，其余层段均为另外四种岩性的频繁互层。

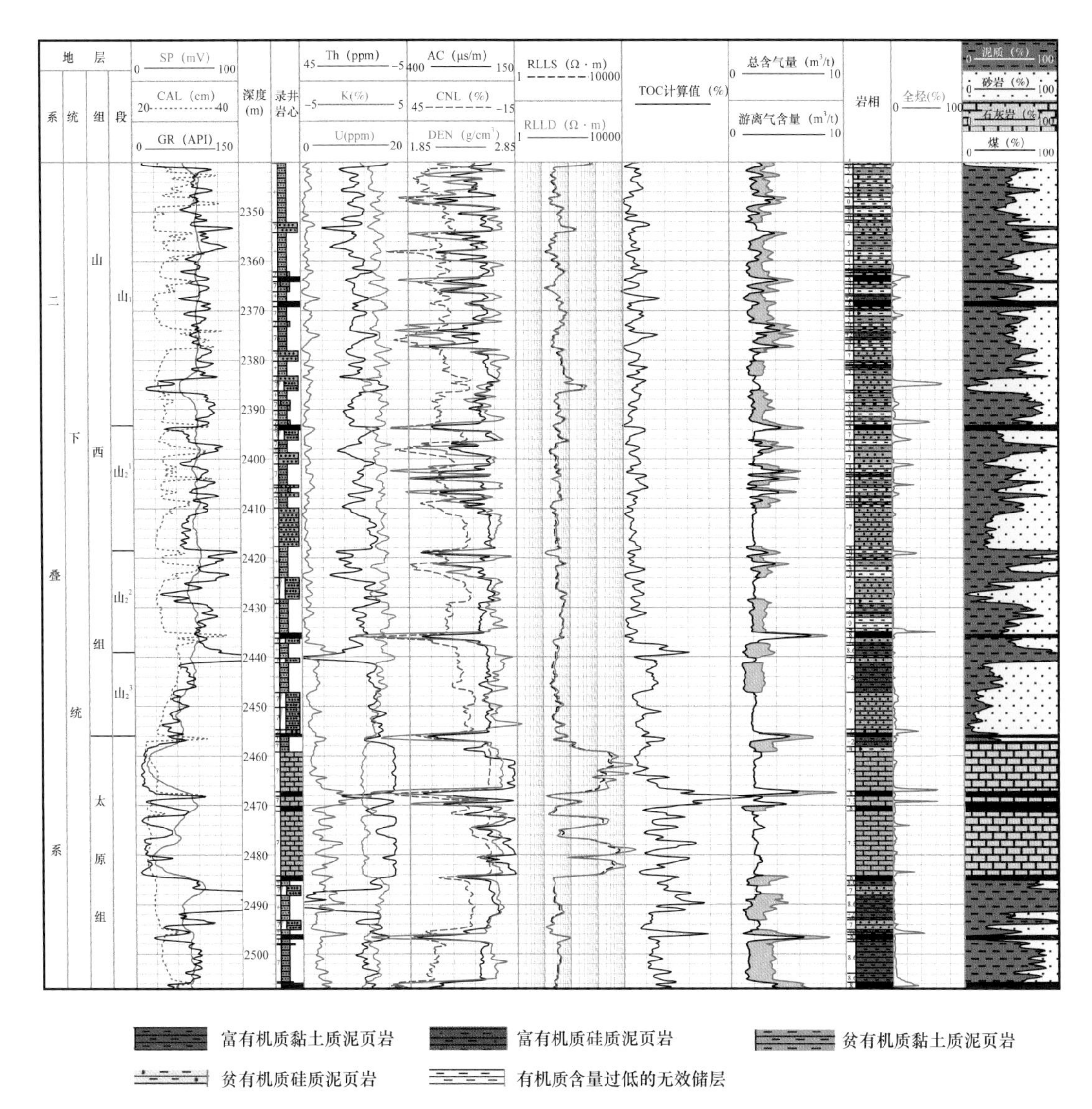

图 5-13 Y88 井决策树分类模型下的岩相

二、参数计算

(一)矿物组分

海陆过渡相泥页岩的矿物组成主要包括黏土矿物和脆性矿物两大类，其中黏土矿物对其含气性具有重要影响，其余的矿物组分对含气量贡献不大，因此含气性模型建立需要将其考虑纳入。黏土矿物主要由高岭石、蒙皂石、绿泥石、伊利石、伊/蒙混层等组成，不同的黏土矿物组分对含气性贡献不同。因此准确求解黏土矿物组分对后面含气量的计算就是十分重要的。黏土矿物具有相当的放射性，这是有别于其他矿物组分非常突出的一点。因此可通过放射性测井对其进行识别划分（表 5-6）。

表 5-6　部分黏土矿物测井特征值

参数	高岭石	绿泥石	伊利石	蒙皂石
铀含量（10^{-6}）	4.4～7.7	17.4～36	8.7～12.4	4.3～7.7
钍含量（10^{-6}）	6.1～19	0～8	10.1～25	14～24
钾含量（10^{-6}）	0～0.5	0～0.3	3.51～8.31	0～1.5
Th/K	11.1～30	11.1～30	1.7～3.5	3.7～8.7
GR（API）	90～130	180～250	250～300	150～200
平均体积密度（g/cm^3）	2.64	2.77	2.53	2.2
光电吸收截面指数（b/e）	1.83	6.3	3.45	2.04
声波时差（μs/m）	217.39	179.86	172.41	364.96
阳离子交换量（10^{-3}mol/100g）	3.1～15.1	10～46	10～40	80～150

以常规的能谱测井为主的建模计算方法的适用性和准确性都不能满足计算的需求，无法提供定量的黏土矿物组分计算，所以本次采用目前计算矿物组分中最优化模型算法，用常规测井曲线反演了 Y88 井、Y94 井的砂岩—黏土（伊利石、高岭石、伊 / 蒙混层）矿物组分；用地层元素测井曲线反演了 Y106 井的砂岩—黏土（伊利石、高岭石、伊 / 蒙混层）矿物组分。

1. 最优化模型算法

不同于传统的测井解释模型直接利用若干条测井曲线和通过岩石物理实验得出的响应方程来计算储层的孔渗饱等各项参数，最优化模型能最大化综合利用各种测井信息和相关地质信息，根据数学里面最优化算法与相关反演质量控制技术，来求解非均质性强、岩性复杂的储层参数，从而来应对相对复杂的油气藏评价问题。

结合本次研究需要反演的矿物组分剖面，利用最优化算法的解释逻辑如下：

首先选择能够真实反映且与地层矿物组分尤其是黏土矿物组分剖面具有较强相关性的测井值 a_i。其次是求取理论上的测井响应值 $a=f_i(x,\ z)$，其中 x 为矿物组分的相对体积，z 为区域性解释参数。最后将 a 与 a_i 做比较，利用最小二乘法的误差理论，结合前期相关的研究区域的储层经验来不断调整储层参数 x，使得两个值 a 与 a_i 不断逼近。当两者充分逼近时，我们就认为计算各理论测井值 a_i 所采用的自变量 x 就是最充分反映实际储层矿物组分剖面以及流体信息的参数，即为最优化测井解释结果（朱思宇等，2014）（图 5-14）。

最优化解释的数学模型：

如前所述，测井响应方程都可以抽象的表达为

$$\hat{a}_i = f(x,z),(i=1,2,\cdots,m)$$

其中，z 为一组区域解释变量，依据区域和层位的不同而变化。

这其中要充分考虑测井中的误差，并将其作为目标函数中测井值对应的权值，那些误差小并且相对优质的测井资料数据应该拥有相对较大的权值。

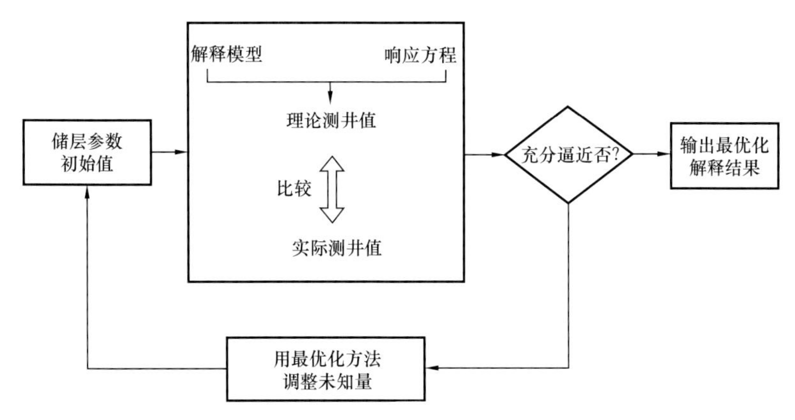

图 5–14　最优化测井解释的基本原理

误差的存在是多方面的，无论是在测井仪器的制造环节还是在数据的采集环节。即便是对测井值做了某些环境校正，但这些校正都只是近似的，环境影响的因素具有很大的随机性，因此从理论上来讲，误差是不可能被消除的。我们因此可以将第 k 种影响因素对第 i 种测井响应 a 造成的测量误差表示为

$$\sigma_i^2 = \sum_{k=1}^{i} \sigma_{ik}^2, (i = 1, 2, \cdots, m) \tag{5–2}$$

当我们用的响应方程来自简化后的数学物理模型，比如前文中的石英—黏土矿物（伊利石、伊 / 蒙混层、高岭石）—含气孔隙度，这些模型本来就不是真实的储层模型，因此我们在解释时选择的参数会存在一定的误差。这种误差是不可避免的。这种误差可以表达为

$$\tau_i^2 = \left[\left(\frac{\partial f_i}{\partial z_1}\right)\delta z_1\right]^2 + \left[\left(\frac{\partial f_i}{\partial z_2}\right)\delta z_2\right]^2 + \cdots \tag{5–3}$$

其中：z_1，z_2 为第 i 个测井曲线的响应方程 f_i（x，z）中相应的解释参数，根据地区及对应的层位不同而不同；δz_1，δz_2 为解释参数误差。

在计算最优解的过程中，需要不断的使得计算的理论测井值 a_i=f_i（x，z）与实际地层的测井值 a_i 逼近，需要尽可能地选用彼此相关性较小的测井值。这里采用非线性加权最小二乘法原理来构建测井解释的目标函数 F（x，a）：

$$\min F(x, a) = \min \sum_{i=1}^{m} \frac{\left[a_i - f_i(x, z)\right]^2}{\sigma_i^2 + \tau_i^2} \tag{5–4}$$

必须对未知量 x 进行一定的约束才能得到合理的储层解释结果，约束条件可以表达为

$$\begin{aligned} g_j(x) &\geqslant 0, (j = 1, 2, \cdots, p) \\ h_k(x) &= 0, (k = 1, 2, \cdots, q) \end{aligned} \tag{5–5}$$

当在有约束条件的存在，通过引入外部惩罚函数，则模型如下：

$$\min F(x,a)=\min\sum_{i=1}^{m}\frac{\left[a_i-f_i(x,z)\right]^2}{\sigma_i^2+\tau_i^2}+\sum_{j=1}^{P}\frac{g_j^2(x)}{\tau_j^2} \tag{5-6}$$

其中，$g_j(x)$ 是第 j 个约束及其约束误差，j=1，2，3，....，P；$\sum_{j=1}^{P}\frac{g_j^2(x)}{\tau_j^2}$ 为惩罚项；$\frac{1}{\tau_j^2}$ 为惩罚因子。

2. 黏土矿物成分计算

由于 Y88 井与 Y94 井只有常规测井曲线，而 Y106 井有地层元素测井资料，因此利用常规曲线来参与前两者的最优化算法的建模；利用元素测井方法通过最优化算法反演 Y106 井的岩石矿物组分。

1）常规测井曲线矿物组分计算

常规测井曲线矿物组分反演是利用石英、黏土矿物（伊利石、伊 / 蒙混层、高岭石）、充满气体的孔隙这几种组分建立岩石物理模型。参与反演测井曲线为能谱测井（U、Th、K）、自然伽马、声波测井、深电阻率、光电俘获截面、中子、密度测井。在反演过程中，由于部分研究层段的井况并不是很好，因此，密度测井值在反演的过程中给予的权值较低。由于求取的矿物骨架中，需要区分出伊利石、蒙皂石、高岭石等较细的黏土矿物组分，而黏土矿物对放射性测井较为敏感。因此在反演过程中给予放射性测井的权值较高。参与反演的常规测井曲线的特征值见表 5–7。

表 5–7　矿物组分常规测井及元素测井响应特征表

矿物名称	伊利石	高岭石	蒙皂石	绿泥石	泥页岩	石英	钾长石	方解石	白云石	煤	砂	天然气
GR（API）	150	98	97	74	150	30	170	11	8	10	10	1
纵波慢度（μs/ft）	90	80	120	80	100	55.5	60	47.5	43.5	120	56	265
密度（g/cm^3）	2.79	2.63	2.78	3.01	2.45	2.65	2.57	2.71	2.87	1.5	2.63	0—1
中子孔隙度（%）	0.3	0.37	0.6	0.52	0.4	−0.03	0.02	0	0.03	0.6	−0.03	0.2
PE（b/e）	4.01	2.05	2.89	8.06	4	1.9	3.38	5.22	3.36	0.2	2.5	0.1
U（ppm）	4.6085	3.1269	5.6328	3.4705	9	0.1	0.4	1.4	0.9	0	0	0
Th（ppm）	11.809	18.859	20.627	10.99	15	0	1.1	0	0.1	0	3	0

续表

矿物名称	伊利石	高岭石	蒙皂石	绿泥石	泥页岩	石英	钾长石	方解石	白云石	煤	砂	天然气
K 能谱（%）	4.32	0.1	0.48	0.37	5	0	10.2	0	0	0	0.5	0
Si（w/w）	0.248	0.208	0.264	0.14	0	0.468	0.3	0.002	0.006	0	0	0
Ca（w/w）	0.005	0.001	0.014	0.007	0	0	0.001	0.394	0.216	0	0	0
AL（w/w）	0.105	0.204	0.091	0.096	0	0	0.099	0.001	0.001	0	0	0
Mg（w/w）	0.012	0.0012	0.022	0.048	0	0	0.001	0.002	0.123	0	0	0
Fe（w/w）	0.048	0.004	0.02	0.208	0	0	0.001	0.001	0.001	0	0	0
Gd（w/w）	3.7×10^{-6}	4.3×10^{-6}	7.8×10^{-6}	4.8×10^{-6}	0	0	3×10^{-7}	5×10^{-7}	1.3×10^{-6}	0	0	0
Ti（w/w）	0.005	0.011	0.001	0.013	0	0	0	0	0	0	0	0
S（w/w）	0	0	0	0	0	0	0	0	0.001	0	0	0
K（w/w）	0.045	0.001	0.00658	0.004	0	0	0.102	0	0	0	0	0
Mn（w/w）	0	0	0	0	0	0	0	0	0	0	0	0

根据 Y88 井矿物组分反演过程重构曲线与实际测井响应的交会图来看，太原组重构曲线与原曲线都具有较好的相关性。只是 DEN 曲线出现了较为明显的异常点，这部分点可能是由于井眼垮塌引起。在山西组储层中重构曲线与原始曲线中 DEN 曲线与 PE 测井值出现了较多的异常点。从图 5-15、图 5-17 来看，重构曲线与原曲线也有较好的对应关系。因此整体来说，从曲线重构的角度，矿物组分反演的质量真实可靠。

从 Y88 井反演的矿物成分剖面与矿物组分的实验值对比结果来看，在太原组与山西组，砂岩、黏土矿物中的伊利石、高岭石、伊 / 蒙混层与实验值均具有良好的对应关系。如图 5-16、5-18 所示。因此，无论从反演矿物组分的曲线重构还是从反演矿物组分与实验值的对比，均表明反演的矿物组分能反映地层中真实的矿物分组含量情况。

用同样的方法对 Y94 井进行矿物组分的反演。根据 Y94 井矿物组分反演过程重构曲线与实际测井响应的交会图来看，太原组除了 DEN 曲线外，重构曲线与原曲线都具有较好的相关性。但是 GR 曲线出现了双重线性关系，具体原因有待分析。在山西组储层中重构曲线与原始曲线中 DEN 测井值出现了较多的异常点。从图 5-19、图 5-21 来看，重构曲线与原曲线也有较好的对应关系。因此整体来说，从曲线重构的角度，矿物组分反演的质量真实可靠（图 5-20、图 5-22）。

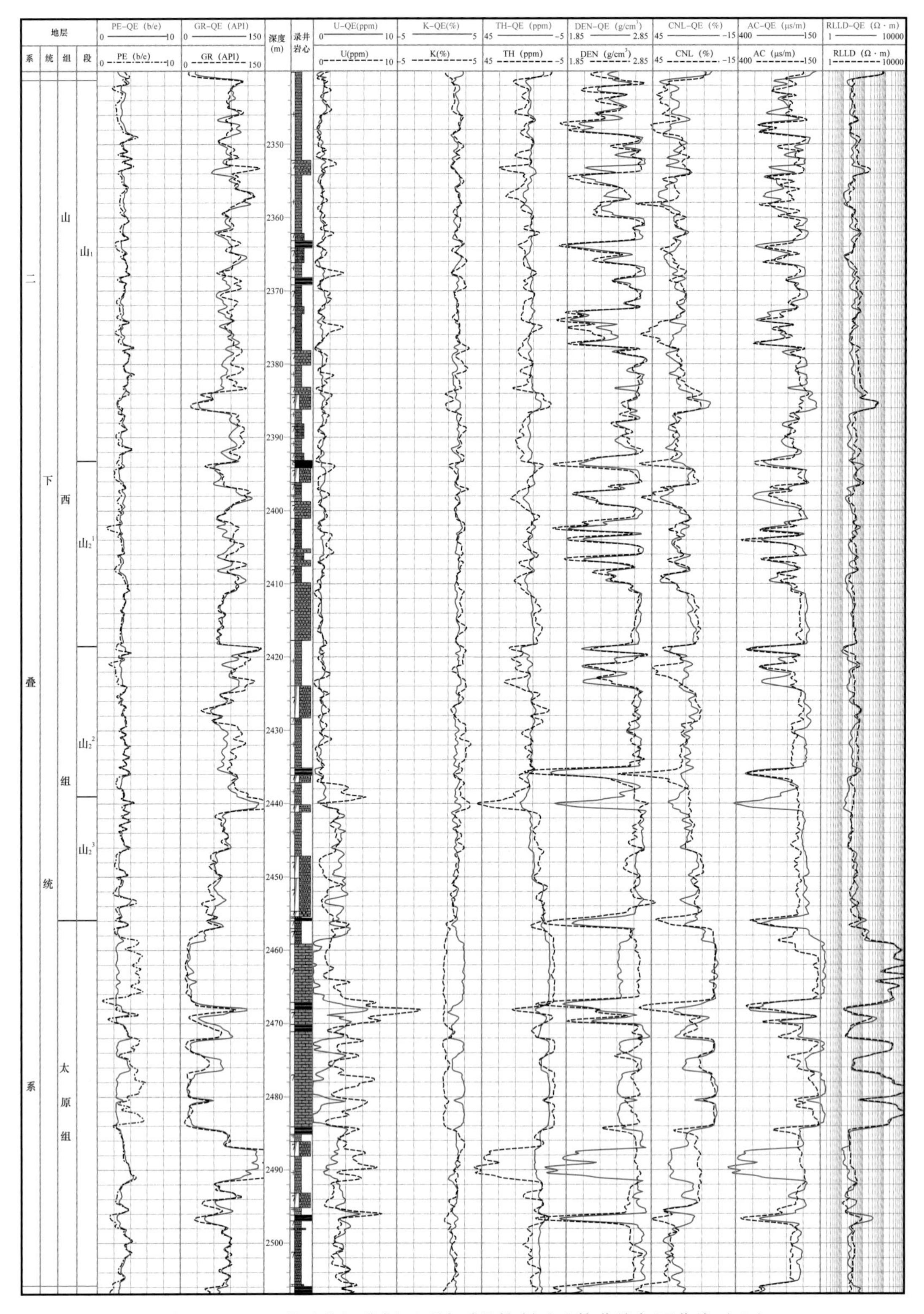

图 5-15　Y88 井矿物组分剖面反演质量控制（重构曲线与原曲线对比）

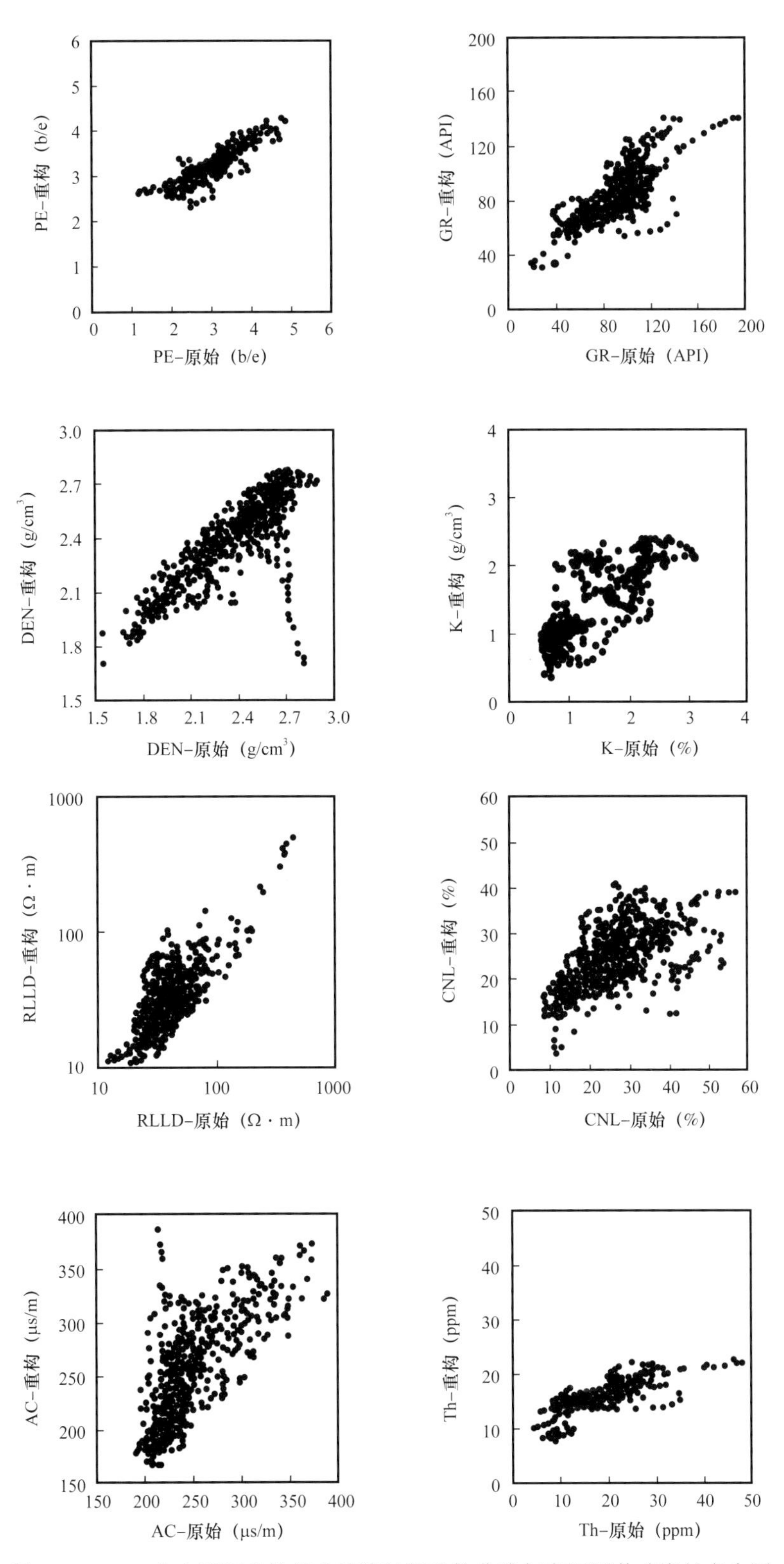

图 5-16　Y88 井太原组矿物组分反演过程重构曲线与实际测井响应的交会图

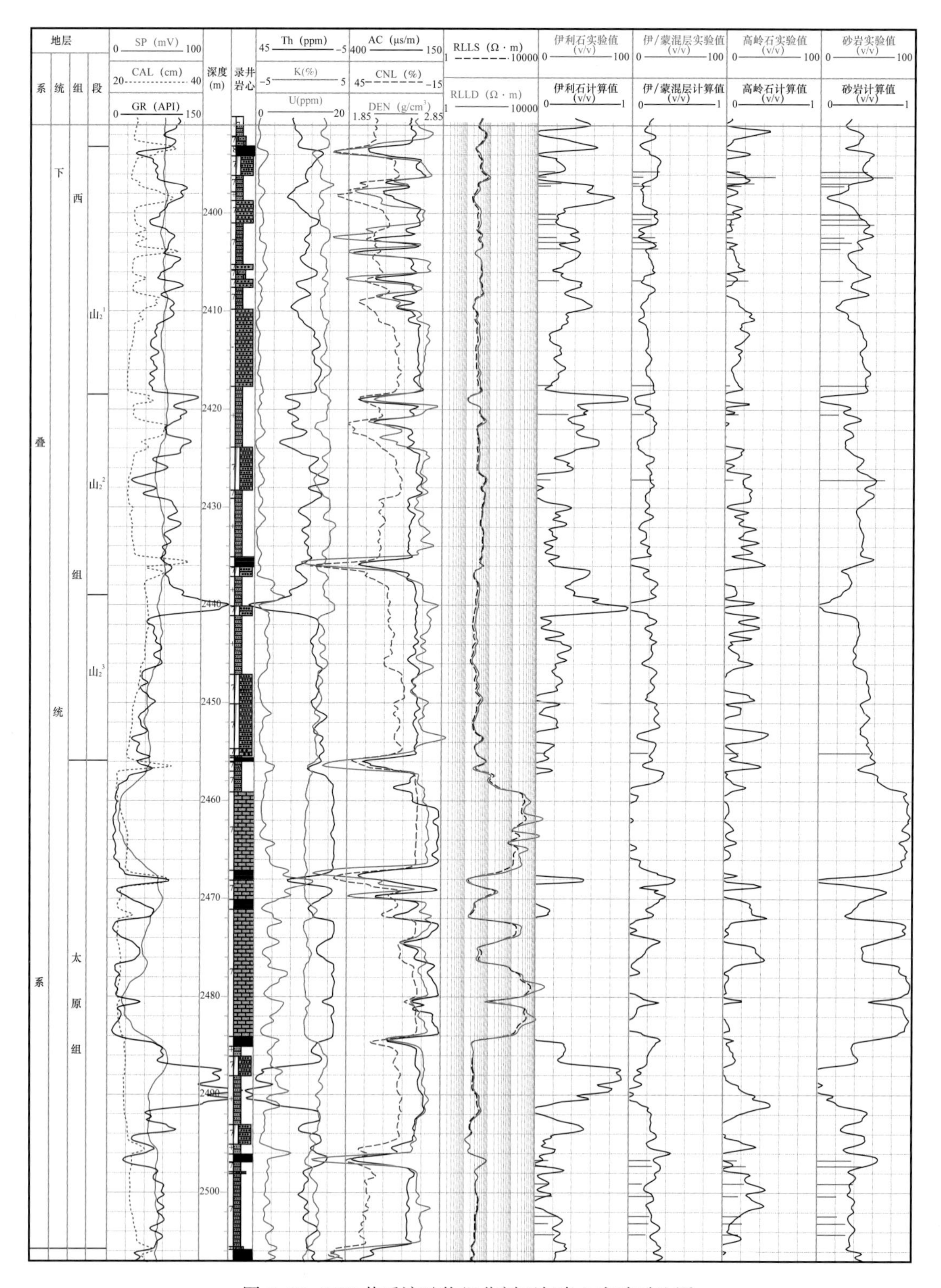

图 5-17　Y88 井反演矿物组分剖面与岩心实验对比图

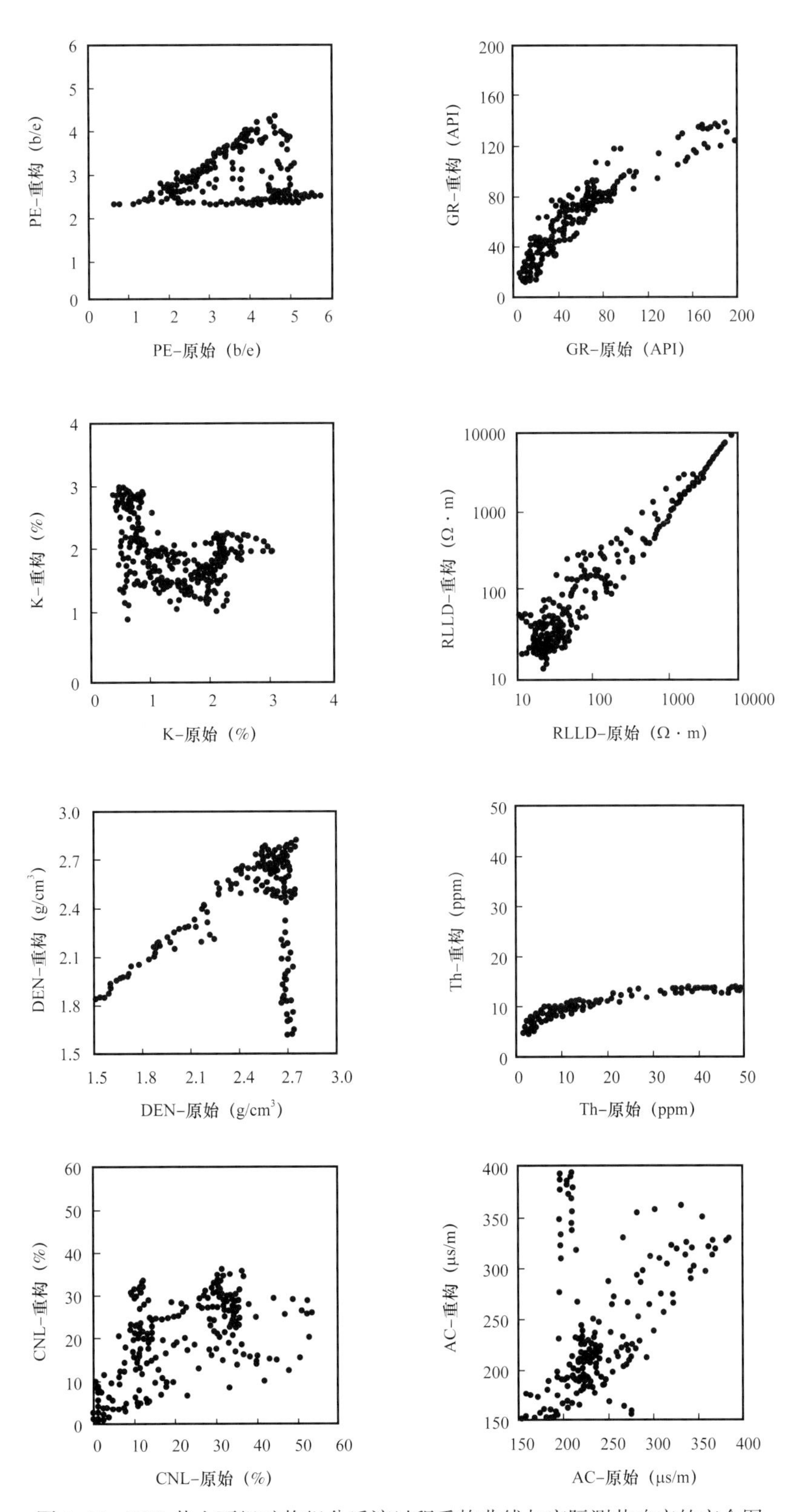

图 5-18　Y88 井山西组矿物组分反演过程重构曲线与实际测井响应的交会图

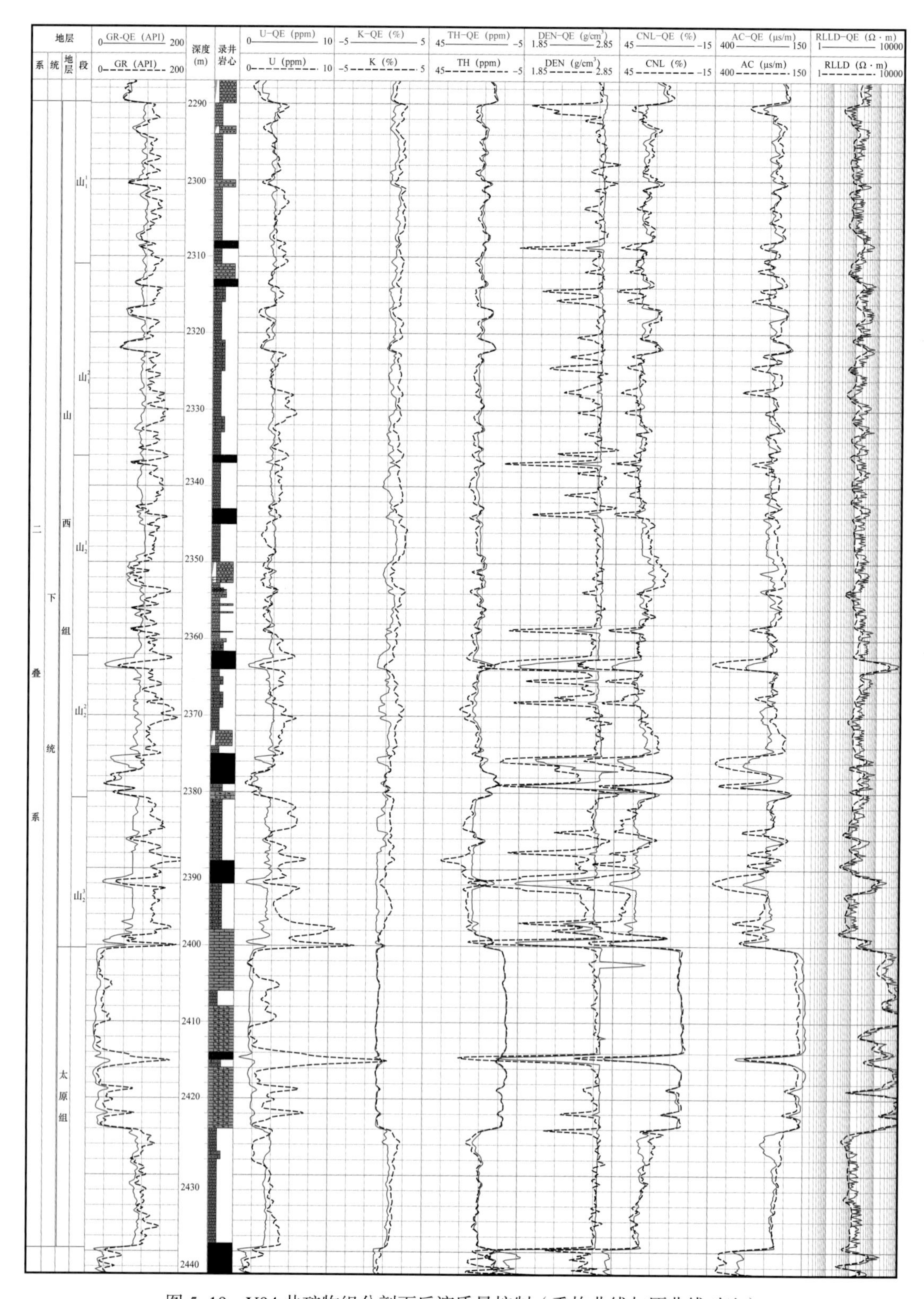

图 5-19　Y94 井矿物组分剖面反演质量控制（重构曲线与原曲线对比）

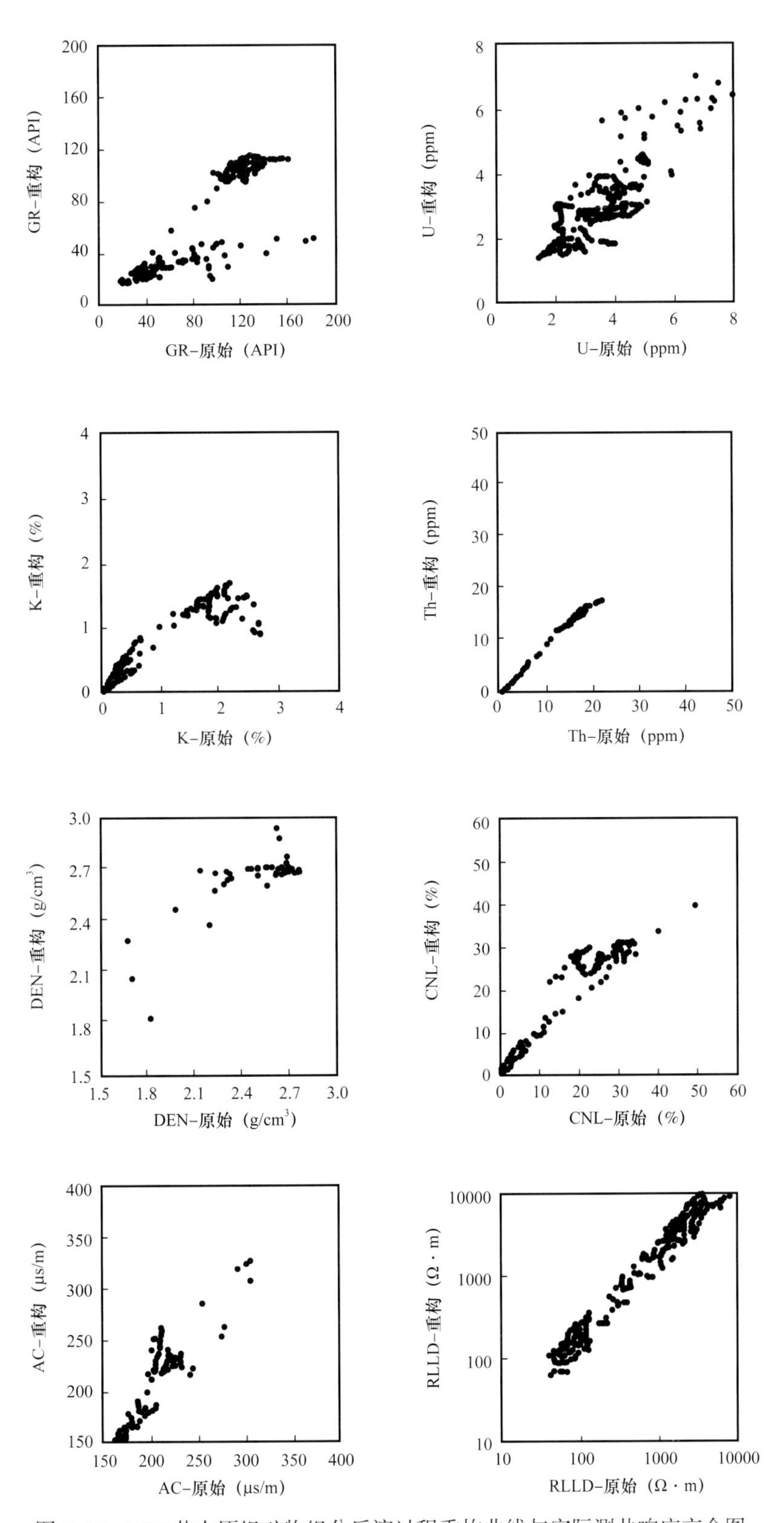

图 5-20　Y94 井太原组矿物组分反演过程重构曲线与实际测井响应交会图

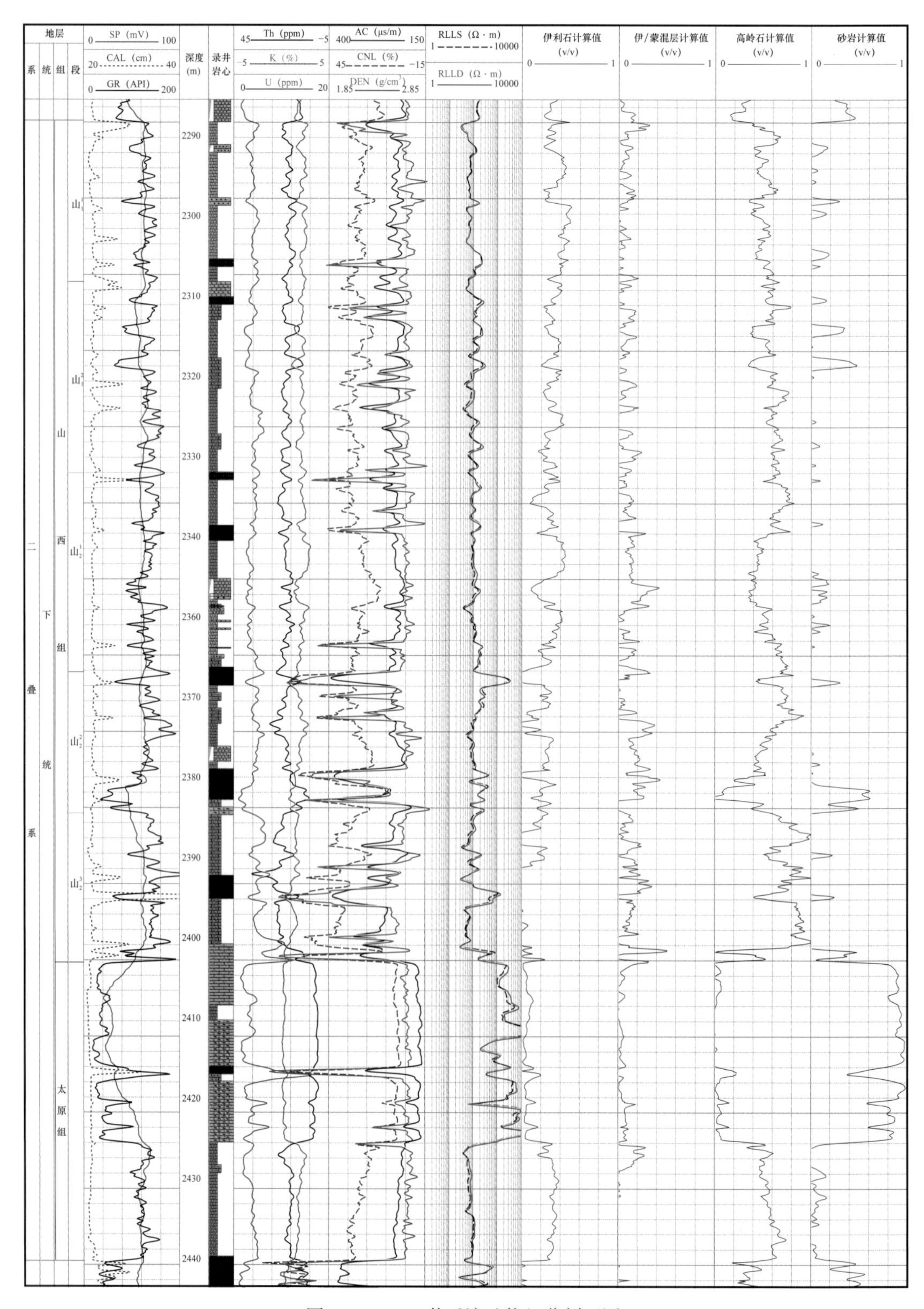

图 5-21　Y94 井反演矿物组分剖面图

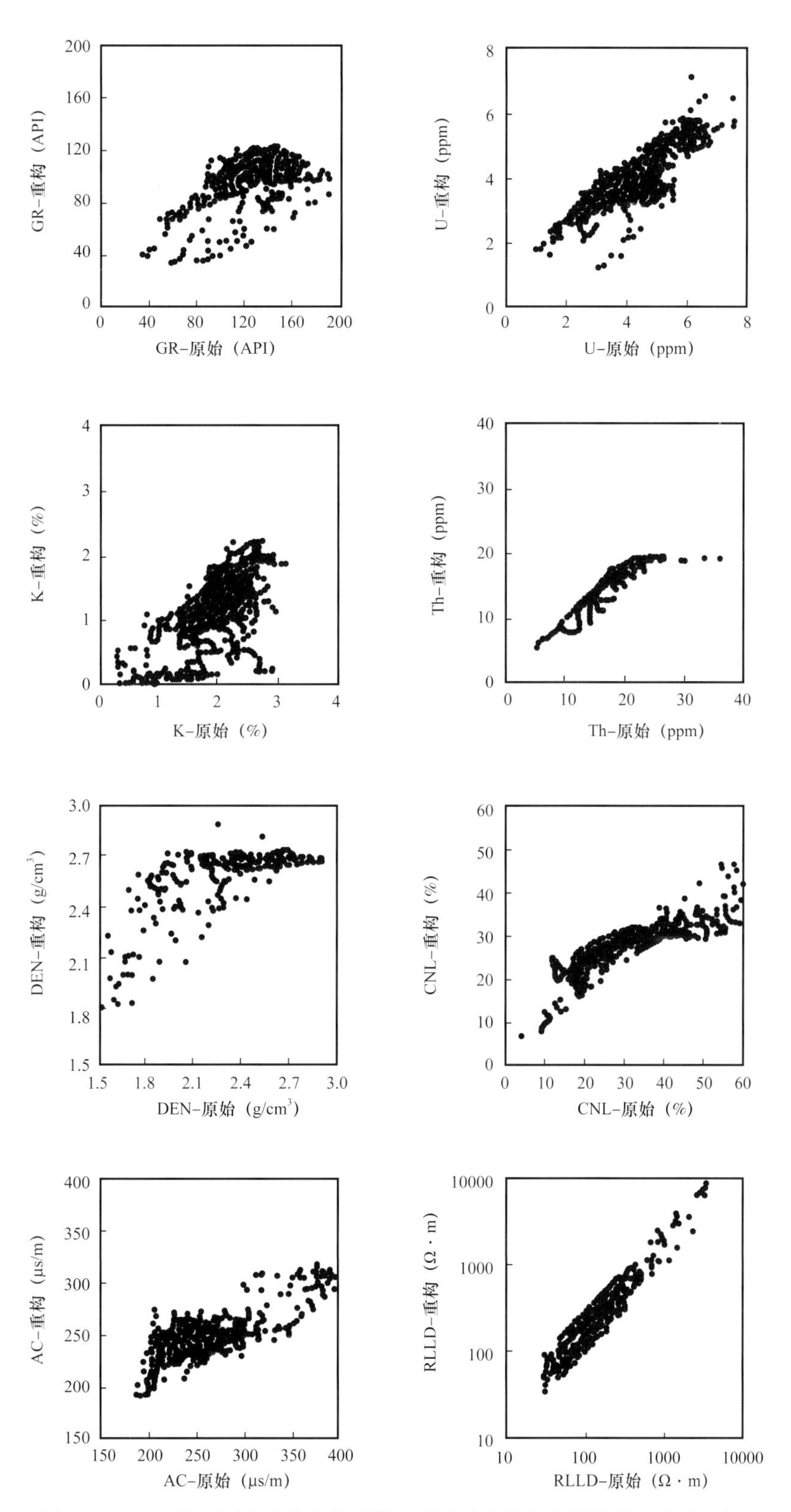

图 5–22　Y94 井山西组矿物组分反演过程重构曲线与实际测井响应交会图

2）地层元素测井黏土矿物组分计算

地层元素测井在解决非常规储层的矿物、流体组分剖面，进行岩性识别方面具有独特的优越性，对非常规储层精细评价具有重要意义（郭睿，2017）。它能够进行 Si、Ca、Fe、S、Ti、Gd、Mg、K、Mn、Al 等十余种元素的含量的测量，然后通过一定的矿物转换算法将这些测量得到的元素转换为相应的矿物组分。这里用的最优化算法，只是矿物转化算法中的一种，但是却有着最为广泛的应用场景。元素测井加自然能谱测井来一同反演可以更为精确地计算研究区域的黏土组分。

根据反演矿物组分，结合不同元素对这些矿物组分的响应特征值，优选 Al、Ca、Te、K、Mg、Si、Ti 以及自然伽马能谱测井中的 U、TH、K 进行 Y106 井全岩及黏土矿物组分的反演。图 5-23 为太原组矿物组分反演过程重构曲线与实际测井响应交会图。

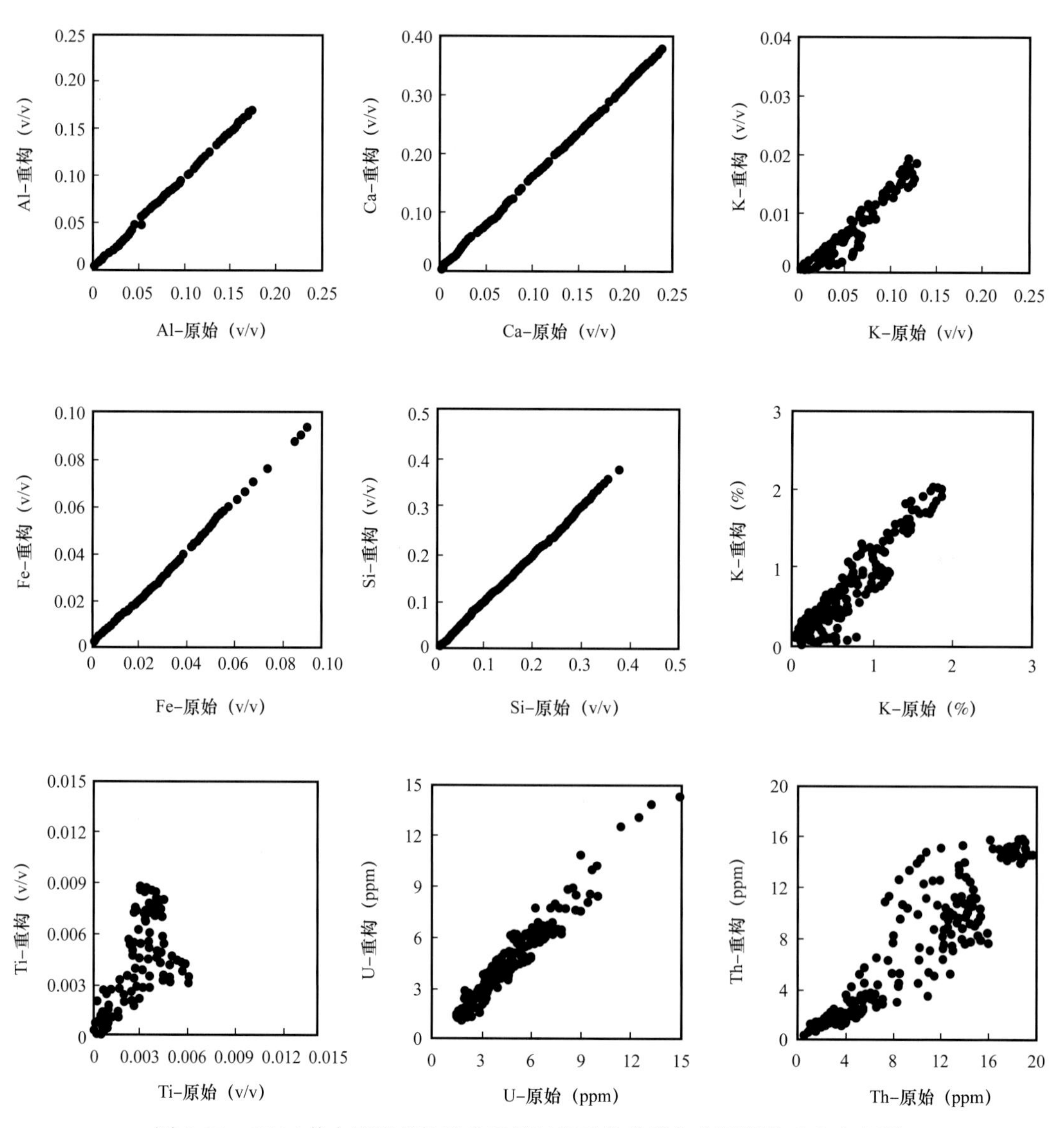

图 5-23　Y106 井太原组矿物组分反演过程重构曲线与实际测井响应交会图

图 5-24 为山西组矿物组分反演过程重构曲线与实际测井响应的交会图；图 5-25 为反演重构曲线与原曲线对比成果图，可见大部分的重构曲线与原曲线具有很好的一致性。但是在部分曲线，例如 Ti 重构曲线与原始测井曲线相关性较差，反映出重构的矿物组分模型并没有充分反映出该种测井曲线的响应特征。但考虑到本次反演的重点是黏土矿物，而对黏土矿物反演最重要的几种测井值得重构曲线效果良好。因此在本次研究中，认为本次的反演结果能够真实地反映地层矿物组分的情况。

由此认为，Y106 井的 GEM 矿物组分反演结果具有可靠性（图 5-26）。

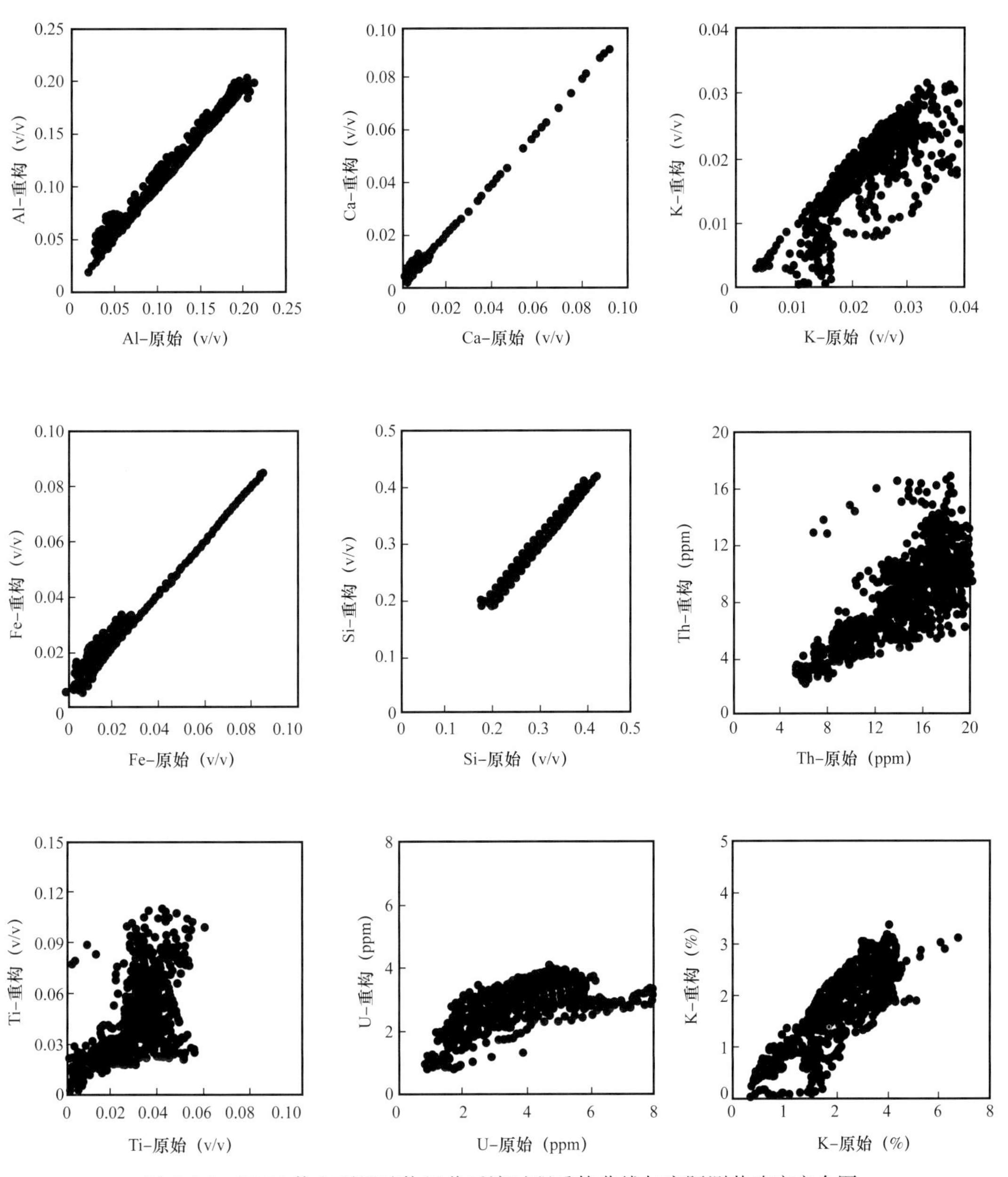

图 5-24　Y106 井山西组矿物组分反演过程重构曲线与实际测井响应交会图

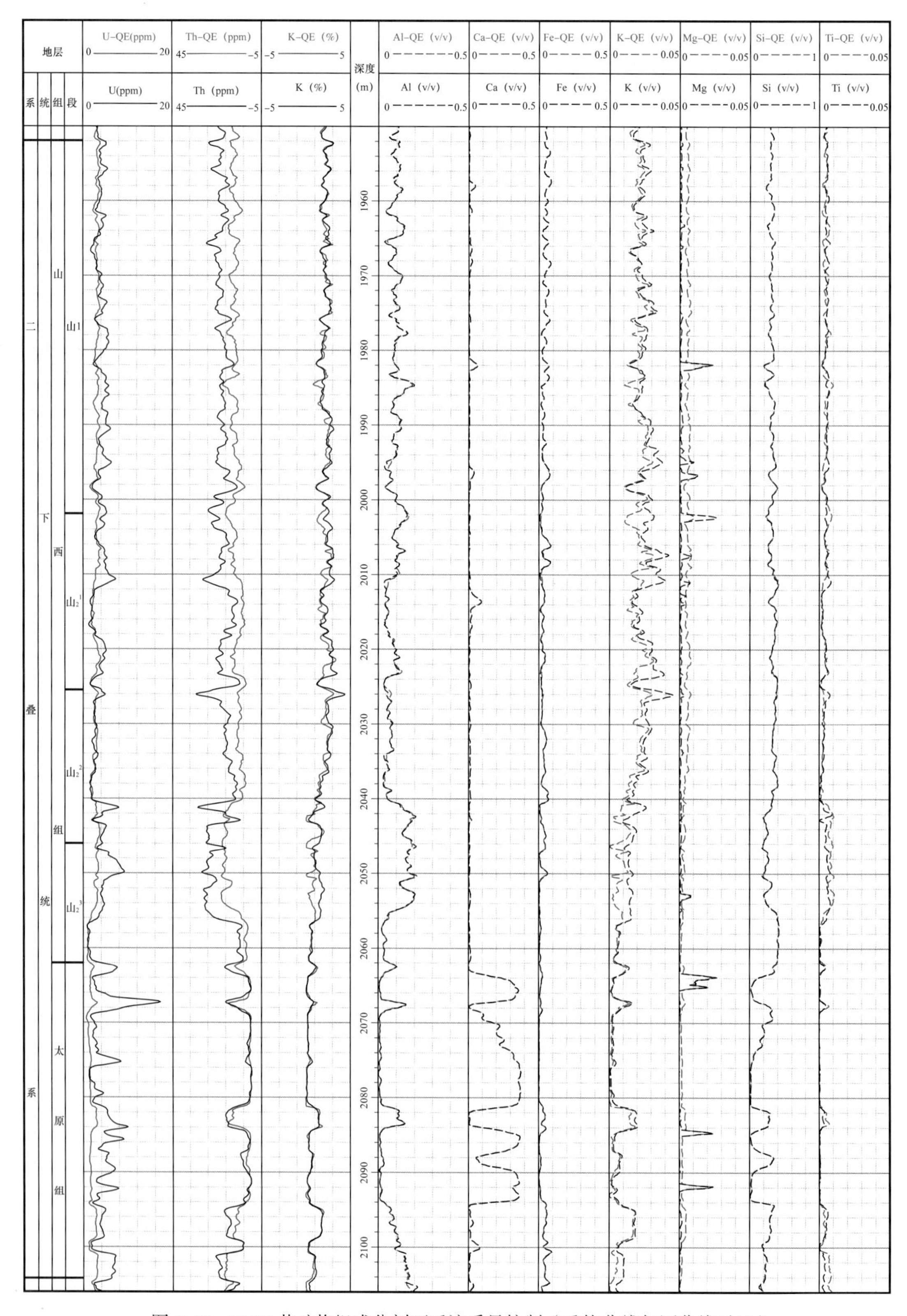

图 5-25 Y106 井矿物组成分剖面反演质量控制（重构曲线与原曲线对比）

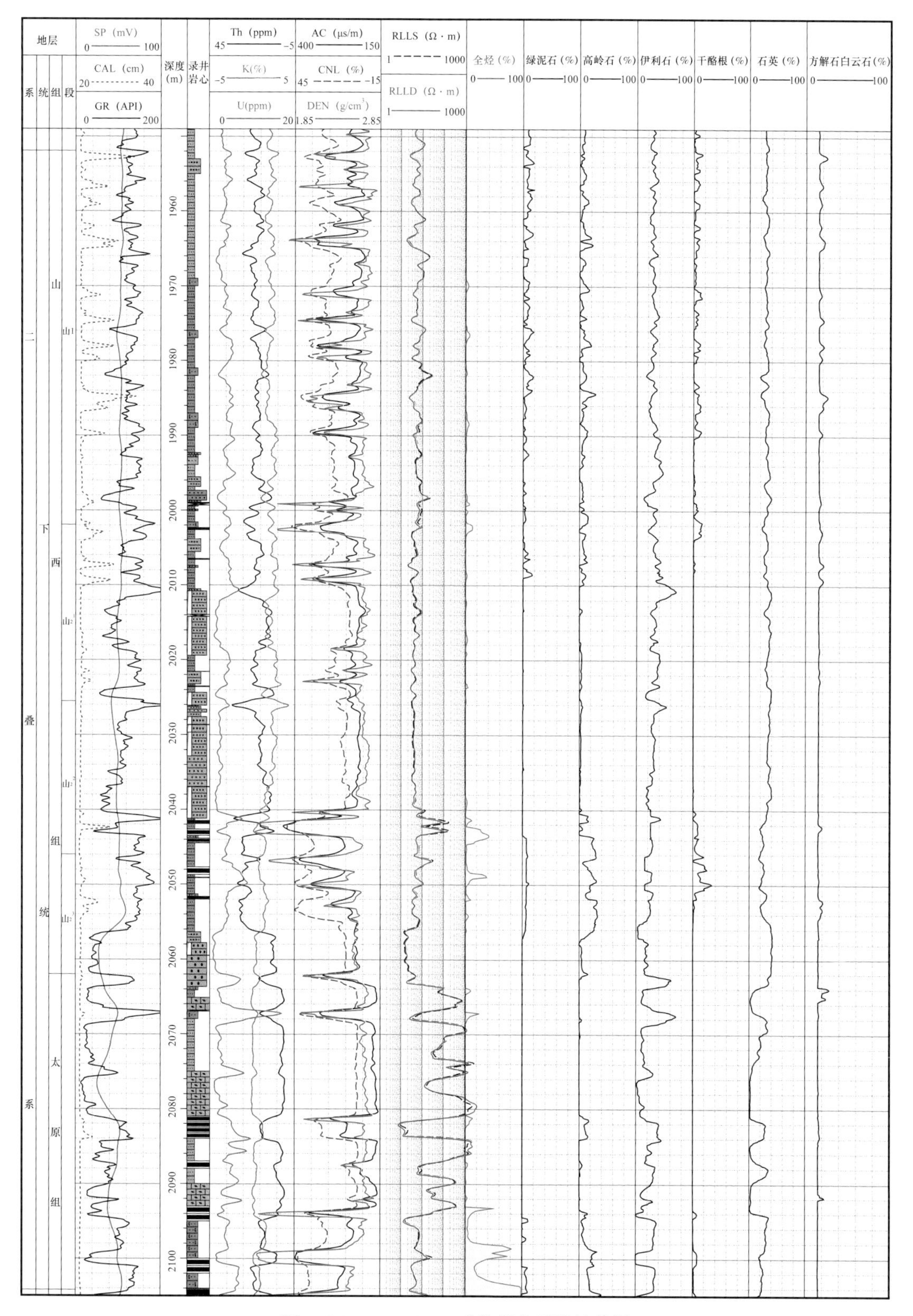

图 5-26 Y106 GEM 矿物组分反演结果图

（二）TOC

常用的 TOC 建模方法主要基于密度曲线、$\Delta \lg R$ 和铀含量（陈中红等，2004），综合对比三种模型，由于井眼垮塌井段较多，造成已有资料的密度测井值失真，同时部分样品的菱铁矿和黄铁矿的比例能占到全岩矿物组分的 10%～15%，导致储层电阻率测量值也在某种程度上失真，因此基于密度曲线和 $\Delta \lg R$ 的 TOC 建模法不适用于本区，本次选取能谱测井中的铀曲线来线性建模实现 TOC 的计算，具体方法如下：

以 Y88 井的 TOC 实验数据与 U 曲线测井值为研究对象，通过测井铀曲线的重采样值与 TOC 的交会，可以看出无论是在太原组还是在山西组，TOC 与 U 值有很好的对应关系（图 5–27）。因此，在 Y88 井太原—山西组储层段中，是可以考虑用 U 测井值来为 TOC 建模的。

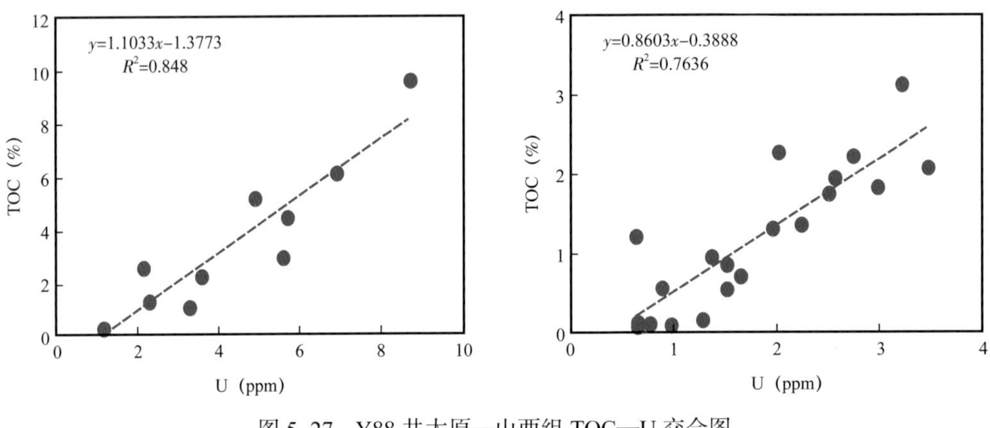

图 5–27　Y88 井太原—山西组 TOC—U 交会图

如图 5–27 为太原—山西组储层 TOC 与 U 曲线的线性拟合模型。太原组的 U 与 TOC 的拟合模型为 TOC=1.1033U–1.3773，其中 R^2=0.848；山西组的拟合模型为 TOC=0.8603U–0.3888，其中 R^2=0.7636；用这两种模型来计算 Y88 井太原—山西组储层的 TOC 曲线。如图 5–28 为 Y88 井太原—山西组 TOC 计算结果与实验数据的对比。可以看出实验值与计算值吻合较好。因此，该计算模型在本次研究中具有较强的适用性。并且 Y94 井、Y106 井均有能谱测井，因此，本次研究均选用前面的模型来计算太原、山西组储层的 TOC 值。

（三）孔隙度

通过常规测井资料（AC、DEN、CNL）单独或者组合来建模求取孔隙度的方法具有非常广泛的适用性（Hester 等，1990；Hu 等，2014）；本次选取 AC—DEN 模型进行全井段的泥页岩储层孔隙度计算。中子、密度、声波是常用的求取孔隙度的三种测井曲线，本次利用 Y88 井实验分析孔隙度分别与声波时差、密度、中子交会，发现实验分析孔隙度与声波时差、密度曲线相关性较好（图 5–29），可利用声波时差、密度曲线建立太原—山西组孔隙度常规测井解释模型，得到泥页岩孔隙度的多元回归计算模型：

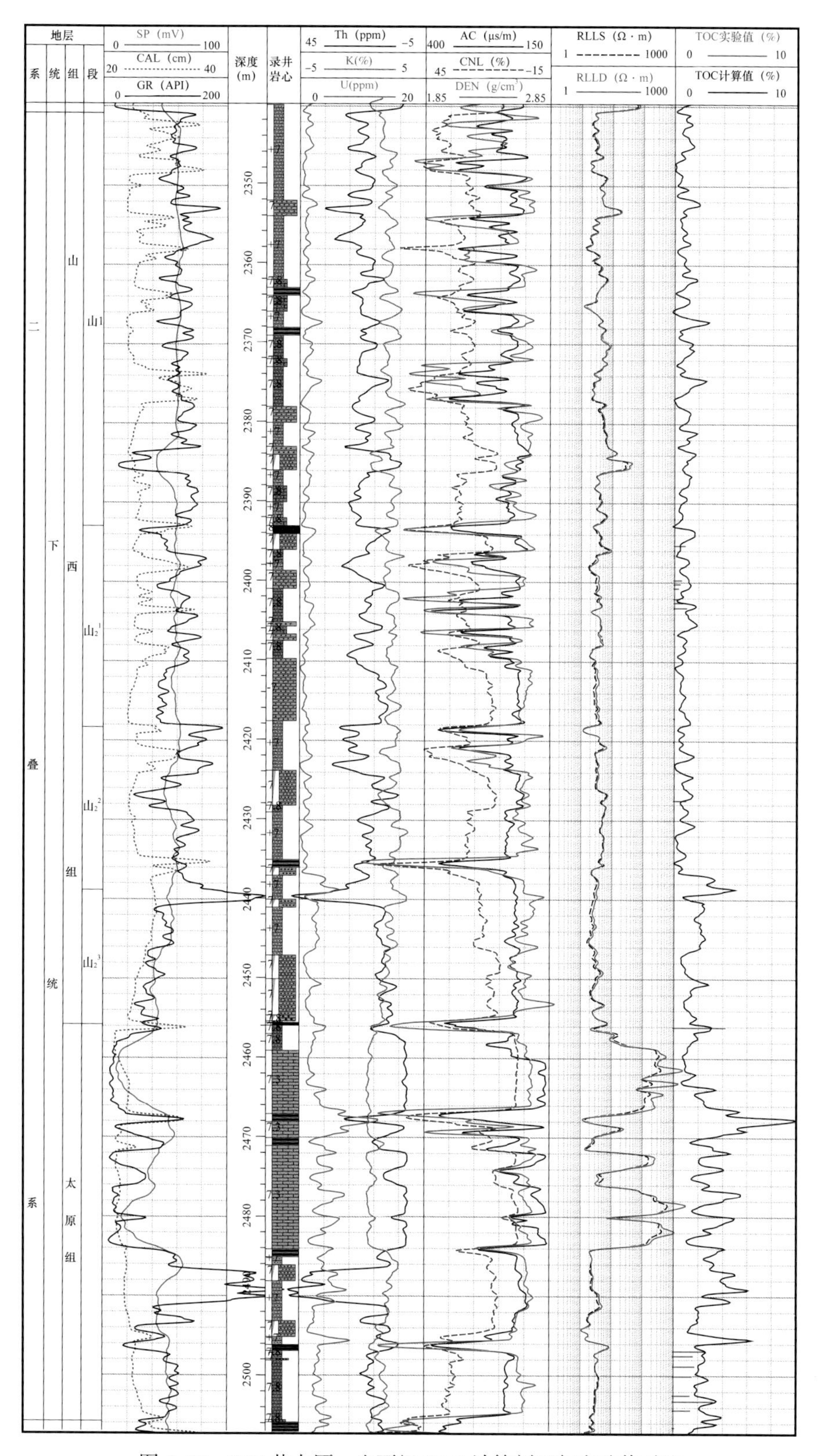

图 5-28 Y88 井太原—山西组 TOC 计算剖面与实验值对比

$$\phi = 0.0112AC - 0.6430DEN + 2.8144$$

式中 ϕ——有效孔隙度，%；

AC——声波时差，μs/ft；

DEN——岩性密度，g/cm^3。

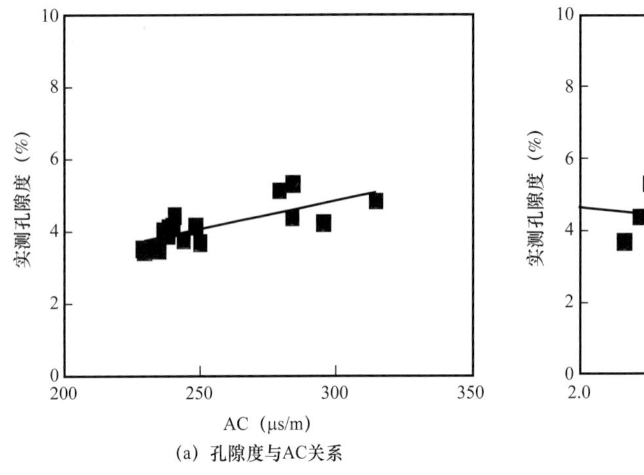

(a) 孔隙度与AC关系

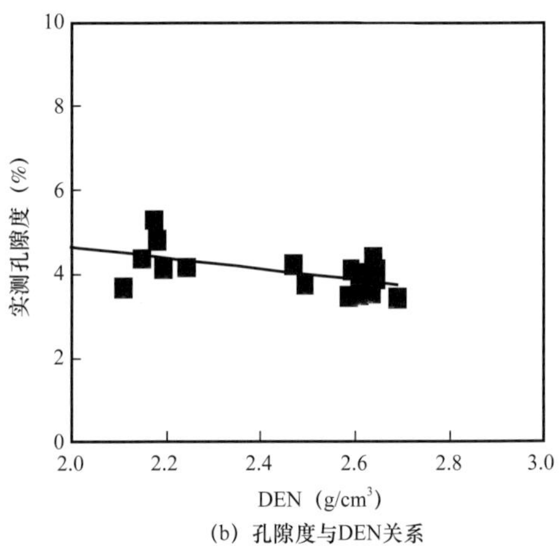

(b) 孔隙度与DEN关系

图 5-29 实验分析孔隙度与 AC、DEN 关系

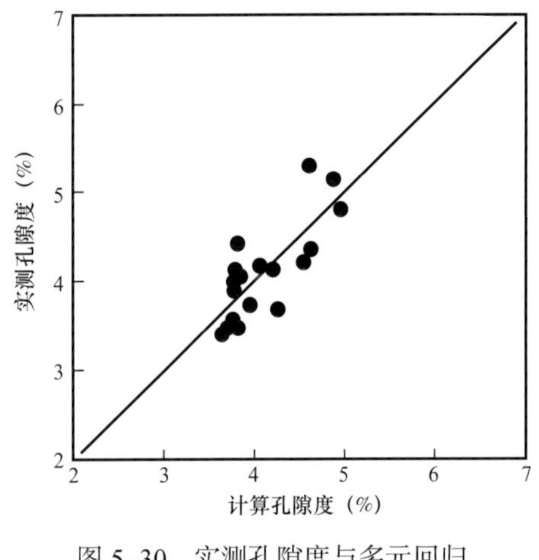

图 5-30 实测孔隙度与多元回归计算孔隙对比图

根据上面多元回归公式，利用声波时差、密度曲线多元回归模型计算孔隙度，并与实验分析孔隙度经 45° 线精度验证，两者的相关性较好（图 5-30）。

利用 AC—DEN 模型处理了鄂尔多斯盆地中东部 Y88 和 Y94 两口井测井资料的太原—山西组，得到孔隙度计算成果图 5-31 和图 5-32。以实测分析孔隙度值作为参考依据，统计计算孔隙度的绝对误差和相对误差平均值，发现绝对误差平均值为 0.279，相对误差平均值为 6.76%，可见该模型在计算研究区太原—山西组泥页岩储层孔隙度方面具有较强的适用性。

（四）含水饱和度

含水饱和度是评价游离气量的重要参数，其计算方法主要为经典的阿尔奇公式及阿尔奇公式的改进版本，其余的比较常用在油气储层中计算含水饱和度的模型还有 Waxman Smits 模型、双水模型、西门杜（Simandoux）公式等。其中双水模型属于 Waxman Smits 模型的改进，这类模型都将岩石骨架是看作不导电的，而地层水是导电的部分，并且可动水与不可动水的导电性是不一样的。但在泥页岩储层中几乎不含有可动水，尤其是在热演化程度很高的储层中，并且该类模型的计算需要阳离子交换量的信息。因此，该类模型并不适用（边雷博等，2016；冯爱国，2016；付杰，2016）。

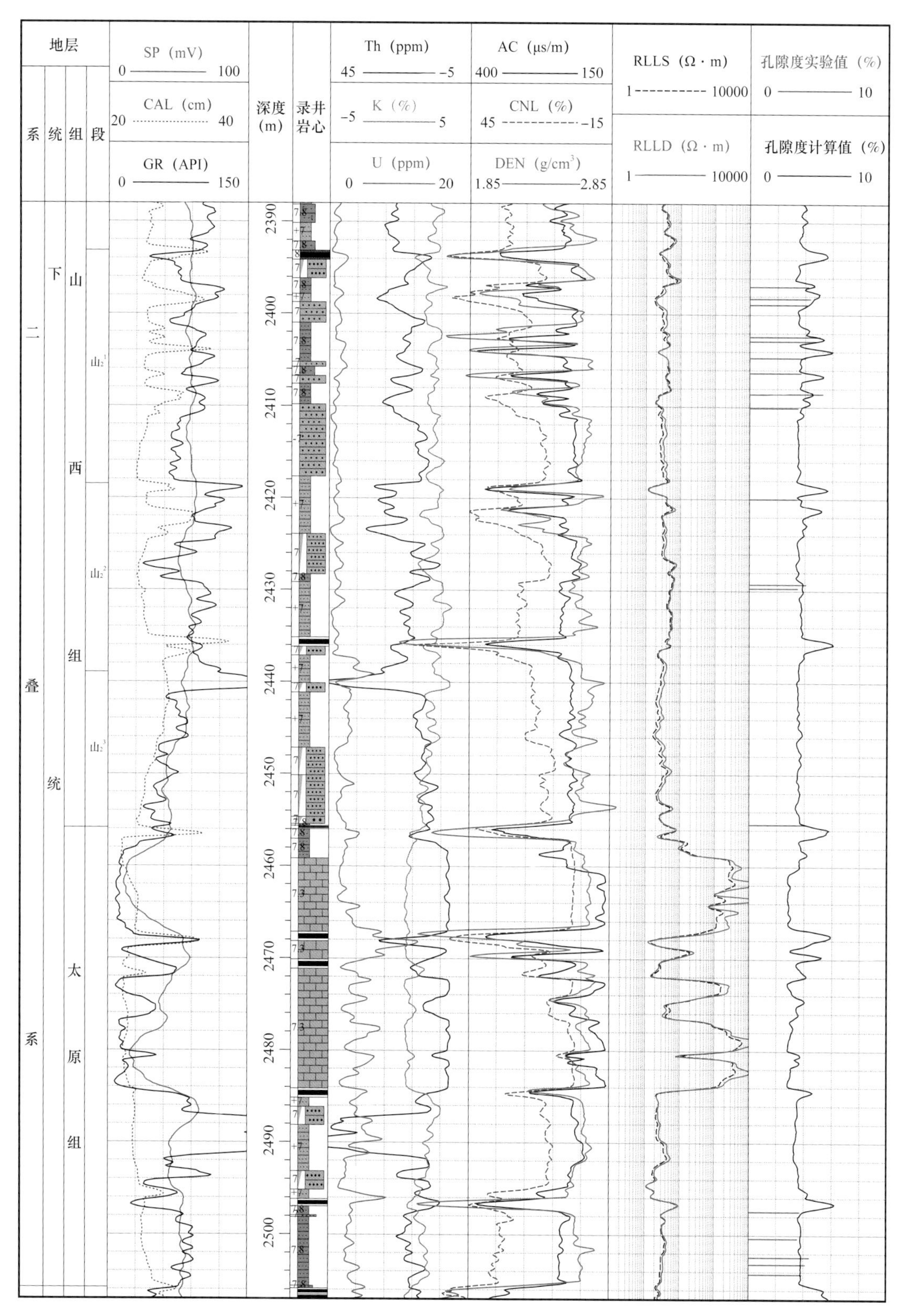

图 5-31　Y88 井孔隙度计算成果图

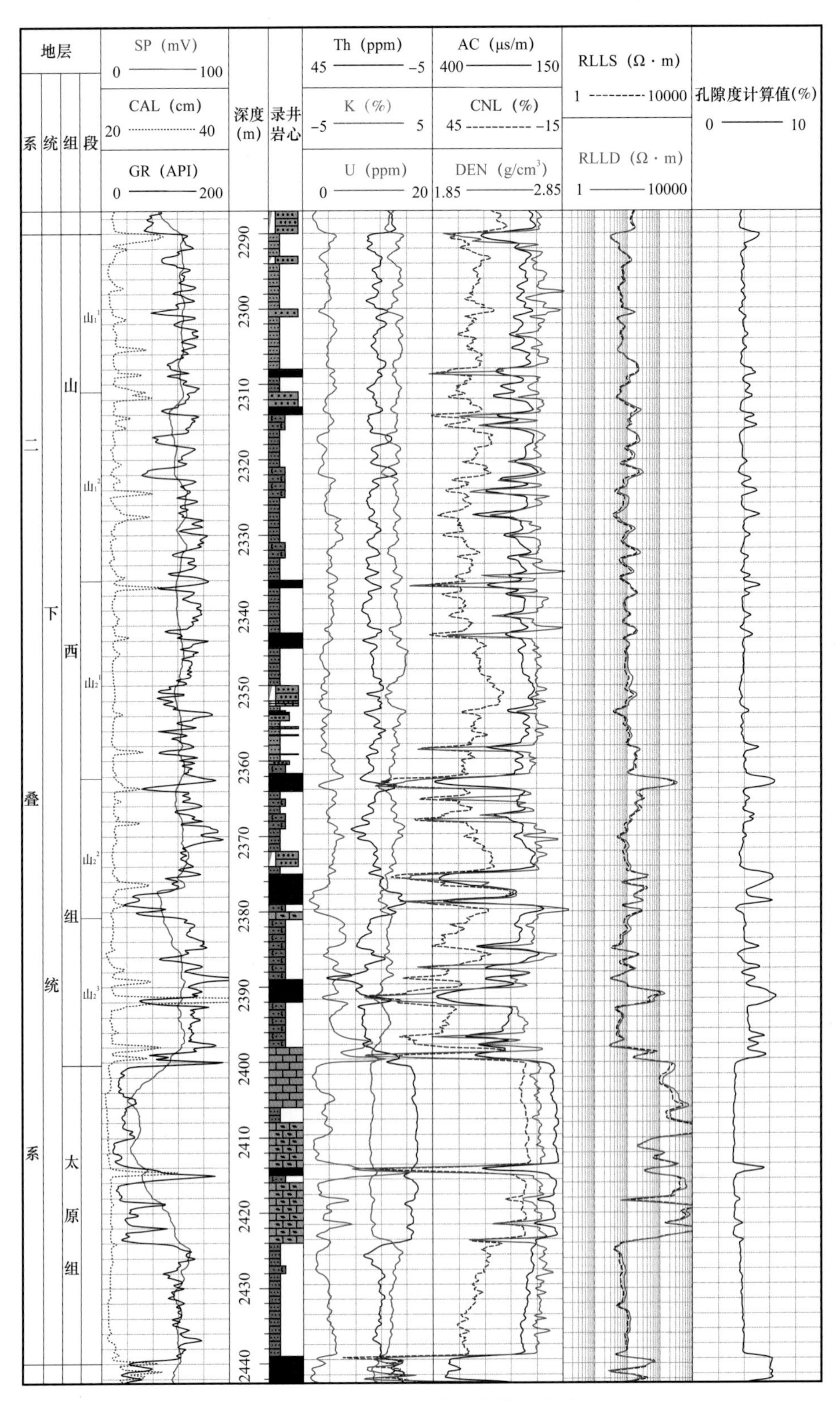

图 5-32　Y94 井孔隙度计算成果图

本文考虑用阿尔奇公式来求取太原—山西组泥页岩储层的含水饱和度。页岩泥质部分是由粉砂岩和黏土组成，有一定的孔隙度，也储存和生产油气。因此，可以把泥页岩中的“泥质”当作这种泥质较重、岩性较细的粉砂岩来处理，其孔隙中含有湿黏土和油气。显然，这部分“泥质”电阻率 R_t 要高于测井解释常用的纯泥岩（100% 含水）电阻率 R_{sh}，而且可近似认为这部分岩性细的泥页岩有效孔隙中的含水饱和度也等于 S_w。

含水饱和度也是用测井方法评价游离气含量需要计算的重要参数之一，泥页岩中也含有水，其中大部分为黏土的束缚水，地层水占据泥页岩有效孔隙度的一部分，从而会减小游离气含量。斯伦贝谢公司在进行含水饱和度计算时，采用自己的页岩气饱和度方程（西门杜方程的变种，加入了干酪根的电阻率），应用效果良好。

$$\frac{1}{R_t}=\frac{V_{sh}{}^{evcl}S_w}{R_{sh}}+\frac{\phi^m S_w^n}{aR_w\left(1-V_{sh}\right)} \tag{5-7}$$

式中 R_t——地层电阻率，Ω·m；

R_{sh}——纯泥岩电阻率，Ω·m；

V_{sh}——泥质含量，%；

evcl——泥岩体积指数，通常取 1；

a——岩性系数，通常取 1；

m——胶结指数，通常取 2；

n——饱和度指数，通常取 2；

ϕ——孔隙度，%；

R_w——地层水电阻率，Ω·m；

S_w——含水饱和度，%。

三、含气量计算模型

（一）游离气含量计算模型

游离气主要包括储存在无机物粒间孔隙中的游离气、储存在微裂缝中的游离气、储存在有机物或者干酪根的大孔隙和网状裂缝中的游离气。游离气含量的大小主要取决于气藏的压力、有效孔隙度和含气饱和度（Hu 等，2014）。

游离气含量的计算需要先评价泥页岩储层的孔隙度、含气饱和度。下面介绍几种游离气的计算方法。

1. 常规方法

游离气含量的计算采用国际上通用的常规方法，游离气占据泥页岩的有效孔隙度，因此有

$$G_f=\frac{\psi}{B_g}\cdot\left[\phi_{eff}\left(1-S_w\right)\right]\cdot\frac{1}{\rho_b} \tag{5-8}$$

式中　G_f——游离气含量，m^3/t；

B_g——气体的体积压缩因子，无量纲数，常用 0.0046；

ϕ_{eff}——有效孔隙度，%；

S_w——含水饱和度，%；

ρ_b——地层体积密度，g/cm^3；

ψ——常数，0.91（李亚男，2014）。

2. 经吸附气校正的计算方法

值得注意的方面是，吸附气同样也占据泥页岩孔隙中的一部分（图 5–33），即在计算游离气含量时，需要减去吸附气所占的孔隙体积。应该来说，由于吸附相气体受到范德华力的影响，吸附相气体的密度要大于游离相气体的密度，Ray 通过数值模拟得到了吸附相和游离相的密度大小，然后根据吸附相密度提出了一个经过吸附气校正后的游离气计算公式：

$$G_f = \frac{\psi}{B_g} \cdot \left\{ \left[\phi_{eff} \left(1 - S_w \right) \right] \cdot \frac{1}{\rho_b} - \frac{4.65 \times 10^{-5} \hat{M}}{\rho_s} \cdot G_a \right\} \tag{5–9}$$

式中　ρ_s——吸附相气体密度，g/cm^3，泥页岩储层一般取 0.37；

$\hat{M}$——天然气视摩尔质量，g/mol，甲烷为 16；

G_a——吸附气含量，m^3/t。

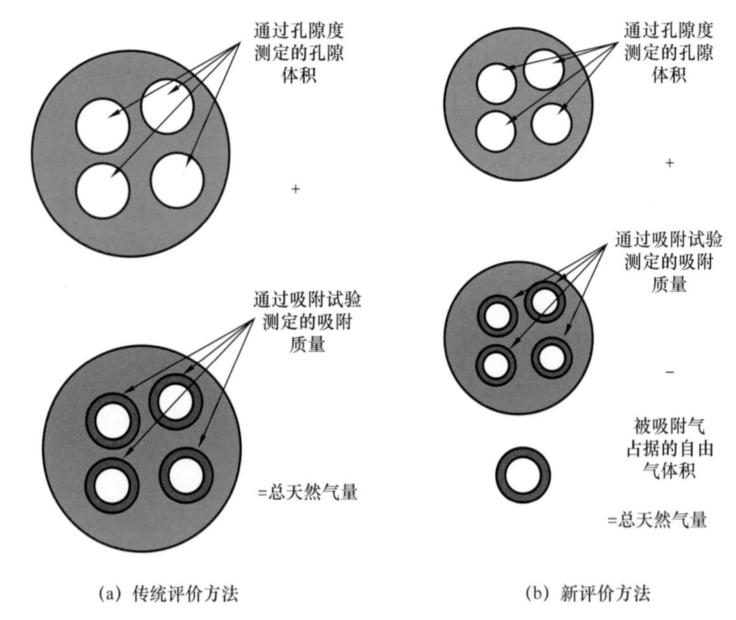

图 5–33　泥页岩孔隙示意图（据李亚男，2014，修改）

对 Y88 井的游离气含量进行常规方法和经吸附相校正方法的计算，结果表明经过校正的游离气量平均比常规计算的游离气量大约低 $0.5m^3/t$（图 5–34），可知，吸附相对游离气含量的计算具有重要影响，计算含气量时需将其考虑在内。

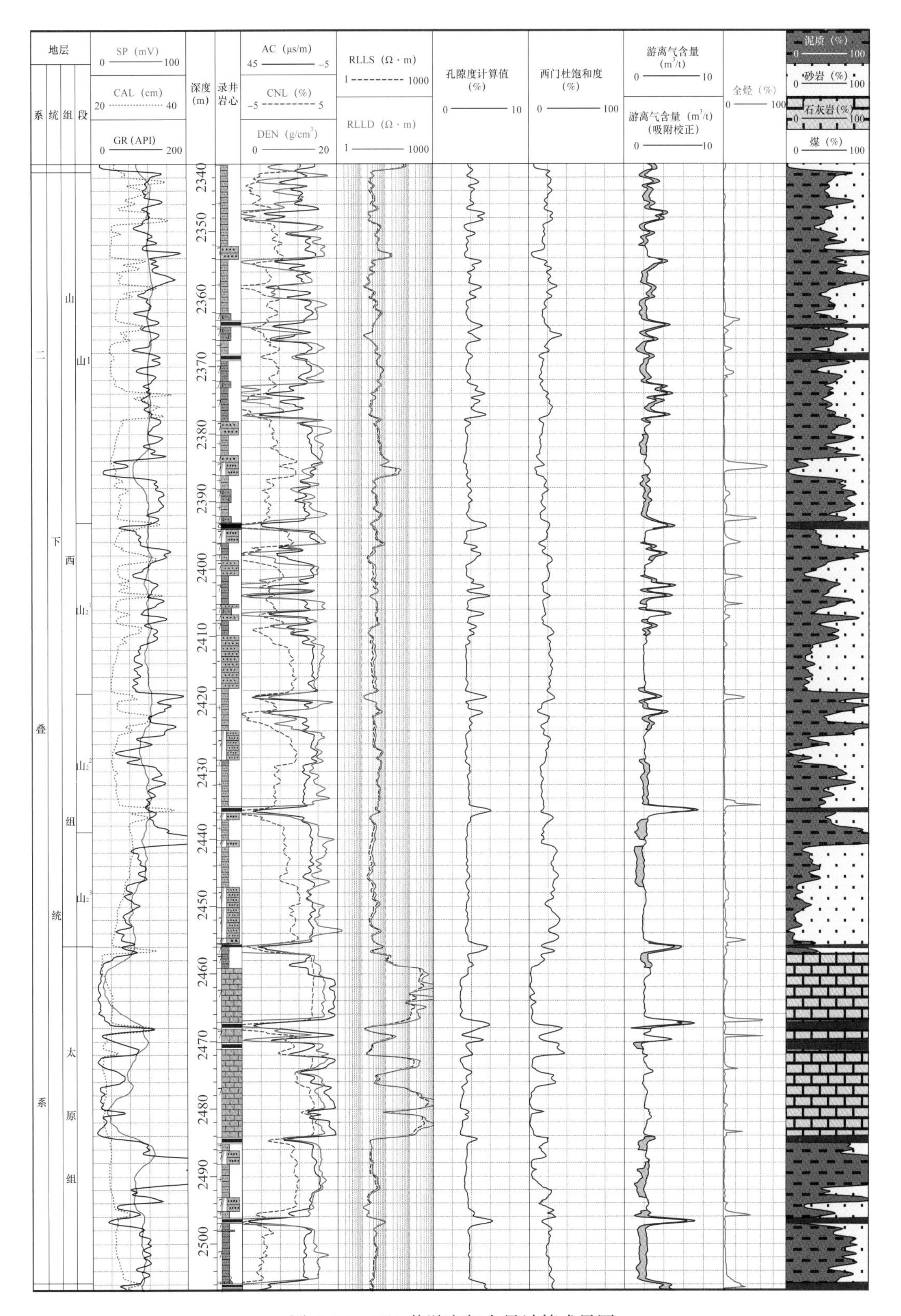

图 5-34　Y88 井游离气含量计算成果图

（二）吸附气计算模型

在实际的单井或者多井评价中，实验值能反映的单点数据毕竟十分有限。因此，有必要在以等温吸附实验数据及其他岩石物理、地球化学实验数据分析的基础上，总结出较为精确的吸附气测井计算模型，在完整储层段的尺度上来衡量吸附气量或者整体含气性的高低（Kim，1977）。不同于研究比较充分的海相储层，在鄂尔多斯盆地上古生界太原—山西组泥页岩地层中，通常具有埋深较深、砂泥煤频繁互层导致单层厚度薄累计厚度大的整体特征，全岩矿物组分以砂岩、泥质为主，黏土矿物组分含量高。因此，为准确计算其含气量，需要对太原—山西组吸附气影响因素系统研究以确定计算模型。

1. 吸附气的影响因素分析

1）温度、压力

由于甲烷在泥页岩颗粒表面吸附过程是一个放热的物理现象，温度越高，分子运动越快，从而抑制泥页岩的吸附过程，导致吸附气含量降低（郭为等，2013）。因此，同一块泥页岩样品，在相同的实验压力条件下，温度不同，测量得到泥页岩对甲烷的吸附量也不同，泥页岩的吸附量随着温度的升高而降低。

为充分研究太原—山西组泥页岩储层在高温下的吸附特性，对太原—山西组六样品进行不同温度的高温高压吸附实验（图 5-35）。

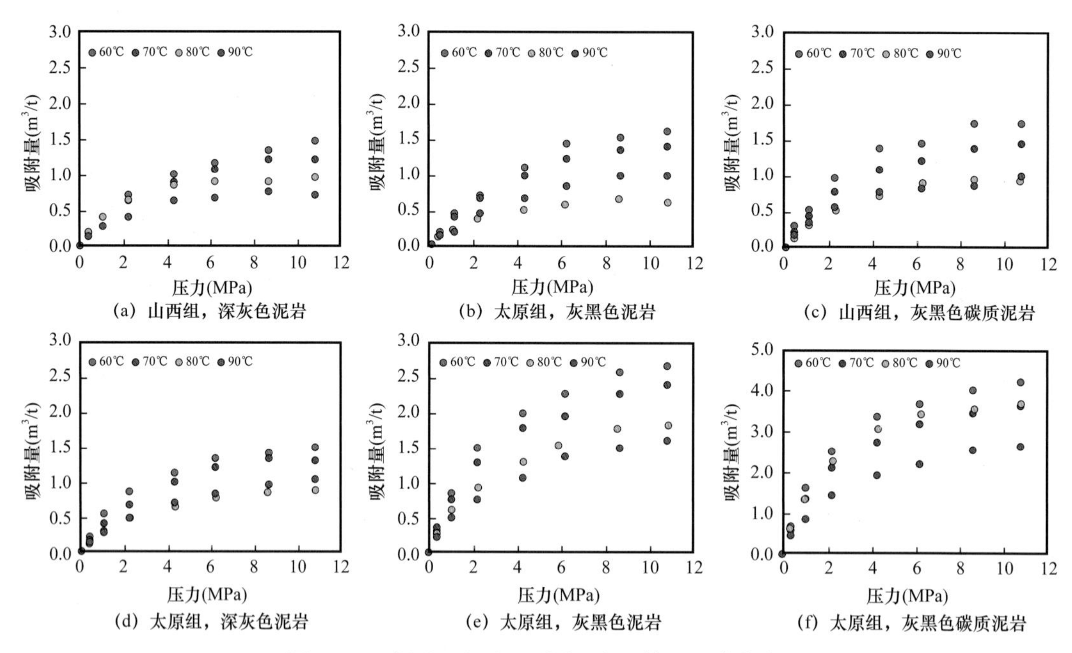

图 5-35 太原—山西组不同温度下等温吸附曲线

通过太原—山西组六块样品在 60℃、70℃、80℃、90℃下的等温吸附曲线分析，可以看到样品随着温度升高，吸附特性变差的规律。整体来讲，在压力较低时，不同温度下样品的吸附量相差并不大，但随着压力的升高，不同温度下吸附量的差别越来越大。在 10MPa 时，同一样品 60℃下的吸附量与 90℃下的吸附量最大能相差 1.5m^3/t。样品在固定温度，均在 11MPa 左右的压力时达到饱和吸附。

考察在同一压力下，温度的变化对吸附量的影响（图 5-36）。发现在压力较低时，山西组、太原组样品随着温度的升高，吸附量基本无变化。表现在低压时，因吸附量较低，吸附量对温度的变化不敏感。在压力较高时，吸附量随着温度的升高普遍有较为剧烈的降低。例如样品 F（山西组，深灰色泥岩），在 6.2MPa 或者 8.6MPa 压力下，温度从 70℃跃升到 80℃时，吸附量从 1.3m^3/t 下降 0.6m^3/t，下降幅度为近 50%。

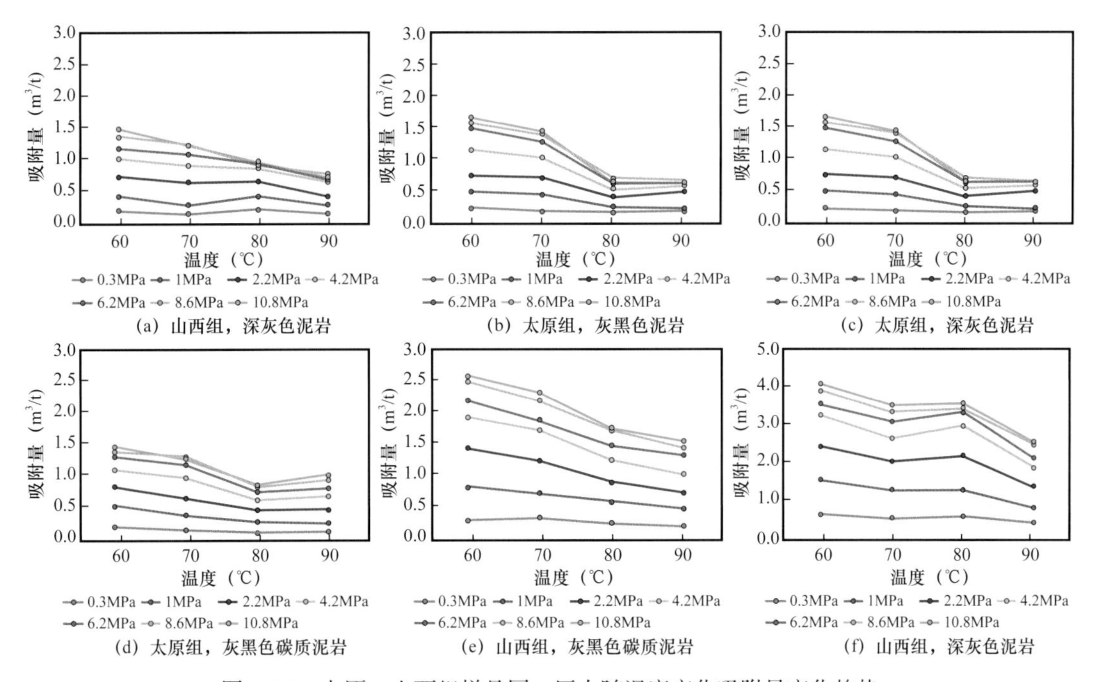

图 5-36 太原—山西组样品同一压力随温度变化吸附量变化趋势

从朗缪尔常数 V_L 和 P_L 随温度变化的趋势来看（图 5-37），V_L 基本上是随着温度的升高呈现线性降低的趋势，P_L 随温度变化的规律性不明显。V_L 通常意义上反映了该样品的最大吸附潜力，随着温度的升高，吸附潜力降低符合理论的预期。因此在做温度校正的时候，V_L 是可以根据温度拟合出相应的关系，校正到储层实际温度下的 V_L。根据资料，研究区太原—山西组储层的实际压力估计在 12MPa 左右，超过等温吸附中的饱和吸附对应的压力点，因此可以认为储层在真实的温度、压力下，是达到饱和吸附状态的，不需要考虑压力对吸附量的影响。

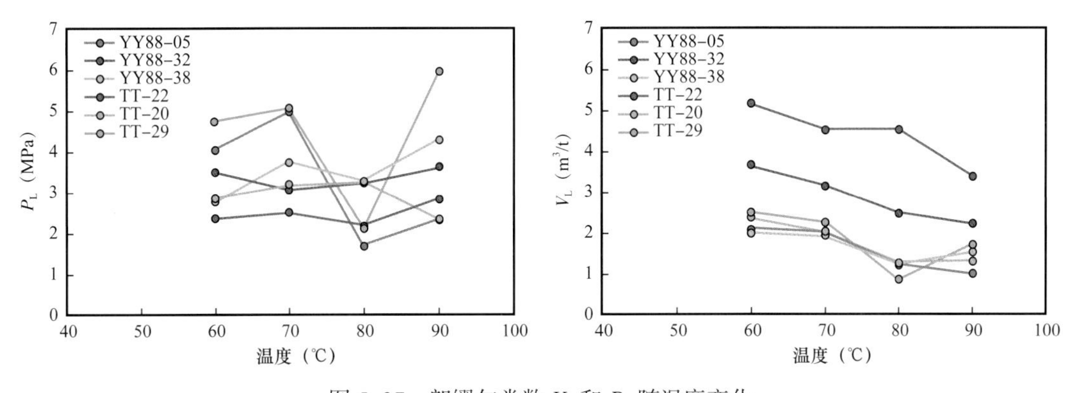

图 5-37 朗缪尔常数 V_L 和 P_L 随温度变化

2）有机质

（1）有机质丰度。

从三口井的太原—山西组实际测试的样品来看（图 5-38），山 1 段有机质含量较为贫乏，大部分样品的有机碳含量在 1% 以内；山 2 段与太原组有机质含量较为丰富。通过吸附气量与 TOC 含量的交会图发现（图 5-39），在 TOC小于2% 的时候，TOC 与吸附气含量的线性关系并不明显；在 TOC 大于 2% 的时候，TOC 与吸附气呈现非常强的正相关性，说明在有机质含量较低的地层中，除有机质外，仍有其他的矿物组分在提供吸附能力；而在有机质含量较高的储层中，有机质仍是主要的吸附物质，对地层的吸附能力起绝对主导作用。

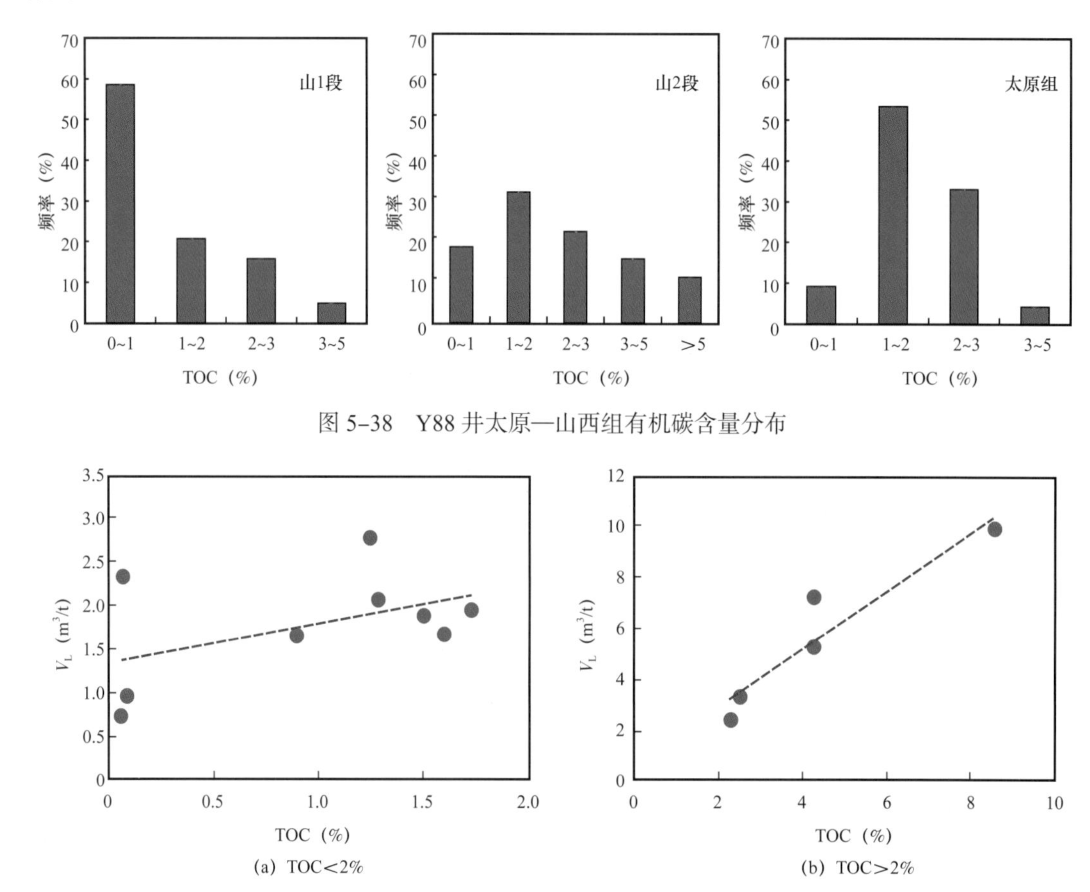

图 5-38　Y88 井太原—山西组有机碳含量分布

图 5-39　太原—山西组 TOC 与吸附气量交会图

（2）有机质热演化程度。

研究区山西组 18 块泥页岩样品实验测量得到镜质组反射率 R_o 的范围为 2.04%～2.86%，平均值为 2.38%，为生烃过程中的过成熟干气阶段；太原组 5 块泥岩样品实验测量得到镜质组反射率 R_o 的范围为 2.07%～2.9%，平均值为 2.4%，同样也为生烃过程中的过成熟干气阶段。R_o 随深度变深有增高的趋势（图 5-40），随着成熟度的升高，有机质生烃产生了更多的微孔隙，导致吸附气量增加（图 5-41）。

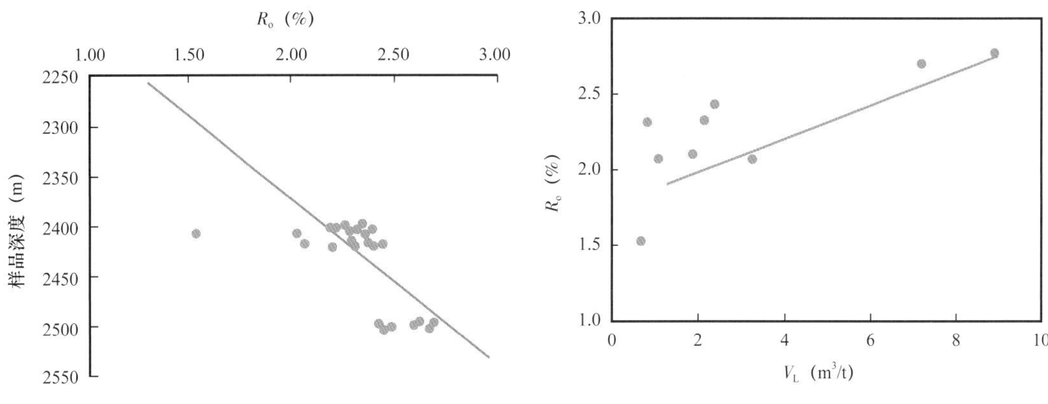

图 5-40　成熟度随深度变化曲线　　　　图 5-41　Y88 井有机质成熟度对含气量的影响

（3）有机质类型。

根据干酪根显微组分鉴定结合 TI 公式可知，鄂尔多斯盆地中东部太原—山西组有机质类型以Ⅲ型为主，这种类型的干酪根以生气为主（图 5-42）。

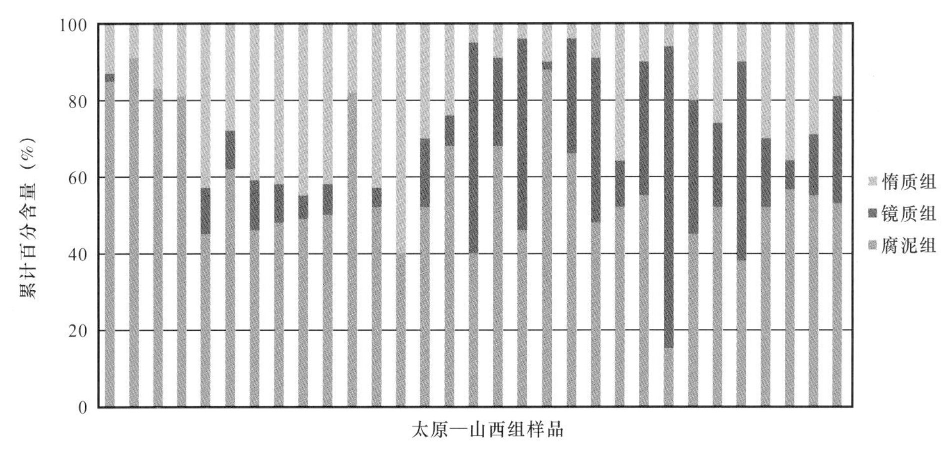

图 5-42　太原—山西组干酪根类型鉴定

3）全岩及黏土矿物组分

经过全岩矿物组分分析，太原、山西组储层普遍含有黏土、石英、钾长石、斜长石、黄铁矿以及菱铁矿。图 5-43 展示了太原—山西组与中国典型的海相页岩气储层龙马溪组泥页岩的矿物类型组成对比，可见海相泥页岩碳酸盐岩矿物含量最高，优势明显高于海陆过渡相和陆相泥页岩，但是黏土矿物要少于海陆过渡相和陆相泥页岩。这与前人研究的观点是一致的。

对太原—山西组储层全岩矿物组分分析表明，其中太原组储层黏土含量范围为 42%～89%，平均值为 55.3%；山西组储层黏土含量范围为 41%～78%，平均值为 58.5%。在全岩矿物组分中，相较于海相储层，黏土矿物组分明显偏多。有研究表明上古生界泥页岩储层的 TOC 与吸附气含量具有多重关系，高含量黏土矿物组分会使得岩石的吸附能力和含气能力异常增加（田成伟等，2011）。

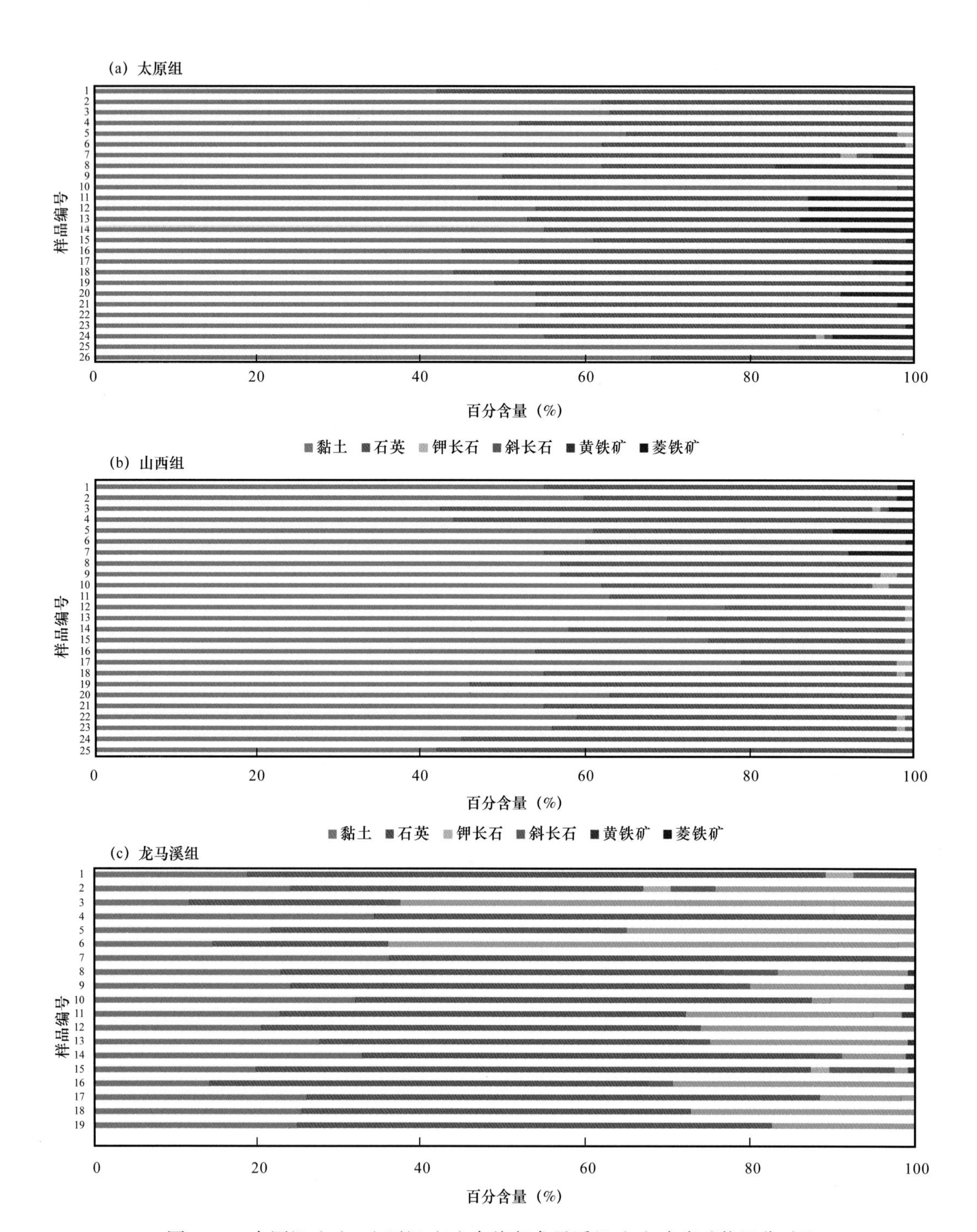

图 5-43　太原组（a）、山西组（b）与海相龙马溪组（c）全岩矿物组分对比

（Y88 井太原组 28 块样品，Y88 井山西组 28 块样品，建南 X 井龙马溪组海相）

太原—山西组 40 块样品 X 衍射黏土矿物组分分析中可以看到（图 5-44），太原—山西组储层黏土矿物主要包括高岭石、绿泥石、伊利石以及伊 / 蒙混层。从太原—山西组储层泥页岩储层黏土矿物组分分布频率直方图分析中可以看出（图 5-45）：在黏土矿物组分中，伊利石与伊 / 蒙混层占绝大多数。

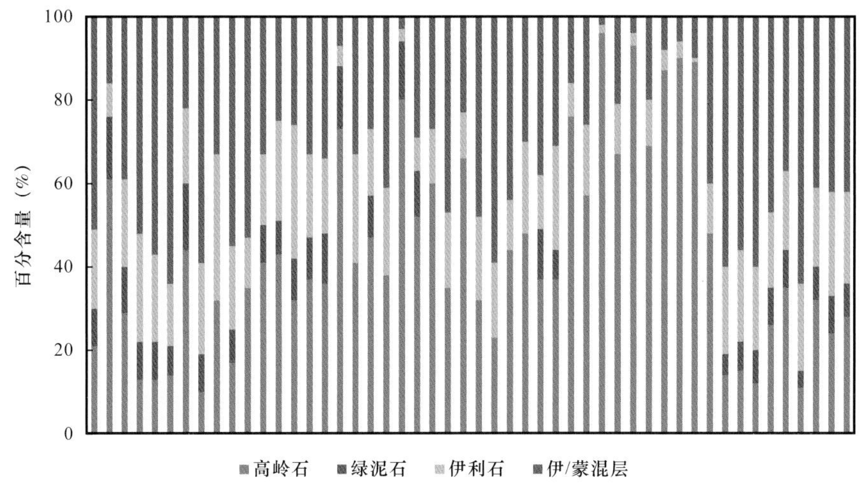

图 5-44　太原—山西组 40 块样品 X 衍射黏土矿物组分

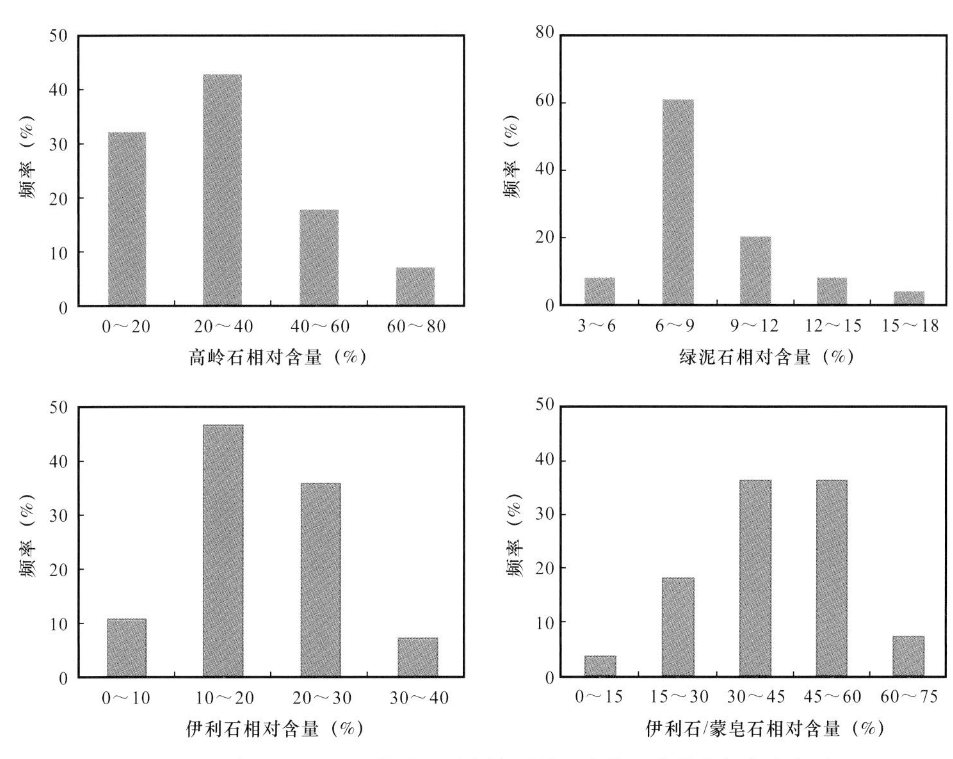

图 5-45　太原—山西组储层泥页岩储层黏土矿物组分分布频率直方图

不同的黏土矿物吸附能力差别较大，主要是黏土矿物在不同的温度湿度环境下表现出完全不同的吸附能力，且不同的黏土矿物其成岩作用的过程以及程度不同导致黏土矿物的晶体结构、孔隙结构都存在差异。

为进一步详细研究黏土矿物组分对太原—山西组储层吸附能力的影响，对各个黏土矿物组分与朗缪尔常数 V_L 做了交会图，如图 5-46 中黏土矿物成分的符号分别代表：K—高岭石，C—绿泥石，I—伊利石，S—蒙皂石，I/S—伊 / 蒙混层，C/S—绿 / 蒙混层，S%—间层比。V_L 通常反映样品在固定的温度下最大吸附潜力。从图中可以看出 V_L 与伊／蒙混层呈正相关性。表明在伊／蒙混层含量高的储层段，泥页岩储层具有更好的吸附性，这与前面对黏土矿物吸附性理论认识一致。

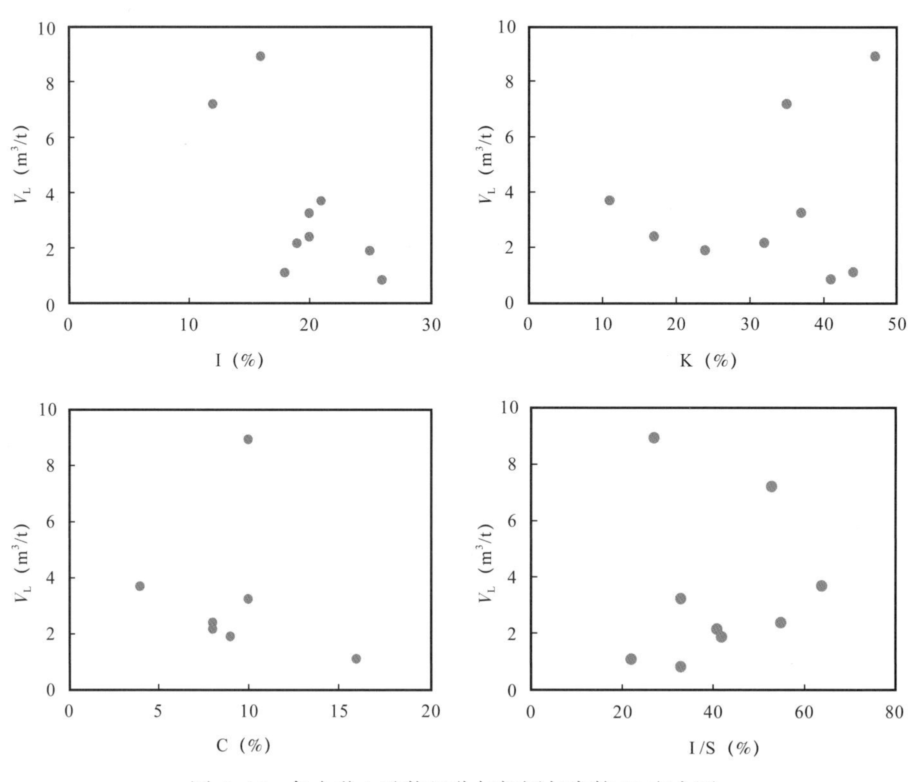

图 5-46　各个黏土矿物组分与朗缪尔常数 V_L 交会图

2. 吸附气含量计算模型

目前，对于页岩气吸附性研究主要采用吸附模型，该模型对等温吸附曲线进行非线性拟合，常用的等温吸附模型主要分为三类：单分子层模型、多分子层模型和吸附势理论模型（表 5-8）。单分子层模型属于亚临界吸附模型，是目前页岩气吸附气含量计算用得最多的计算模型（Dubinin，1960）。但是单分子模型未考虑吸附剂非均质性，而且该模型仅描述了单层吸附，而不能描述超微孔中吸附机理，难以区分干酪根和黏土矿物的吸附能力。多分子层吸附模型属于亚临界吸附模型，适用于表面化学性质均匀的吸附相，在超临界状态下误差较大。而吸附势理论的应用较少，不适合测井计算。综合考虑，这里仍然沿用通用的朗缪尔公式来计算吸附气含量，并根据实验研究加以改进。

通过前面温压对太原—山西组泥页岩吸附影响的研究发现，储层压力下均可以达到饱和吸附。因此通过朗缪尔公式来计算吸附气含量时，可以简化地认为求取某温度下的最大饱和吸附量即可，即 $V=V_L$。通过前面的影响因素分析，吸附气含量应该是有机质含量、黏土矿物、孔隙度的共同函数，可以表达为 $V_L=f(\mathrm{TOC}, \varphi, V_{sh})$。由于样品数量不足，不够机器学习中的监督学习算法来更精确地建立非线性预测模型，这里改用线性回归模型来建立预测模型。

表 5-8　吸附模型及适用条件

	吸附模型	方程
单分子层吸附理论	Herry	$V=K_b p$
	Toth	$V=V_{ad}=K_b p V_L / \left[1+\left(K_b p\right)^m\right]^{1/m}$
	Freundlich	$V=aP^b$
	Langmuir	$V=V_L \frac{p}{p_L+p}$
	双 Langmuir	$N_{ads}=\frac{V_{L_1} p}{p_{L_1}+p}+\frac{V_{L_2} p}{p_{L_2}+p}$
	Langmuir-Freundlich	$V=\frac{V_L K_b p^n}{1+K_b p^n}$
	扩展的 Langmuir	$V=V_{ad}=K_b p V_L / \left(1+K_b p+m\sqrt{K_b p}\right)$
多分子层吸附理论	B-BET	$V=V_{adf}=\frac{V_L C p}{\left(p^o-p\right)\left[1+\left(C-1\right)\left(p/p^o\right)\right]^n}$
	T-BET	$V=V_{adf}=\frac{V_L C p\left[1-\left(n+1\right)\left(p/p^o\right)^n+n\left(p/p^o\right)^{n+1}\right]}{\left(p^o-p\right)\left[1+\left(C-1\right)\left(p/p^o\right)-C\left(p/p^o\right)^{n+1}\right]}$
	Weibull	$V=V_o\left[1-\exp\left(-bP^a\right)\right]$
吸附势理论	Dubinin-Radus hkevich	$V=V_{ad}=V_o \exp\left[-D\ln^2\left(p^o/p\right)\right]$
	Dubinin-Astakhow	$V=V_o \exp\left[-D\ln^n\left(\frac{ps}{p}\right)\right]$

在用太原—山西组吸附气量 21 块样品的吸附气量、有机质含量、孔隙度、伊利石含量的线性关系分析建模时，区分高有机质含量层段计算模型与低有机质含量层段计算模型的区别：

在高 TOC（TOC≥2%）层段中，有机质对储层的吸附能力占据主导，直接用 TOC 的含量拟合吸附气含量，计算模型为

$$V_{L_1}=0.3\text{TOC}+0.8$$

在低 TOC（TOC＜2%）层段中，需要充分考虑有机质及黏土矿物成分共同对储层吸附能力的影响，计算模型可以表达为

$$V_{L_2}=c+\left(a\times\text{TOC}+b\times V_{sh}\right)\times\phi$$

其中，$b\times V_{sh}=b_0\times V_{伊/蒙混层}+b_1\times V_{伊利石}+b_2\times V_{高岭石}+b_3\times V_{绿泥石}$

上面公式中的 a 与 b 分别代表有机质与黏土矿物对泥页岩储层吸附能力贡献的权重，黏土矿物的吸附能力可以进一步分解为伊 / 蒙混层、伊利石、高岭石、绿泥石对吸附能力贡献的权重，分别为 b_0、b_1、b_2、b_3。但从前面研究发现，除伊 / 蒙混层外，其余黏土矿物对吸附能力贡献并不大，因此这里将其余黏土矿物的权值设为 0，模型进一步简化表达为

$$V_{L_2}=c+a\cdot TOC\cdot\phi+b_0\cdot V_{伊/蒙混层}\cdot\phi$$

通过样品的数据的多元回归，模型参数表达如下。值得注意的是每一部分的值都做了归一化处理：

$$V_{L_2}=0.86+1.33\left(TOC\phi\right)'+1.97\left(V_{伊/蒙混层}\phi\right)'$$

温度校正借鉴斯伦贝谢模型的思路，适用于太原—山西组的计算模型为

$$V_{L_T}=0.85V_L1.0062^{T_i-T}$$

考察该温度校正模型的适用性，分别将 30℃的等温吸附中的朗缪尔体积校正到 60℃、70℃、80℃、90℃的水平，校正后的结果如下图 5-47 计算的朗缪尔体积与实验值对比所示，可以看到大部分样品在温度校正后与实验值具有较好的对应性，温度校正模型真实可靠，通过该模型完成了研究区三口井吸附气含量的计算（图 5-48、图 5-49、图 5-50）。

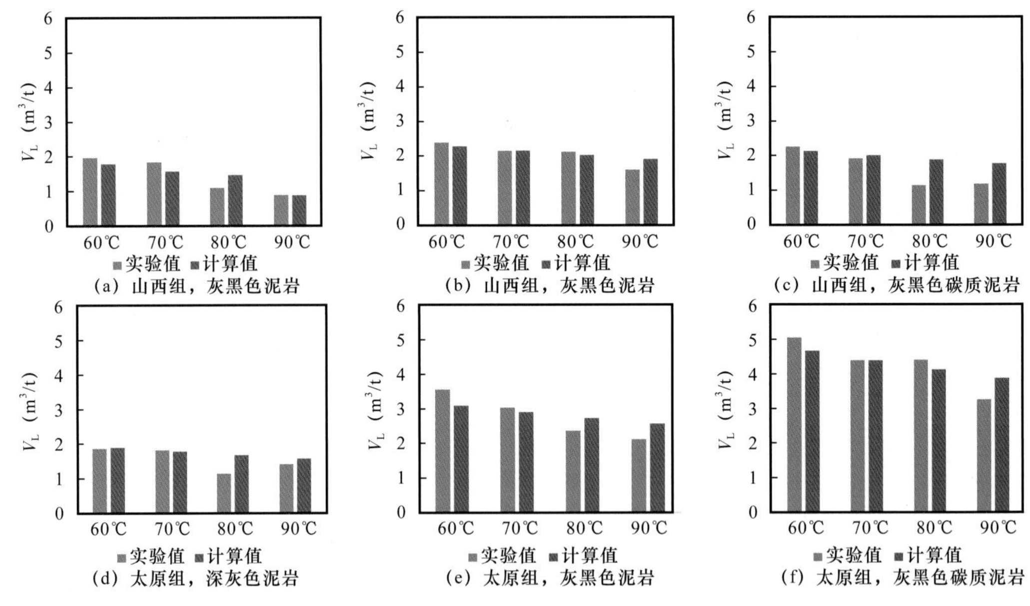

图 5-47　计算的朗缪尔体积与实验值对比

3. 总含气量计算

通过上述含气量计算模型，对研究区三口井的游离气和吸附气含量进行了计算，最终得到了总含气量（图 5-51、图 5-52、图 5-53），计算的太原组理论吸附气量为 0.80～5.15m³/t，理论游离气含量为 0.75～4.58m³/t，理论总含气量为 1.10～5.35m³/t；山西组计算的理论吸附气量为 0.58～4.95m³/t，理论游离气含量为 0.58～4.95m³/t，理论总含气量为 0.58～4.95m³/t。

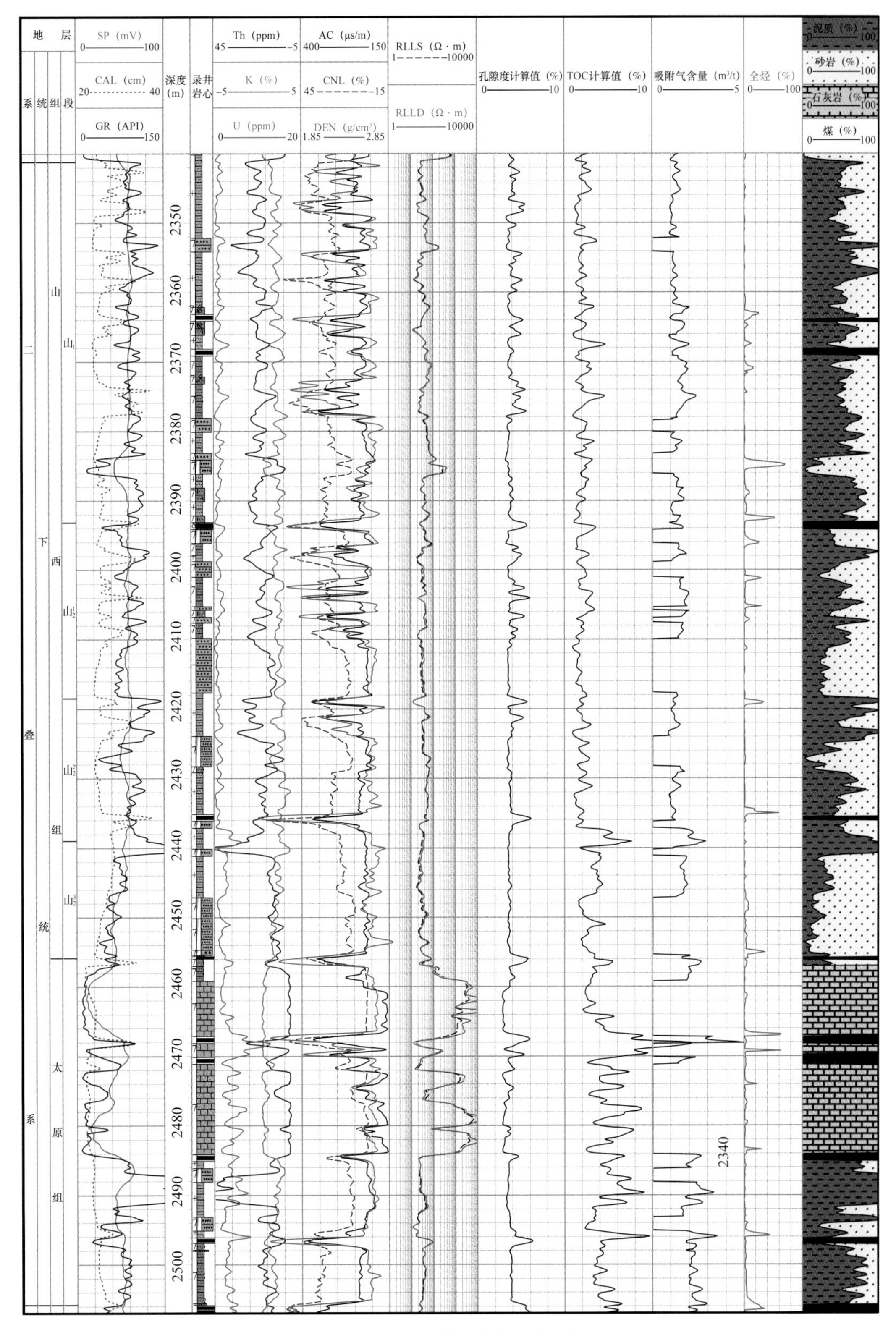

图 5-48　Y88 井吸附气量成果图

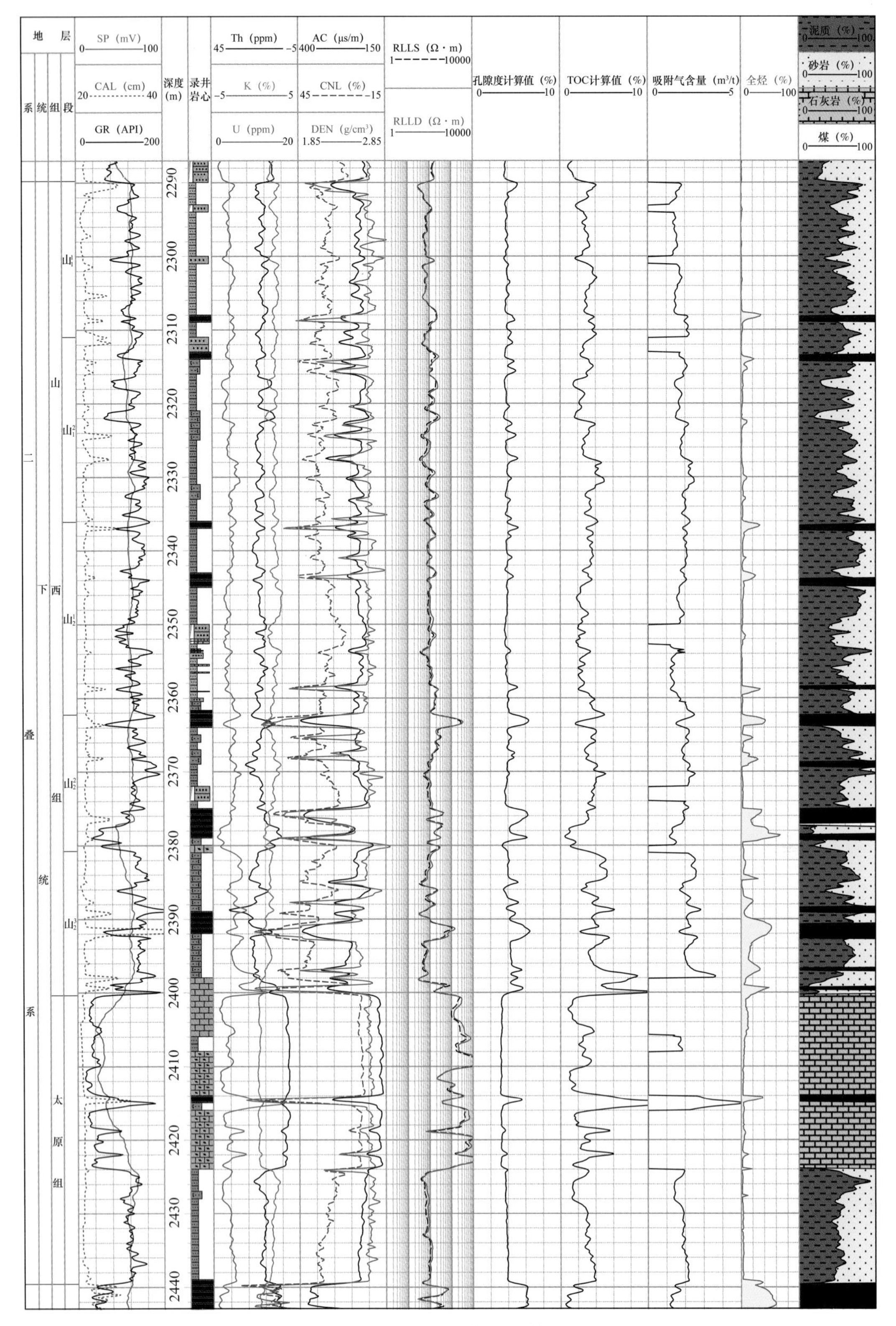

图 5-49　Y94 井吸附气量计算成果图

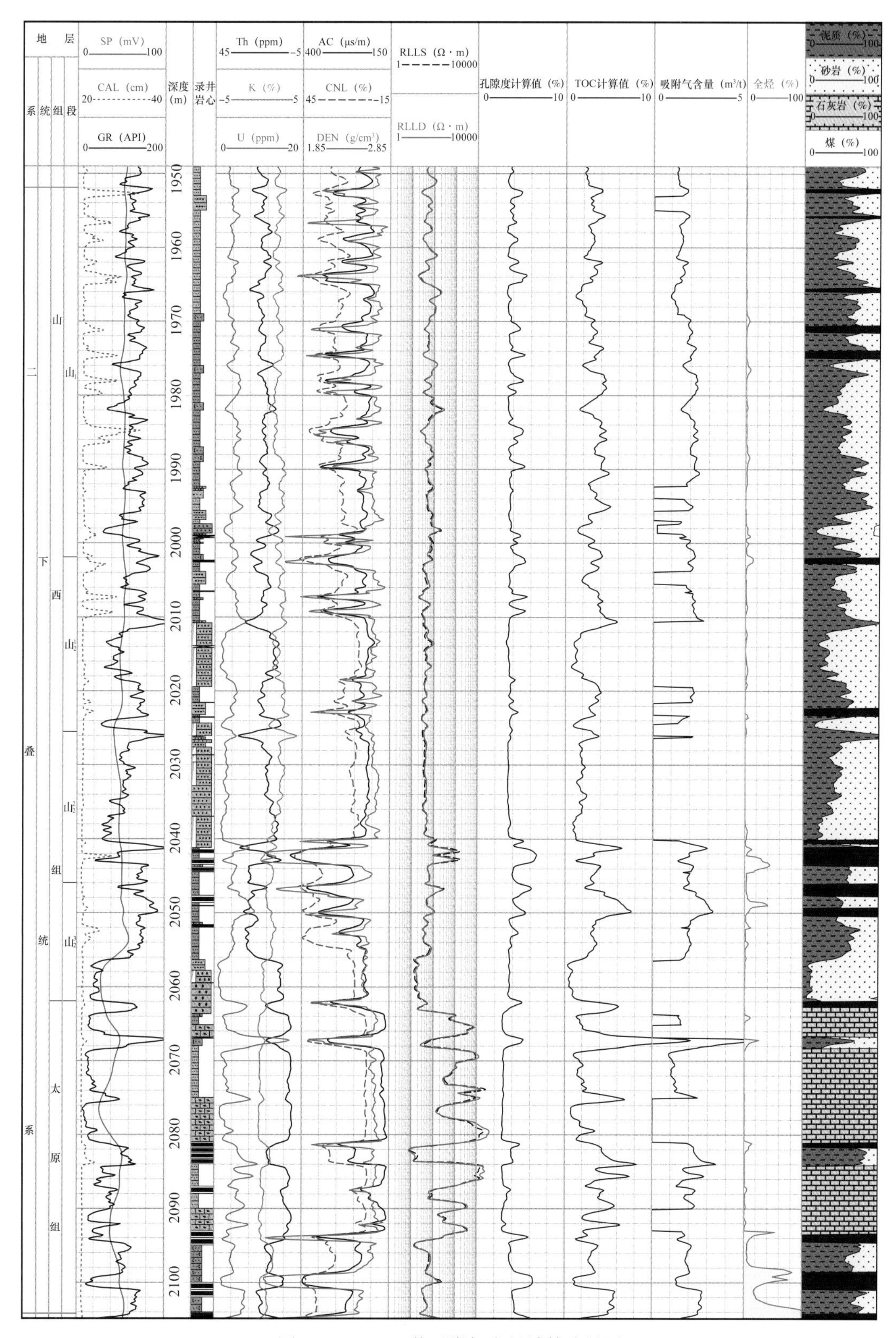

图 5-50　Y106 井吸附气含量计算成果图

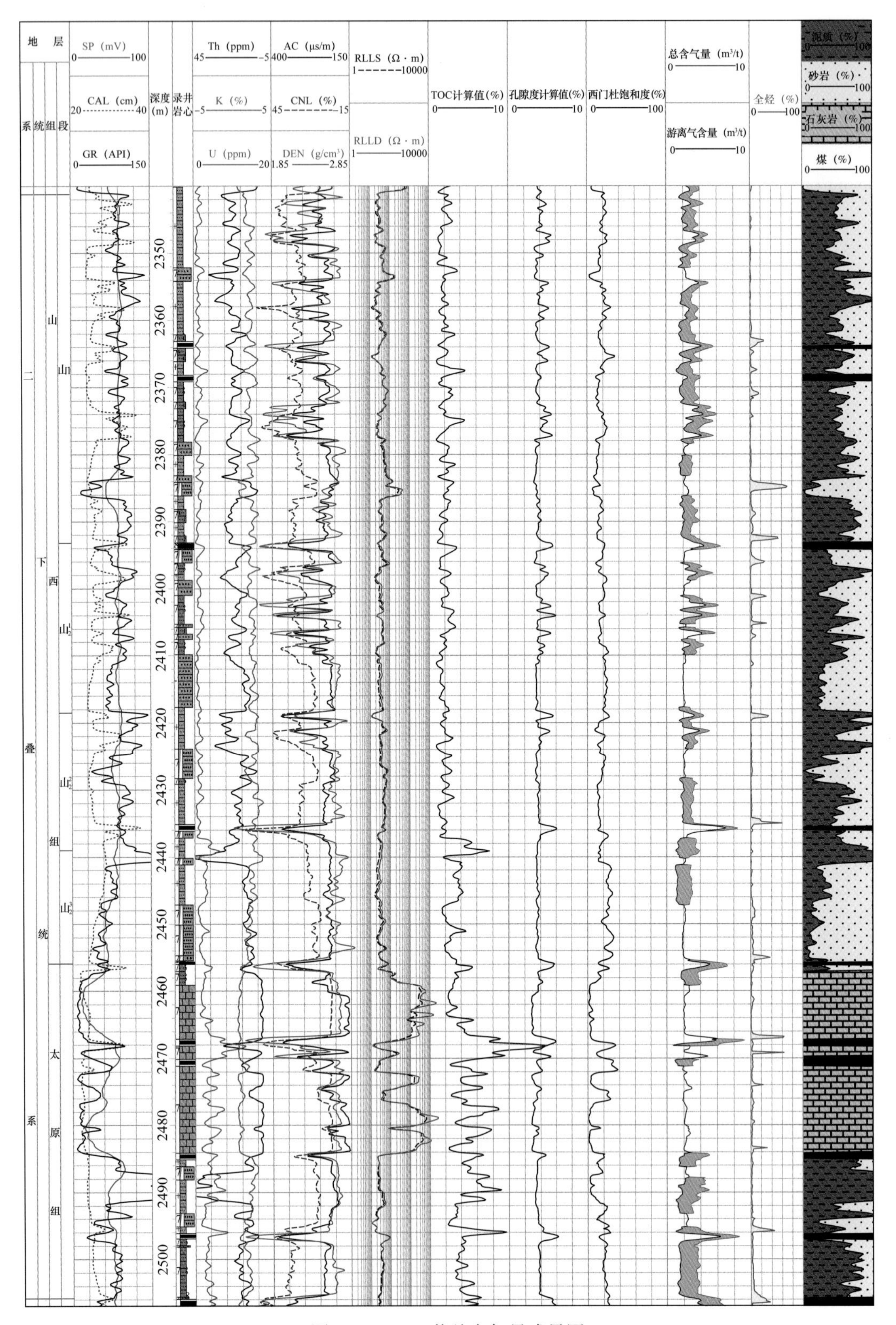

图 5-51　Y88 井总含气量成果图

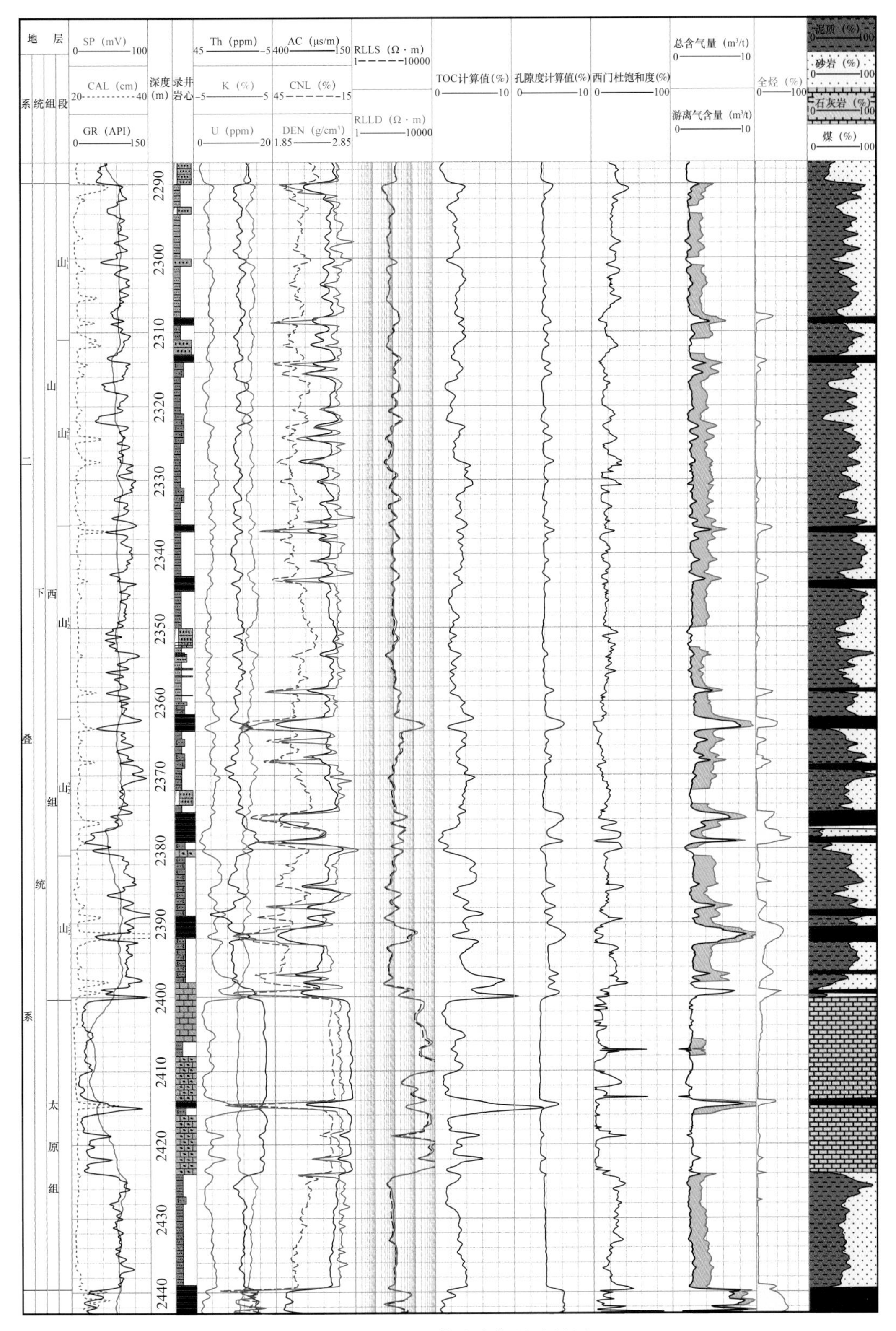

图 5-52 Y94 井总含气量成果图

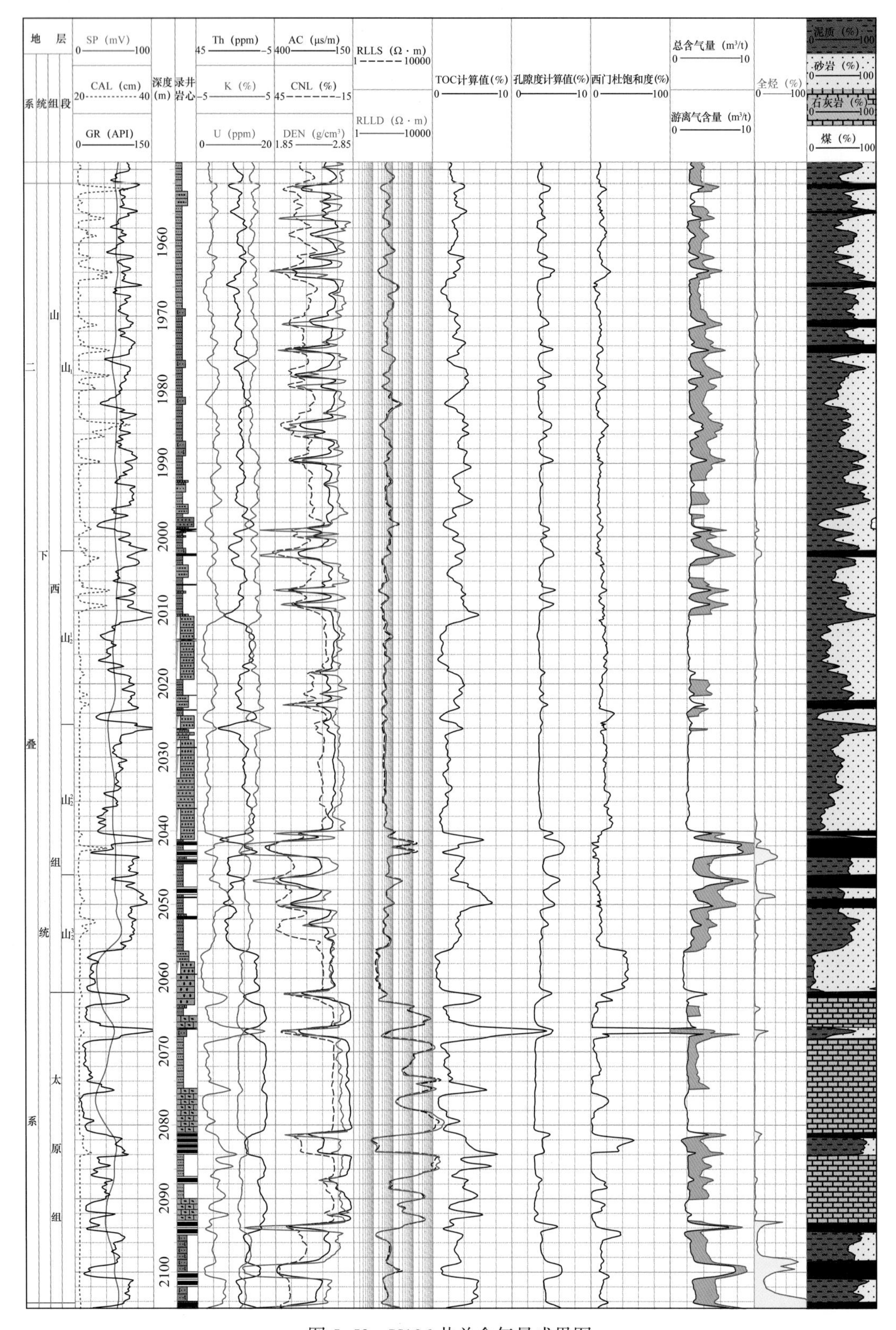

图 5-53　Y106 井总含气量成果图

第四节　基于热模拟实验方法的含气量预测

生烃热模拟实验以干酪根热降解成烃原理和有机质热演化的时间—温度补偿原理为依据，在高温条件下模拟油、气的形成，再现有机质热演化，是广泛应用的研究有机质演化过程的重要技术手段（汤庆艳等，2013；陶树等，2009；吴远东等，2016）。热模拟实验生烃结果为有机质泥页岩可以生成烃类的总含量，在一定程度可以反映泥页岩中页岩气总含量，在此提出基于热模拟实验方法的含气量预测方法。

选取鄂尔多斯盆地北部 MF7–1 井、MF23–5 井二叠系山西组、贵州省 YV–1 井不同深度二叠系龙潭组和南华北盆地皖潘地 1 井山西组五个泥页岩样品进行封闭系统中的热模拟实验，结合岩石热解实验模拟了泥页岩生烃的全过程。

一、实验方法

实验前在对样品进行了有机地球化学和岩石学分析测试的基础上磨碎干燥样品。将每份样品分为 11 份，每份重为 30g，颗粒大小为 2.5～10mm。1 份进行原始样品的 TOC 含量（%）、镜质组反射率 R_o、干酪根显微组分分析测定（表 5–9），其他 10 份样品使用高压封闭式方法进行黄金管热模拟实验。

表 5–9　泥页岩样品基础数据表

样号	TOC 含量（%）	R_o（%）	S_1+S_2（mg/g）	S_2（mg/g）	干酪根类型
MF7–1	4.65	0.87	5.27	4.98	Ⅲ型
MF23–5	1.23	0.96	1.66	1.5	Ⅲ型
YV–1	2.56	1.23	4.56	4.35	Ⅲ型
YV–1	6.53	1.06	10.95	10.56	Ⅲ型
皖潘地 1	1.55	0.95	2.32	2.01	Ⅲ型

由于黄金具有很好的延展性和高熔点性，有利于外部压力温度的传递，以此该系统可以模拟地质条件下的高温高压环境有机质热演化。热模拟实验仪器主要由三部分组成，即反应釜、温控仪和热解气收集分离系统。

实验步骤为：首先将模拟样品装在两头封闭的黄金管中，在将黄金管放置于高压釜中，通过高压泵利用水对釜体内部施加压力。压力设定为 50MPa，压力波动小于 1MPa。然后，采取程序升温的方式，以 5℃ /min 的升温速率，各高压釜的温差为 1℃，温度波动小于 1℃，将 10 份样品从室温分别升温至 200℃、250℃、300℃、350℃、400℃、450℃、500℃、550℃、600℃和 650℃。加热结束后，对各温度的热解产物用 6890N 气相色谱仪（GC–6890）统计产生的各烃类气体（C_1—C_5）和 C_6～C_{14} 烃类液体组分的质量，并用二氯甲烷（CH_2Cl_2）萃取 C_{14+} 碳氢化合物计算 C_{14+} 烃类液体组分的质量。最后，取出样品，分别进行镜质组反射率 R_o（%），岩石热解和 X 衍射的测定。

二、生烃变化规律

根据镜质组反射率（R_o）数据可以用来反映有机质成熟度这一特性（Evans、Jr，1983a，1983b；Tissot，1984; Tissot、Welte，1984），将热模拟温度转换到测定的等效镜质组反射率标尺上，以此更明确地讨论生烃过程中成熟度与生烃规律的内在联系。计算实验中各参数之间的变化规律，结果如下：

液态烃（C_6—C_{14} 和 C_{15+} 组分）产量随着 R_o 的升高呈先增加后减少的趋势，气态烃（C_1—C_5 化合物）的产量随着 R_o 的升高，先是基本不增加，当 R_o 到达一定值后气态烃产量开始大量增加，总烃量（气态烃产量与液态烃产量之和）随 R_o 上升而增加（图 5-54）。鄂尔多斯盆地北部 MF 7-1 井（a）和 MF 23-5 井（b）山西组、贵州地区 YV-1 井龙潭组不同深度（c、d）和南华北盆地皖潘地 1 井（e）山西组煤系地层泥页岩样品液态烃产量分别随 R_o 升高至 1.6%、1.5%、1.6%、1.6% 和 1.6% 时达到最大，此后液态烃产量开始减少，在 R_o 均升高至 2.5% 左右时，液态烃产量近为零值，液态烃基本消失。气态烃产量在液态烃产量达到最大时开始增加。

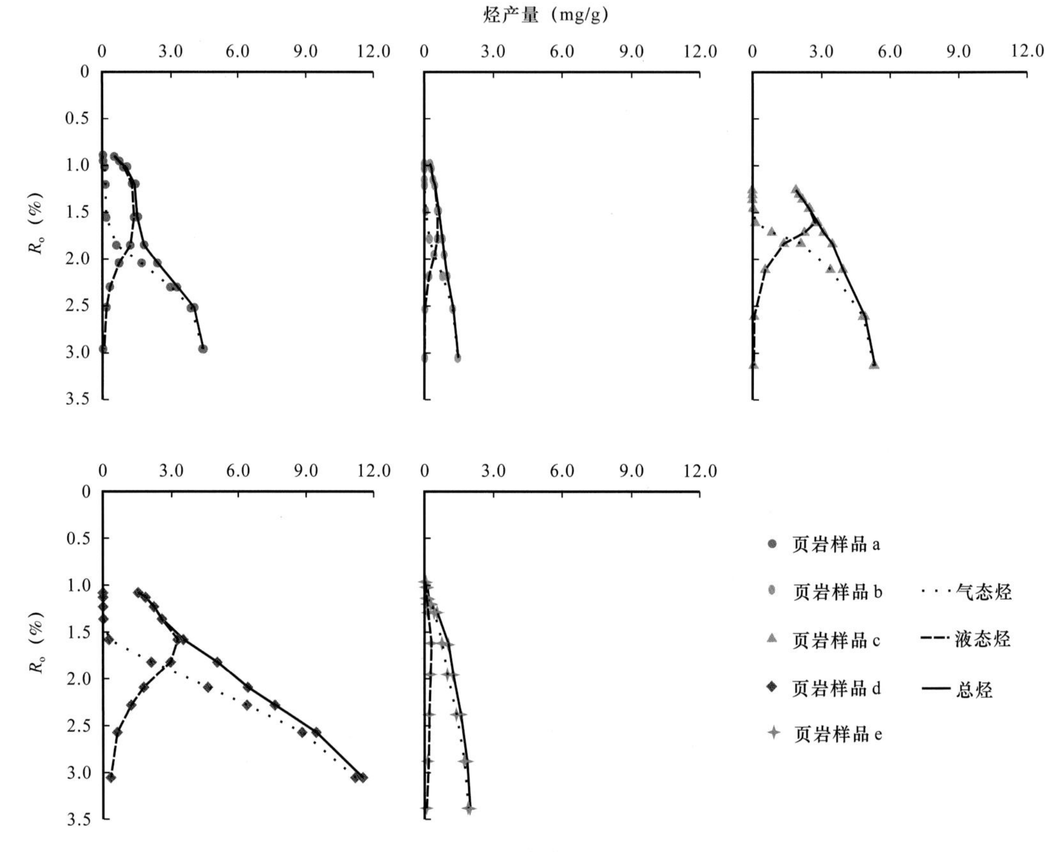

图 5-54　泥页岩样品烃类产出量随 R_o 变化关系图

气态烃增量随 R_o 上升先基本不增加后大量增加（图 5-55），泥页岩样品 a、b、c、d 和 e 气态烃增量分别在 R_o 分别为 1.9%、1.8%、1.7%、1.8% 和 1.3% 附近时开始大量增加。

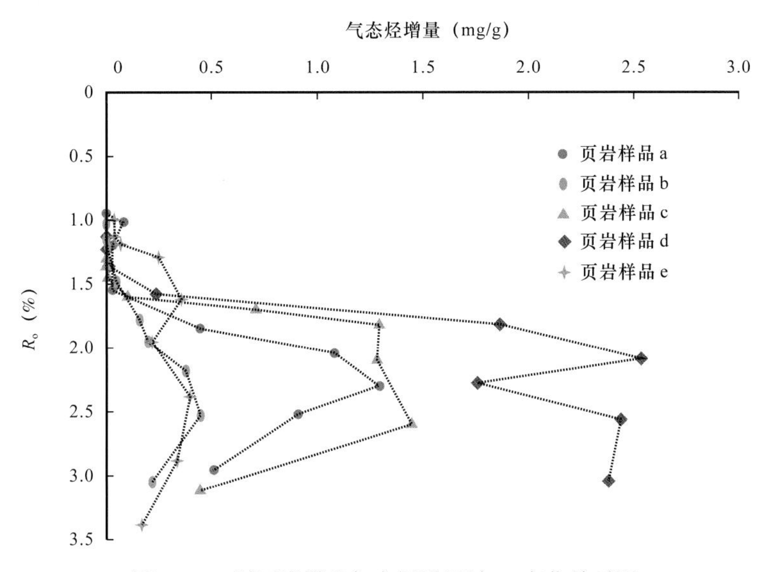

图 5-55　泥页岩样品气态烃增量随 R_o 变化关系图

生烃潜量（S_1+S_2）和热解烃量（S_2）分别随 R_o 上升逐步减少（图 5-56）。泥页岩样品 a、b、c、d 和 e 的生烃潜量（S_1+S_2）和热解烃量（S_2）在 R_o 上升至 2.5% 时接近零值，S_2 在 S_1+S_2 中比重极大。

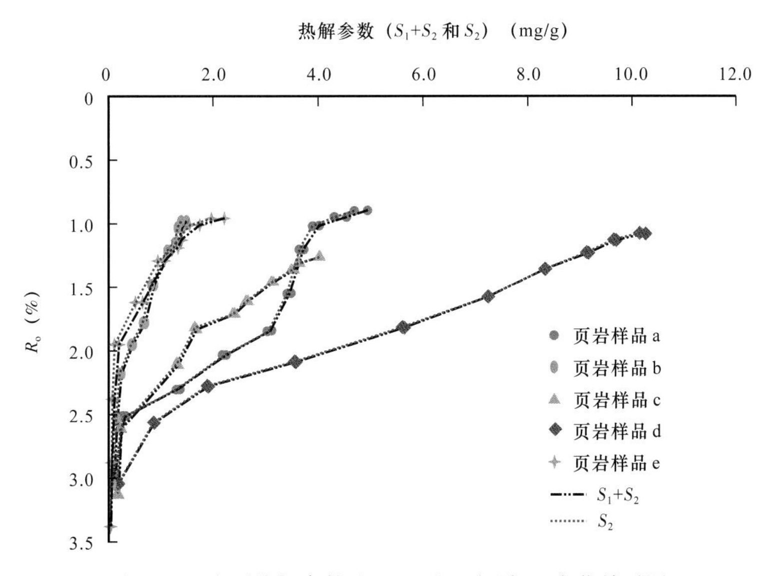

图 5-56　岩石热解参数（S_1+S_2 和 S_2）随 R_o 变化关系图

泥页岩样品在实验升温过程中生烃潜量（S_1+S_2）与总烃量之间呈线性负相关（图 5-57）。泥页岩样品 a、b、c、d 和 e 在生烃潜量（S_1+S_2）与总烃量的线性关系中斜率分别为 −1.23、−1.25、−1.14、−1.08 和 −0.91，斜率相近。生烃潜量（S_1+S_2）的最初值越大，随 R_o 的升高，最终生成的总烃量越大。结合图 5-56 和图 5-57 分析表明生烃潜量（S_1+S_2）可用于评价煤系地层烃源岩生烃潜力，且热解烃量（S_2）在煤系地层泥页岩的生烃能力起决定性作用。

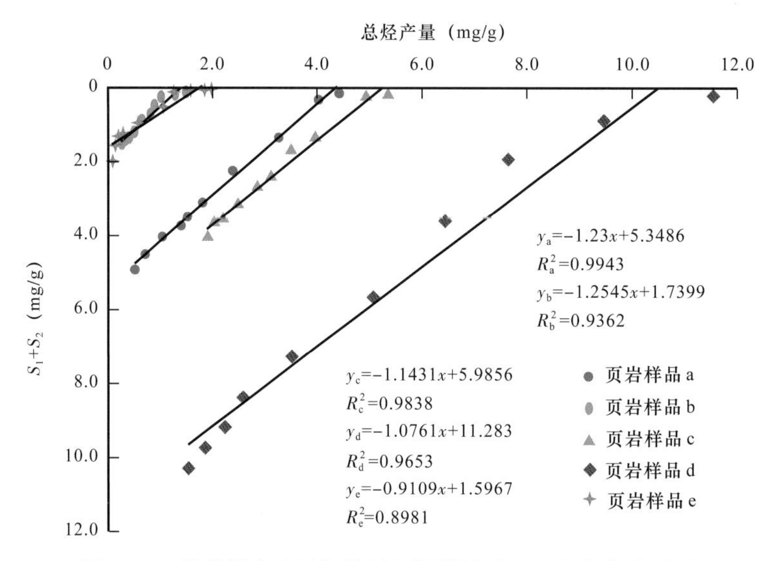

图 5-57 热模拟实验总烃量随生烃潜量（S_1+S_2）变化关系图

生烃潜量（S_1+S_2）与气态烃量之间呈“两段式”的线性负相关关系（图 5-58）。生烃潜量（S_1+S_2）随着 R_o 升高而减少，气态烃量在生烃潜量（S_1+S_2）下降的前期基本不增加，后呈线性增加。结合生烃潜量（S_1+S_2）随 R_o 变化关系（图 5-56），当泥页岩样品 a、b、c、d 和 e 的生烃潜量（S_1+S_2）在 R_o 分别升高至 1.6%、1.5%、1.6%、1.6% 和 1.2%，气态烃量基本不增加。此后 R_o 继续上升，随着生烃潜量（S_1+S_2）的减少，气态烃量呈线性增加，相关系数分别达到 0.9949、0.8961、0.9847、0.9624 和 0.9540。

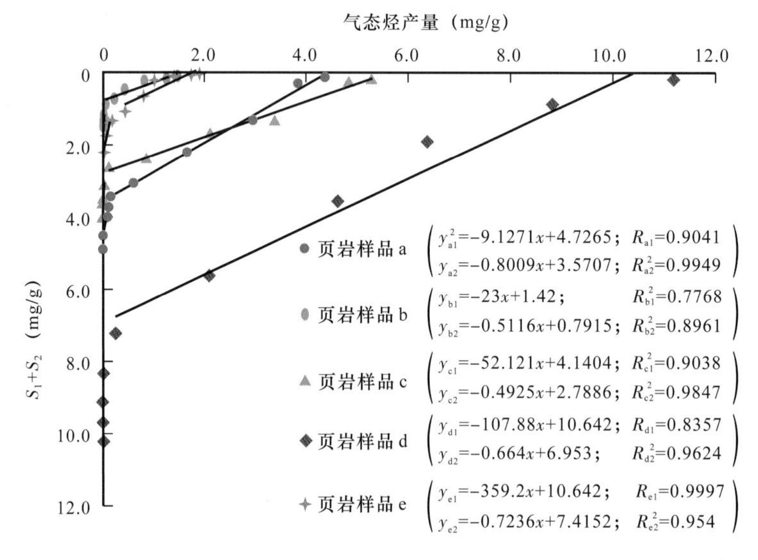

图 5-58 热模拟实验气态烃量随生烃潜量（S_1+S_2）变化关系图

三、页岩成岩及生烃演化阶段划分

黏土矿物各成分的相对含量在成岩演化过程中有一定的变化趋势。因此，可以从黏土矿物的类型和含量来判断成岩阶段。用于指示成岩作用和成岩演化阶段的主要黏土矿物包括蒙皂石、伊利石、高岭石、伊/蒙混层和绿泥石（Rossel，1982；Han，等，2000）。随着埋深和地温的增加，存在两个转化序列：蒙皂石—伊利石和高岭石—绿泥石（赵杏媛等，2010）。

对页岩黏土的矿物演化和页岩样品有机质的热演化进行综合分析。黏土矿物的垂向转化阶段与有机质的热演化阶段和压实阶段有较好的对应关系（图5-59）。中国煤系页岩的成岩及生烃作用包括四个主要演化阶段：

第一阶段为早成岩及未成熟阶段：对应有机质未成熟阶段（R_o<0.6%），位于“生油窗”以前，受生物作用和成岩作用的影响，转化为干酪根，生成少量生物甲烷，同时泥质沉积尚未完全固结成岩，煤系地层有机质页岩在此阶段未生油。

第二阶段为中成岩A期及早成熟阶段，对应有机质早成熟阶段（0.6%<R_o<1.6%），高岭石含量缓慢降低。干酪根在热催化下大量降解，液态烃快速增加，直至达到最高值，此时达到生气门限。R_o继续升高，液态烃开始热裂解转化成气态烃，气态烃不断增加。此阶段气液共存，以生油为主。

第三阶段为中成岩B期及晚成熟阶段：对应有机质晚成熟阶（1.6%<R_o<2.5%），高岭石向伊利石和伊/蒙混层快速转化，与此同时，绿泥石含量上升。液态烃快速减少，气态烃快速增加。固态沥青与剩余的干酪根通过热裂解，生成大量甲烷及重烃气。此阶段气液共存，以生气为主。

第四阶段为晚成岩及过成熟阶段：对应有机质过成熟阶（R_o>2.5%），伊/蒙混层中蒙皂石含量快速降低，表明伊/蒙混层中蒙皂石向伊利石快速转化。液态烃基本消失，C_2+含量极少，剩余的干酪根母质继续热解呈最稳定的甲烷，此阶段为气相。

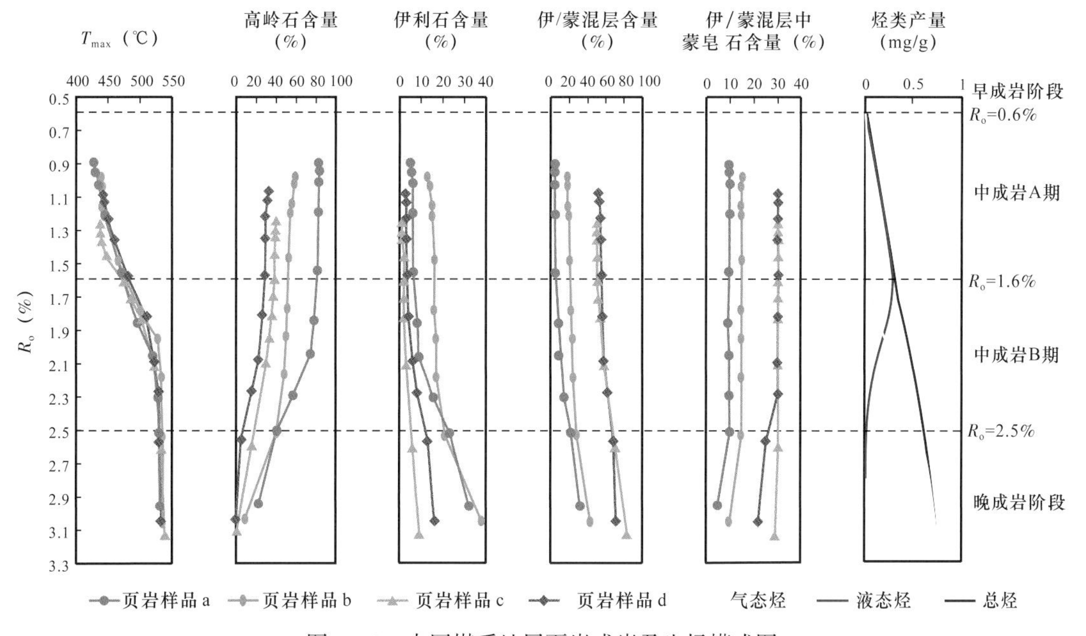

图5-59 中国煤系地层页岩成岩及生烃模式图

四、含气量预测

鄂尔多斯盆地和黔西南地区海陆过渡相泥页岩为煤系地层泥页岩，煤系地层页岩主要形成于沼泽相和潟湖相沉积环境，其有机质以陆生植物为主要来源，与水生有机质相比，类脂组含量低，相对富碳贫氢（陈建平，1997）。基于煤系地层这一特殊的沉积环境和母质组成，有机质中能形成的油气的有效碳含量偏低，进行煤系泥页岩生烃规律研究时应把最基本的着眼点放在生烃潜量（S_1+S_2）上（陈建平，1997）。

鄂尔多斯盆地、黔西南地区和南华北盆地海陆过渡相泥页岩有机质成熟度大都处于成熟—过成熟阶段，选取未成熟度有机质泥页岩样品困难，这会对泥页岩生烃规律的量化分析产生影响。为解决这一问题需要对泥页岩样品生气门限对应 R_o 值进行恢复。

由图 5–56、图 5–57 和图 5–58 可以看出，在泥页岩样品 a、b、c、d 和 e 达到各自生油高峰前，生烃潜量（S_1+S_2）的减少主要因生成液态烃。分析生油高峰前，液态烃产量与生烃潜量（S_1+S_2）的关系（图 5–60），泥页岩样品 a、b、c、d 和 e 液态烃产量与生烃潜量（S_1+S_2）呈线性负相关，液态烃产量随生烃潜量（S_1+S_2）的减少线性增加。根据线性关系，当液态烃量为 0mg/g 时，即生油门限时，泥页岩样品 a、b、c、d 和 e 的 S_1+S_2 含量分别为 5.5096mg/g、1.9262mg/g、6.6851mg/g、13.084mg/g 和 2.7501mg/g。

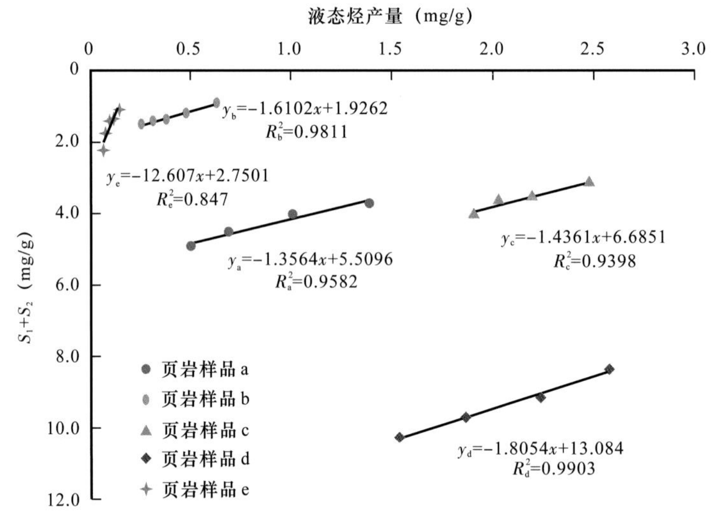

图 5–60　液烃量随生烃潜量（S_1+S_2）变化关系图

生油高峰前，生烃潜量（S_1+S_2）与 R_o 之间也表现出很好的线性关系（图 5–61），相关系数分别高达 0.8587、0.9787、0.9540、0.9861 和 0.9149。在此线性关系上，可以推算出泥页岩样品 a、b、c、d 和 e 在生油门限时的 R_o 分别为 0.74%、0.64%、0.64%、0.64% 和 0.77%。

泥页岩样品所含生烃潜量（S_1+S_2）不同最终产烃量也不同（图 5–57），为研究海陆过渡相泥页岩生烃演化过程中生烃量变化，分析 1mg/g 生烃潜量（S_1+S_2）泥页岩样品生烃产量变化规律。将泥页岩样品 a、b、c、d 和 e 热模拟生烃的过程产烃量的含量除以生油门限时 S_1+S_2 的含量 5.5096mg/g、1.9262mg/g、6.6851mg/g、13.084mg/g 和 2.7501mg/g。

结果如图 5-62 所示，单位生烃潜量（S_1+S_2）的泥页岩样品 a、b、c、d 和 e 生烃过程和生气量相近。

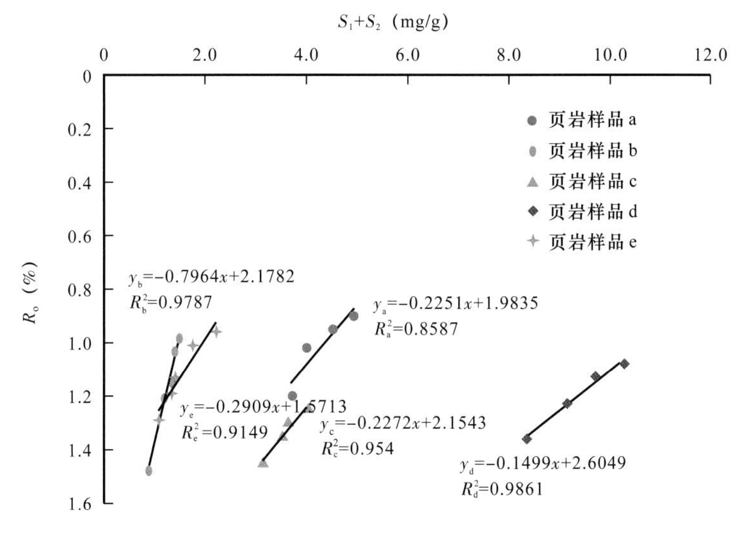

图 5-61　生烃潜量（S_1+S_2）随 R_o 变化关系图

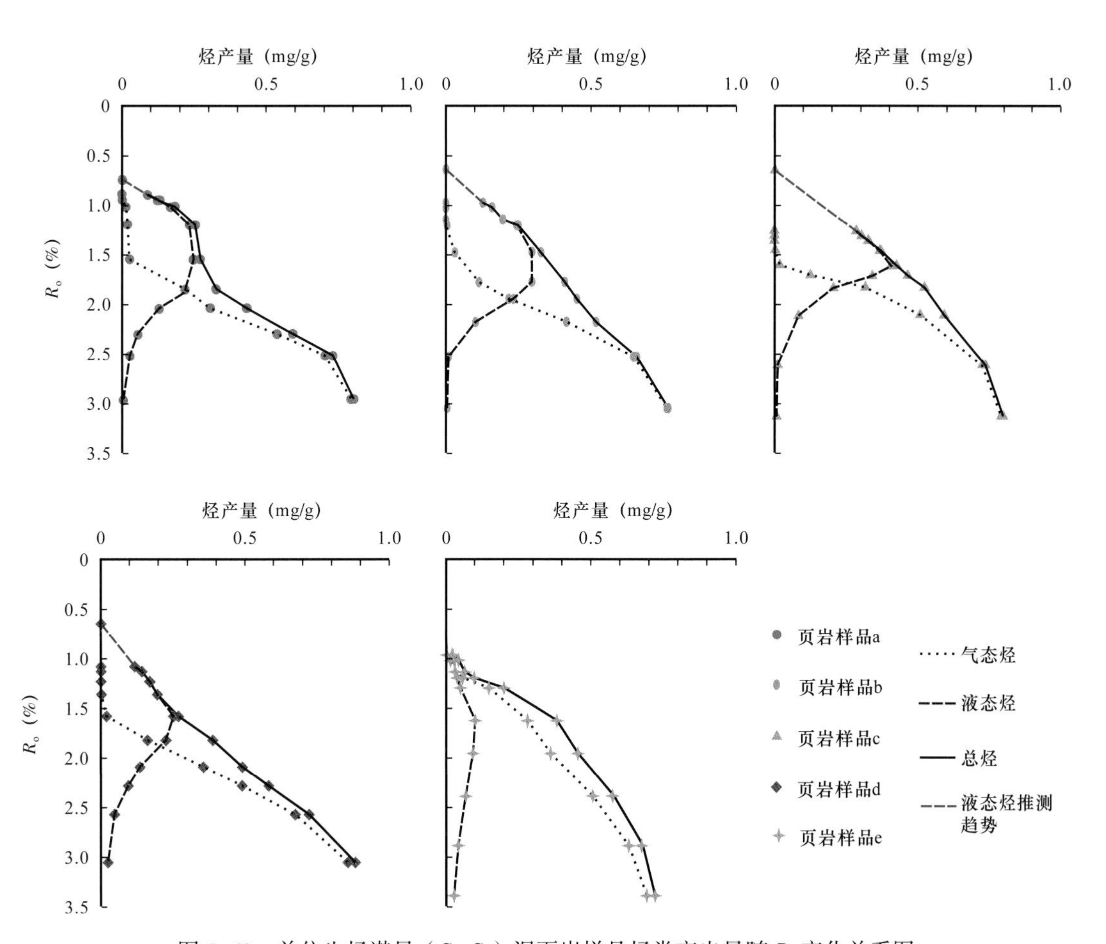

图 5-62　单位生烃潜量（S_1+S_2）泥页岩样品烃类产出量随 R_o 变化关系图

泥页岩样品 a、b、c、d 和 e 单位生烃潜量（S_1+S_2）的气态烃产量与 R_o 呈线性正相关关系，且相关系数 R^2 高达 0.872（图 5–63），因此，可根据线性方程 $y=0.5796x-0.6865$，算出不同生烃潜量（S_1+S_2）对应 R_o 值的泥页岩的无烃气排出情况下的含气量大小。

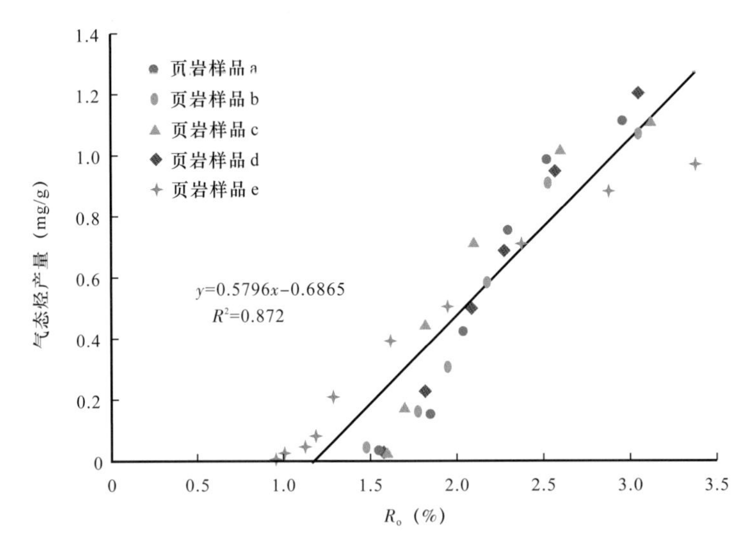

图 5–63　单位生烃潜量（S_1+S_2）气态烃产量随 R_o 的关系图

五、R_o 下限

通过鄂尔多斯盆地北部 MF 7–1 井（a）和 MF 23–5 井（b）山西组、贵州地区 YV–1 井龙潭组不同深度（c、d）和南华北盆地皖潘地 1 井（e）山西组海陆过渡相泥页岩样品在热模拟实验中的生烃规律研究（图 5–62），R_o 升高至 1.6% 时，液态烃产量达到最大值且气态烃产量开始增加。R_o 为 1.6% 时即为海陆过渡相富有机质泥页岩的生油高峰和大量生气门限。在 R_o 升高至 2.5% 左右时，泥页岩样品的液态烃产量近为零值，液态烃基本消失，与此同时生烃潜量（S_1+S_2）和热解烃量（S_2）也近为零值，热解干酪根基本裂解完全，因此，将页岩气目标区的 R_o 值选在 2.5%。

六、TOC 下限

目前，作为选区评价关键参数 TOC 主要是基于北美和中国南方海相页岩气成功开采的经验作为评价标准（Montgomery 等，2005；聂海宽等，2012；王社教等，2011；张金川等，2008），但是海陆过渡相泥页岩干酪根类型、有机质成分与海相泥页岩有明显的差别，生烃规律有别于海相页岩气，不能照搬海相泥页岩的评价标准。

页岩样品 a、b、c、d 和 e 单位热解生烃潜量（S_1+S_2）的气态烃产量与 R_o 呈线性正相关关系，气态烃产量随着 R_o 的升高而增加，且相关系数 R^2 高达 0.872（图 5–63）。根据美国与中国南方页岩气成功开发经验，页岩气藏有利区和目标区的含气量商业开发与开采标准分别为 1.0m³/t 和 2.0m³/t（邹才能等，2011）。当 R_o 为 1.5% 时，气态烃产量为 0.1829m³/t；当 R_o 为 2.0% 时，气态烃产量为 0.4727m³/t；当 R_o 为 2.5% 时，气态烃产量为 0.7625m³/t；当 R_o 为 2.8% 时，气态烃产量为 1.0523m³/t。

1mg/g 页岩样品 a、b、c、d 和 e 的热解生烃潜量（S_1+S_2）与 R_o 呈线性负相关，生烃潜量（S_1+S_2）随着 R_o 的升高线性减少，相关系数 R^2 高达 0.8308（图 5-64）。当 R_o 为 1.5% 时，热解生烃潜量（S_1+S_2）为 0.4992mg/g；当 R_o 为 2.0% 时，热解生烃潜量（S_1+S_2）为 0.3037mg/g；当 R_o 为 2.5% 时，热解生烃潜量（S_1+S_2）为 0.1082mg/g；当 R_o 为 2.8% 时，热解生烃潜量（S_1+S_2）为 0.0194mg/g。

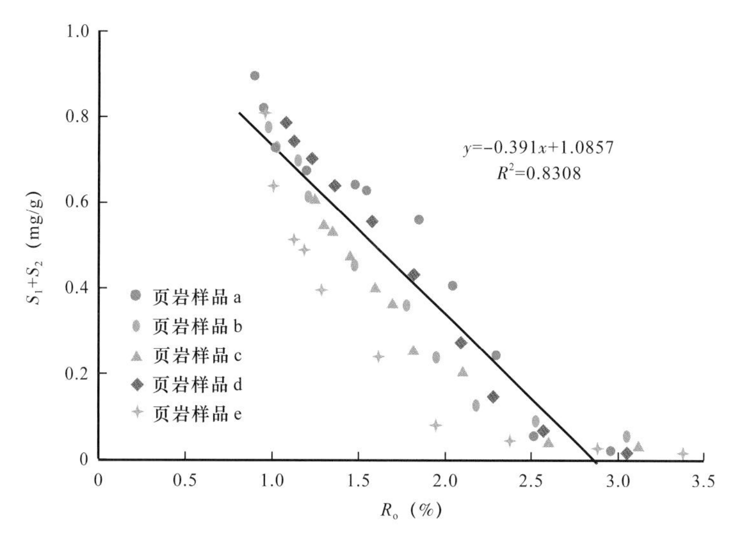

图 5-64　单位热解生烃潜量（S_1+S_2）随 R_o 关系图

热解生烃潜量（S_1+S_2）与 TOC 具有良好的线性关系（图 5-65），相关系数高达 0.9127。

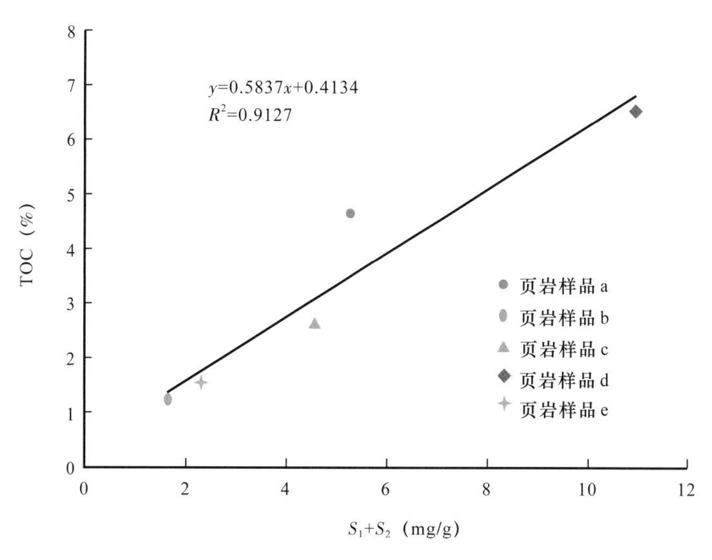

图 5-65　单位质量岩石热解生烃潜量（S_1+S_2）与 TOC 关系图

烃源岩排烃效率的大小决定了页岩中残留的油气资源量，因此研究煤系地层页岩有利区和目标区的 TOC 的关系时考虑了排烃效率具有现实意义。依据美国与中国南方页岩气成功开发经验，页岩气藏有利区和目标区的含气量商业开发与开采标准分别为 1.0m³/t 和

2.0m³/t。根据单位生烃潜量（S_1+S_2）气态烃产量随 R_o 的关系（图 5-63），计算 R_o 在达到生气门限后生成的气态烃含量。分别考虑 30%、50% 和 80% 的排烃效率，确定达到有利区和目标区相应含气量标准所需的 TOC 含量，相关图版如图 5-66 和图 5-67 所示。

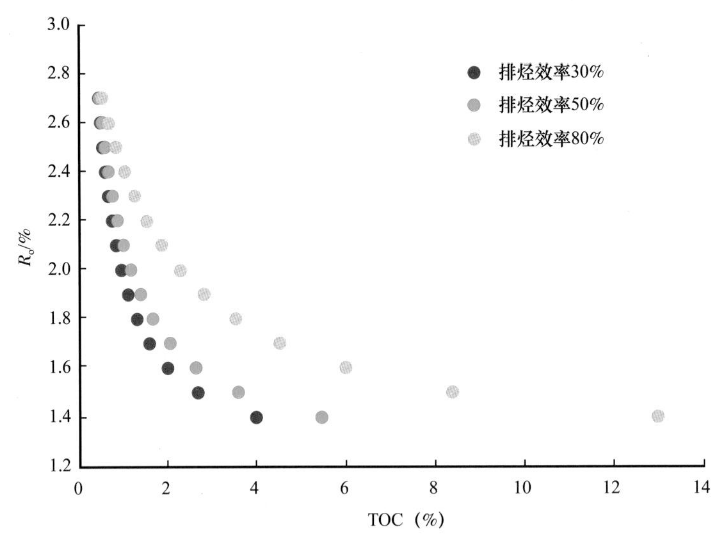

图 5-66　有利区不同排烃效率下 R_o 与 TOC 关系图

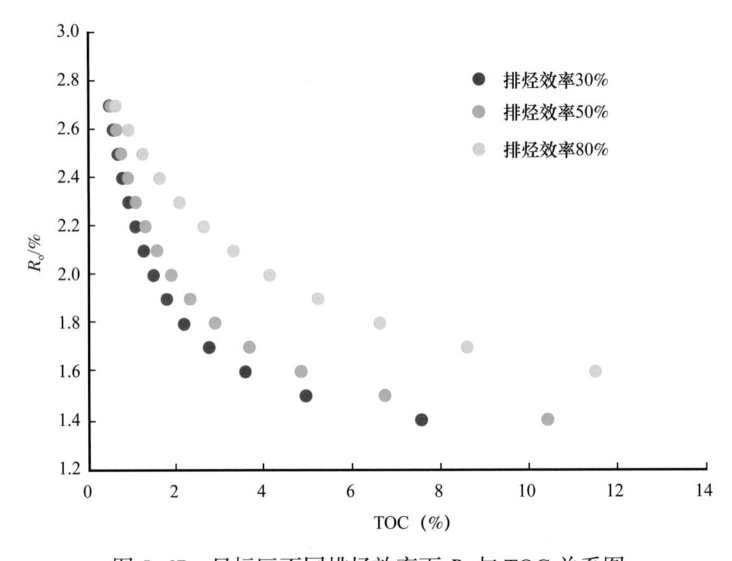

图 5-67　目标区不同排烃效率下 R_o 与 TOC 关系图

第五节　含气性综合评价

通常在利用实验和测井曲线计算的含气量是理论含气量，实际含气量总是与计算的理论含气量有一定差距。因此，在评价储层真实的含气性时，应该将计算的理论含气量与储层实际的生排烃作用、岩性组合、有效厚度综合起来考虑。

一、泥页岩储层生烃率

泥页岩储层的有机质演化程度、有机质的类型及有机质丰度都会对储层的生烃效率有一定影响。本文通过热解实验系统研究了太原组以及山西组的生烃率。为了充分考察有机质地球化学特征、源储关系及储层压力对生烃效率的影响，在 Y88 井的 A、B 二段进行取样并进行化验分析，如图 5-68 所示。A 段泥页岩厚度为 12m，上部位煤层，下部为砂岩层，中间夹有薄砂层。B 段泥页岩厚度为 10m，上部为砂岩，下部为煤层，中间夹有薄粉砂层。

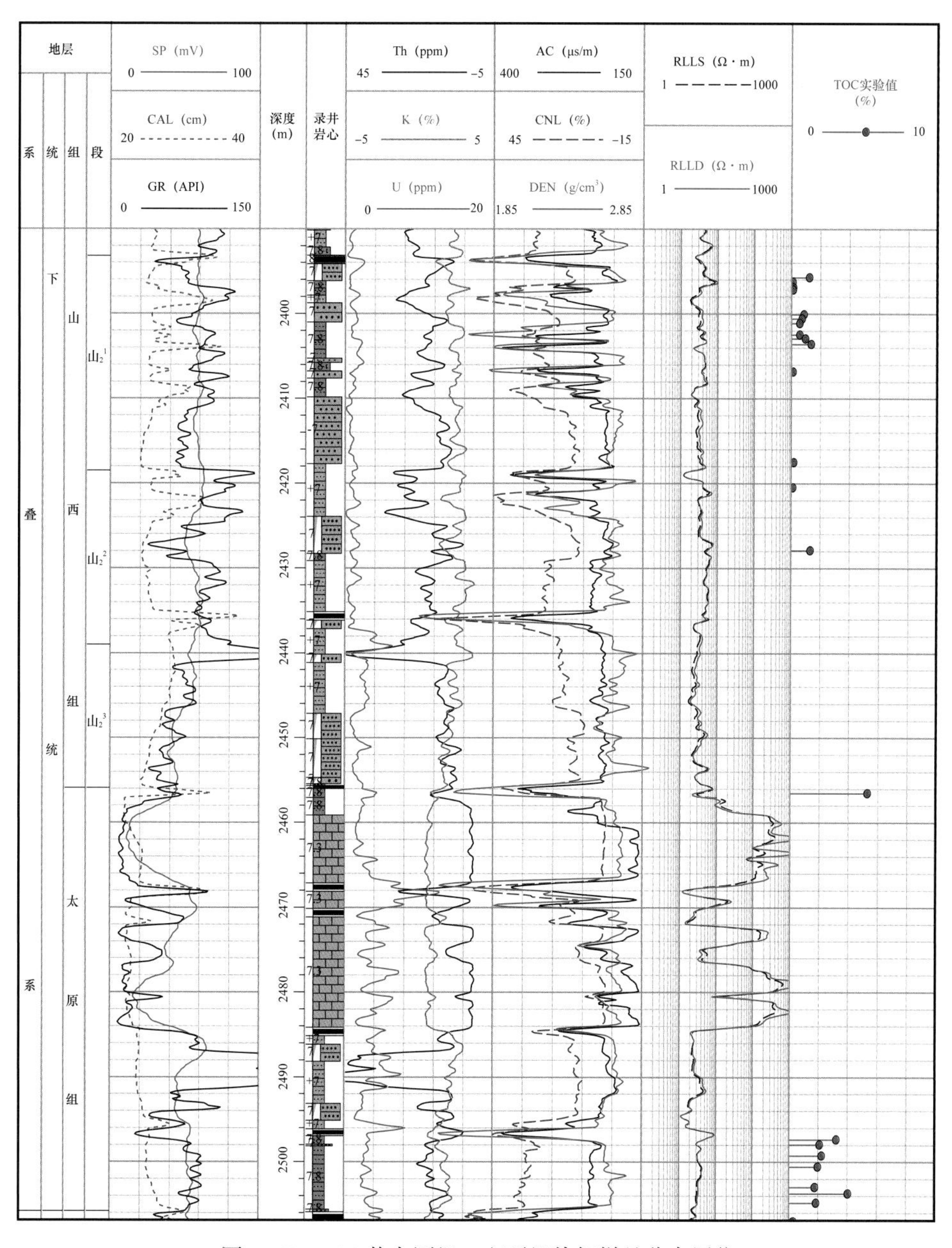

图 5-68　Y88 井太原组、山西组热解样品分布层位

生烃效率的计算采用如下式：储层原有的生烃潜力指数减去目前深度样品热解实验计算得到的生烃潜力指数（剩余生烃潜力指数）就是该深度烃源岩的生烃率。这个生烃率的值可以看作是泥页岩储层内的单位有机质热演化过程中的生烃量。而用求得的生烃率的值除以烃源岩的原始生烃潜力指数即为生效效率。

潜力指数的表达如下：

$$GI = \left(S_1 + S_2\right) / \mathrm{TOC} \times 100$$

生烃效率表达如下：

$$\text{生烃效率} = \frac{GI_{\text{原始}} - GI_{\text{现在}}}{GI_{\text{原始}}}$$

氢指数表达为

$$I_{\mathrm{H}} = S_2 / \mathrm{TOC}$$

式中　S_1——300℃以前的产物为岩石中可溶有机质或吸附物，mg/g；

S_2——300～500℃为干酪根热解产物，mg/g；

TOC——总有机碳含量，%。

T_{max}——干酪根热解的 S_2 峰最大值时的温度，称为热解峰温，℃。

表 5–10 为从上述研究层段中取得太原—山西组共计 28 块样品的热解实验数据。通过前述的计算方法分别计算样品的生烃潜量、潜力指数等参数，分析发现生烃潜量的范围为 0.18～0.35mg/g，大部分样品生烃效率为 70%～95%，可以看出样品的生烃效率很高，已经处于充分生烃的阶段。同样从太原—山西组样品也可以看出氢指数基本在 130 以下，也显示出了样品已充分生烃。

表 5–10　鄂尔多斯盆地上古生界泥页岩热解实验部分数据

层位	深度（m）	S_1（mg/g）	S_2（mg/g）	T_{max}（℃）	TOC（%）	R_o（%）
山西组	2400.05	0.13	0.22	524	0.83	2.27
山西组	2400.55	0.09	0.20	524	0.7	2.36
山西组	2402.43	0.09	0.17	524	0.54	2.19
山西组	2402.92	0.11	0.20	524	0.93	2.22
山西组	2403.55	0.10	0.23	540	1.33	2.36
山西组	2404.1	0.06	0.27	540	3.13	2.4
山西组	2404.55	0.08	0.16	524	1.33	2.33
山西组	2405.6	0.07	0.17	325	1.44	2.29
山西组	2406.82	0.10	0.15	524	3.13	2.37
山西组	2407.5	0.08	0.13	483	0.15	2.03
山西组	2408.35	0.05	0.12	325	0.06	1.53

续表

层位	深度（m）	S_1（mg/g）	S_2（mg/g）	T_{max}（℃）	TOC（%）	R_o（%）
山西组	2416.92	0.08	0.15	524	1.44	2.38
山西组	2417.52	0.07	0.14	524	0.09	2.07
山西组	2418.06	0.07	0.17	524	0.07	2.31
山西组	2419.06	0.07	0.21	524	0.06	2.47
山西组	2419.61	0.08	0.15	394	0.22	2.32
山西组	2421.18	0.07	0.15	408	0.15	2.42
山西组	2421.71	0.09	0.15	400	1.44	2.21
太原组	2495.8	0.10	0.19	317	0.28	2.64
太原组	2497.3	0.11	0.15	318	2.05	2.70
太原组	2498.3	0.09	0.18	524	2.48	2.43
太原组	2499.08	0.11	0.20	524	2.19	2.61
太原组	2499.5	0.08	0.20	325	4.00	2.70
太原组	2501.15	0.10	0.24	325	2.32	2.46
太原组	2501.93	0.07	0.23	325	2.79	2.50
太原组	2502.4	0.08	0.23	325	1.73	2.69
太原组	2503.15	0.07	0.21	325	2.11	2.50
太原组	2504.25	0.11	0.23	325	1.81	2.47

从生烃潜力指数与有机质成熟度交会图可以看出（图 5-69），随着成熟度的升高，样品的生烃潜力下降。大部分泥页岩样品处在高成熟度、生烃潜力指数极低的区域。所以从岩石热解各方面数据来看，太原—山西组储层有机质生烃率高，储层有机质已经充分生烃。

二、泥页岩储层排烃率

在泥页岩储层大量生烃后，储层因为烃类的聚集会出现异常高压。若泥页岩储层能一直保持异常高压，烃类通常能在泥页岩储层中得到良好的保存；若异常高压导致储层形成微裂隙等运移通道，从而导致烃类运移到邻近的砂岩层储存或进一步运输。因此，异常高压的出现通常能代表泥页岩储层未能有效排烃。

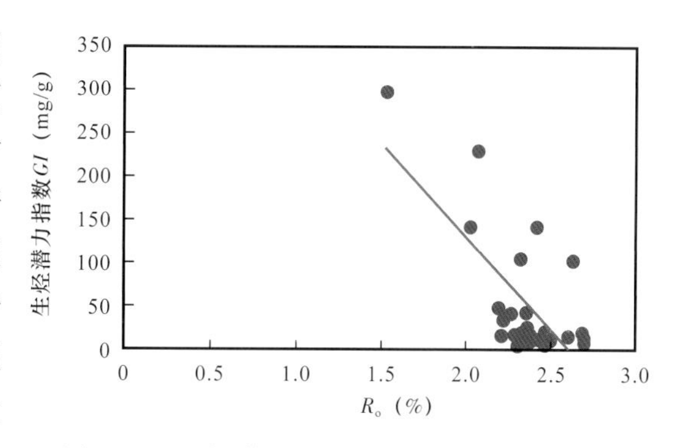

图 5-69　生烃潜力指数与有机质成熟度交会图

储层中异常压力的存在通常会造成各种测井值、地震的异常响应，通过解释这些异常可以研究储层中存在的异常压力。利用这一特性对鄂尔多斯盆地中东部太原—山西组泥页岩分进行异常压力识别与分布特征研究。

岩石的孔隙结构会随着地层压力，也就是孔隙内压力变化而变化。储层孔隙结构的变化通常会带来 AC、DEN、RT 等一系列测井值的异常变化。通常用 AC、DEN、RT 三条曲线的组合特征来识别储层的超压。但不同的超压成因在测井曲线的反应上会略有不同：生烃膨胀导致的超压，声波时差增大或速度降低，电阻率增大，密度不变或略有减小（图 5–70）；不均衡压实导致的超压，声波表现和前者一样，但电阻率减小，密度会显著减小；黏土矿物组分在转化过程中产生的超压，表现为 AC 变大，DEN 变大；构造挤压造成的较大范围的超压，则会出现 AC 变小，RT 和 DEN 变大。

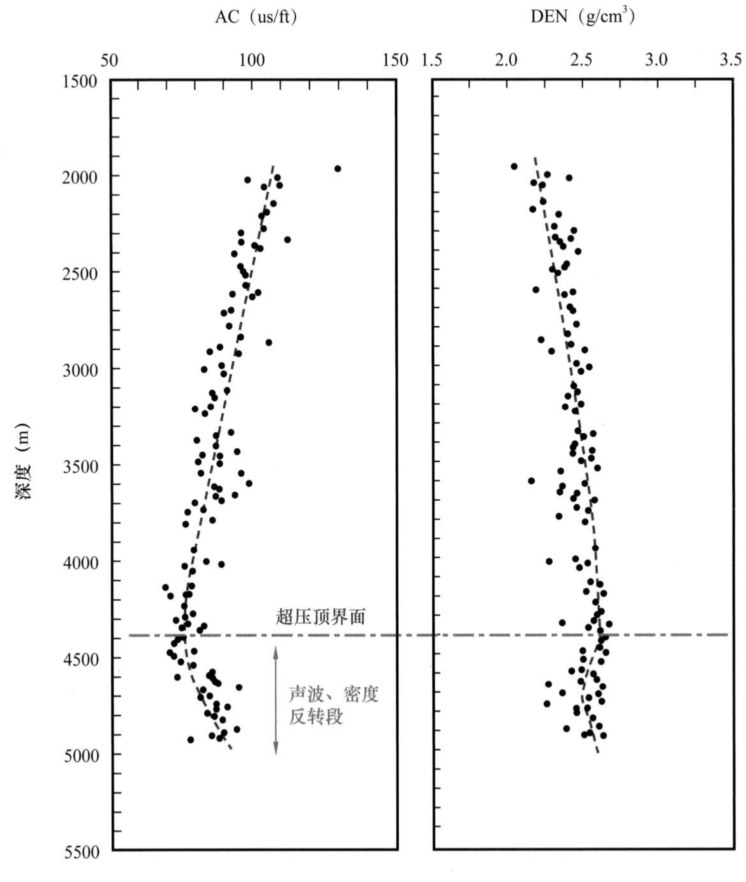

图 5–70　生烃增压造成 AC、DEN 测井曲线趋势反转

通过 Y88 井、Y94 井、Y106 井太原—山西组储层的 AC、DEN 来研究是否存在超压。从 AC、DEN 随深度变化的交会图（图 5–71、图 5–72、图 5–73）可以看出：Y88 井、Y94 井、Y106 井声波测井值随着埋深增加而减小，密度测井值随着深度的增加而增加，符合正常压实的趋势，不存在上面因生烃膨胀导致的超压的情况。综上所述，研究区太原—山西组储层现今地层不存在超压的情况。

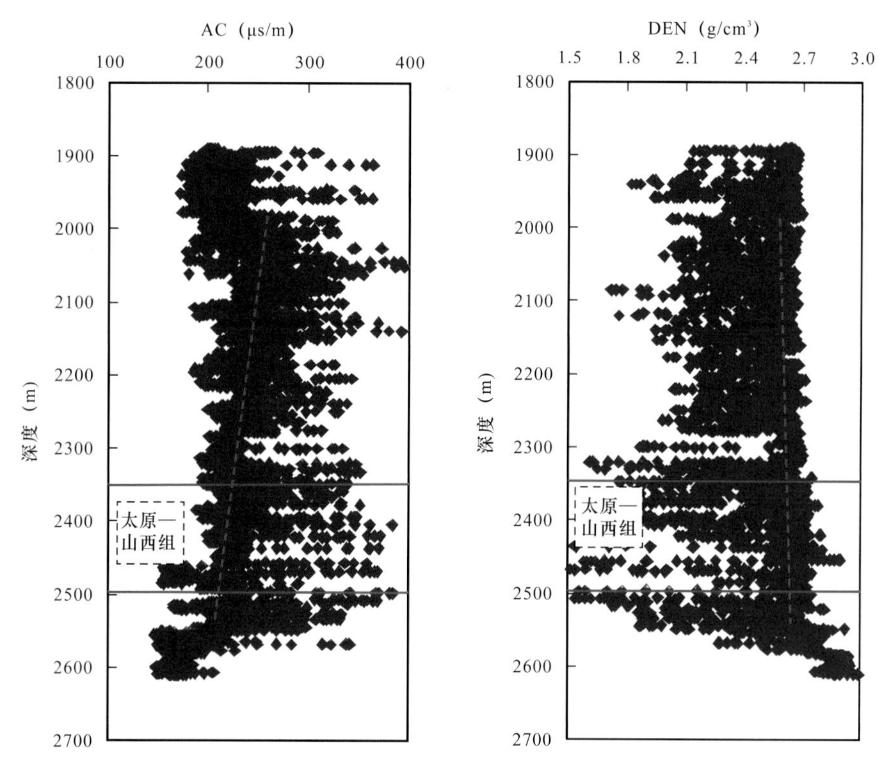

图 5-71　Y88 井太原—山西组声波、密度组合识别超压图

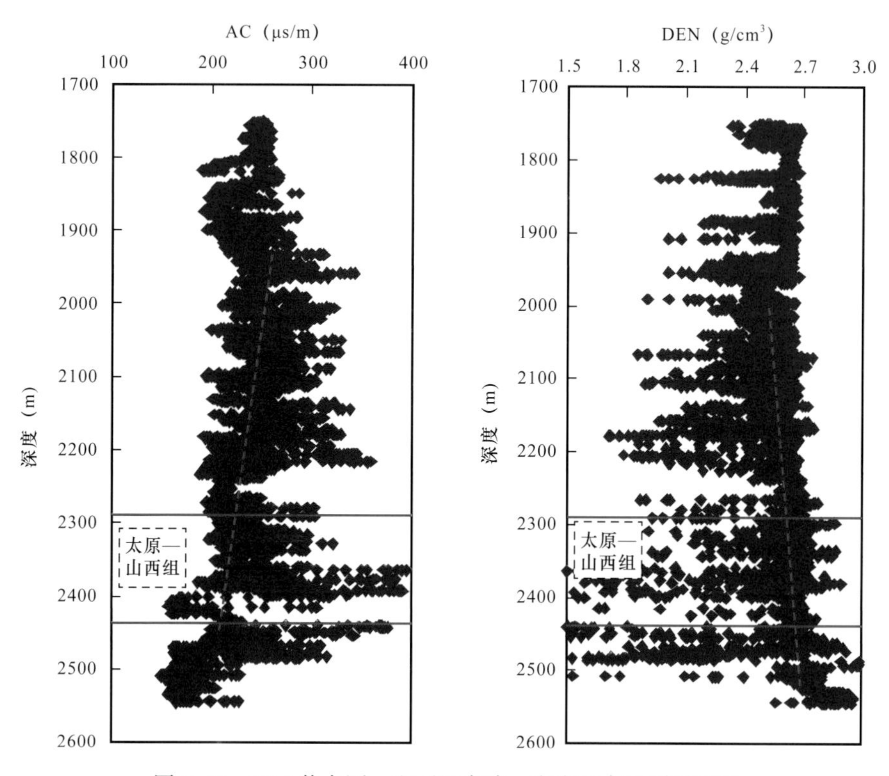

图 5-72　Y94 井太原—山西组声波、密度组合识别超压图

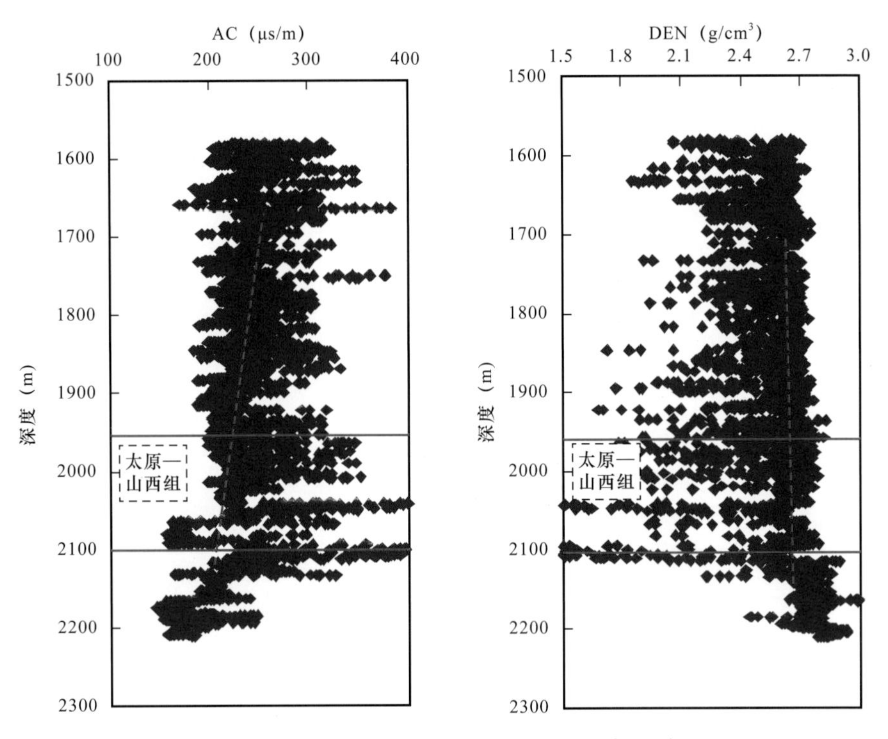

图 5-73 Y106 井太原—山西组声波、密度组合识别超压图

三、埋藏史

不同类型的干酪根热演化生烃的模式不完全相同，马卫等（表 5-11）曾对有机质不同热演化下的生烃效率做了研究。再收集了不同有机质类型的烃源岩样品。并将同类有机质的每样品分成三等份，分别进行 300℃、350℃、400℃下的生排烃热模拟实验。实验的结果见表 5-11 中所示。可见有机质的热演化程度对储层的生烃效率的影响最大。这是由于在有机质含量和类型一定的情况下，随着泥页岩储层内有机质热演化程度的升高，生烃量随之增大，储层内滞留的烃量达到动态平衡，越来越多的烃类会排出泥页岩储层，导致储层的生烃效率增加（Loucks 等，2012；马卫等，2016）。

表 5-11 R_o 以及有机质类型对生烃效率的影响（据马卫，2016，修改）

演化阶段	生烃效率（%）	
	Ⅰ型、$Ⅱ_1$ 型	$Ⅱ_2$ 型、Ⅲ型
$0.5\%<R_o<0.8\%$	<30%	<20%
$0<R_o<1.3\%$	30%～60%	20%～40%
$1.3\%<R_o<2.0\%$	60%～80%	40%～70%
$R_o>2.0\%$	>80%	>70%

结合前人对该地区地层沉降—抬升历史的研究，把太原—山西组储层页岩气成藏过程划分为六个阶段（表 5-12）：

表 5-12　太原—山西组 6 个成藏期次泥页岩储层生排烃特征

成藏阶段	成藏特征
中石炭世—早三叠世末期	稳定的沉降和埋藏阶段，该阶段的压实为正常的机械压实阶段，该阶段油气未成熟。由于砂泥岩的孔隙度大，流体流动通畅，太原—山西组泥岩内部是正常的静水压力
早—中三叠世—三叠纪末期	该阶段为研究区的快速沉降期，埋藏深度处于 1700～2200m 之间。在末期烃源岩开始成熟，并且压力封存箱开始发育
三叠纪末期—中侏罗世末期	该阶段印支期、燕山Ⅲ幕造成短期抬升，但没有造成多大的剥蚀，埋深处于 2200～3100m 之间，温度维持在 100～120℃之间，镜质组反射率维持在 0.8%～1.20% 之间。该阶段有机质处于低成熟阶段，泥岩由于非均衡压实，压力系数在 1.2～1.3 之间，出现异常高压
晚侏罗世—早白垩世末期	该阶段是太原—山西组生气高成熟期，R_o 在 1.8%～2.0% 之间，温度在 140～150℃之间。此时烃源岩大量生烃，出现异常高压，压力系数维持在 1.35～1.75 之间，局部可达 1.79 以上。此时烃源岩因为异常高压表现为：对周围的砂岩储层开始阶段性的冲注流体，依次表现为如下循环过程：增压、破裂、高压流体充注砂岩、砂岩破裂、压力增高、砂泥岩压力准平衡
早白垩世末期—白垩纪末期	该阶段出现地层的抬升剥蚀，上覆地层负荷出现卸载，储层温度出现下降，生烃作用减弱，太原—山西组泥页岩储层的压力系数下降为 1.2～1.3 之间
古近纪—第四纪	太原—山西组泥页岩储层压力调整，逐渐回升至正常静水压力阶段。生烃作用减弱或则停滞

晚侏罗世—早白垩世末期，研究区经历了关键的生烃时期，烃源岩出现超高压，但是早白垩世末以后的抬升剥蚀、上覆负荷卸载、砂岩弹性“回弹”、地温下降等因素，造成压力封存箱内砂岩降压，并出现短时的压力“亏空”，导致箱内砂岩泥岩之间巨大的压力差，山西组、太原组烃源岩因排烃压力系数降为 1.20～1.30。在古近纪—第四纪，地层压力进一步下降。在通过声波—密度测井曲线来看，也未见地层内有异常高压的聚集（曹青，2013）。

综上所述，研究区太原—山西组储层生烃作用强烈，同时排烃过程也比较充分。实际含气量会比计算的理论含气量要小。但至于小多少，如何在计算的理论含气量的基础上进一步校正，需要后续进一步的研究。

四、不同沉积相及岩性分类对含气性的影响

（一）岩性分类及其含气性评价

前面基于决策树分类思想下，根据 TOC—黏土矿物的组分对有太原—山西组的泥页岩储层的岩相进行了重新分类。在新的岩性分类方案中，山 1 段整体泥页岩储层品质较差，多为有机质含量过低的无效储层或贫有机质泥页岩，在山 2 段上部也有大量低品质的泥页岩储层，但在山 2 段下部存在富有机质黏土质泥页岩与富有机质硅质泥页岩的互层，其计算的理论含气量在 2.7～3.6m^3/t；在太原组底部存在着大量的富有机质黏土质泥页岩与富有机质硅质泥页岩的互层其计算的理论含气量在 1.8～3.98m^3/t。从频率分布的直方图可以看出（图 5-74），各个岩性的游离气含量差别不明显，但是吸附气含量有明显差别。富有机质黏土质泥页岩的吸附气含量最高，其次为富有机质硅质泥页岩与贫有机质黏土质泥页岩，这两种泥页岩虽然在有机质含量上有差别，但在吸附气含量上差别并不大。可以认为

富含的黏土矿物弥补了有机质吸附的缺失。但是从总含气量来看，富有机质黏土质泥页岩依然具有最好的含气性，有机质含量太低的非烃源岩岩相依然含气性最差，但是三种岩相（富有机质硅质泥页岩、贫有机质黏土质泥页岩、贫有机质硅质泥页岩）差别并不大。

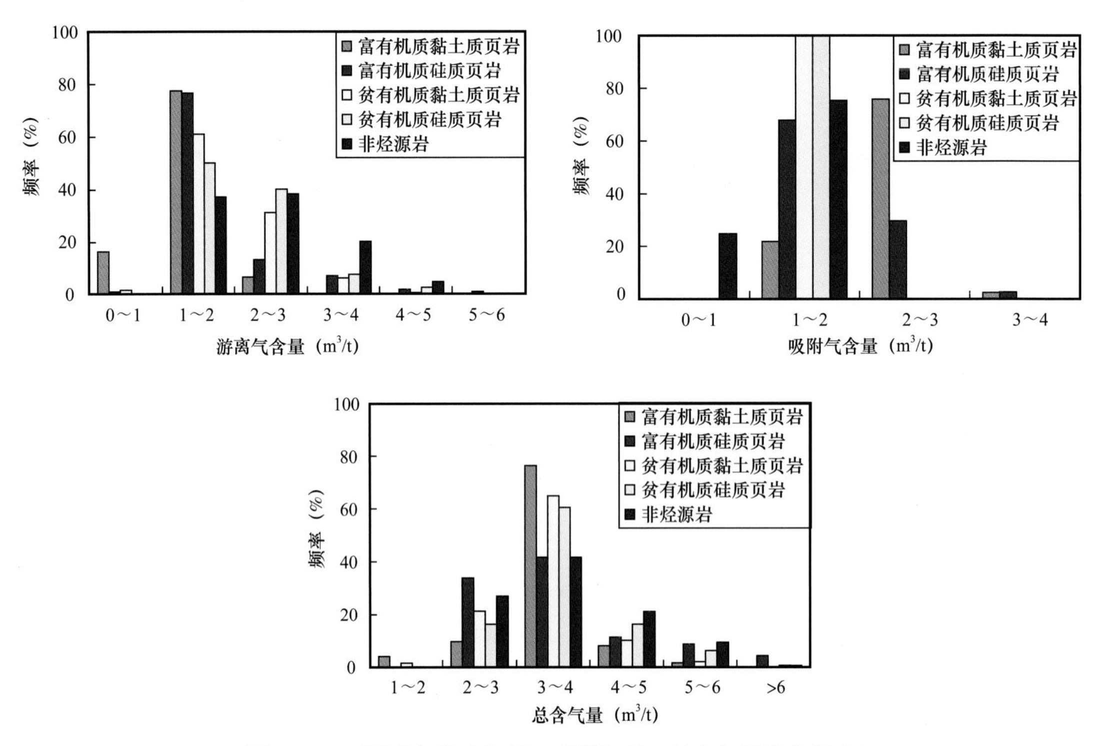

图 5-74　不同岩相游离气量、吸附气量、总含气量分布频率

进一步统计三口井中三种岩相各类参数的平均值（表 5-13），从单井累计厚度可以看出，贫有机质泥页岩相在储层中占有相当的厚度。贫有机质黏土质泥页岩相与贫有机质硅质泥页岩相累计厚度平均值加起来不超过 45m。全烃气测曲线显示富有机质黏土质泥页岩、贫有机质硅质泥页岩含气性较高，各个岩相计算的理论总含气量平均值差别不大，但是在吸附气方面，富有机质黏土质泥页岩吸附气含量高，贫有机质黏土质泥页岩与富有机质硅质泥页岩吸附气含量相当。

表 5-13　太原—山西组不同岩相参数特征平均值

	富有机质黏土质泥页岩	富有机质硅质泥页岩	贫有机质黏土质泥页岩	贫有机质硅质泥页岩	黑色煤
伊利石（V/V）	0.30	0.16	0.39	0.22	0.21
伊 / 蒙混层（V/V）	0.25	0.20	0.22	0.18	0.21
高岭石（V/V）	0.20	0.15	0.18	0.14	0.12
黏土矿物（V/V）	0.71	0.55	0.68	0.52	0.54
石英（V/V）	0.29	0.45	0.32	0.45	0.46
TOC（%）	3.55	2.85	1.18	1.29	4.53

续表

	富有机质黏土质泥页岩	富有机质硅质泥页岩	贫有机质黏土质泥页岩	贫有机质硅质泥页岩	黑色煤
孔隙度（%）	3.66	3.85	3.94	3.99	4.81
吸附气含量（m^3/t）	2.22	1.94	1.89	1.48	2.19
游离气含量（m^3/t）	1.28	1.53	2.03	1.97	3.41
总含气量（m^3/t）	3.50	3.48	3.41	3.34	5.60
全烃（%）	3.85	3.13	2.61	3.72	3.90
单井累计厚度（m）	15.75	14.25	24.63	19.88	8.38

（二）不同沉积微相下的含气性评价

根据岩性柱以及测井资料，对研究区的太原—山西组的沉积微相及亚相进行了划分（表 5-14）。

表 5-14 研究区太原—山西组储层沉积微相类型

沉积相	亚相	微相
湖泊相	浅湖亚相	
三角洲相	三角洲平原亚相	分流河道、天然堤、分流间湾、泥潭沼泽
	三角洲前缘亚相	水下分流河道、水下分流间湾、河口沙坝
障壁海岸相	障壁岛亚相	障壁沙坝
	潟湖亚相	
	潮坪亚相	泥坪、沙坪、混合坪
浅海陆棚相	碳酸盐岩台地亚相	开阔台地、局限台地

通过单井沉积相划分可知，鄂尔多斯盆地中东部太原组主要发育障壁海岸相和浅海陆棚相，其下段主要发育障壁海岸相，沉积亚相类型主要为障壁岛亚相、潟湖亚相和潮坪亚相（图 5-75）。但由于太原组沉积期鄂尔多斯盆地东部台地较平坦，且西部台地地势较陡，海水从南东方入侵，研究区太原组东部地区比较早广泛接受海相沉积。

潟湖亚相在太原组上段下段均比较发育，在太原组下段主要在鄂尔多斯盆地中部、东部水进区域，且分布面积较广。潟湖沉积其形态上为与岸线近于平行、被障壁岛遮拦的浅水盆地。沉积物主要以暗色泥页岩、泥质粉砂岩和煤层，若潟湖中有碳酸盐沉积时，地层中通常会夹有薄层石灰岩。在潟湖沉积环境中常见黄铁矿、菱铁矿、硬石膏（咸化潟湖相中）等自生矿物。潮坪亚相也是鄂尔多斯盆地太原组下段比较发育的沉积相类型之一。潮坪沉积分为沙坪、泥坪、混合坪。既有碎屑岩沉积，又有碳酸盐岩和煤层沉积（图 5-76）。

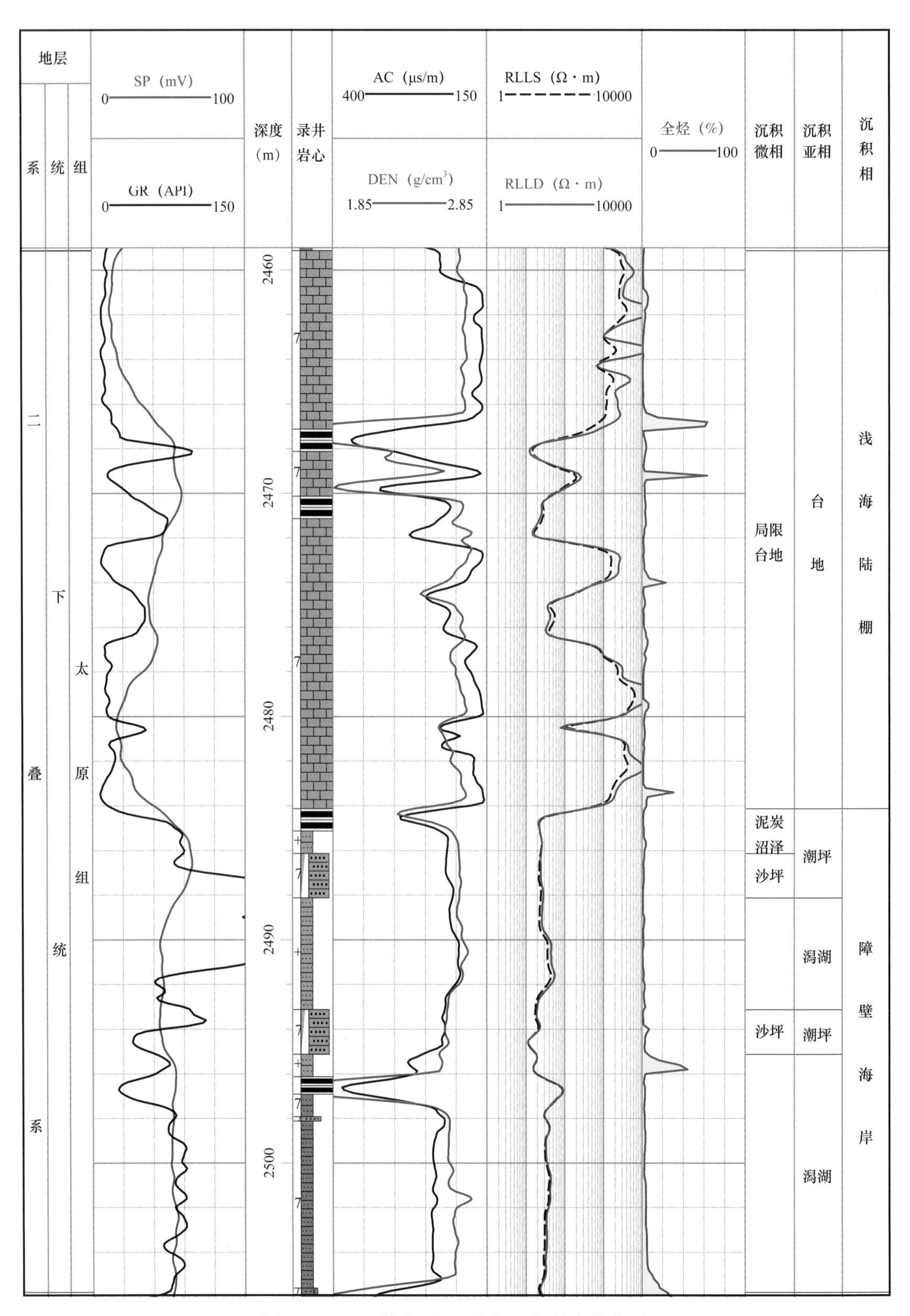

图 5-75　Y88 井太原组下段沉积相综合柱状图

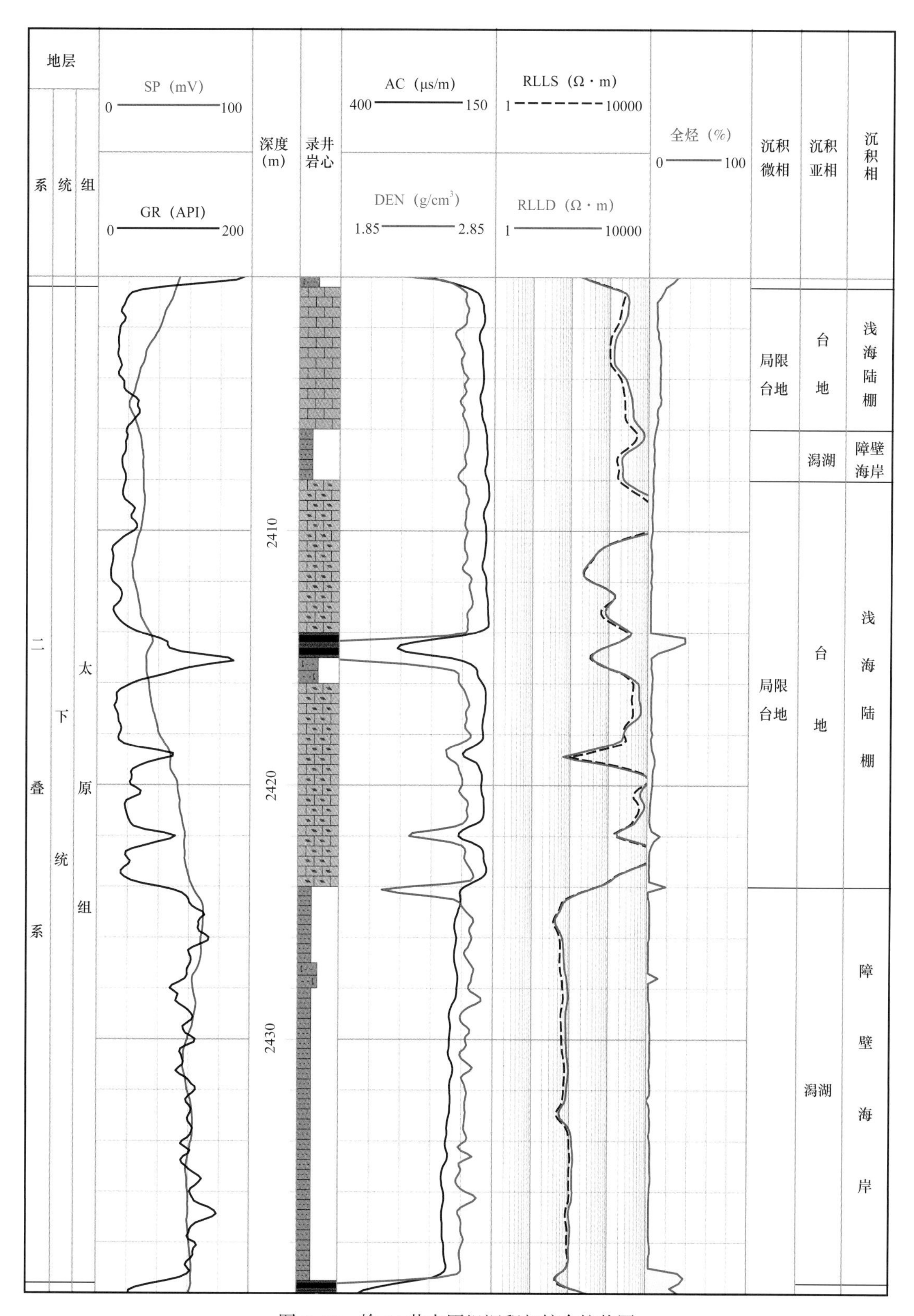

图 5-76　榆 94 井太原组沉积相综合柱状图

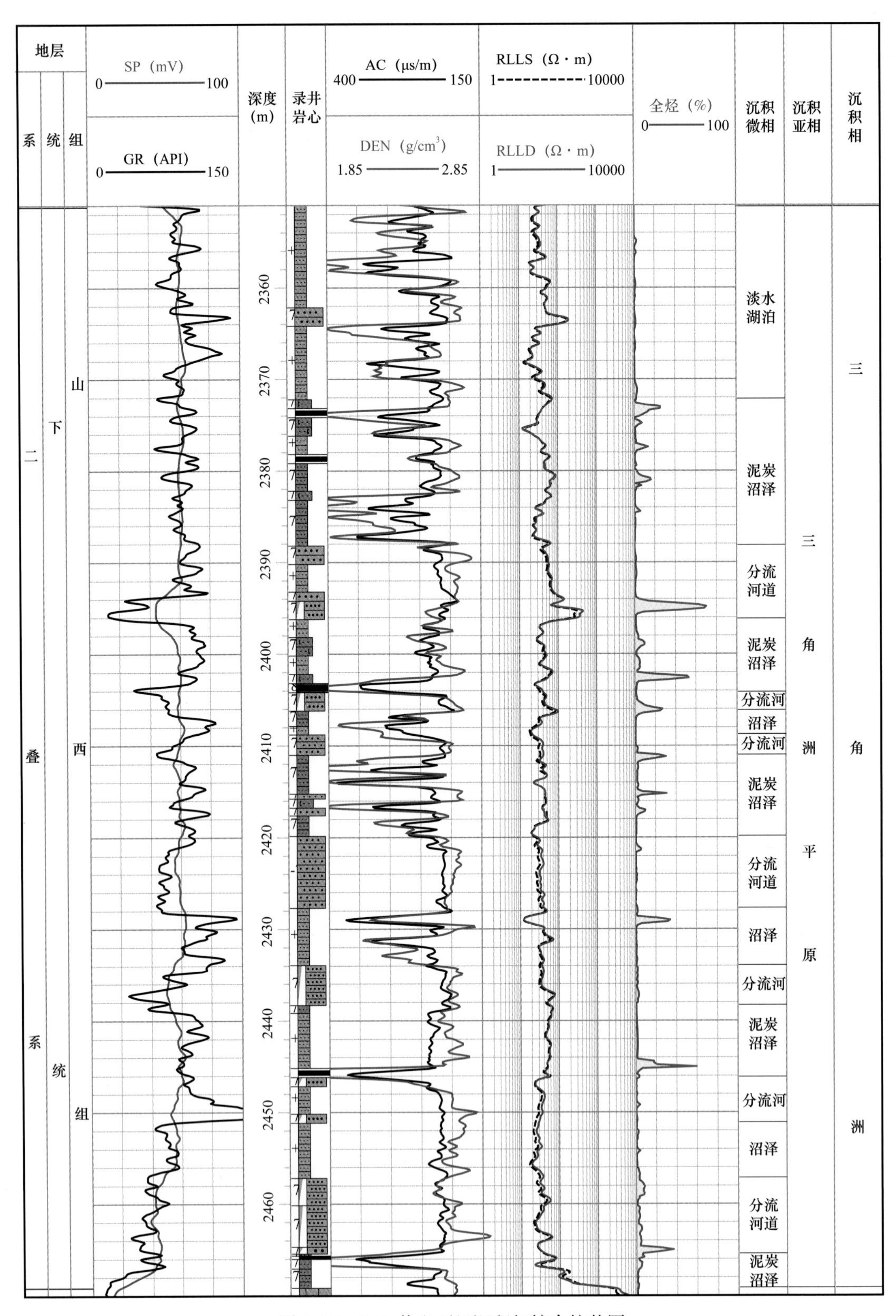

图 5-77　Y88 井山西组沉积相综合柱状图

山西组泥页岩储层的沉积环境为河流相—三角洲相的沼泽环境。这类沉积环境一般与成煤的泥炭坪与泥炭沼泽共生，并且 TOC 远小于成煤的沉积环境。为进一步更好地研究不同沉积环境的含气量以及相应的资源潜力，本文将太原—山西组的沉积环境划分为五种微相（图 5–77），包括太原组障壁海岸的泥炭坪、潟湖和山西组三角洲平原的贫植沼泽、富植沼泽、淡水湖泊，各微（亚）相主要特征见表 5–15。这里提出了富植沼泽与贫植沼泽是为了更好地区分不同沼泽的植物种类以及草本植物的发育程度，这将影响其有机质含量，从而达到更好表征沉积微相的目的。

表 5–15　鄂尔多斯盆地太原—山西组泥页岩沉积微（亚）相与含气性特征表

沉积微（亚）相	岩相类型	测井曲线特征	气测全烃含量（%）	TOC（%）	游离气含量（m^3/t）	吸附气含量（m^3/t）	总含气量（m^3/t）	主要发育层位
贫植沼泽	深灰色泥岩为主，含少量黑灰色泥岩、碳质泥岩和煤线	GR 高幅指状或箱状，多大于 90API；RT 多大于25Ω·m，曲线起伏较大；AC 多在 210～300μs/m；DEN 多在 1.85～2.70g/cm^3	<1.0	多<1.0	多>1.2	多<1.5	多<3.0	山1段
淡水湖泊	深灰色大段泥岩为主，夹有泥沙透镜体	GR 高幅指状或箱状，多大于 90API；RT 多大于25Ω·m，曲线起伏较大；AC 多在 215～285μs/m；DEN 多在 1.80～2.70g/cm^3	<1.0	多<1.0	多>1.2	多<1.5	多<3.0	
贫植沼泽	深灰色泥岩为主，含少量黑灰色泥岩、碳质泥岩和煤线	GR 高幅指状或箱状，多大于 90API；RT 多大于25Ω·m，曲线起伏较大；AC 多在 220～290μs/m；DEN 多在 1.80～2.75g/cm^3	<1.0	多<1.0	多>1.2	多<1.5	多<3.0	山2段
富植沼泽	灰黑色泥岩为主，含少量碳质泥岩和煤线	GR 高幅指状或箱状，多大于 90API；RT 多大于30Ω·m；AC 多在 220～310μs/m；DEN 多在 1.80～2.75g/cm^3	>1.0	多>1.0	多>1.2	多>1.5	多>3.0	
泥炭坪	深灰色泥岩为主，含少量煤线	GR 高幅指状或箱状，多大于 90API；RT 多大于25Ω·m；AC 多在 230～290μs/m；DEN 多在 2.20～2.70g/cm^3	>1.0	多>2.0	多>1.2	多>2.0	多>3.0	太原组
潟湖	灰黑色泥岩为主，含少量煤线	GR 高幅指状或箱状，多大于 90API；RT 多大于30Ω·m；AC 多在 230～260μs/m；DEN 多在 2.30～2.70g/cm^3	>3.0	多>2.0	多>1.2	多>2.0	多>3.0	

贫植沼泽：位于三角洲平原分流河道间或曲流河岸后泛滥平原中，以深灰色泥岩为主，含少量黑灰色泥岩、碳质泥岩、煤线。GR 呈高幅指状或箱形，多大于 90API；RT 呈高值，多大于 25Ω· m；AC 呈相对高值，多在 215～280μs/m；DEN 变化较大，多在

1.85～2.70g/cm³之间，气测全烃含量小于1.0%，TOC多大于1.0%，吸附气含量多低于1.5m³/t，总含气量多低于3.0m³/t。贫植沼泽也属富植沼泽区别在于其草本植物发育不如富植沼泽繁盛，也属于草本沼泽（卜兆君等，2005；柴岫，1981）。贫植沼泽泥质或粉砂质占有相对更高的比例，因此其TOC值相对较低。

富植沼泽：位于三角洲平原分流河道间，主要以灰黑色泥岩为主，含少量碳质泥岩、煤线、灰黑色泥岩，水平层理发育，富含植物化石，GR呈高幅指状或箱形，多大于90API；RT呈高值，多大于30Ω·m；AC呈相对高值，多在220～310μs/m之间；DEN多在1.80～2.75 g /cm³之间，气测全烃含量大于1.0%，TOC多大于1.0%，吸附气含量多大于1.5m³/t，总含气量多大于2.5m³/t（图5-78）。富植沼泽主要发育在山2段。富植沼泽微相主要以成本植物为主，少量发育高大乔木等成煤植物，因此相当于地理学上的草本沼泽。由于其草本植物相当发育，因此相当于富养沼泽或低位沼泽。不同于贫植沼泽，富植沼泽更有利于有机质的保存，因此TOC通常较高，因为它通常草本植物更加茂盛、堆积速度更快。

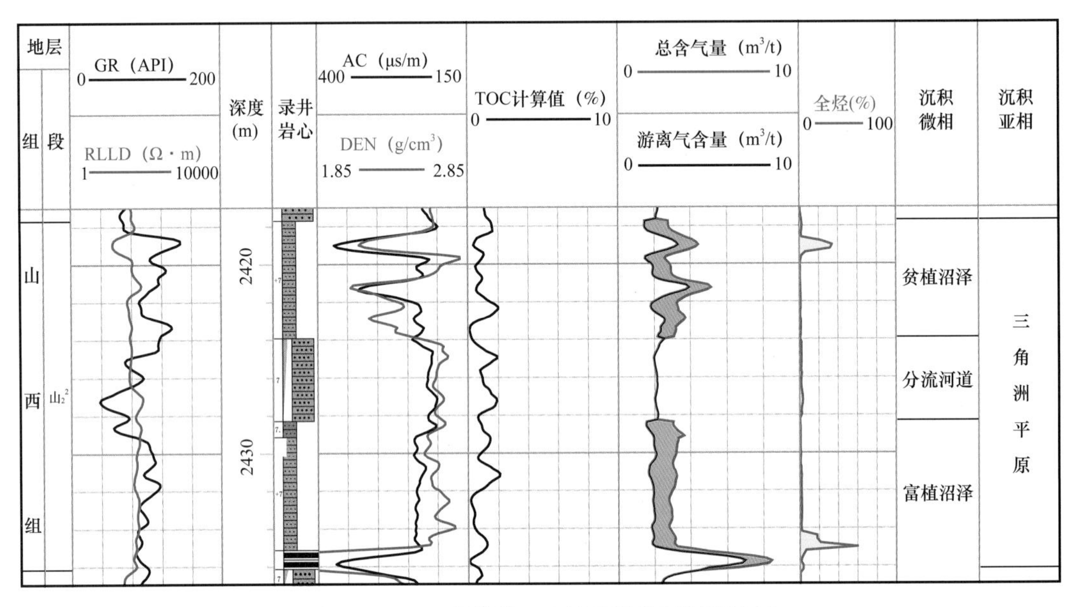

图5-78　Y88井贫植—富植沼泽微相沉积特征

淡水湖泊：位于三角洲平原之上相对低洼的蓄水体，一般面积小，水体浅，以深灰色大段泥岩为主，夹有泥沙透镜体。GR呈高幅指状或箱形，多大于90API；RT呈高值，多大于25Ω·m；AC呈相对高值，多在210～300μs/m之间；DEN变化较大，多在1.80～2.70g/cm³之间，气测全烃含量小于1.0%，TOC多小于1.0%，吸附气含量多小于1.5m³/t，总含气量多小于3.0m³/t（图5-79）。

泥炭坪：位于障壁海岸相之上的潮上带部位，以深灰色泥岩为主，含少量煤线。GR呈高幅指状或箱形，多大于90API；RT呈高值，多大于25Ω·m；AC呈相对高值，多在230～290μs/m之间；DEN多在2.20～2.70g/cm³之间，气测全烃含量大于1.0%，TOC多大于2.0%，吸附气含量多大于2.0m³/t，总含气量多大于3.0m³/t。

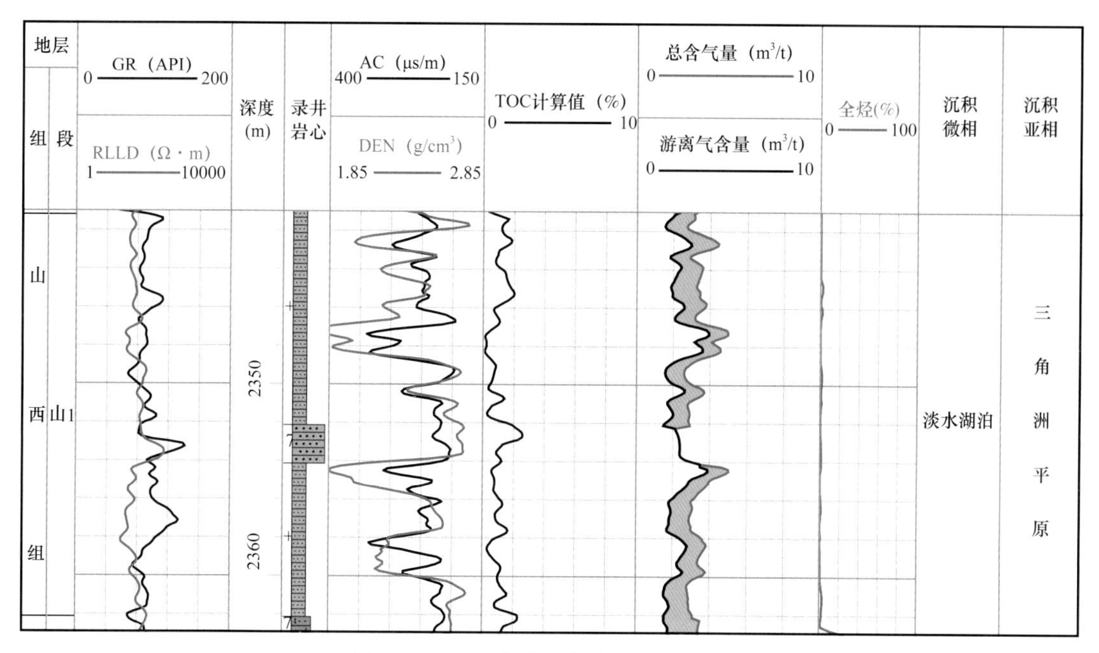

图 5-79　Y88 井淡水湖泊微相沉积特征

潟湖：被障壁岛所遮蔽的浅水盆地，它以潮汐水道与广海相通或广海呈半隔绝状态。灰黑色泥岩为主，含少量煤线。GR 呈高幅指状或箱形，多大于 90API；RT 呈高值，多大于 30Ω·m；AC 多在 230～260μs/m 之间；DEN 多在 2.20～2.70g/cm³ 之间，气测全烃含量大于 3.0%，TOC 多大于 2.0%，吸附气含量多大于 2.0m³/t，总含气量多大于 3.0m³/t（图 5-80）。

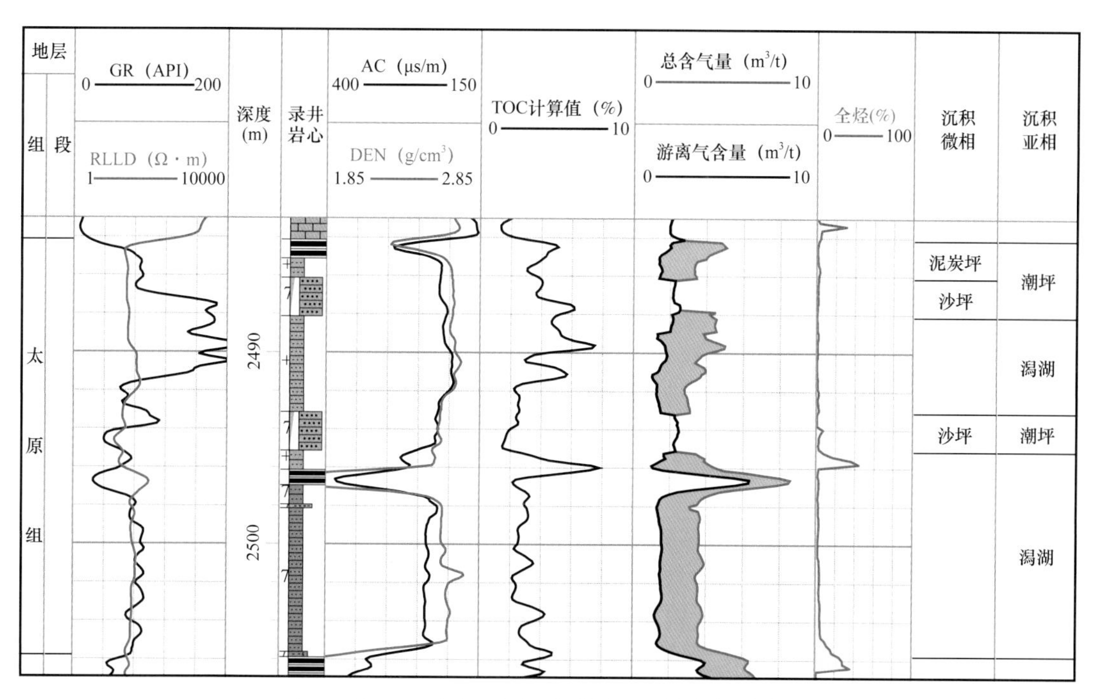

图 5-80　Y88 井泥炭坪—潟湖微（亚）相沉积特征

五、有效厚度下限

泥页岩的有效厚度是指在含气泥页岩中具有符合储备标准的天然气生产能力的储层部分的厚度。骨架矿物组成、TOC、孔隙度、渗透率、含水饱和度等这些因素均会影响泥页岩储层的产气能力。只有足够厚度的泥页岩一般才具有充足的有机质与孔隙、微裂隙等存储空间，更有利于页岩气藏的富集。烃源岩的有效排烃量厚度约为 28m，泥页岩层段的厚度必须超过有效的排烃厚度，所以一般认为泥页岩储层的有效厚度不得低于 30m。因页岩气储层大量使用水平井与压裂技术，从工程施工的角度也认为泥页岩的厚度应超过 30m。近些年由于水平井钻井、体积压裂、分段压裂等技术的进度，泥页岩储层的有效厚度下限进一步下降为 10～15m。美国地质调查局提出当有机质丰度大于 2% 的时候，为保证开发的经济价值，页岩气储层的厚度下限为 15m。国土资源部也发布了页岩气储量计算规范，这个规范将不同的含气量储层对应不同的厚度下限：当储层的含气量不低于 1.0m^3/t 时，储层的厚度下限为 50m；当储层的含气量不低于 2.0m^3/t 时，储层的厚度下限为 30m；当储层的含气量不低于 4.0m^3/t 时，储层的厚度下限为 15m。

但海陆过渡相单层厚度薄、互层频繁、黏土矿物含量高，因此对于海相适用的最小厚度下限标准对于太原—山西组储层并不适用。从生烃的角度考虑，形成具有工业开采价值的页岩气藏。从为保证生烃量，达到与国外页岩气盆地相近的储量丰度（$1.5\times10^8 m^3/km^2$）的角度来计算储层有效厚度下限。根据 2014 年颁布的页岩气资源量计算标准，吸附气储量丰度计算可以表示为

$$I_{吸附气}=0.01\mathrm{h}\rho C_{\mathrm{x}}/Z_{\mathrm{i}}$$

游离气储量丰度计算可以表示为

$$I_{游离气}=0.01\mathrm{h}\phi S_{\mathrm{gi}}/B_{\mathrm{gi}}$$

因此，泥页岩储层的总含气量储层丰度计算方法为

$$I_{总含气量}=0.01\mathrm{h}\left(\rho C_{\mathrm{x}}/Z_{\mathrm{i}}+\phi S_{\mathrm{gi}}/B_{\mathrm{gi}}\right)$$

$I_{总含气量}$这个量需要保证与国外相近的储量丰度（$1.5\times10^8 m^3/km^2$），因此，储层有效厚度下限 $H_{下限}$可以表示为

$$H_{下限}=150/\left(\rho C_{\mathrm{x}}/Z_{\mathrm{i}}+\phi S_{\mathrm{gi}}/B_{\mathrm{gi}}\right)$$

其中，$I_{吸附气}$、$I_{游离气}$、$I_{总含气量}$分别为吸附气、游离气、总含气量的储量丰度，$10^8 m^3/km^2$；C_{x} 为泥页岩吸附气含量，m^3/t，保留小数点后一位；ρ 为泥页岩质量密度，t/m^3，保留小数点后两位；Z_{i} 为原始气体偏差系数含量，无因次，保留小数点后三位；ϕ 为有效孔隙度，V/V，保留小数点后三位；S_{gi} 为原始含气饱和度，V/V，保留小数点后三位；B_{gi} 为原始页岩气体积系数，无因次保留小数点后五位。

根据储层实际情况，采用表 5-16 中的系数，计算得到储层有效厚度下限为 12m。同时考虑到储层薄互层频繁的现象，这里引入夹层比的概念，夹层比的概念定义为

$$夹层比=\frac{所夹砂岩或煤层的厚度}{泥岩包含所夹煤层或砂岩的连续厚度}$$

表 5-16 有效厚度下限计算参数

ρ（t/m³）	C_x（m³/t）	Z_i	ϕ（V/V）	S_{gi}（V/V）	B_{gi}
2.400	1.740	1.100	0.040	0.786	0.00365

统计三口典型井所有砂岩及煤层夹层的夹层比，发现当夹层比小于 0.2 时，认为是连续的泥页岩储层比较合适。因此储层有效厚度下限应定于 12m，夹层比小于 0.2。

第六章　海陆过渡相页岩气赋存机理与模式

赋存机理与模式是页岩气勘探与开发的核心研究内容，本章对鄂尔多斯盆地和黔西南地区海陆过渡相页岩气赋存特征与富集模式展开研究。

第一节　海陆过渡相页岩气赋存机理

页岩气在储层中主要以吸附气和游离气形式赋存（Bowker，2007；Jarvie 等，2007；张金川等，2004），其赋存机理与富集成藏密切相关。吸附气含量主要受温度、压力、TOC、R_o 和矿物含量影响：温度越高，页岩吸附能力越弱（Guo，2013；Ross 和 Bustin，2008；Zhang 等，2012）；压力越大，页岩吸附能力越强，且达到一定压力后，吸附气含量趋于稳定（Chalmers、Bustin，2008；Ross、Bustin，2009；毕赫等，2014）；TOC 越大，吸附能力越强（Chalmers、Bustin，2008；Ross、Bustin，2008；Zhang 等，2012；刘洪林和王红岩，2012）；随着 R_o 增加，有机质生烃和黏土矿物转化可能导致页岩孔隙增加（Baruch 等，2015；Wang、Guo，2019；陈康等，2016；聂海宽和张金川，2012），页岩吸附气含量随之增加；黏土矿物的层状结构和多孔结构增加了页岩中的吸附位数量，进而增加了页岩的比表面积，因此吸附气含量随黏土矿物含量的增加而增大（Ross、Bustin，2008）。游离气含量的主控因素为页岩孔隙度，含气饱和度和孔隙压力，可通过上述参数对游离气含量进行计算（Liu 等，2013；Zhou 等，2014）。

本次研究以鄂尔多斯盆地山西组和太原组页岩为例，对页岩样品进行热模拟，岩石热解，TOC 测定，R_o 测定，X 衍射分析和基于地层条件下的 CH_4 等温吸附实验，建立热成因气量和吸附气含量模型，并结合排烃模型，探讨地质历史时期研究区热成因气量、残余气含量、吸附气含量和游离气含量的演化特征。

一、热成因气量模型

（一）页岩生烃演化特征

研究选取鄂尔多斯盆地东缘 M1 和 M2 井（图 6–1）二叠系山西组页岩样品，通过 TOC 测定、R_o 测定、热模拟实验和岩石热解实验，建立热成因气量模型。

有机地球化学测试结果表明，研究区 M1 井和 M2 井样品 R_o 值分别为 0.96% 和 0.87%，表明页岩成熟度较低，适合进行热模拟实验。将样品分为 11 份，其中 1 份被用于原始样品 TOC、R_o 和干酪根类型等参数的测定，另外 10 份样品被用于封闭体系下的热模拟实验。系统温度由室温分别升温至 200℃、250℃、300℃、350℃、400℃、450℃、

500℃、550℃、600℃和650℃，实验完成后将设备温压降至标准状态（0℃，101.325kPa）并分别采集气态产物和液态产物，计量气态烃和液态烃的生成量，热模拟实验后，将10块样品分别进行 R_o 测定和岩石热解实验。

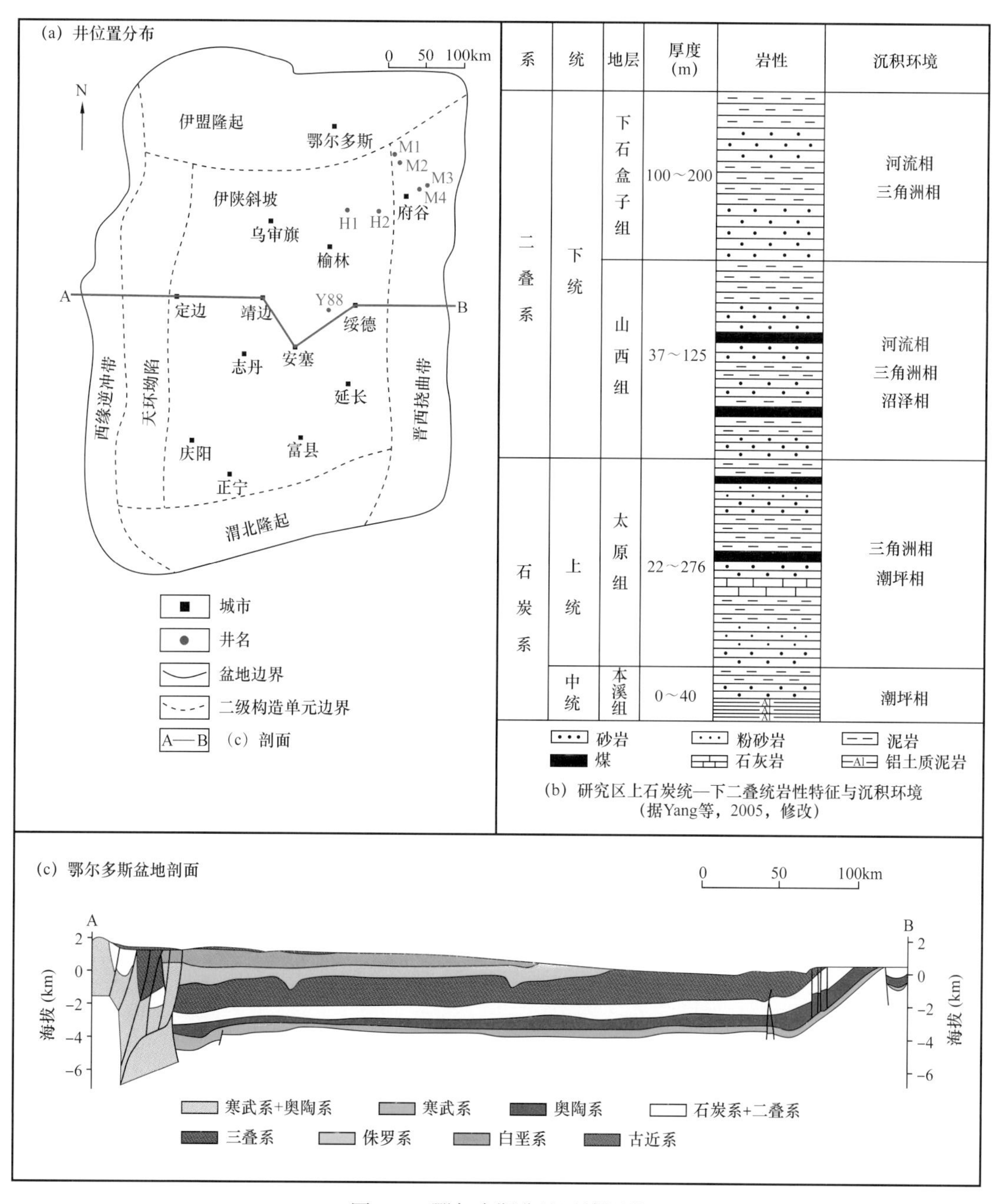

图6-1 鄂尔多斯盆地区域概况

（二）热成因气量模型及排烃模型

随着 R_o 的增大，页岩热成因气量呈现先缓慢增加，再快速增加，最后缓慢增加直至稳定的特征，与logistic模型曲线特征相似（Azzolina等，2015；Gallagher，2011；Kudryashov，2015；Wu、Baleanu，2014；周鹏，2016）。热解参数S_2代表300～600 ℃岩石中干酪根热解生成的烃类，对页岩热成因气量影响显著（Jarvie等，2007；Peters，1986）。因此，基于logistic模型，M1–1井和M2–1井样品热模拟的实验结果，通过R_o和S_2对页岩热成因气量进行拟合，建立鄂尔多斯盆地Ⅲ型干酪根热成因气量模型，如公式6–1所示。

$$G = S_{2a}\left(\frac{A}{B + C \cdot e^{-D \cdot R_o + E}} + F\right) \tag{6–1}$$

式中 G——不同R_o阶段的热成因气量，cm^3/g；

S_{2a}——R_o=1%所对应的S_2值，mg/g；

R_o——镜质组反射率，%；

e——自然常数；

A～F——常量。

根据M1井和M2井样品热模拟实验结果可得公式6–2和图6–2所示。

$$G = S_{2a}\left(\frac{0.1476}{0.0878 + 2.8433e^{-2.9998 \cdot R_o + 2.9941}} - 0.0625\right) \tag{6–2}$$

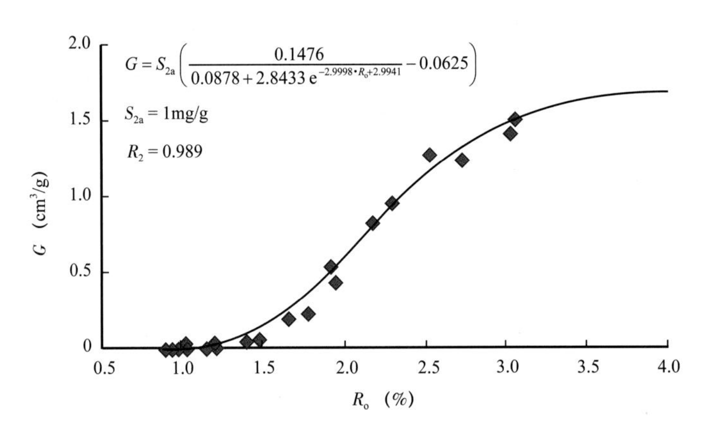

图6–2 热成因气量概念模型

S_2和R_o的相关关系如公式6–3所示。

$$S_{2b} = S_{2a}\left(A \ln R_{ob} + B\right) \tag{6–3}$$

式中 S_{2b}——R_{ob}对应的S_2值，mg/g；

R_{ob}——镜质组反射率，%；

S_{2a}——R_o=1%所对应的S_2值，mg/g；

A和B——常量。

A和B可通过M1井和M2井样品热模拟结果计算而得，如公式6–4和图6–3所示。

$$S_{2b} = S_{2a}\left(-0.8890 \ln R_{ob} + 0.9976\right) \tag{6–4}$$

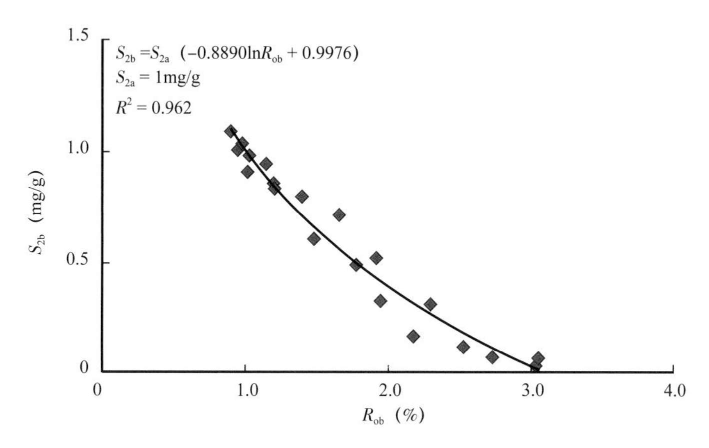

图 6-3　S_{2b} 与 S_{2a}、R_{ob} 的相关关系

结合公式 6-3 和公式 6-4，可得热成因气量与 S_2、R_o 的关系式 6-5：

$$G=\frac{S_{2b}}{-0.8890\ln R_{ob}+0.9976}\left(\frac{0.1476}{0.0878+2.8433e^{-2.9998\cdot R_o+2.9941}}-0.0625\right) \qquad (6\text{-}5)$$

式中　G——不同 R_o 对应的热成因气量，cm³/g；

R_o——镜质组反射率，%；

S_{2b}——R_{ob} 时样品的 S_2 值，mg/g；

R_{ob}——样品的 R_o 值，%。

因此，基于公式 6-5，当已知鄂尔多斯盆地某Ⅲ型干酪根页岩样品的 S_2 和 R_o 值时，可计算其地质历史时期的热成因气量。

可通过生烃潜力法研究排烃特征（Peng 等，2016；庞雄奇等，2004；姜福杰等，2010；周杰等，2006）。生烃潜力指数［Hg，（S_1+S_2）/TOC］表示烃源岩的生烃潜力，当烃源岩的生烃潜力指数在演化过程中开始减小时，即表明有烃类开始排出，所对应的埋深条件则代表烃源岩的排烃门限。排烃效率如公式 6-6 所示：

$$E=100\times\frac{Hgo(R_o)-Hgr(R_o)}{Hgo(R_o)} \qquad (6\text{-}6)$$

式中　E——排烃效率，%；

Hgo（R_o）——R_o 对应的生烃潜力指数，mg/g；

Hgr（R_o）——R_o 对应的剩余生烃潜力指数，mg/g；

R_o——镜质组反射率，%。

根据物质平衡理论，Hgo（R_o）可通过公式 6-7 计算而得。

$$Hgo(R_o)=Hg(R_{ot})\frac{1-0.83Hgr(R_o)/1000}{1-0.83Hg(R_{ot})/1000} \qquad (6\text{-}7)$$

式中　常数 0.083——有效碳恢复系数；

Hgo（R_o）——R_o 对应的生烃潜力指数，mg/g；

Hgr（R_o）——R_o 对应的剩余生烃潜力指数，mg/g；

$Hg(R_{ot})$——排烃门限对应的生烃潜力指数，mg/g；

R_o——镜质组反射率，%。

基于生烃潜力指数 Hg，通过公式 6-6 和公式 6-7 可求得鄂尔多斯盆地排烃系数（图 6-4）。

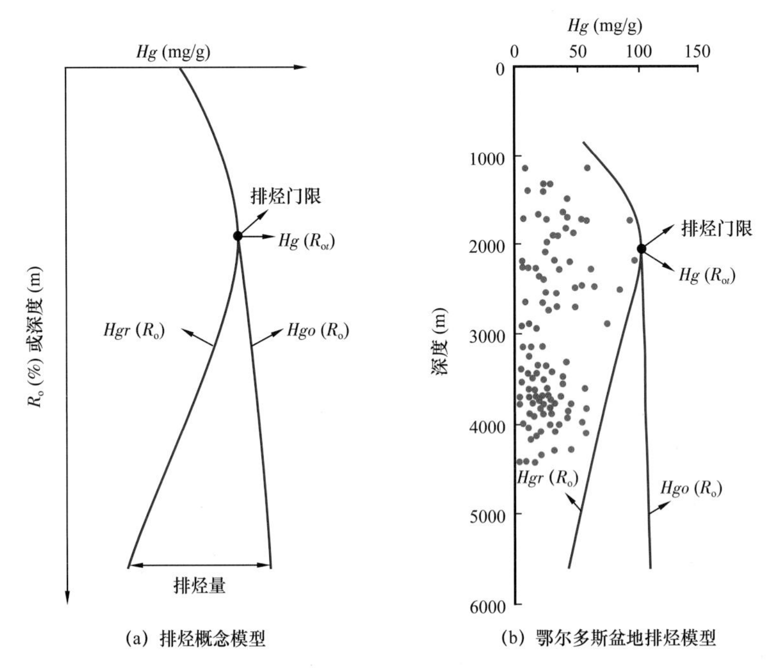

图 6-4　排烃概念模型（据 Peng 等，2016，修改）及鄂尔多斯盆地排烃模型（据庞雄奇等，2014，修改）

二、吸附气量模型

（一）吸附气含量影响因素

选取鄂尔多斯盆地东缘 M3 井、M4 井和 Y88 井（图 6-1）二叠系山西组和太原组页岩样品，通过 TOC 测定、R_o 测定、X 衍射分析和基于地层条件的甲烷等温吸附实验，研究吸附气含量的主要影响因素，进而建立吸附气含量计算模型。有机地球化学测试结果表明，研究区 M3 井、M4 井和 Y88 井山西组和太原组页岩样品干酪根类型均是以生气为主的Ⅲ型干酪根。M3 井和 M4 井样品 TOC 含量分别为 0.97% 和 1.87%；R_o 值分别为 0.93% 和 0.96%，表明页岩的成熟度较低。Y88 井页岩样品的 TOC 含量为 0.97%～4.62%，平均值为 2.68%；R_o 值为 2.63%～3.32%，平均值为 2.96%，处于过成熟演化阶段。M3 井和 M4 井样品矿物组分主要为黏土矿物，含量分别为 51% 和 72%；其次为石英，含量分别为 45% 和 28%；此外，矿物中还含有少量的长石和菱铁矿。M3 井样品黏土矿物主要由高岭石、伊 / 蒙混层和伊利石组成，含量分别为 56%、25% 和 19%；M4 井样品高岭石占据主导地位，含量为 92%。Y88 井样品的矿物组分主要为黏土矿物，含量为 45%～56%，平均值为 52%；其次为石英，含量为 33%～53%，平均值为 40.75%。黏土矿物主要由伊/蒙混层、高岭石和伊利石组成，平均含量分别为48.25%、28.75%和16.50%；绿泥石含量仅占6.50%。

1. 温度和压力

研究区地表温度为15℃，温度梯度为3℃/100m，压力梯度为8Mpa/1000m，以深度为200m、500m、1000m、1500m、2000m和2500m的地层对应温度进行甲烷等温吸附，测定相应温度不同压力条件下的甲烷吸附气量。在水分平衡条件下注入甲烷气体，测定相应压力点对应的CH_4吸附气量，直至增压至最高压力点。根据吸附过程中的实验压力及实测吸附气量，可通过Langmuir模型计算吸附气量，进而拟合得到等温吸附曲线（图6-5）。其中，黄色菱形为地层条件对应的CH_4吸附气含量测试结果。

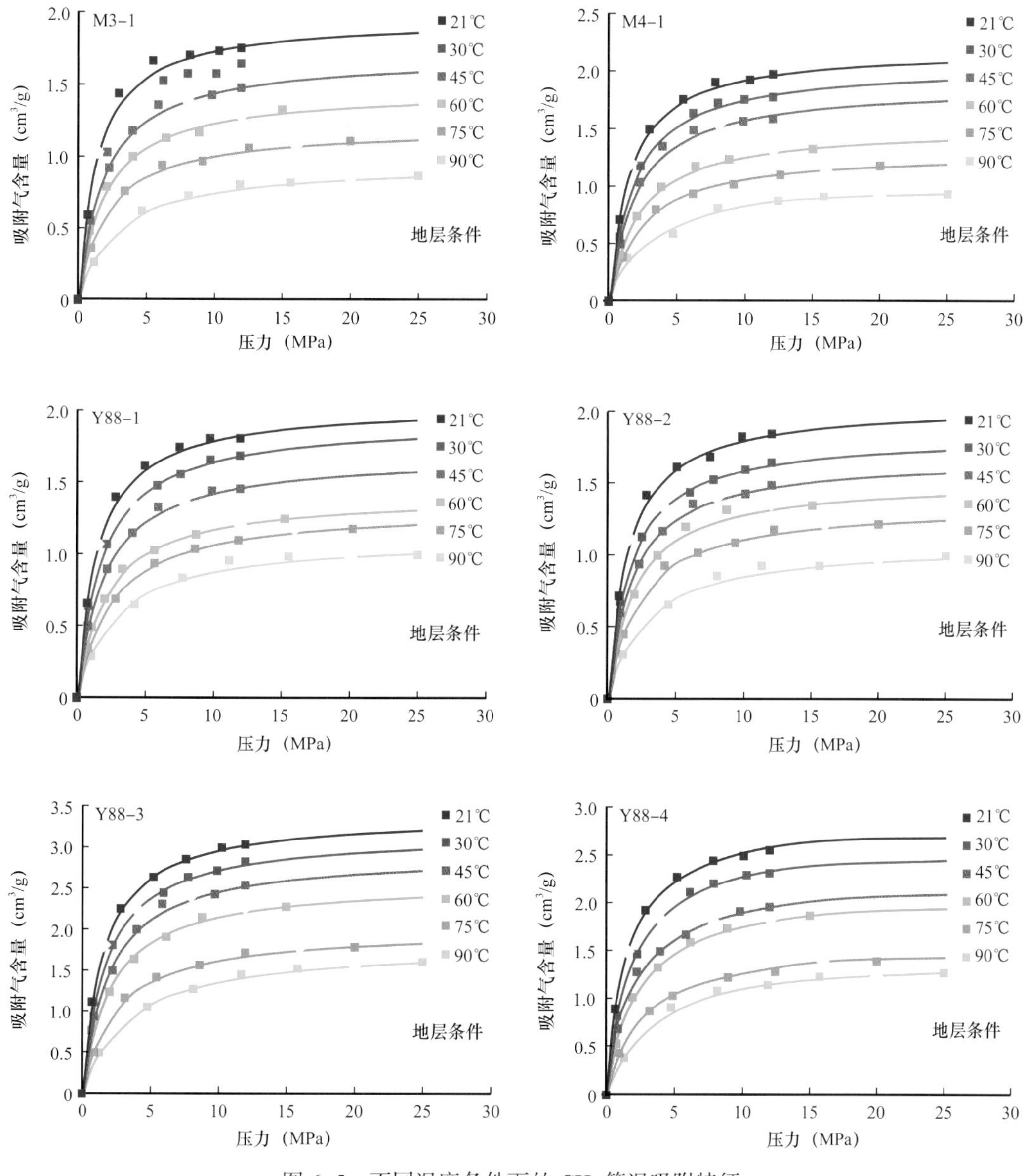

图6-5 不同温度条件下的CH_4等温吸附特征

由图 6-5 可知，随着温度的升高，CH_4 吸附气量逐渐降低；随着压力的增大，CH_4 吸附气量逐渐增加，并趋于稳定。CH_4 吸附以物理吸附为主，当温度升高时，分子热运动增强，分子趋于逸散到吸附质中发生解吸，导致吸附气量降低；当压力增大时，分子运动的平均自由程降低，吸附质分子易于在吸附剂表面发生吸附，导致吸附气量增加，当压力增大至一定程度，吸附位被完全占据，吸附气量趋于固定值。可通过兰氏体积（V_L）和温度的相关关系定量表征温度对吸附气量的影响（图 6-6）。

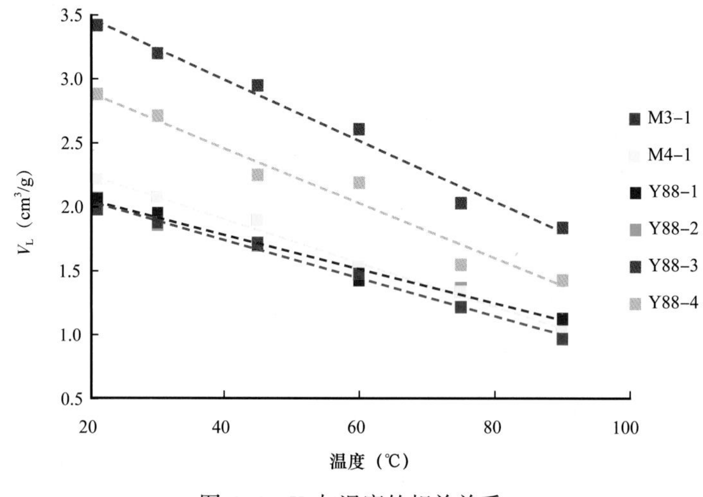

图 6-6　V_L 与温度的相关关系

2. TOC 含量和 R_o

页岩有机质亲油性强（Ji 等,2014；魏志红,2015），微孔发育良好，有利于 CH_4 吸附，因此兰氏体积随样品 TOC 的增加而增大（图 6-7），具有较好的线性关系。随着 R_o 增加，有机质生烃和黏土矿物相互转化可能导致页岩孔隙增加（Baruch 等，2015；Wang、Guo，2019；陈康等，2016；聂海宽和张金川，2012），页岩吸附气含量随之增加。

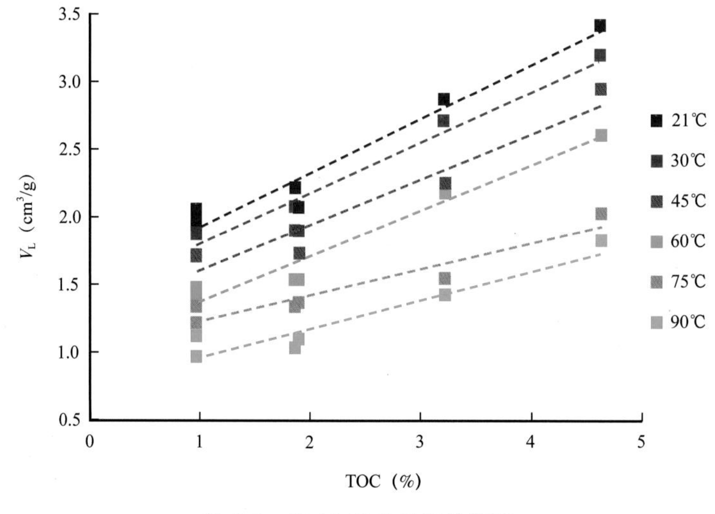

图 6-7　V_L 与 TOC 的相关关系

3. 干酪根和黏土矿物

页岩气中的吸附气主要以吸附态形式赋存于干酪根和黏土矿物表面，因此二者对页岩的吸附气含量有着重要的影响。目前常用的研究方法建立样品中干酪根和黏土矿物含量与吸附气含量的回归关系，判断干酪根和黏土矿物对甲烷吸附能力的差异（吉利明等，2014a，2014b；王茂桢等，2015）。然而，这种定性研究对于判断某种黏土单矿物对甲烷吸附能力的影响误差较大（吉利明等，2012）。为精细研究干酪根和每种黏土单矿物对吸附气含量的影响，选取鄂尔多斯盆地东缘 Y88 井山西组页岩样品为研究对象。首先将干酪根和黏土矿物进行分离，并将黏土矿物分离为伊 / 蒙混层、高岭石、绿泥石和伊利石这四种单矿物，然后分别进行等温吸附实验，研究单位质量的干酪根、伊 / 蒙混层、高岭石、绿泥石和伊利石对甲烷吸附能力的差异性。

依据《沉积岩中干酪根分离方法》（SY/T 19144–2010）的执行标准，首先将需要分离提取黏土的沉积物原样烘干，称取干样质量；然后将干样放入长型大烧杯，加入纯净水浸泡，并将其搅拌成悬浮液，促使黏土物质充分扩散悬浮，静置后抽出上层清液继续加入纯水搅拌成悬浮液；取 20～50g 的黏土矿物，利用不同配比试剂组合去除不要的黏土矿物，得到所需较为纯净的单组分黏土矿物（高岭石、绿泥石、伊利石和伊 / 蒙混层）。对分离提纯的干酪根和每种单矿物分别定量称取作为实验样品并进行标记。根据《煤的高压等温吸附试验方法容量法》（GB/T 19560–2004）的标准，采用等温吸附仪进行实验测试。实验控制室内温度为 26℃，室内湿度为 30%。将样品进行干燥处理后，使其湿度为 0%，系统抽真空后以纯度为 99.999% 的甲烷为气源，通过升高供气压力（0～12MPa），在 30℃开展甲烷等温吸附量的连续测定。等吸附测试结束后，依据 Langmuir 单分子层吸附原理进行数据处理，计算兰氏体积（V_L）和兰氏压力（P_L），进而拟合等温吸附曲线。

前人研究表明，有机质丰度高的页岩，其孔隙以低于 50nm 的微孔和中孔为主，此类孔隙具有更大的比表面和更强的吸附能力（赵杏媛和何东博，2012），并且页岩有机质孔隙分布广，成为页岩微孔体积的主要组成部分。黏土矿物之所以能影响页岩吸附气量，其原因是黏土矿物具有一定数量的微孔隙，这部分微孔隙可以增加页岩的比表面积，为甲烷等气体提供吸附的空间（Aringhieri，2004；Cheng、Huang，2004；Wang 等，2004）。由图 6–8 可知，干酪根和各种黏土单矿物对甲烷吸附能力有明显差异，干酪根的甲烷吸附性远大于各种黏土单矿物。甲烷的吸附量随着压力的增加而增加，当压力由 0MPa 增加到 2MPa 时，甲烷吸附量显著增加，几乎达到甚至超过最大吸附量的 50%；之后随着压力的增加，甲烷吸附量缓慢上升，最终趋于平稳；当压力增加到 11MPa 时甲烷吸附量几乎不再增加。在 30℃的条件下，干酪根的兰氏体积为 8.24m^3/t，伊 / 蒙混层、高岭石、绿泥石和伊利石的兰氏体积分别为 2.9m^3/t、1.97m^3/t、1.71m^3/t 和 1.42m^3/t，干酪根甲烷最大吸附能力分别是伊 / 蒙混层、高岭石、绿泥石和伊利石的 2.8 倍、4.2 倍、4.8 倍和 5.8 倍。部分样品干酪根吸附气量甚至大于黏土矿物吸附气量之和。结果表明页岩中的干酪根是甲烷吸附量的主要贡献者，黏土矿物中伊 / 蒙混层对甲烷吸附能力较强，总体顺序为干酪根＞伊 / 蒙混层＞高岭石＞绿泥石＞伊利石。

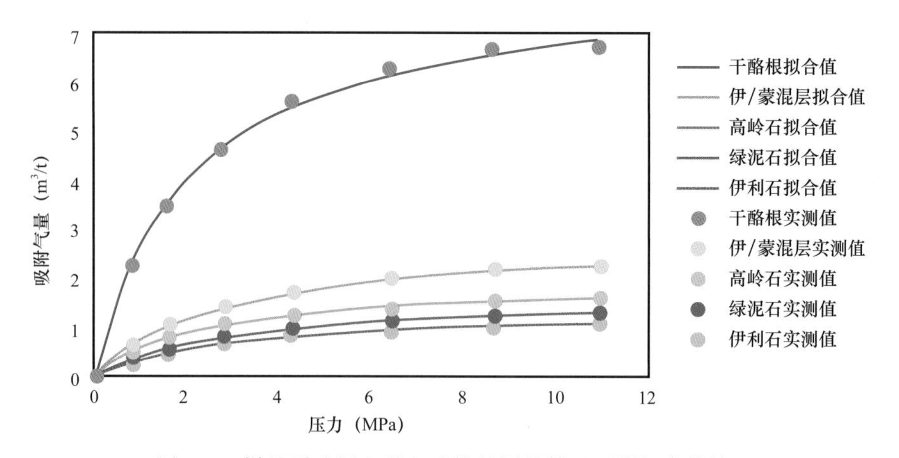

图 6-8　样品干酪根和黏土矿物的甲烷等温吸附拟合曲线

（二）吸附气量模型

吸附气量可通过 Langmuir 方程进行计算（Ross 和 Bustin，2008，2009），方程如公式 6-8 所示：

$$V = \frac{P \cdot V_L}{P + P_L} \qquad (6\text{-}8)$$

式中　V—— 吸附气含量，cm^3/g；

P—— 相应深度的地层压力，MPa；

V_L——兰氏体积，cm^3/g；

P_L——兰氏压力，MPa。

选定温度、TOC 与兰氏体积进行多元线性回归分析，如公式 6-9 所示：

$$V_L = A\text{TOC} + B \cdot T + C \qquad (6\text{-}9)$$

式中　V_L——兰氏体积，cm^3/g；

TOC——有机质丰度，%；

T——温度，℃；

A—C——常量。

通过等温吸附测试结果求取 V_L 与 TOC 和温度的相关关系，如公式 6-10 所示。

$$V_L = 0.3089\text{TOC} - 0.0173T + 2.1110 \qquad (6\text{-}10)$$

研究表明，P_L 具有随温度的升高而增加的特征（Zhang 等，2012；Gasparik 等，2014）。通过数据拟合，可得出 P_L 与温度的相关关系式（公式 6-11）。

$$P_L = 1.2535e^{0.0088T} \qquad (6\text{-}11)$$

将公式 6-10 和公式 6-11 代入公式 6-8，可得吸附气量与 TOC、温度和压力的相关关系式（公式 6-12）：

$$V=\frac{P\left(0.3089\mathrm{TOC}-0.0173T+2.1110\right)}{P+1.2535\mathrm{e}^{0.0088T}} \tag{6-12}$$

式中 V—— 吸附气量，$\mathrm{cm^3/g}$；

TOC——有机质丰度，%；

T—— 温度，℃；

P—— 压力，MPa；

e——自然常数。

研究区地表温度为 15℃，地温梯度为 3℃ /100m，压力梯度为 8MPa/1000m，由此可得吸附气量与 TOC 和深度的关系（公式 6–13）。

$$V=\frac{0.0080D\left(0.3089\mathrm{TOC}-0.000519D+1.8515\right)}{0.0080D+1.2535\mathrm{e}^{0.000264D+0.1320}} \tag{6-13}$$

式中 V—— 吸附气量，$\mathrm{cm^3/g}$；

TOC——有机质丰度，%；

D—— 深度，m。

三、游离气量模型

由于页岩中溶解气含量相对较少，本次研究未单独建立溶解气量计算模型。若忽略页岩中的溶解气量，则游离气量即为页岩中残余气量和吸附气量之差。由前文可知，页岩热成因气量、残余气量和吸附气量可通过热成因气模型、排烃模型和吸附气量模型计算而得，由此可求得游离气含量，进而可阐明热成因气量、残余气量、吸附气量和游离气量演化特征。

第二节 海陆过渡相页岩气富集模式

一、页岩气富集模式研究现状

自 2005 年以来，中国以南方下古生界五峰—龙马溪组和筇竹寺组海相页岩为重点，开展页岩气地质勘探及开发研究，历经了从地质条件分析、“甜点区”评选、评价井钻探及勘探开发前期准备，到海相页岩气工业化开采试验及规模化开采的发展历程（邹才能等，2016）。基于中国海相地层地质研究，学者们提出了相应的页岩气富集模式。郭旭升等（2014，2017）根据南方海相页岩气富集规律及涪陵页岩气田勘探开发认识，指出深水陆棚优质泥页岩发育是页岩气“成烃控储”的基础，良好的保存条件是页岩气“成藏控产”的关键。深水陆棚笔石发育，有机质丰度高，类型好，热演化程度适中，有机孔发育；高 TOC 值与高硅质含量有利于储层的改造，是页岩气“成烃控储”的基础地质条件；良好的页岩顶底板条件可阻止烃类纵向散失；构造抬升作用时间较晚，有利于页岩气富集保存。邹才能等（2015）根据四川盆地五峰组—龙马溪组页岩储层研究成果，指出页岩气的富集和高产，受沉积环境，热演化程度，孔缝发育程度和构造保存“四大因素”控制：（1）半深水—深水陆棚相控制了富有机质，生物硅质—钙质页岩规模分布；（2）富有机质页岩处于有效热裂解气范围，可控制有效气源供给；（3）富硅质页岩脆性好，易发育基质孔隙，页理缝及构造缝，为页岩气富集提供充足空间；（4）拥有良好的储盖组合及处在构造相对稳定区，原油裂解气和储层经深埋后抬升但保存状态始终较好，可形成页岩气“超压封存箱”。

与海相页岩相比，海陆过渡相页岩有机质以陆源高等植物为主，水动力条件不稳定，各种水动力作用下的地层相互叠加，导致页岩气，煤层气和致密砂岩气叠置成藏，具有重要的研究价值。因此，本次研究选取鄂尔多斯盆地山西组和太原组，黔西南地区龙潭组页岩为研究对象，从地层岩性组合、沉积相、生烃门限、孔隙演化和构造特征，对研究区海陆过渡相页岩气富集影响因素进行系统分析，初步建立了中国典型地区上古生界海陆过渡相页岩气富集模式。

二、典型地区海陆过渡相页岩气富集模式

（一）研究区地质概况

鄂尔多斯盆地西部以贺兰断褶带和六盘山弧形逆冲构造带为界，与阿拉善地块相邻；北部伊盟隆起与古阴山褶皱造山带相接；东部以离石断裂为界，与山西地块分界；南部为秦祁复合型大陆造山带所围限，整体构造稳定，变形微弱。二叠系太原组沉积环境主要受潮坪—滨浅海的控制，具有明显的海陆过渡相沉积体系特征，沉积相为三角洲平原—潮坪相，泥岩、石灰岩、煤及砂岩呈互层分布。山西组为海陆过渡—陆相沉积，北部造山带抬升并侵蚀，向盆地内提供物源，自北而南发育冲积扇—河流—三角洲—湖泊沉积体系；山西组沉积初期，盆地东南部仍能受到一定的海水影响，发育大面积的潮坪—潟湖沉积（图6–1b）。

黔西南地区褶皱、断裂构造较发育，褶皱以北西向展布为主，主要发育隔挡式褶皱，背斜狭窄紧陡、向斜宽阔舒缓，断裂总体上以北东向和北西向展布为主，发育程度不均一，龙潭组潟湖和潮坪相广泛发育（图6–9d）。

（二）海陆过渡相页岩气富集模式影响因素

1. 地层岩性组合及沉积相

海陆过渡相地层的天然气主要包括页岩气，煤层气和致密砂岩气。页岩气藏主要以吸附态和游离态赋存于页岩储层，煤层气藏主要以吸附态赋存于煤层，致密砂岩气藏储层渗透性相对较好，气体主要以游离态赋存，盖层对气体富集成藏影响较大。三种气藏在空间上相互叠置，岩性纵向组合对页岩气富集特征具有重要影响。基于鄂尔多斯盆地H1井和H2井山西组和太原组气测录井数据（图6–10、图6–11），黔西南地区XD1井龙潭组现场解析数据（图6–12），研究地层岩性组合对页岩气富集的影响，并结合三角洲相沉积和障壁海岸相沉积进行系统分析。

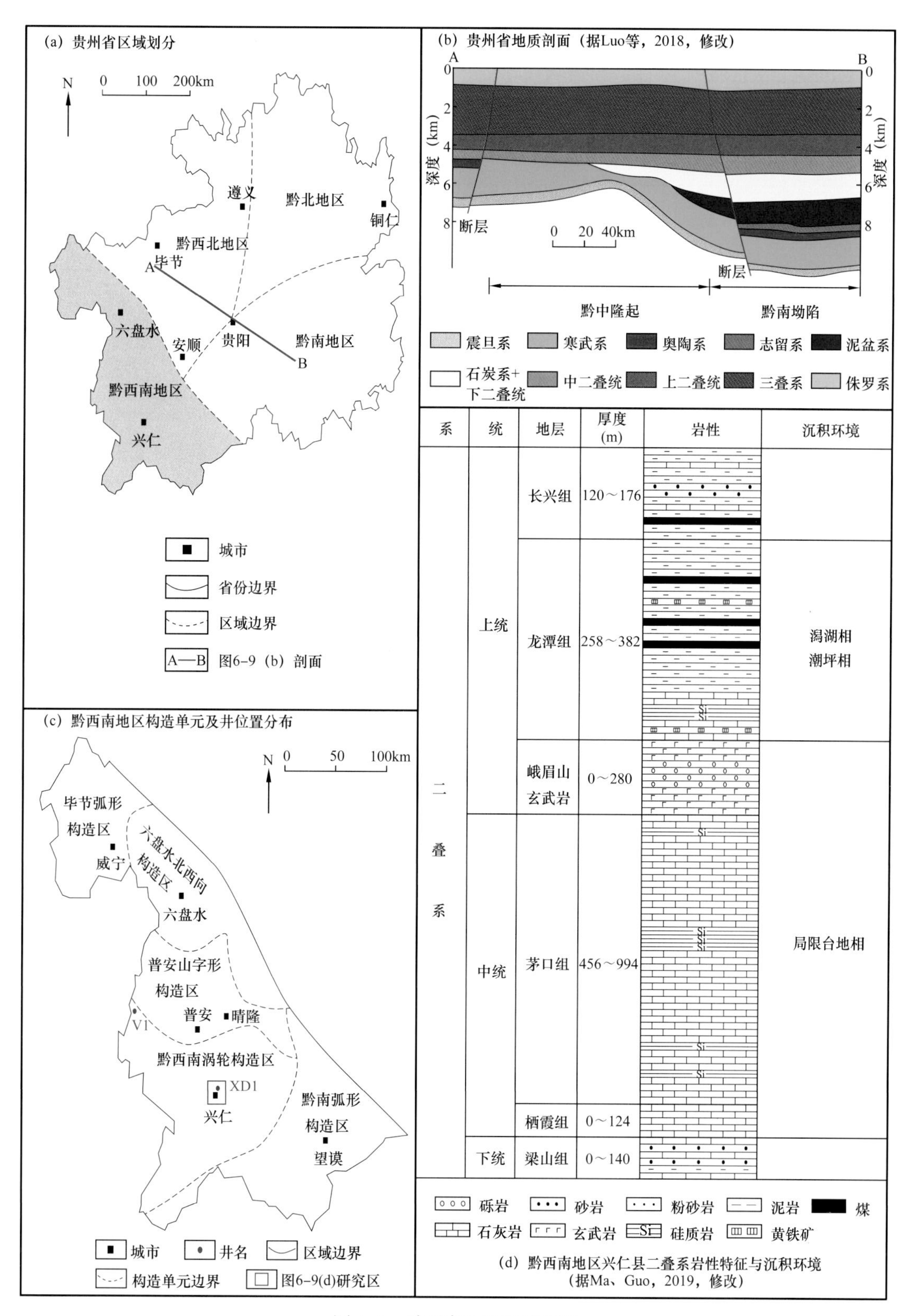

图 6-9　黔西南地区区域概况

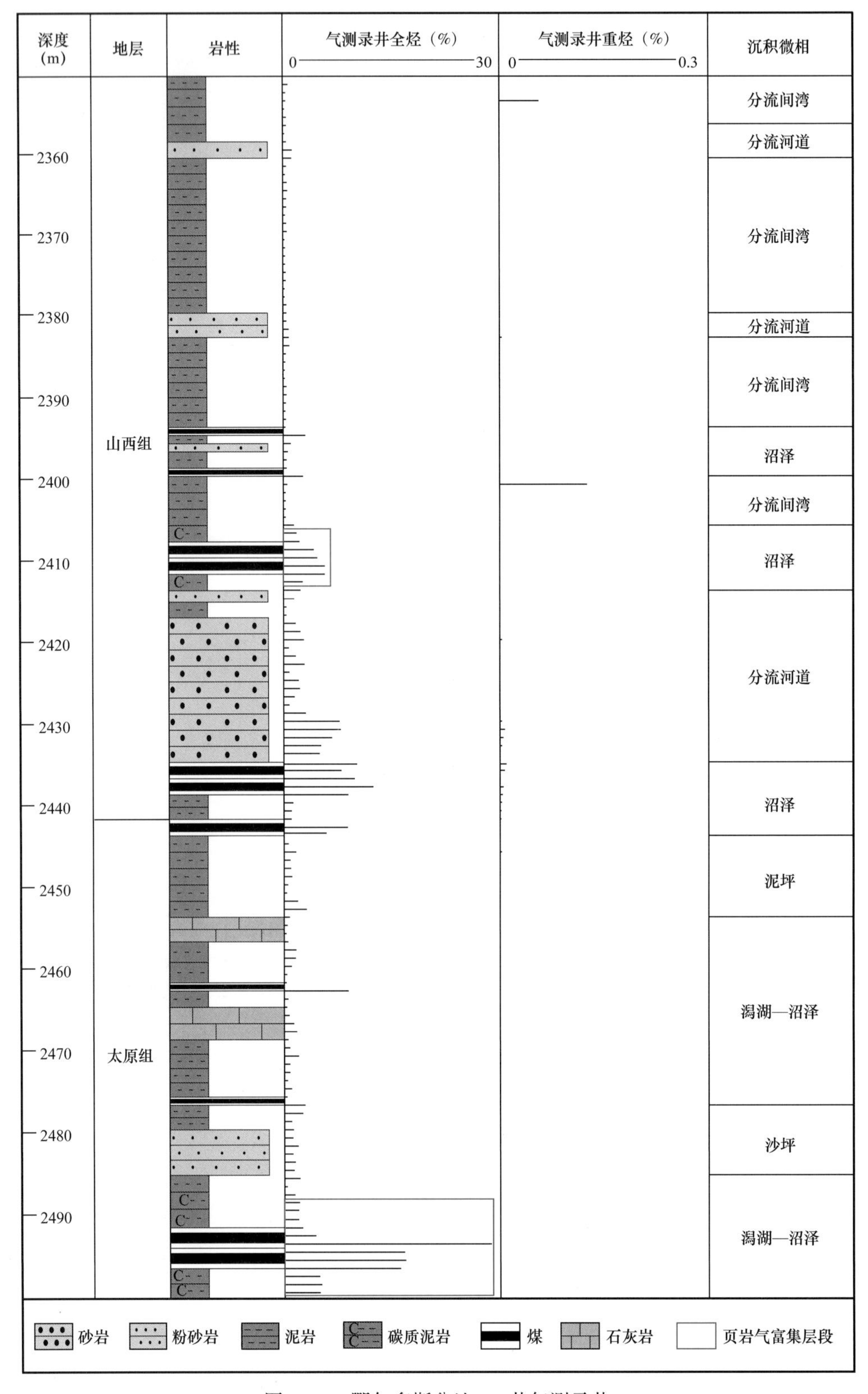

图 6-10　鄂尔多斯盆地 H1 井气测录井

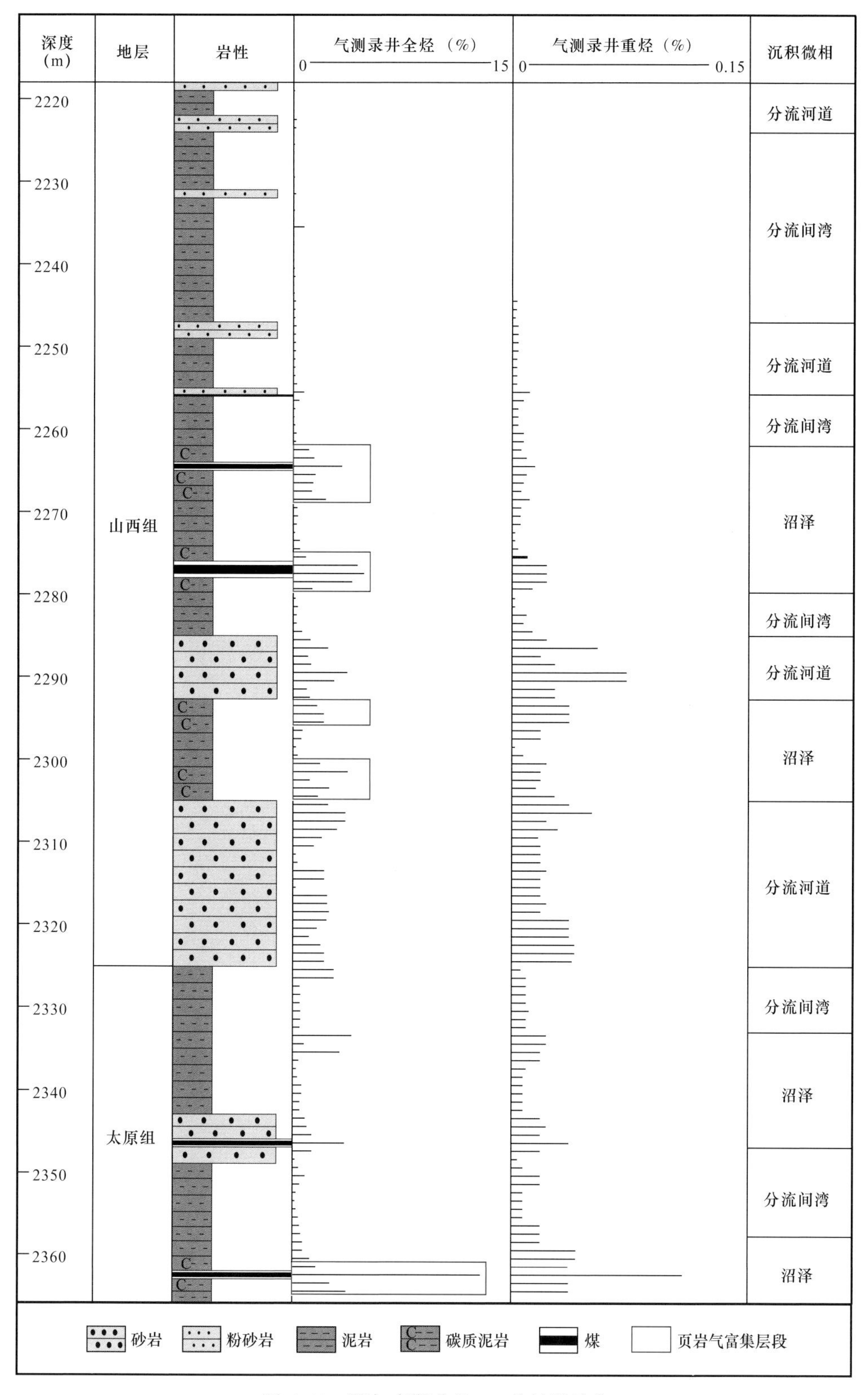

图 6-11　鄂尔多斯盆地 H2 井气测录井

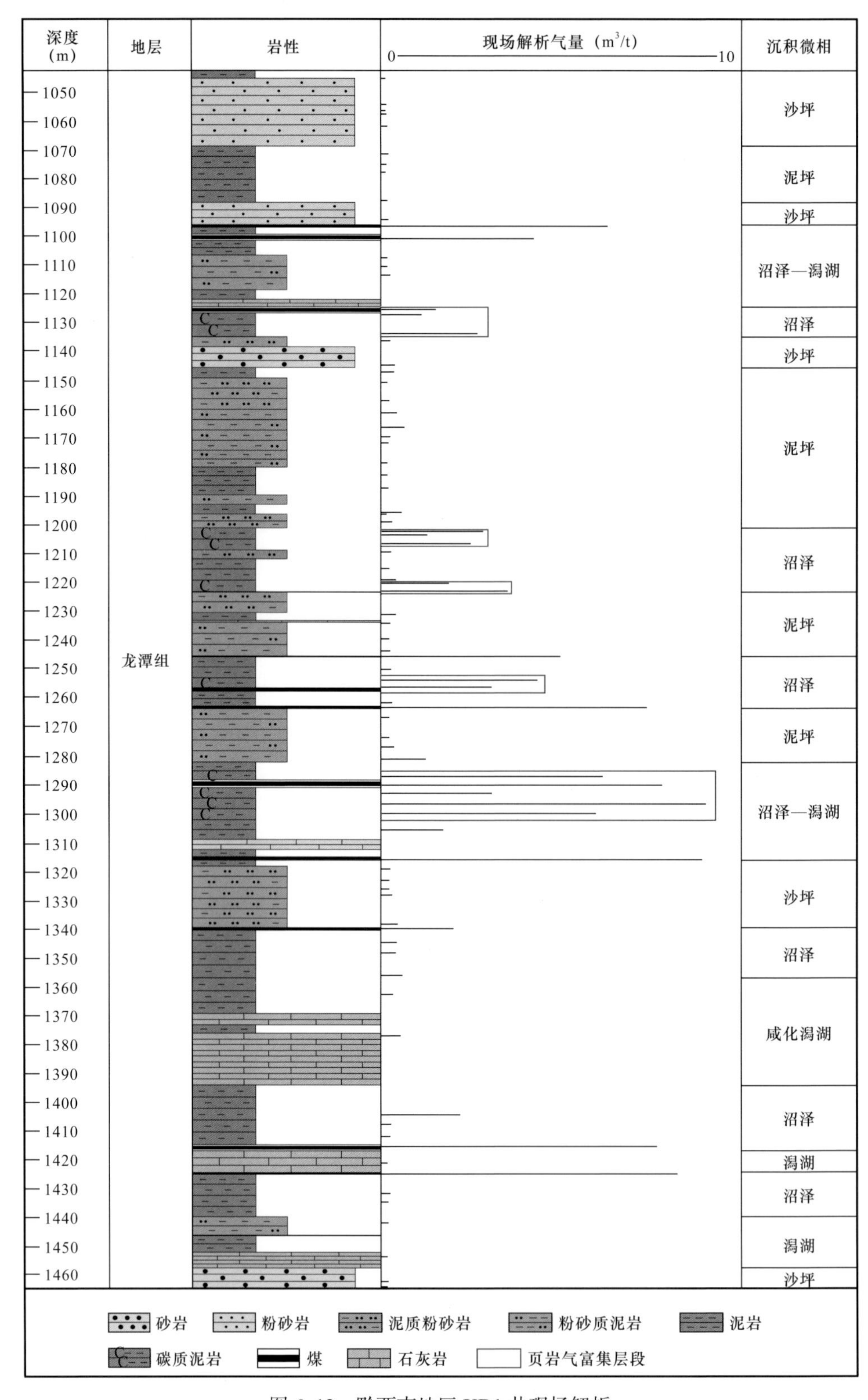

图 6-12　黔西南地区 XD1 井现场解析

鄂尔多斯盆地H1井和H2井，黔西地区XD1井含气性数据表明，海陆过渡相的沼泽、沼泽—潟湖沉积中，与煤层相邻的页岩含气性较好。其原因是沼泽和沼泽化潟湖地带的高等植物发育，有机质丰富，页岩有机质丰度高，此外，煤层产生的天然气可运移至相邻页岩，形成页岩气富集层段。

基于鄂尔多斯盆地山西组和太原组，黔西南地区龙潭组沉积环境，重点探讨三角洲相和障壁海岸相页岩气的富集特征。三角洲相位于海（湖）陆之间的过渡地带，是海陆过渡相的重要组成部分，在平面上由陆向海依次为：三角洲平原，三角洲前缘和前三角洲亚相。沼泽沉积在三角洲平原上分布广泛，其表面接近于平均高潮面，是一个周期性被水淹没的低洼地区，水体性质主要为淡水或半咸水，介质处于还原环境，其岩性主要为暗色有机质泥岩，泥炭或褐煤沉积，常见块状均匀层理和水平纹理。沼泽地带温湿气候地区沼泽植物丰富，有机质发育，该环境形成的页岩有机质丰度高，相邻煤层产生的天然气可运移至页岩富集，具备形成页岩气藏的条件（图6-13）。

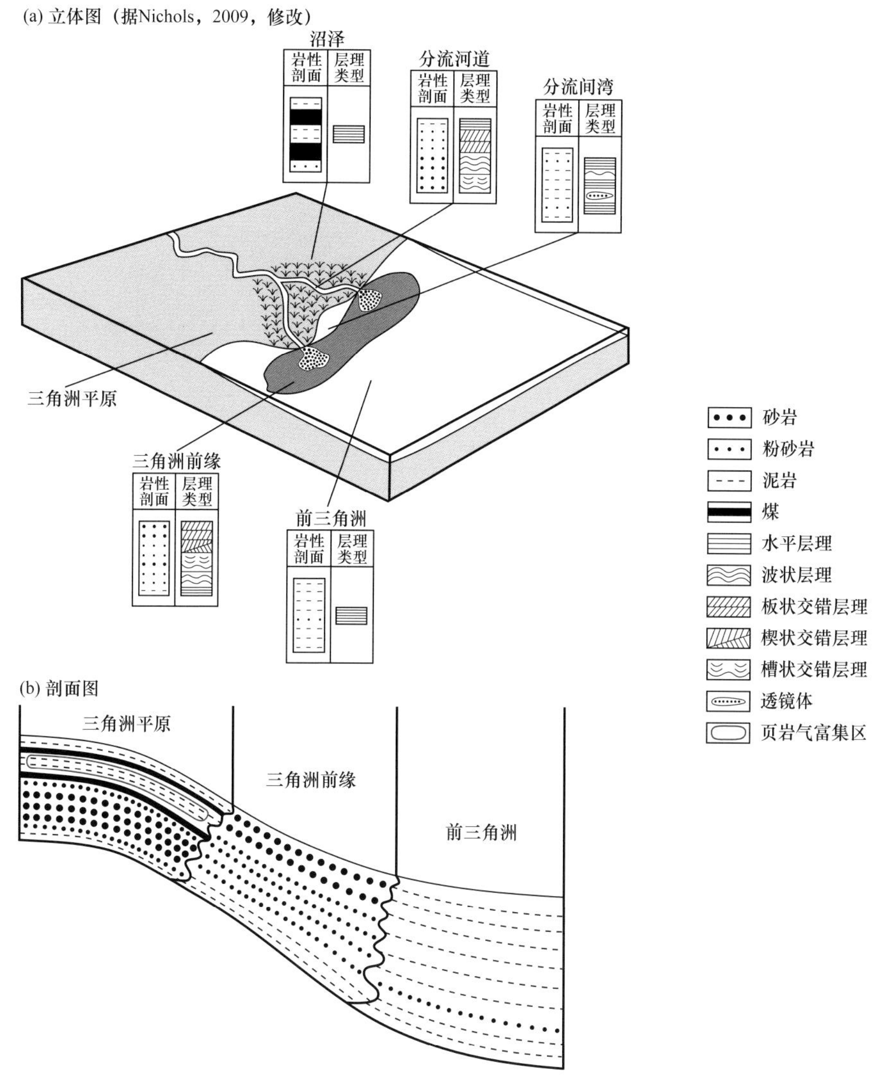

图6-13　三角洲相页岩气富集模式图

障壁海岸相发育于海陆过渡地带，平面上向海方向以障壁岛与滨岸相衔接，向陆方向以潟湖或潮坪与大陆沉积相的沼泽相或冲积相毗邻，可构成由障壁岛—潟湖—潮坪组成的障壁海岸沉积体系。沼泽主要分布于潮上带，水动力条件弱，可形成细粒沉积物，温湿气候区潮上带发育富植沼泽，有机质丰富，高水位时发育障壁近海湖盆，低水位时发育沼泽，两种环境频繁交替，形成煤和富有机质页岩互层状沉积，该环境形成的页岩有机质丰度高，相邻煤层产生的天然气可运移至页岩富集，具备形成页岩气藏的条件（图 6–14）。潟湖沉积水体安静，环境低能，在潮湿多雨的气候条件下，河流携带注入大量沉积物，形成沼泽化潟湖。当潟湖水体淡化发育到一定程度，潟湖下部水体逐渐缺氧，厌氧细菌大量繁殖并使硫酸盐还原成 H_2S，形成还原环境，有利于有机质的保存和转化，形成富有机质页岩，具备形成页岩气藏的条件（图 6–14）。

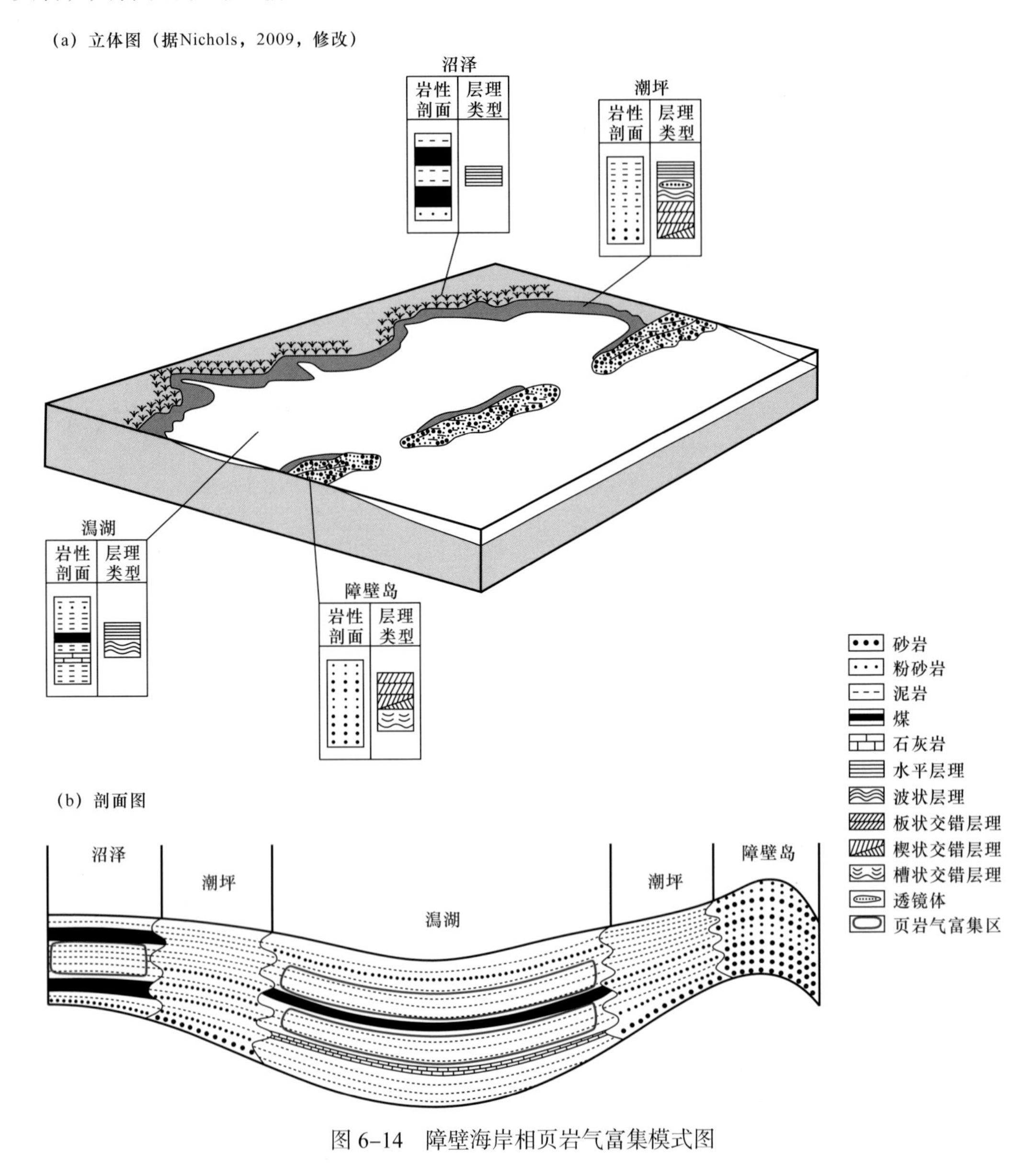

图 6–14　障壁海岸相页岩气富集模式图

2. 生烃特征及成岩作用

选取鄂尔多斯盆地山西组，黔西南地区龙潭组页岩样品进行热模拟实验，研究表明，当 R_o 大于 1.6% 时，液态烃开始大量裂解生成气态烃，气态烃产量和气态烃增量迅速增加，进入主要生气阶段，因此，可将 R_o 等于 1.6% 设定为研究区上古生界海陆过渡相页岩气态烃生烃门限成熟度。

孔隙演化主要受生烃作用，黏土矿物转化和压实作用控制。本次研究中，通过热模拟，生烃量测定，R_o 测定和 X 衍射分析对热演化过程中生烃特征，黏土矿物转化进行分析，进而探讨孔隙演化特征。当 R_o 小于 0.6% 时，生烃及黏土矿物转化微弱，压实作用为导致孔隙减少的主要因素（Loucks 等，2012）。当 $0.6\%<R_o<1.6\%$ 时，海陆过渡相页岩进入“生油窗”，干酪根热降解产生大量液态烃，黏土矿物转化微弱。该阶段生烃作用产生的液态烃和沥青可堵塞孔（Löhr 等，2015），压实作用可影响页岩宏孔，上述因素将导致孔隙减少。当 $1.6\%<R_o<2.5\%$ 时，海陆过渡相页岩进入气态烃生烃门限，干酪根及液态烃发生裂解生成大量气态烃，高岭石开始向伊利石迅速转化，伊 / 蒙混层中的蒙皂石向伊利石迅速转化。该阶段干酪根，液态烃及沥青裂解，气态烃释放产生气孔，孔隙异常高压，有机质收缩，有机酸溶蚀，伊利石化，蒙皂石收缩将导致孔隙增加（Jarvie 等，2007；Baruch 等，2015；Hu 等，2017）。当 $2.5\%<R_o<3.5\%$ 时，海陆过渡相页岩生烃作用速度放缓，黏土矿物转化仍然快速进行。该阶段，固体有机质中的石墨状结构，伊利石化，蒙皂石收缩将导致孔隙增加（Hu 等，2017）。当 $R_o>3.5\%$ 时，海陆过渡相页岩生烃作用和黏土矿物转化趋于结束，围压可导致孔隙坍塌和减少（Loucks 等，2012）。因此当 $R_o<1.6\%$ 或 $R_o>3.5\%$ 时，海陆过渡相页岩孔隙具有减少的趋势，当 $1.6\%<R_o<3.5\%$ 时，海陆过渡相页岩孔隙具有增加的趋势。

综合海陆过渡相页岩气态烃生烃门限和孔隙演化特征，页岩气勘探应集中于研究区 $1.6\%<R_o<3.5\%$ 的相应层位。

（三）典型地区海陆过渡相页岩气富集模式

鄂尔多斯盆地是一个稳定沉降的多旋回克拉通盆地，主体部分地形平缓，为角度小于 1° 的西倾大斜坡，构造稳定，变形微弱，断层不发育。页岩和煤频繁互层，有机质丰度高（沼泽相、沼泽—潟湖相），成熟度适中（$1.6\%<R_o<3.0\%$）的层段，页岩气富集程度高，可在构造斜坡形成连续分布的“连续型”页岩气富集区（图 6–15）。

黔西地区褶皱，断裂较为发育，页岩和煤频繁互层，有机质丰度高（沼泽相、沼泽—潟湖相），成熟度适中（$1.6\%<R_o<3.0\%$）对页岩气的富集有利，此外，裂缝发育在一定程度上丰富了页岩气的储集空间，并有利于后期压裂改造中复杂缝网的形成，当挤压性断层两侧为非渗透性的页岩或有泥岩涂抹现象时，断层具有良好的封堵性，有利于页岩气的保存，可形成“断层封堵式”页岩气富集区（图 6–16）。

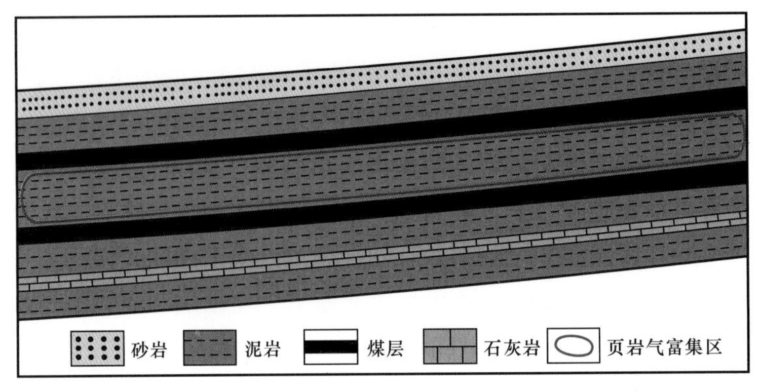

图 6-15　鄂尔多斯盆地太原—山西组页岩气富集模式

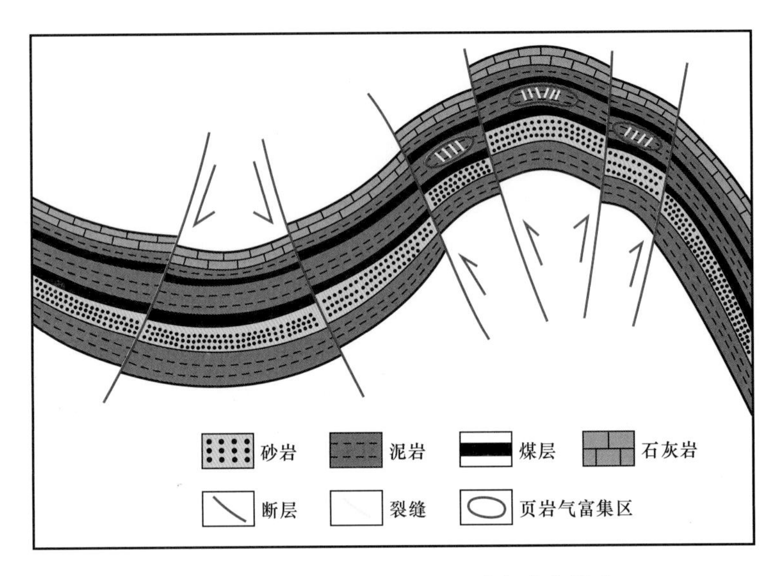

图 6-16　黔西南地区龙潭组页岩气富集模式

参考文献

白斌，朱如凯，吴松涛，等 .2014. 非常规油气致密储层微观孔喉结构表征新技术及意义［J］. 中国石油勘探，19（3）：78–86.

毕赫，姜振学，李鹏，等 .2014. 渝东南地区龙马溪组页岩吸附特征及其影响因素［J］. 天然气地球科学，25（2）：302–310.

边雷博，张小莉，严巧丹，等 .2016. 鄂尔多斯盆地中南部长 7 油层组页岩气含量计算［J］. 石油地质与工程，30（5）：59–62.

卜兆君，杨允菲，王升忠，等 .2005. 泥炭沼泽桧叶金发藓种群动态的重建［J］. 应用生态学报，16（11）：217–219.

曹青 .2013. 鄂尔多斯盆地东部上古生界致密储层成岩作用特征及其与天然气成藏耦合关系［D］. 西北大学 .

柴岫 .1981. 中国泥炭的形成与分布规律的初步探讨［J］. 地理学报，48（3）：237–253.

陈家良，邵震杰，秦勇 .2004. 能源地质学［M］. 徐州：中国矿业大学出版社 .

陈建平，黄第藩 .1997. 鄂尔多斯盆地东南缘煤矿侏罗系原油油源［J］. 沉积学报，15（2）：100–104.

陈康，张金川，唐玄，等 .2016. 湘鄂西地区下志留统龙马溪组页岩吸附能力主控因素［J］. 石油与天然气地质，37（1）：23–29.

陈榕，张子亚，贺敬博 .2018. 贵州晴隆地区龙潭组沉积环境与富有机质页岩展布特征［J］. 中国矿业大学学报，27（2）：66–69.

陈世悦 .2000. 华北地块南部晚古生代——三叠纪盆山耦合关系［J］. 沉积与特提斯地质，20（3）：37–43.

陈永权，蒋少涌，凌洪飞，等 .2005. 利用 FinniganMAT–252 气体同位素质谱计分析碳酸盐氧同位素的结果校正［J］. 质谱学报，26（02）：115–118.

陈中红，查明，金强 .2004. 自然伽马及自然伽马能谱测井在沉积盆地古环境反演中的应用［J］. 地球物理学报，47（6）：1145–1150.

程克明，张朝富 .1994. 吐鲁番—哈密盆地煤成油研究［J］. 中国科学化学：中国科学，24（11）：1216–1222.

程烜 .2012. 南华北盆地二叠系地层特征与页岩气勘探前景分析［D］. 中国地质大学（北京）.

党犇 .2003. 鄂尔多斯盆地构造沉积演化与下古生界天然气聚集关系研究［D］. 西北大学 .

丁述理 .1994. 黔西纳雍煤系地层中潮汐沙脊的发现［J］. 地层学杂志，18（3）：217–220.

董大忠，程克明，王玉满，等 .2010. 中国上扬子地区下古生界页岩气形成条件及特征［J］. 石油与天然气地质，31（3）：289–299.

董大忠，高世葵，黄金亮，等 .2014. 论四川盆地页岩气资源勘探开发前景［J］. 天然气工业，34（12）：1–15.

董大忠，王玉满，李新景，等 .2016. 中国页岩气勘探开发新突破及发展前景思考［J］. 地质勘探，36（1）：19–32.

董大忠，邹才能，杨烨，等 .2012. 中国页岩气勘探开发进展与发展前景［J］. 石油学报，33（S1）：107–114.

窦新钊，姜波，秦勇，等.2012.黔西地区构造演化及其对晚二叠世煤层的控制［J］.煤炭科学技术，40（3）：109–114.
窦新钊.2012.黔西地区构造演化及其对煤层气成藏的控制［D］.中国矿业大学.
冯爱国.2016.一种基于偶极声波时差的页岩气储层含气饱和度确定方法［J］.江汉石油职工大学学报，29（2）：1–3.
冯增昭，何幼斌.1993.中下扬子地区二叠纪岩相古地理［J］.沉积学报，11（3）：12–24.
付广，张发强，吕延防.1998.厚度在泥岩盖层封盖油气中的作用［J］.天然气地球科学，9（6）：20–25.
付杰.2016.两种页岩气含气饱和度计算的方法［J］.科技经济导刊，16（03）：57–58.
付金华，郭少斌，刘新社，等.2013.鄂尔多斯盆地上古生界山西组泥页岩气成藏条件及勘探潜力［J］.吉林大学学报：地球科学版，43（2）：382–389.
顾娇杨，叶建平，房超，等.2011.沁水盆地泥页岩气资源前景展望［C］.2011年煤层气学术研讨会论文集，北京：地质出版社.
贵州省地质矿产局.1987.贵州省区域地质志［M］.北京：地质出版社.
桂宝林，王学仁，王朝栋，等.2001.黔西滇东煤层气地质与勘探［M］.昆明：云南科技出版社.
郭睿.2017.元素俘获能谱测井矿物计算方法研究［D］.西安石油大学.
郭少斌，付娟娟，高丹，等.2015.中国海陆交互相页岩气研究现状与展望［J］.石油实验地质，37（5）：535–540.
郭少斌，黄磊.2013.页岩气储层含气性影响因素及储层评价——以上扬子古生界页岩气储层为例［J］.石油实验地质，35（6）：1–7.
郭少斌，王义刚.2013.鄂尔多斯盆地石炭系本溪组页岩气成藏条件及勘探潜力［J］.石油学报，34（3）：445–452.
郭少斌，翟刚毅，包书景，等.2017.干酪根及黏土单矿物对甲烷吸附能力的差异性［J］.石油实验地质，39（5）：682–685.
郭少斌，赵可英.2014.鄂尔多斯盆地上古生界泥页岩储层含气性影响因素及储层评价［J］.石油实验地质，36（6）：678–683.
郭少斌，郑红梅，黄家国.2014.鄂尔多斯盆地上古生界非常规天然气综合勘探前景［J］.地质科技情报，33（6）：76–84.
郭为，熊伟，高树生，等.2013.温度对页岩等温吸附/解吸特征影响［J］.石油勘探与开发，40（4）：481–485.
郭伟，刘洪林，薛华庆，等.2015.鄂尔多斯盆地北部山西组泥页岩沉积相及其对页岩储层的控制作用［J］.地质学报，89（5）：931–941.
郭旭升，胡东风，李宇平，等.2017.涪陵页岩气田富集高产主控地质因素［J］.石油勘探与开发，44(4)：481–491.
郭旭升.2014.南方海相页岩气"二元富集"规律——四川盆地及周缘龙马溪组页岩气勘探实践认识［J］.地质学报，88（07）：1209–1218.
郭旭升，李宇平，刘若冰，等.2014.四川盆地焦石坝地区龙马溪组页岩微观孔隙结构特征及其控制因素［J］.天然气工业，34（6）:9–16.

韩双彪，张金川，杨超，等 .2013. 渝东南下寒武页岩纳米级孔隙特征及其储气性能［J］. 煤炭学报，38（6）：1038–1043.
侯读杰，冯子辉 .2011. 油气地球化学［M］. 北京：石油工业出版社 .
胡庆明 .2014. 我国页岩气勘探开发实现重大突破［J］. 石油石化节能，4（11）：50.
胡文瑞，鲍敬伟 .2013. 探索中国式的页岩气发展之路［J］. 天然气工业，33（1）：1–7.
黄保家，施荣富，赵幸滨，等 .2013. 下扬子皖南地区古生界页岩气形成条件及勘探潜力评价［J］. 煤炭学报，38（5）：877–882.
黄第藩，熊传武，杨俊杰，等 .1996. 鄂尔多斯盆地中部气田气源判识和天然气成因类型［J］. 天然气工业，17（6）：1–5.
黄籍中 .1980. 用稳定碳同位素 δC13 值识别干酪根类型的尝试［J］. 石油实验地质，2（1）：52–57.
黄籍中 .1988. 干酪根的稳定碳同位素分类依据［J］. 地球与环境，6（3）：68–70.
黄家国，郭少斌，刘新社，等 .2014. 鄂尔多斯盆地上古生界泥页岩热模拟实验［J］. 世界地质，33（2）：465–470.
黄家国，许开明，郭少斌，等 .2015. 基于 SEM、NMR 和 X–CT 的页岩储层孔隙结构综合研究［J］. 现代地质，29（1）：198–205.
黄金亮，邹才能，李建忠，等 .2010. 川南下寒武统筇竹寺组页岩气形成条件及资源潜力［J］. 石油勘探与开发，39（1）：69–75.
黄昔容，陶述平 .1999. 贵州织金地区晚二叠世沉积环境分析［J］. 贵州地质，16（4）：301–306.
黄志龙，江青春，席胜利，等 .2009. 鄂尔多斯盆地陕北斜坡带三叠系延长组和侏罗系油气成藏期研究［J］. 西安石油大学学报（自然科学版），24（1）：21–24.
吉利明，马向贤，夏燕青，等 .2014. 黏土矿物甲烷吸附性能与微孔隙体积关系［J］. 天然气地球科学，25（2）：141–152.
吉利明，邱军利，宋之光，等 .2014. 黏土岩孔隙内表面积对甲烷吸附能力的影响［J］. 地球化学，43（3）：238–244.
吉利明，邱军利，张同伟，等 .2012. 泥页岩主要黏土矿物组分甲烷吸附实验［J］. 地球科学（中国地质大学学报），20（5）：1043–1050.
姜福杰，庞雄奇，姜振学，等 .2010. 渤海海域沙三段烃源岩评价及排烃特征［J］. 石油学报，31（6）：906–912.
姜振学，唐相路，李卓，等 .2016. 川东南地区龙马溪组页岩孔隙结构全孔径表征及其对含气性的控制［J］. 地学前缘，23（2）：126–134.
姜振学，唐相路，李卓，等 .2018. 中国典型海相和陆相泥页岩储层孔隙结构及含气性［M］. 北京：科学出版社 .
焦堃，姚素平，吴昊，等 .2014. 页岩气储层孔隙系统表征方法研究进展［J］. 高校地质学报，20（1）：151–161.
解东宁 .2007. 南华北盆地晚古生代以来构造沉积演化与天然气形成条件研究［D］. 西北大学 .
解习农，程守田 . 贵州织纳煤田晚二叠世海进海退旋回及煤聚积［J］. 煤田地质与勘探，1992，20（5）：1–6.

金庆花，张大权，翟刚毅 .2013. 关于推进我国页岩气跨越式发展的思考与建议［C］. 第一届全国青年地质年会论文集 . 中国地质学会青年工作委员会，福建 .

琚宜文，卜红玲，王国昌 .2014. 页岩气储层主要特征及其对储层改造的影响［J］. 地球科学进展，29（4）: 492–506.

康玉柱 .2012. 中国非常规泥页岩油气藏特征及勘探前景展望［J］. 天然气工业，32（4）: 1–5.

李博，于炳松，史森 .2019. 富有机质页岩有机质孔隙度研究——以黔西北下志留统五峰—龙马溪组为例［J］. 矿物岩石，39（01）: 92–101.

李登华，李建忠，王社教，等 .2009. 页岩气藏形成条件分析［J］. 天然气工业，29（5）: 22–26.

李建忠，李登华，董大忠，等 .2012. 中美页岩气成藏条件、分布特征差异研究与启示［J］. 中国工程科学，14（06）: 56–63.

李猛 .2014. 柴达木盆地北缘侏罗系沉积体系与页岩气富集规律［D］. 中国矿业大学（北京）.

李新景，陈更生，陈志勇，等 .2016. 高过成熟页岩储层演化特征与成因［J］. 天然气地球科学，27（3）: 407–416.

李亚男 .2014. 页岩气储层测井评价及其应用［D］. 中国矿业大学（北京）.

李玉喜，聂海宽，龙鹏宇，等 .2009. 我国富含有机质泥页岩发育特点与页岩气战略选区［J］. 天然气工业，29（12）: 115–118.

李玉喜，乔德武，姜文利，等 .2011. 页岩气含气量和页岩气地质评价综述［J］. 地质通报，30（2）: 308–317.

李振宏，胡健民 .2010. 鄂尔多斯盆地构造演化与古岩溶储层分布［J］. 石油与天然气地质，31（5）: 640–647.

李振生 .2018. 华北克拉通东南缘寒武系底部黑色碎屑岩系的物源分析及其对晚前寒武纪地质演化的约束［J］. 地质学报，92（90）: 1803–1828.

梁宏斌，林玉祥，钱铮，等 .2011. 沁水盆地南部煤系地层吸附气与游离气共生成藏研究［J］. 中国石油勘探，14（2）: 72–78.

林腊梅，张金川，唐玄，等 .2013. 中国陆相页岩气的形成条件［J］. 天然气工业，33（1）: 35–40.

林树基 .1993. 贵州晚生代构造运动的主要特征［J］. 贵州地质，10（10）: 10–15.

林小云，陈倩岚，李静 .2011. 南华北地区二叠系烃源岩分布及地化特征［J］. 海洋地质前沿，7（4）: 21–26.

刘宝珺，许效松，潘杏南 .1993. 中国南方古大陆沉积地壳演化与成矿［M］. 北京：科学出版社 .

刘飞 .2007. 山西沁水盆地煤岩储层特征及高产富集区评价［D］. 成都理工大学 .

刘洪林，王红岩，刘人和，等 .2010. 中国页岩气资源及其勘探潜力分析［J］. 地质学报，84（9）: 1374–1377.

刘洪林，王红岩 .2012. 中国南方海相页岩吸附特征及其影响因素［J］. 天然气工业，32（9）: 5–9.

罗沙，汪凌霞，石富伦，等 .2017. 黔西南地区龙潭组煤系页岩气勘探前景［J］. 科学技术与工程，17（22）: 162–168.

马力，陈焕疆，甘克文，等 .2004. 中国南方大地构造和海相油气地质［M］. 北京：地质出版社 .

马卫，李剑，王东良，等.2016.烃源岩排烃效率及其影响因素［J］.天然气地球科学，27（9）：1742-1751.

马新华.2017.天然气与能源革命——以川渝地区为例［J］.天然气工业，37（1）：1-8.

马永生，蔡勋育，赵培荣.2018.中国页岩气勘探开发理论认识与实践［J］.石油勘探与开发，45（4）：561-574.

聂海宽，唐玄，边瑞康.2009.页岩气成藏控制因素及中国南方页岩气发育有利区预测［J］.石油学报，30（4）：484-491.

聂海宽，张金川.2011.页岩气储层类型和特征研究——以四川盆地及其周缘下古生界为例［J］.石油实验地质，33（3）：219-225.

聂海宽，张金川.2012.页岩气聚集条件及含气量计算——以四川盆地及其周缘下古生界为例［J］.地质学报，86（2）：349-361.

聂海宽.2010.页岩气聚集机理及其应用［D］.中国地质大学（北京）.

庞雄奇，李倩文，陈践发，等.2014.含油气盆地深部高过成熟烃源岩古TOC恢复方法及其应用［J］.古地理学报，16（6）：769-789.

庞雄奇，李素梅，金之钧，等.2014.排烃门限存在的地质地球化学证据及其应用［J］.地球科学，29（4）：384-390.

钱伯章，朱建芳.2010.页岩气开发的现状与前景［J］.天然气技术，4（2）：11-13.

秦勇，梁建设，申建，等.2014.沁水盆地南部致密砂岩和页岩的气测显示与气藏类型［J］.煤炭学报，39（8）：1559-1565.

邵龙义，刘红梅，田宝霖，等.1998.上扬子地区晚二叠世沉积演化及聚煤［J］.沉积学报，16（2）：55-60.

邵龙义，肖正辉，何志平，等.2006.晋东南沁水盆地石炭二叠纪含煤岩系古地理及聚煤作用研究［J］.古地理学报，8（1）：43-54.

时国，田景春，张翔，等.2013.南华北盆地上寒武统白云岩岩石学与地球化学特征及其成因探讨［J］.东华理工大学学报：自然科学版，36（20）：168-174.

苏艾国.1999.干酪根碳同位素在成熟和风化过程中变化规律初探［J］.矿物岩石地球化学通报，18（2）：11-16.

孙剑，赵兵.2018.贵州大方地区龙潭组煤系地层沉积环境分析［J］.煤炭技术，37（8）：100-102.

孙军，郑求根，温珍河，等.2014.南华北盆地二叠系山西组泥页岩气成藏地质条件及勘探前景［J］.海洋地质前沿，30（4）：20-27.

孙全宏.2014.黔西北地区龙潭组泥页岩气形成条件与分布预测［D］.中国地质大学（北京）.

孙寅森，郭少斌.2016.基于图像分析技术的页岩微观孔隙特征定性及定量表征［J］.31（7）：751-763.

汤庆艳，张铭杰，张同伟，等.2013.生烃热模拟实验方法述评［J］.西南石油大学学报（自然科学版），35（1）：52-62.

唐颖，张金川，刘珠江，等.2011.解吸法测量页岩含气量及其方法的改进［J］.天然气工业，31（10）：108-112.

陶树，汤达祯，王东营，等.2009.低成熟油页岩的生排烃作用实验模拟［J］.地学前缘，6（3）：356–363.

田成伟，雷蕾.2011.页岩气成藏影响因素浅析［J］.中国西部科技，10（33）：24–26.

万金彬，何羽飞，刘淼，等.2015.页岩含气量测定及计算方法研究［J］.测井技术，39（6）：756–761.

王超，张柏桥，陆永潮，等.2018.焦石坝地区五峰组—龙马溪组一段页岩岩相展布特征及发育主控因素［J］.石油学报，39（6）：631–643.

王付斌，马超，安川.2016.南华北盆地通许地区上古生界天然气勘探前景［J］.岩性油气藏，28（2）：33–40.

王莉萍.2012.沁水盆地山西组泥页岩气勘探前景［J］.石油化工应用，31（12）：3–14.

王立亭，桑惕.1989.贵州各时期岩相古地理图册［M］.北京：地质出版社.

王茂桢，柳少波，任拥军，等.2015.页岩气储层黏土矿物孔隙特征及其甲烷吸附作用［J］.地质论评，61（1）：207–216.

王荣新，赵刚，邓世英.2008.南华北上古生界烃源岩有机地球化学特征［J］.石油实验地质，30（5）：484–488.

王尚彦，张慧，王天华，等.2006.黔西水城—紫云地区晚古生代裂陷槽盆充填和演化［J］.地质通报，25（3）：402–407.

王社教，李登华，李建忠，等.2011.鄂尔多斯盆地页岩气勘探潜力分析［J］.天然气工业，31（12）：40–46.

王社教，王兰生，黄金亮，等.2009.上扬子区志留系页岩气成藏条件［J］.天然气工业，29（5）：45–50.

王世谦，王书彦，满玲，等.2013.页岩气选区评价方法与关键参数［J］.成都理工大学学报（自然科学版），40（6）：609–620.

王双明.2011.鄂尔多斯盆地构造演化和构造控煤作用［J］.地质通报，30（4）：544–552.

王祥，刘玉华，张敏，等.2010.页岩气形成条件及成藏影响因素研究［J］.天然气地球科学，21（2）：40–44.

王志刚.2015.涪陵页岩气勘探开发重大突破与启示［J］.石油与天然气地质，36（1）：2–6.

魏强，晏波，肖贤明.2015.页岩气解吸方法研究进展［J］.天然气地球科学，26（9）：1657–1665.

魏志红.2015.富有机质页岩有机质孔发育差异性探讨：以四川盆地五峰组—龙马溪组笔石页岩为例［J］.成都理工大学学报，42（32）：361–365.

吴财芳，秦勇，傅雪海，等.2005.煤层气成藏的宏观动力能条件及其地质演化过程——以山西沁水盆地为例［J］.地学前缘，12（3）：299–308.

吴根耀.2001.古深断裂活动与燕山期陆内造山运动：以川南—滇东和扬子褶皱—冲断系为例［J］.大地构造域成矿学，25（3）：246–253.

吴靖，胡宗全，谢俊，等.2018.四川盆地及周缘五峰组—龙马溪组页岩有机质宏微观赋存机制［J］.天然气工业，38（8）：23–32.

吴远东，张中宁，吉利明，等.2016.高压生烃模拟实验及其成油滞后特征［J］.特种油气藏，23（3）：129–132.

肖建新 .1997. 一种低能障壁—潟湖含煤沉积体系—以贵州织金晚二叠世煤系上部为例［J］. 煤田地质与勘探 .

邢厚松，肖红平，孙粉锦，等 .2008. 鄂尔多斯盆地中东部下二叠统山西组二段沉积相［J］. 石油实验地质, 30（4）: 345–351.

邢雅文 .2013. 黔西地区页岩气含气性评价［D］. 中国地质大学（北京）.

熊保贤，刘和甫 .2000. 南华北盆地与东秦岭—大别造山带的耦合关系［J］. 地学前缘, 7（3）: 152.

熊孟辉，秦勇，易同生 .2006. 贵州二叠纪含煤地层格局及其构造控制［J］. 中国矿业大学学报, 35（6）: 778–782.

徐彬彬，何明德，等 .2003. 贵州煤田地质［M］. 中国矿业大学出版社 .

徐汉林，赵宗举，吕福亮，等 .2004. 南华北地区的构造演化与含油气性［J］. 大地构造与成矿学, 28（4）: 450–463.

徐汉林，赵宗举，杨以宁，等 .2003. 南华北盆地构造格局及构造样式［J］. 地球学报, 24（1）: 27–33.

徐宏节，黄泽光 .2007. 南华北中南部中新生代盆地演化与油气成藏分析［J］. 石油实验地质, 29（6）: 541–544.

徐向华，陈新军，雷鸣，等 .2011. 华北南部地区石炭—二叠系勘探前景分析［J］. 石油实验地质, 33（2）: 148–154.

徐义刚 .2002. 地幔柱构造、大火成岩省及其地质效应［J］. 地学前缘, 9（4）: 341–353.

薛冰，张忠哲 .2018. 页岩含气量测试综述［J］. 科技与创新, 15（14）: 66–67.

闫宝珍，王延斌，丰庆泰，等 .2008. 基于地质主控因素的沁水盆地煤层气富集划分［J］. 煤炭学报, 33（10）: 1102–1106.

杨峰，宁正福，胡昌蓬，等 .2013. 页岩储层微观孔隙结构特征［J］. 石油学报, 34（2）: 301–303.

杨克兵，严德天，马凤芹，等 .2010. 沁水盆地南部煤系地层沉积演化及其对煤层气产能的影响分析［J］. 天然气勘探与开发, 36（4）: 22–29.

杨瑞东，程伟，周汝贤 .2012. 贵州页岩气源岩特征及页岩气勘探远景分析［J］. 天然气地球科学, 23（2）: 340–347.

杨一鸣，毛俊莉，李晶晶 .2012. 页岩气藏地质特征及地质选区评价方法——以辽河坳陷东部凸起为例［J］. 特种油气藏, 19（2）: 46–49.

杨有龙 .2015. 贵州省晚二叠系龙潭组地层厚度分布特征［J］. 西部探矿工程, 15（10）: 152–156.

杨振恒，李志明，沈宝剑，等 .2009. 页岩气成藏条件及我国黔南坳陷页岩气勘探前景浅析［J］. 中国石油勘探, 14（3）: 24–28.

叶远谋，付勇，周克林，等 .2018. 贵州西部二叠系龙潭组底部黏土岩物质来源分析［J］. 矿物学报, 38（6）: 655–665.

余和中，吕福亮，郭庆新，等 .2005. 华北板块南缘原型沉积盆地类型与构造演化［J］. 石油实验地质, 27（2）: 111–117.

张国伟，张宗清，董云鹏 .1995. 秦岭造山带主要构造岩石地层单元的构造性质及其大地构造意义［J］. 岩石学报, 11（2）: 101–114.

张金川，金之钧，袁明生.2004.页岩气成藏机理和分布［J］.天然气工业，24（7）：15–18.
张金川，聂海宽，徐波，等.2008.四川盆地页岩气成藏地质条件［J］.天然气工业，28（2）：151–156.
张金川，汪宗余，聂海宽，等.2008.页岩气及其勘探研究意义［J］.现代地质，22（4）：640–646.
张金川，徐波，聂海宽，等.2008.中国页岩气资源勘探潜力［J］.天然气工业，28（6）：136–140.
张金川，薛会，张德明，等.2013.页岩气及其成藏机理［J］.现代地质，17（4）：466–466.
张林晔，张钜源，李政，等.2014.北美页岩油气研究进展及对中国陆相页岩油气勘探的思考［J］.地球科学进展，29（6）：700–711.
张盼盼，刘小平，王雅杰，等.2014.页岩纳米孔隙研究新进展［J］.地球科学进展，29（11）：1242–1249.
张雪芬，陆现彩，张林晔，等.2010.页岩气的赋存形式研究及其石油地质意义［J］.地球科学进展，25（6）：597–604.
张作清，郑炀，孙建孟.2013.页岩气评价"六性关系"研究［J］.油气井测试，22（1）：65–70.
赵长毅.1996.显微组分荧光机理及其应用［J］.石油勘探与开发，23（2）：8–10.
赵可英，郭少斌，刘新社，等.2014.鄂尔多斯盆地东缘上古生界泥页岩储层定量标准［J］.科技导报，32（32）：60–66.
赵可英，郭少斌.2015.海陆过渡相页岩气储层孔隙特征及主控因素分析：以鄂尔多斯盆地上古生界为例［J］.石油实验地质，37（2）：141–149.
赵可英.2015.鄂尔多斯盆地东北部上古生界泥页岩储层表征评价［D］.中国地质大学（北京）.
赵杏媛，何东博.2012.黏土矿物与页岩气［J］.新疆石油地质，32（6）：643–647.
赵振宇，郭彦如，等.2012.鄂尔多斯盆地构造演化及古地理特征研究进展［J］.特征油气藏，19（5）：15–20.
钟方德.2018.黔西南地区龙潭组泥页岩气储层特征［J］.中国煤炭地质，30（2）：39–43.
周杰，庞雄奇，李娜.2016.渤海湾盆地济阳坳陷烃源岩排烃特征研究［J］.石油实验地质，14（28）：59–64.
周鹏.2016.新型水驱油田含水率预测模型的建立及其应用［J］.新疆石油地质，37，（4）：452–455.
朱思宇，钟尉，陈辉，等.2014.浅谈最优化算法在测井解释中的应用［J］.工程地球物理学报，11（6）：767–771.
朱炎铭，周晓刚，胡琳.2014.沁南地区太原组泥页岩气成藏的构造控制［J］.中国煤炭地质，26（8）：34–38.
邹才能，董大忠，王社教，等.2010.中国页岩气形成机理、地质特征及资源潜力［J］.石油勘探与开发，37（6）：641–653.
邹才能，董大忠，王玉满，等.2015.中国页岩气特征、挑战及前景（一）［J］.石油勘探与开发，42（6）：689–701.
邹才能，董大忠，王玉满，等.2016.中国页岩气特征、挑战及前景（二）［J］.石油勘探与开发，43（2）：166–178.
邹才能，董大忠，杨桦，等.2011.中国页岩气形成条件及勘探实践［J］.天然气工业，31（12）：26–39.

邹才能，赵群，董大忠，等.2017.页岩气基本特征、主要挑战与未来前景［J］.天然气地球科学，28（12）：1781–1796.

邹才能，朱如凯，白斌，等.2011.中国油气储层中纳米孔首次发现及其科学价值［J］.岩石学报，27（6）：1857–1864.

邹才能，朱如凯，吴松涛，等.2012.常规与非常规油气聚集类型、特征、机理及展望——以中国致密油和致密气为例［J］.石油学报，33（2）：173–187.

Ali J R，Thompson G M，Zhou M，et al. 2005. Emeishan large igneous province，SW China［C］. Lithos，475–489.

Aringhieri R. 2004. Nanoporosity Characteristics of Some Natural Clay Minerals and Soils［J］. Clays & Clay Minerals，52，700–704.

Avnir D，Jaroniec M. 1989. An isothern equation for adsorption on fractal surfaces of heterogeneous porous materials［J］. Langmuir，5，1412–1433.

Azzolina N A，Nakles D V，Gorecki C D，et al. 2015. CO_2 storage associated with CO_2 enhanced oil recovery：A statistical analysis of historical operations［J］. International Journal of Greenhouse Gas Control，37，384–397.

Barrett E P，Joyner L G，Halenda P P. 1951. The determination of pore volume and area distribution in porous substances：Computations from nitrogen isotherms［J］. Journal of American Chemical Sociey，73，373–380.

Baruch E T，Kennedy M J，L– enhanced porosity in Paleoproterozoic shale reservoir facies from the Barney Creek Formation（McArthur Basin，Australia）［J］. AAPG Bulletin，99，1745–1770.

Bernard S，Wirth R，Schreiber A，et al. 2012. Formation of nanoporous pyrobitumen residues during maturation of the Barnett Shale（Fort Worth Basin）［J］. International Journal of Coal Geology，103，3–11.

Bowker K A. 2007. Barnett Shale gas production，Fort Worth Basin：Issues and discussion［J］. AAPG Bulletin，91，523–533.

Brunaner S，Emmett P H，Teller E. 1938. Adsorption of gases in multimolecular layers［J］. Journal of American Chemical Society，60，309–319.

Bustin R M，Bustin A，Ross D，et al. 2009. Shale gas opportunities and challenges［C］. In：AAPG Annual Convention. San Antonio，Texas.

Chalmers G R L，Bustin R M. 2008. Lower Cretaceous gas shales in northeastern British Columbia，Part I：geological controls on methane sorption capacity［J］. Bulletin of Canadian Petroleum Geology，56，1–21.

Chalmers G R，Bustin R M，Power I M. 2012. Characterization of gas shale pore systems by porosimetry，surface area，and field emission scanning electron microscopy/transmission electron microscopy image analyses：Examples from the Barnett，Woodford，Haynesville，Marcellus，and Doig units［J］. AAPG Bulletin，96（6），1099–1119.

Cheng A L，Huang W L. 2004. Selective adsorption of hydrocarbon gases on clays and organic matter［J］. Organic Geochemistry，35，413–423.

Chu Z H, Gao J, Huang L J, et al. 2007. Geophysical well logging methods and principles [M] . Beijing : Petroleum Industry Press.

Clarkson C R, Solano N, Bustin R M, et al.2013. Pore structure characterization of North American shale gas reservoirs using USANS/SANS, gas adsorption and mercury intrusion [J] . Fuel, 103, 606–616.

Coates G R, Xiao L Z, Prammer M G. 1999. NMR logging principles and applications. Houston (Texas)[M] . Gulf Professional Publishing.

Curtis J B. 2002. Fractured shale–gas systems [J] . AAPG Bull, 86 (11), 1921–1938.

Dollimore D, Heal G R. 1964. An improved method for the calculation of pore–size distribution from adsorption data [J] . Journal of Applied Chemistry, 14, 109–114.

Dubinin M M. 1960. The potential theory of adsorption of gases and vapors for adsorbents with energetically nonuniform surfaces [J] . Chemical Reviews, 60, 235–241.

Evans R J, Jr G T F. 1983a. High temperature simulation of petroleum formation– I. The pyrolysis of green river shale [J] . Org. Geochem, 4, 135–144.

Evans R J, Jr G T F. 1983b. High temperature simulation of petroleum formation– II. The pyrolysis of green river shale [J] . Org. Geochem, 4, 145–152.

Gallagher B. 2011. Peak oil analyzed with a logistic function and idealized Hubbert curve [J] . Energy Policy, 39, 790–802.

Gasparik M, Bertier P, Gensterblum Y, et al . 2014. Geological controls on the methane storage capacity in organic–rich shales [J] . International Journal of Coal Geology, 123, 34–51.

Gasparik M, Ghanizadeh A, Bertier P, et al. 2012. High–pressure methane sorption isotherms of black shales from the Netherlands [J] . Energy & Fuels, 26, 4995–5004.

Guo S B, Wang, Y G. 2013. Reservoir–forming condition analysis and favorable zone prediction for the shale gas in the Upper Paleozoic Taiyuan Formation in the Ordos Basin [J] . Energy, Exploration & Exploitation, 31 (3), 381–394.

Guo S B. 2010. The influence of the pre–existing topography on the depositionary systems, the development of the Lower Jurassic reservoirs and hydrocarbon accumulation in Central Western Ordos Basin [J] . Journal of Petroleum Science and Engineering, 75 (1), 129–134.

Guo S B. 2013. Experimental study on isothermal adsorption of methane gas on three shale samples from Upper Paleozoic strata of the Ordos Basin [J] . Journal of Petroleum Science and Engineering, 110, 132–138.

Hester T C, Schmoker J W, Sahl H L. 1990. Log derived Regional Source Rock Characteristics of the Woodford Shale, Anadarko Basin, Oklahoma : U.S [J] . Geological Survey, Bulletin 1866D, 1–38.

Hu H, Hao F, Lin J, et al. 2017. Organic matter–hosted pore system in the Wufeng–Longmaxi (O3w–S11) shale, Jiaoshiba area, Eastern Sichuan Basin, China [J] . International Journal of Coal Geology, 173, 40–50.

Hu Y, Devegowda D, Sigal R F. 2014. SPE Annual Technical Conference and Exhibition [C], Amsterdam, The Netherlands.

Huang L, and W Shen. 2015. Characteristics and controlling factors of the formation of pores of a shale gas reservoir : a case study from Longmaxi Formation of the Upper Yangtze region, China [J] .Earth Science Frontiers, 22, 374–385.

International Union of Pure and Applied Chemistry. 1994. Physical Chemistry Division Commission on Colloid and Surface Chemistry, Subcommittee on Characterization of Porous Solids : Recommendations for the characterization of porous solids [J] . Pure and Applied Chemistry, 66, 1739–1758.

Jarvie D M, Hill R J, Ruble T E, et al.2007. Unconventional shale gas systems : The Mississippian Barnett Shale of north–central Texas as one model for thermo genic shale–gas assessment[J]. AAPG Bulletin, 91(4): 475–499.

Ji W M, Song Y, Jiang Z, et al.2014. Geological controls and estimation algorithms of lacustrine shale gas adsorption capacity : A case study of the Triassic strata in the southeastern Ordos Basin, China [J] . International Journal of Coal Geology, 134, 61–73.

Ji W M, Song Y, Jiang Z X., et al . 2016. Micro–nano pore structure characteristics and its control factors of shale in Longmaxi Formation, southeastern Sichuan Basin [J] . Acta Petrolei Sinica, 37, 183–195.

Jiang F J D. Chen J Chen, et al. 2016. Fractal analysis of shale pore structure of continental shale gas reservoir in the Ordos Basin, NW China [J] .Energy & Fuels, 30, 4676–4689.

Jiang Z X, X L Tang, Z Li, et al.2016. The whole–aperture pore structure characteristics and its effect on gas content of the Longmaxi Formation shale in the southeastern, 23, 154–163.

Kenneth S O, Andrew C A, Steve R L 2005. Changes in type II kerogen density as a function of maturity : evidence from the Kimmeridge Clay Formation [J] . Energy & Fuels, 19, 2495–2499.

Kim A G. 1997. Estimating methane content of bituminouscoalbed from adsorption data [R] . Washington D C : U S Bureau of mines.

Klaver J, Desbois G, Littke R, et al. 2016. BIB–SEM pore characterization of mature and post mature Posidonia Shale samples from the Hils area, Germany [J] . International Journal of Coal Geology, 158, 78–89.

Klaver J, Desbois G, Urai J L, et al.2012. BIB–SEM study of the pore space morphology in early mature Posidonia Shale from the Hils area, Germany [J] . International Journal of Coal Geology, 103, 12–25.

Kudryashov N A. 2015. Logistic function as solution of many nonlinear differential equations [J] . Applied Mathematical Modelling, 39, 5733–5742.

Law B E, Curtis J B. 2002. Introduction to Unconventional Petroleum Systems [J] . AAPG Bull, 86 (11), 1851–1852.

Lei Y, Luo X, Wang X, et al.2015. Characteristics of silty laminae in Zhangjiatan Shale of southeastern Ordos Basin, China : Implications for shale gas formation [J] . AAPG Bulletin, 99 (4), 661–687.

Li A, Ding W L, Jiu K, et al. 2018. Investigation of the pore structures and fractal characteristics of marine shale reservoirs using NMR experiments and image analyese : A case study of the Lower Cambrian Niutitang Formation in northern Guizhou Province, South China [J] . Marine and Petroleum Geology, 89 (3), 530–540.

Liu A, Fu X, Wang K, et al.2013. Investigation of coalbed methane potential in low-rank coal reservoirs-Free and soluble gas contents [J]. Fuel, 112, 14-22.

Loucks R G, Reed R M, Ruppel S C, et al.2009. Morphology, genesis, and distribution of nanometer-scale pores in siliceous mudstones of the Mississippian Barnett Shale[J]. Journal of Sedimentary Research, 79(12), 848-861.

Loucks R G, Reed R M, Ruppel S C, et al.2012. Spectrum of pore types and networks in mudrocks and a descriptive classification for matrix-related mudrock pores [J]. AAPG Bulletin, 96 (6), 1071-1098.

Luo W, Hou M, Liu X, et al. 2018. Geological and geochemical characteristics of marine-continental transitional shale from the Upper Permian Longtan formation, Northwestern Guizhou, China [J]. Marine and Petroleum Geology, 89, 58-67.

Ma X, Guo S B . 2018 . Comparative study on shale characteristics of different sedimentary microfacies of Late Permian Longtan Formation in southwestern Guizhou, China [J]. Minerals, 9 (1).

Ma X, Guo S. 2019. Comparative study on shale characteristics of different sedimentary microfacies of Late Permian Longtan Formation in Southwestern Guizhou, China [J]. Minerals, 9, 20.

Mandelbrot B B. 1984. Les Objects Fractals : Forme, Hasard et Dimension [C]. Flammarion : Paris, France.

Mastalerz M, Schimmelmann A, Drobniak A, et al. Porosity of Devonian and Mississippian New Albany Shale across a maturation gradient : Insights from organic petrology, gas adsorption, and mercury intrusion [J]. AAPG Bull, 97, 1620-1644.

Milliken K L, Rudnicki M, Awwiller D N, et al.2013. Organic matter-hosted pore system, Marcellus Formation (Devonian), Pennsylvania [J]. AAPG Bulletin, 97, 177-200.

Montgomery S L, Jarvie D M, Bowker K A, et al.2005. Mississppian Barnett Shale, Fort Worth Basin, north-central Texas : Gas-shale play with multi-trillion cubic foot potential [J]. AAPG Bulletin, 89 (2), 155-175.

Nichols G. 2009. Sedimentology and stratigraphy, second edition [M]. John Wiley & Sons.

Pan L, X M Xiao, H Tian, et al. 2015. A preliminary study on the characterization and controlling factors of porosity and pore structure of the Permian shales in Lower Yangtze region, Eastern China [J]. International Journal of Coal Geology, 146, 68-78.

Peng J, Pang X, Shi H, et al.2016. Hydrocarbon generation and expulsion characteristics of Eocene source rocks in the Huilu area, northern Pearl River Mouth basin, South China Sea : Implications for tight oil potential[J]. Marine and Petroleum Geology, 72, 463-487.

Peters K E. 1986. Guidelines for evaluating petroleum source rock using programmed pyrolysis [J]. AAPG Bulletin, 70, 318-329.

Rexer T F T, Benham M J, Aplin A C, et al.2013. Methane adsorption on shale under simulated geological temperature and pressure conditions [J]. Energy & Fuels, 27, 3099-3109.

Rexer T F, Mathia E J, Aplin A C, et al.2014. High-pressure methane adsorption and characterization of pores in Posidonia shales and isolated kerogens [J]. Energy & Fuels, 28, 2886-2901.

Ross D J K, Bustin R M. 2008. Characterizing the shale gas resource potential of Devonian–Mississippian strata in the Western Canada sedimentary basin : application of an integrated formation evaluation [J] . AAPG Bulletin, 92, 87–125.

Ross D J K, Bustin R M. 2009. The importance of shale composition and pore structure upon gas storage potential of shale gas reservoirs [J] .Marine and Petroleum Geology, 26, 916–927.

Schettler P D, Parmely C R, Juniata C. 1991. Contributions to total storage capacity in Devonian shales [C] . SPE, 77–88.

Su X B, Lin X Y, Liu S B, et al.2005. Geology of coalbed methane reservoirs in the Southeast Qinshui Basin of China [J] . International Journal of Coal Geology, 2005, 197–210.

Tang X L, Z X Jiang, Z L, et al. 2015. The effect of the variation in material composition on the heterogeneous pore structure of high–maturity shale of the Silurian Longmaxi Formation in the southeastern Sichuan Basin, China [J] .Journal of Natural Gas Science and Engineering, 23, 464–473.

Tang X, Zhang J, Wang X, et al. 2014. Shale characteristics in the southeastern Ordos Basin, China : Implications for hydrocarbon accumulation conditions and the potential of continental shales [J] . International Journal of Coal Geology, 128, 32–46.

Tian L, Wang Z, Krupnick A, et al.2014. Stimulating shale gas development in China : A comparison with the US experience [J] . Energy Policy, 75, 109–116.

Tissot B P, Welte D H. 1984. Petroleum Formation and Occurrence [C] . Springer Berlin Heidelberg.

Tissot B P. 1984. Recent advances in petroleum geochemistry applied to hydrocarbon exploration [J] . AAPG Bulletin. 68 (5), 545–563.

Tissot B, Durand B. 1974. Influence of natures and diagenesis of organic matter in formation of petroleum [J] . AAPG Bull, 58 (3), 438–459.

Wang C C, Juang L C, Lee C K, et al.2004. Effects of exchanged surfactant cations on the pore structure and adsorption characteristics of montmorillonite [J] . Journal of Colloid &Interface Science, 280, 27–35.

Wang F, Guo S. 2019. Influential factors and model of shale pore evolution : A case study of a continental shale from the Ordos Basin [J] . Marine and Petroleum Geology, 102, 271–282.

Wang Q, Chen X, Jha A N, et al.2014. Natural gas from shale formation–the evolution, evidences and challenges of shale gas revolution in United States [J]. Renewable and Sustainable Energy Reviews, 30, 1–28.

Washburn E W. 1921. Note on a method of determinging the distribution of pore sizes in a porous material [J] . Proceeding of the National Academy of Science. U S A , 7, 115–116.

Webb P A, Orr C.1997. Analytical methods in fine particle technology [M] . Micromeritics Instrument : Norcross, GA, U.S.A.

Welte D H, Tissot B P. 1984. Petroleum Formation and Occurrence [M] . Berlin : Springer–Verlag.

Wu G C, Baleanu D. 2014. Discrete fractional logistic map and its chaos [J] . Nonlinear Dynamics, 75, 283–287.

Xiong F, Jiang Z, Chen J, et al.2016. The role of the residual bitumen in the gas storage capacity of mature lacustrine shale: A case study of the Triassic Yangchang shale, Ordos Basin, China [J]. Marine and Petroleum Geology, 69, 205–215.

Xiong F, Jiang Z, Li P, et al.2017. Pore structure of transitional shales in the Ordos Basin, NW China: effects of composition on gas storage capacity [J]. Fuel, 206, 504–515.

Yan J P, He X, Gen B, et al. 2017. Nuclear magnetic resonance T2 spectrum: multifractal characteristics and pore structure evaluation [J]. Applied Geophysics, 14, 205–215.

Yang C, Zhang J, Tang X, et al.2017. Comparative study on micro-pore structure of marine, terrestrial, and transitional shales in key areas, China [J]. International Journal of Coal Geology, 17, 76–92.

Yang Y, Li W, Ma L. 2005. Tectonic and stratigraphic controls of hydrocarbon systems in the Ordos basin: A multicycle cratonic basin in central China [J]. AAPG Bulletin, 89, 255–269.

Zhang T, Ellis G S, Ruppel S C, et al.2012. Effect of organic-matter type and thermal maturity on methane adsorption in shale-gas systems [J]. Organic Geochemistry, 47, 120–131.

Zhang Z Y, Weller A. 2014. Fractal dimension of pore-space geometry of an Eocene sandstone formation [J]. Geophysics, 79, 377–387.

Zhou Q, Xiao X, Tian H, et al.2014. Modeling free gas content of the Lower Paleozoic shales in the Weiyuan area of the Sichuan Basin, China [J]. Marine and Petroleum Geology, 56, 87–96.

Zhou S D, Liu D M, Cai Y D, et al.2016. Fractal characterization of pore-fracture in low-rank coals using a low-field NMR relaxation method [J]. Fuel, 181, 218–226.